Dieter Kassing

NUCLEUS

DIETER KASSING, Jahrgang 1941, Journalist und Schriftsteller, arbeitete über viele Jahre im politischen Ressort von Tageszeitungen, im Bundesbildungsministerium in Bonn und danach als freier Korrespondent für verschiedene Rundfunkanstalten.

Fast 25 Jahre lang leitete er im Anschluss den von ihm gegründeten Bonner Verlag »Energie und Umwelt«. Der Verlag gab bundesweit erscheinende energiepolitische Magazine und Fachbücher heraus und veranstaltete nach der Wiedervereinigung Energie- und Umweltmessen in Leipzig. Dieter Kassing lebt mit seiner Familie in der Nähe von Bonn.

Dieter Kassing

NUCLEUS

Impressum

Die Deutsche Bibliothek – CIP-Einheitsaufnahme

Dieter Kassing:
Nucleus

1. Auflage

© 2012 by SichVerlag, Magdeburg
ISBN 978-3-942503-23-5

SichVerlag und Verlag Klotz GmbH
in der SichVerlagsgruppe
Eschborn/ Frankfurt am Main und Magdeburg
Geschäftsstelle: Liebknechtstraße 51, D – 39108 Magdeburg
Tel.: +49-391-734 69 27
Fax: +49-391-731 39 80
E-Mail: info@sich-verlag.de
Internet: www.sich-verlag.de
    www.verlag-dietmer-klotz.de

Lektorat, Korrektorat und Satz: Dr. Ulrike Brandt-Schwarze, Bonn,
in Zusammenarbeit mit dem SichVerlag, Miriam Risse und Petra Schuster
Titelbild: Alexander Kassing, Düsseldorf,
    Galerie Luis Campana, Berlin
Umschlaggestaltung: Janine Märtens
Redaktion: Ursula Hensel
Druck/Bindung: Westarp & Partner Digitaldruck Hohenwarsleben UG

Das gesamte Werk ist im Rahmen des Urheberrechtes geschützt.
Jegliche vom SichVerlag und Verlag Klotz GmbH nicht genehmigte
Verwertung ist unzulässig. Dies gilt insbesondere für die Verbreitung
durch Film, Funk, Fernsehen und elektronische Medien sowie den
auszugsweisen Nachdruck und die Übersetzung.

Realität oder Fiktion?

Dieser Roman ist beides zugleich, typografisch ausgewiesen.

1987 kommt im Untersuchungsgefängnis Hanau ein führender Manager einer westdeutschen Atomenergie-Firma auf spektakuläre, überaus mysteriöse Weise ums Leben. Ein anderer wurde zuvor nachts von einem Zug in Hannover-Linden überfahren, tot auf den Gleisen gefunden. Beides ist Realität.

Im Roman ist das der Anlass für ein Team investigativ arbeitender Bonner Journalisten eines kleinen, unabhängigen Energie-Magazins, sich der Fälle anzunehmen. Je hartnäckiger und tiefschürfender ihre Recherchen sind, umso gefährlicher wird ihre Arbeit.

Bei der Atomwirtschaft geht es damals wie heute um Milliarden-Geschäfte. Die Unternehmen verhalten sich wie im Krieg. Der Boss eines Atomkonzerns herrscht wie ein Feldherr, seine Manager sollen Befehle befolgen wie Soldaten. Sie haben nicht zu fragen, sie sollen gehorchen. Ihre Waffen sind Schwarze Kassen im In- und Ausland, Scheinkonten, Schmiergelder. Die Schlachtfelder sind Nobelherbergen und Edelrestaurants, Büros und Bordelle. Es geht um Aufträge mit horrenden Summen. Ein Insider, der aussteigen will, begibt sich in Lebensgefahr. Ein Politiker, der reden will, stirbt auf mysteriöse Weise in einer Badewanne.

Der hier beschriebene, akribisch recherchierte Fall ist der größte deutsche Atomskandal, der zum tief greifendsten Einschnitt in der Geschichte der deutschen Atomwirtschaft führte. Dieser Tatsachenroman schildert das, was wirklich passiert ist und bis heute nicht bekannt wurde. Er nennt die Namen aus Politik und Wirtschaft, die damit verbunden sind, von 1987 bis heute. (Die Namen der umgekommenen Manager wurden aus Rücksicht auf die Angehörigen geändert.)

Der Tatsachenroman belegt, was damals alles dafür getan wurde, die heutige Angst vor einem möglichen nuklearen terroristischen Attentat sehr plausibel erscheinen zu lassen. Akten verschiedener deutscher Landeskriminalämter, von Staatsanwälten, der DDR-Stasi und des BND untermauern dies. Ein äußerst spannender Stoff. Dokumente parlamentarischer Untersuchungsausschüsse aus Bonn, Brüssel und Wiesbaden sprechen darüber hinaus eine eigene, deutliche Sprache. Die Recherchen spiegeln die Wirklichkeit in der deutlich abgesetzten Schriftform.

Meiner Lektorin, Frau Dr. Ulrike Brandt-Schwarze danke ich, dass sie meinen Text so flüssig gemacht hat, dass ich mich beim Lesen gefragt habe: Wer hat den bloß so geschrieben? Und ihn mir zum Ärger meiner Frau in einer Nacht in einem Rutsch reingezogen habe.

Sankt Augustin, im April 2012
Dieter Kassing

Prolog

Hanau, 15. Dezember 1987

Kurt Wedelmeyer stand an einem der vergitterten Fenster des Untersuchungsgefängnisses und betrachtete wohlwollend die dichten Schneeflocken, die aus den grauen, tief hängenden Wolken fielen. Der Aufseher freute sich darauf, mit seinen Kindern am Wochenende im Hanauer Wald Schlitten zu fahren.

Plötzlich, so als hätte er von irgendwo her einen lautlosen Befehl erhalten, wandte er sich mit einem Ruck um. Er senkte das Kinn auf die Brust und schloss die Augen. So verharrte er einen Augenblick. Um innerlich ganz ruhig zu werden, hielt er kurz den Atem an. Für die nächsten Schritte brauchte er seine volle Konzentration. Er durfte nicht den geringsten Laut erzeugen. Der Häftling, den er sich durch den Spion in der Zellentür ansehen würde, sollte auf keinen Fall merken, dass er kontrolliert wurde. Alle fünfundzwanzig Minuten sahen er oder einer der Kollegen nach dem Mann.

Wie eine Marionette stakste Wedelmeyer mit großen vorsichtigen Schritten zu der graugrünen Zellentür hinüber, hinter der er hauste, der Spitzenmanager von einer der Atomfirmen im Hanauer Atomdorf am Rande der Bulau. So weit sich Wedelmeyer erinnerte, war er der erste Manager einer Atomfirma, den sie jemals eingebuchtet hatten. Eingeliefert worden war er unter dem Namen Genske – sein wirklicher Name sollte aus vielerlei Gründen nicht bekannt werden. Genskes Unternehmen transportierte den atomaren Brennstoff für Deutschlands Atomkraftwerke. Daraus wurden auch Atombomben produziert.

Wedelmeyer heftete sein rechtes Auge an das Guckloch in der Zellentür. Geblendet von dem grellen, kalten Licht der Deckenstrahler kniff er es zusammen, riss es Sekundenbruchteile später wieder auf und erstarrte. Nur langsam setzte sein Gehirn immer mehr Teile des Datenstroms, den ihm sein Auge mit hoher Geschwindigkeit lieferte, zu einem unvollständigen Bild zusammen. Er lauschte angestrengt, um akustische Signale aufzunehmen. Vergeblich. Kein Ton drang an sein Ohr. Schließlich nahm sein Gehirn das grausige Stillleben wahr, das sich ihm bot.

Der Untersuchungshäftling Genske saß bewegungslos auf dem einzigen Holzstuhl in der Zelle. Der Teller mit dem Mittagessen stand unberührt vor ihm auf dem Tisch. Genskes Hinterkopf lehnte an der weiß getünchten Zellenwand. Seine weit aufgerissenen Augen starrten Wedelmeyer an. Der Mund stand offen – es sah aus, als schnappe der Atommanager nach Luft. Sein Oberkörper lag grotesk verdreht halb auf dem Tisch. Der linke Arm hing schlaff herunter. Der Ärmel des dunkelblauen Hemdes war weit hochgeschoben, sodass der blutverschmierte Unterarm zu sehen war, der einer großen, der Länge nach aufgeschlitzten Wurst, ähnelte. Aus der Wunde, deren Ränder auseinanderklafften, tropfte inzwischen kaum noch Blut auf das linke Bein der grauen Anzughose, auf der sich ein großer, nasser, dunkelroter Fleck gebildet hatte.

Instinktiv drückte Wedelmeyer auf den roten Knopf seines Alarmgebers an seinem Gürtel und griff mit zitternden Händen nach dem Schlüsselring, um den Schlüssel für die Zelle abzulösen. Dann fiel ihm ein, dass er ihn eben ja schon in der Hand gehabt hatte. Hatte er ihn vor Schreck fallen lassen? Er sah auf den Boden. Richtig, da lag er.

Er hob den Schlüssel auf, steckte ihn ins Schloss und drehte ihn mit einer hastigen Bewegung herum. Er ließ ihn im Schloss stecken und öffnete die Tür nur einen Spaltbreit und blieb im Türrahmen stehen. Falls etwas Unvorhergesehenes geschah, konnte er die Tür rasch wieder zuschlagen und den Schlüssel umdrehen.

So, wie Genske ihn ansah, musste der seinen letzten Blick auf dieser Welt zum Ausgang gerichtet haben. Was hatte er da gesehen? Hatte er noch in den letzten Sekunden seines Lebens nach einem Ausweg gesucht? Auf Hilfe gehofft? Oder war jemand hier in der Zelle gewesen? Was war vorher passiert? Wedelmeyer musste sich zusammenreißen, um nicht laut loszuschreien. Plötzlich kam ihm ein seltsamer Gedanke. Konnte es sein, dass Genske seinen Tod nur vortäuschte? Und wo, verdammt, blieben die Kollegen? Wedelmeyer hörte kein Fußgetrappel. Ihm fehlten ihre beruhigenden Rufe: »Kurt, bleib ruhig, wir sind schon da ...«

Da er dem Alarmgeber nicht so recht traute, hatte er seine alte Trillerpfeife immer noch in der Hosentasche bei sich und beschloss nun, zur Sicherheit noch mal Signal zu geben. Er warf einen kurzen Blick auf die Uhr – zehn vor eins. Er zog die Trillerpfeife heraus, steckte sie in den Mund und pfiff die geübten Alarmsignale. Die schrillen Töne hallten in den Gefängnisfluren wider. Aus den benachbarten Zellen schollen ihm die Protestrufe der anderen Häftlinge entgegen. Einige hämmerten mit ihren Kochgeschirren gegen die Zellentüren.

»Ich will raus ... eurem verdammten Puff!«

»Ruhe verdammt ... mal ...«

»Ihr Mörder ... umgebracht!«

»Du Wichser ... mich aufgeweckt!«

»... bin ich hier auf 'nem Kasernenhof oder was?«

Die Schreie und das Hämmern erreichten Wedelmeyer, als wären es Laute aus einer anderen Welt. In der Nähe hörte er einen der Häftlinge »Stille Nacht, Heilige Nacht« singen. Weihnachten. Gott ja, bis Weihnachten waren es ja nur noch wenige Tage!

Wedelmeyer schloss für einen kurzen Moment die Augen und dachte nach. Wenn die Kontrollen richtig eingehalten worden waren, musste der Atommanager vor einer halben Stunde noch gelebt haben. Und nun war er von jetzt auf gleich tot. Unfassbar. Im Unterbewusstsein vernahm Wedelmeyer schnelle Laufschritte auf dem Gefängnisflur. Seine Kollegen waren im Anmarsch.

Wie hatte das mit dem Genske überhaupt passieren können? Hatte der das selbst gemacht? Womit überhaupt? Der Aufseher öffnete die Augen und warf einen raschen Blick in die gut überschaubare Zelle. Er entdeckte nichts. Da lag kein Messer, auch keine Rasierklinge. Ein jäher Gedanke schoss ihm durch den Kopf: War es überhaupt Selbstmord?

Wieder warf er einen Blick auf den blutüberströmten Arm des Atommanagers. Für diesen Tag hatte sich Genskes Freundin angekündigt, wie Wedelmeyer in den Unterlagen gelesen hatte. Genske hatte sie gebeten, ihm neue Wäsche mitzubringen. Wer bittet denn um frische Wäsche und bringt sich gleich anschließend um?, dachte Wedelmeyer. Außerdem hatte die Hauptverhandlung unmittelbar bevorgestanden. Ihn überkam ein Verdacht.

»Genske«, sagte er laut mit erhobenem Zeigefinger, »du musstest sterben, weil du zu viel gewusst hast. Du solltest deine Geheimnisse mit ins Grab nehmen. Irgendwer hatte Angst, dass du vor Gericht eine Bombe auspacken könntest!«

***

»Wissen Sie schon, dass sich der Justizminister wegen dieser Sache eingeschaltet hat?«, fragte Oberstaatsanwalt Ulrich Winter empört und wedelte mit der Hand in Richtung von Genskes Zelle. Gemeinsam mit dem stellvertretenden LKA-Chef Volker Grund hatte er sich dort ein erstes Bild gemacht.

»Mensch, Kollege, was haben Sie denn erwartet?« Grund zuckte die Schultern. »Bei dem dicken Fall stehen die da oben doch alle unter höchstem Druck. Da bewegen wir uns auf ganz dünnem Eis. Wir beide«, sagte er und zeigte erst auf den Staatsanwalt und dann auf sich selbst, »und die da oben auch.«

Er streckte den Daumen in die Luft. Er schaute den Flur hinauf und hinunter und trat noch einen Schritt näher an den Oberstaatsanwalt heran, dessen rot angelaufener Kopf wie ein Granatapfel aus dem blütenweißen Hemdenkragen ragte.

»Ein Tritt in die falsche Richtung, und das Eis bricht ein!«, sagte er leise. »Ich bin sicher, dass die Sache hier von internationaler Bedeutung ist und der Minister ziemlich Druck von der Regierung bekommen hat. Vergessen Sie nicht, bei dem

Mann da in der Zelle«, fuhr Grund fort und zeigte hinter sich, »bei dem Genske und auch ein paar anderen, besteht der Verdacht, dass sie den Stoff für die Bombe ins Ausland verschoben haben. Und falls wir bei unseren Ermittlungen feststellen, dass die Regierung da ruhig zugesehen hat oder sogar involviert war, kommt auf Deutschland einiges zu – Atomwaffensperrvertrag gebrochen und so weiter!« Grund schüttelte so heftig den Kopf, dass sein zwar längeres, aber schütteres Haar in Bewegung geriet.

»Mensch, Winter, das gäbe einen Riesenskandal!«

»Aber stellen Sie sich das bloß mal vor!«, schimpfte Oberstaatsanwalt Winter weiter. »Alles, was wir ermittelt haben, sollen wir sofort dem Minister oder seinem machtgeilen Staatssekretär auf den Tisch packen!«

Der Oberstaatsanwalt legte viel Wert auf Contenance, was er durch eine elegante äußere Erscheinung zu unterstreichen suchte. Sein eleganter dunkler Nadelstreifenanzug war maßgeschneidert. Es war selten, dass Winter – wie jetzt – außer Fassung geriet. Über seinem linken Arm lag ein leichter sandfarbener Mantel, von dem er nervös immer wieder nicht vorhandene Staubkörnchen abklopfte.

»Sie wissen ja, wen ich meine«, sagte er und stellte mit einer hektischen Bewegung seine Aktentasche auf dem Boden ab. »Und was heißt das? Wir müssen uns jetzt vor jedem Ermittlungsschritt vorher vom Minister die Genehmigung einholen! Außerdem haben er und der Staatssekretär in der letzten Sitzung darauf hingewiesen, dass nichts von unseren Ermittlungsergebnissen an die Presse durchsickern darf.«

»Aber das ist doch klar, Kollege Winter«, sagte Grund, »bei der Situation! Der Fall ist so bedeutend, da haben die doch die Hosen gestrichen voll. Und deswegen ...« Er zögerte einen Moment. »Ich will Ihnen ja keine Angst einjagen. Ich sag's deshalb mal mit Chruschtschows bekanntermaßen zarten Worten. Sie kennen ja mein Faible für die klare Sprache dieses sowjetischen Schlitzohrs aus dem Bauernstand.« Grund setzte sein berüchtigtes, süffisantes Lächeln auf. »Wenn die Westmächte dem zu aufmüpfig wurden, drohte er immer damit, er werde die in Berlin ›an den Eiern packen‹.«

Die Augen des Oberstaatsanwalts wurden größer, sein Gesicht blasser. Mit starrem Blick und abweisender Miene musterte er den LKA-Mann, der in seiner ausgeleierten sandfarbenen Cordhose und dem abgetragenen Fischgrätsakko vor ihm stand.

»Begreifen Sie denn nicht?«, fragte Grund unbeeindruckt. »Die da«, er zeigte wieder mit dem Daumen nach oben, »die wollen am liebsten alles unter der Decke halten. Möglichst schnell die Leiche begraben. Weg damit und weiter, wie gehabt. Und das in diesem Fall möglichst schneller als schnell. Kollege Winter, wir beide kennen das doch zur Genüge. Aber diese Sache ist ja nun wirklich heikel ...«

»Das ist mir inzwischen auch klar«, sagte der Oberstaatsanwalt, der sich wieder gefasst zu haben schien. Sein Gesicht war nur noch leicht gerötet. »Aber wo kommen wir denn da hin!«

Grund trat einen Schritt zurück. »Herr Winter, Sie müssen sich vorstellen, dass unsere Atominteressen, also die Machtinteressen unseres Landes, berührt sind.«

Der Oberstaatsanwalt zuckte zusammen. »Nicht so laut, Herr Grund!«

Mit dem Zeigefinger vor dem Mund ließ er ein scharfes »Pst« hören.

»Das müssen doch nicht gleich alle mitbekommen«, flüsterte er und sah sich nach allen Seiten um.

Volker Grund sprach nun zwar ein bisschen leiser, aber in den angrenzenden Zimmern war seine Antwort immer noch zu verstehen.

»Schon bei dem Bisschen, was ich von dem Fall weiß, bin ich mir sicher, dass uns die Amis, Franzosen und Briten, wenn sie alles erfahren, wirklich alles, was hier gelaufen ist, an den Arsch packen. Und nun stellen Sie sich erstmal vor, wir bohren richtig tief und werden fündig!«

Er schüttelte den Kopf.

»Das war's dann, das schwör ich Ihnen. Dann können wir den ganzen Atomladen hier in Deutschland dichtmachen! Und nicht nur das. Wissen Sie was das für uns im Zweifel bedeutet, Kollege? Mit unseren Ermittlungsergebnissen hätten wir beide unser Land ans Messer geliefert. So sieht's aus!« Er machte eine Pause und fuhr mit einem schiefen Grinsen fort: »Glauben Sie wirklich, dass Sie dafür einen Orden kriegen? Oder befördert werden?«

Grund fasste den Staatsanwalt an der Schulter und sah ihm in die Augen.

»Ich denke, es wäre das Beste, wenn wir den Ball ganz flach halten. Ich werde jedenfalls meinen Jungs sagen: Grabt um Himmelswillen nicht zu tief! Das rate ich Ihnen und Ihren Leuten auch. Der Genske ist tot. War ein grausiger Tod, zugegeben. Aber wenn wir nun herausfinden, dass der sich gar nicht selbst umgebracht hat, sondern wegen irgendwelcher Machenschaften von irgendwem umgebracht worden ist, ändert das auch nichts mehr. Außerdem wurde mir zu verstehen gegeben, dass es ja auch für jeden da draußen verständlich wäre, wenn der Genske sich selbst ...«, sagte Grund und machte eine Bewegung, als wollte er sich den Arm aufschlitzen. »Sie wissen schon, was ich meine. Bei den schweren Vorwürfen wär das ja wirklich kein Wunder.«

DIENSTAG

1

Bonn, Redaktion des *Energy Report*

Daniel Deckstein, Chefredakteur des Magazins *Energy Report*, nickte und legte den Entwurf für die neue Titelstory beiseite.

»Hervorragend geschrieben!«, sagte er und warf seinen beiden Kollegen Gerd Overdieck und Rainer Mangold, die ihm in seinem Bonner Büro gegenübersaßen, einen anerkennenden Blick zu. »Hm ... einfach Zucker! Ich hätte ewig weiterlesen können.« Er machte eine nachdenkliche Pause, schüttelte den Kopf und fuhr mit Bedauern in der Stimme fort: »Ich wünschte, wir könnten das so stehen lassen. Das mit dem Staatsanwalt und dem LKA-Mann kann so bleiben, aber an der Beschreibung von Genskes Tod müssen wir grundsätzlich noch was ändern. Es sieht inzwischen so aus, als wäre der ganz anders zu Tode gekommen, als Sie es beschrieben haben. Ich bin froh, dass wir morgen diesen Gefängnisaufseher vor die Flinte kriegen. Am Nachmittag, oder, Gerd?«

»Aber nur Sie und der Alex. Der macht doch die Fotos.«

»Ach ja, Sudhoff fährt auch mit. Ich weiß nicht, warum, aber ich hab das Gefühl, dass wir morgen, wenn wir das Interview mit dem Wedelmeyer im Kasten haben, der Wahrheit ein gewaltiges Stück näher ...«

»Da bin ich mir nicht mehr so sicher«, unterbrach ihn Overdieck. »Wenn man selbst der Aussage eines Oberstaatsanwalts nicht mehr trauen kann ...«

»Wir werden den Wedelmeyer mächtig löchern«, sagte Deckstein. »Wir quetschen dem alles aus den Rippen, was er über Genskes Tod weiß.«

»Wenn der Genske so zu Tode gekommen ist, wie wir bei unseren Recherchen von anderer Seite gehört haben, müssen wir aber auch noch woanders nachfassen«, sagte Overdieck, »und zwar ganz oben. Dann stellt sich auch erst recht die Frage, ob er das wirklich selbst gemacht hat. Egal, ob er so«, er machte mit der Rechten eine Bewegung, als wollte er sich den Arm aufschlitzen, »umgekommen ist, oder so.« Er deutete eine Bewegung an, als würde er sich eine Schlinge um den Hals legen.

»Das heißt, wenn er sich nicht selbst umgebracht hat, dann muss es Gründe dafür geben, warum er ermordet wurde«, erklärte Mangold und sah Deckstein an. »Um das rauszufinden, haben wir beschlossen, noch tiefer einzusteigen und die ganze Vorgeschichte aufzurollen. Also alles auf den Tisch zu packen, was die da an Dunkelgeschäften abgewickelt haben.«

»Ist uns ja auch bis jetzt ganz gut gelungen«, sagte Overdieck und lächelte Mangold zu. Er schätzte die journalistischen Qualitäten seines Kollegen und Freundes, der mehr als zehn Jahre bei internationalen Nachrichtenagenturen in London und Paris gearbeitet hatte. Overdieck wusste, dass Mangold sich dort mit großen Geschichten einen Namen gemacht hatte. Inzwischen eilte diesem der legendäre Ruf voraus, er habe die unglaubliche Begabung, Skandale förmlich zu wittern. Noch bevor überhaupt nur irgendjemand den Hauch eines unangenehmen Geruchs an irgendeiner Geschichte wahrgenommen habe, hieß es, stecke Mangold mit seiner empfindlichen Nase schon tief drin.

»Alles, was wir bisher recherchiert haben, deutet darauf hin«, fuhr Overdieck fort, »dass Genske sein Ableben nicht allein herbeigeführt hat. Vermutlich haben ihm bestellte Killer Hilfestellung geleistet.« Er sah Deckstein an. »Ich geb Ihnen einen Tipp: Wenn Sie morgen bei dem Wärter auf den Busch klopfen, fassen Sie ihn bloß nicht zu hart an. Solche Leute sind nach meiner Erfahrung häufig empfindsamere Naturen, als man denkt. Ich empfehle Ihnen, bei dem mit viel Fingerspitzengefühl vorzugehen. Erstmal abchecken, abtasten. Vielleicht steht er immer noch unter Druck. Und womöglich darf er auch gar nicht kundtun, wie es wirklich war.«

»Oh, Gerd, bei Fingerspitzengefühl und Abtasten wärst ja eigentlich du mit deinen zierlichen Pfötchen gefragt«, sagte

Mangold grinsend und warf einen bedeutsamen Blick auf Overdiecks Hände, die er gern mit Schaufeln oder Bärentatzen verglich. »Aber dass der Mann eventuell auch heute noch unter Druck steht, halte ich auch für möglich.«

Deckstein hatte das Geplänkel schmunzelnd beobachtet. Trotz aller Frotzeleien verstanden sich Overdieck und Mangold sehr gut. Bei den Kollegen hatten sie ihre Spitznamen bereits weg. Overdieck mit seiner behäbigen, tollpatschigen Art war der »Taps«. Mangold, der ja für seinen Riecher bekannt war, hieß bei seinen Kollegen nur noch »Schnüffel«.

Neben Sabine Blascheck, der stellvertretenden Chefredakteurin, waren Gerd Overdieck und Rainer Mangold Decksteins wichtigste Stützen in der Redaktion. Seit sie vor einigen Jahren zum Team gestoßen waren, bildeten sie alle gemeinsam ein unschlagbares Gespann.

Overdieck und Mangold stachen allerdings schon rein äußerlich hervor. Wer den beiden zusammen auf der Straße begegnete, musste unwillkürlich an das Komikerduo Pat und Patachon denken: Der kleine schmächtige Mangold wieselte mit schnellen Trippelschritten neben dem stämmigen Zweimetermann Overdieck einher. Dieser eilte trotz seiner Größe behände und beinahe elegant mit weiten Schritten über das Pflaster. Wenn Mangold seinem Kollegen unterwegs etwas sagen wollte, musste er zu ihm aufsehen. Deckstein hatte schon häufiger erlebt, dass Menschen stehen geblieben waren und den beiden lächelnd hinterhergeschaut hatten.

Overdieck hob die Hände. »Danke für die Blumen. Übrigens weißt du genau, dass ich gar keine Zeit habe mitzufahren. Ich muss an unserer Story weiterschreiben – morgen ist Deadline. Das erinnert mich daran, dass ich noch eine Menge Stoff von dir zu bekommen habe«, sagte er mit erhobenem Zeigefinger und verzog sein Gesicht zu einem breiten Grinsen.

»Reg dich nicht auf, mein Lieber, kriegst du ...«

Overdieck wandte sich wieder an Deckstein: »Bevor mich dieser Witzbold da unterbrochen hat, wollte ich nur kurz darauf hinweisen, dass Typen wie der Wedelmeyer oft schnell dichtmachen. Die haben ja nicht so häufig mit der Presse zu tun. Ein falsches Wort, und die sind eingeschnappt. Dann bekommt man nichts Vernünftiges mehr aus denen raus. Hab da so meine Erfahrungen.«

»Das glaub ich sofort«, spottete Mangold. »Ich ginge ja schon laufen, wenn ich sehen würde, dass so ein Zweizentnerschrank auf mich zugerollt kommt.«

Overdieck sah Deckstein an und schüttelte lachend den Kopf. »Ist ja eigentlich nicht zu glauben! Jetzt hat der Mann schon über vierzig Jahre auf dem Buckel und kann immer noch nicht schlucken, dass seine Eltern ihn als halbe Portion auf die Welt gebracht haben.«

Kaum hatte er den Satz zu Ende gebracht, traf ihn ein Keks an der Schläfe. Overdiecks Bauch zitterte vor unterdrücktem Lachen. »Lass uns mal wieder ernst werden, Rainer«, sagte er und fuhr an Deckstein gewandt fort: »Ich bin sicher, Sie machen das schon. Wenn Sie den Wedelmeyer richtig anpacken, Daniel, können Sie aus dem eine Menge für uns rausholen. Schließlich hat er laut LKA-Unterlagen den Genske tot in seiner Zelle gefunden.«

»Aus meiner Sicht haben wir nur eine Chance, was Brauchbares von dem zu erfahren, wenn wir ihm mit gezielten Fragen auf den Leib rücken«, warf Mangold ein. »Vielleicht hab ich da noch was«, setzte er mit unergründlicher Miene hinzu.

»Mein Lieber, du riechst doch schon wieder was. Spuck's aus!«, sagte Overdieck.

»Mir ist da was durch den Kopf gegangen, Gerd. Kann ich aber noch nicht drüber reden. Muss erst noch ein bisschen rumtelefonieren. Und dann schiebe ich Ihnen, Daniel, noch ein paar saubere Fragen für das Interview rüber.«

»Okay, bin gespannt«, sagte Deckstein. »Solche Leute haben, glaub ich, oft Hemmungen, mit offiziellen Untersuchungsbeamten über ihre Entdeckungen und Gefühle zu sprechen. Und soweit wir inzwischen wissen, ist Wedelmeyer keiner dieser durchschnittlichen Schließer. Eher ein verhinderter Jurist. Obwohl er schon lange im Dienst ist, also auch erfahren, kniet der sich in die Fälle rein und liest alles darüber. Als erster eingebuchteter Manager aus einem Atomunternehmen war der Genske für ihn wohl ein ganz besonderer Fall. Das hab ich jedenfalls bei einem Telefonat mit Wedelmeyer herausgehört. Der sprudelte gleich los ...«

»Erstaunlich«, unterbrach ihn Overdieck. »Aber auch bei einigen Staatsanwälten, die wir gesprochen haben, war der Fall nach über zwanzig Jahren immer noch präsent. ›Es gibt so Fälle‹, hat der Leiter des Archivs in der Hanauer Staatsanwaltschaft zu mir gesagt, ›die merkt man sich, weil man damit rechnet, dass da irgendwann noch mal nachgefragt wird‹.«

»Wir hatten bei unseren Recherchen ja auch wiederholt den Eindruck, als hätte damals eine heimliche Hand die Ermittler an unsichtbaren Fäden zurückgehalten, damit sie nicht zu tief ermitteln«, sagte Deckstein nachdenklich.

»Die Leute erinnern sich zwar an den Fall, aber wenn wir irgendwo auftauchen, schlägt uns nicht gerade die reine Freude entgegen«, sagte Mangold. »Im Gegenteil, manchmal müssen wir froh sein, dass die uns nicht einen Eimer Wasser über den Kopf schütten, wenn wir uns vorstellen und erklären, um was es geht.«

Gerd Overdieck nickte heftig.

»Wenn das Interview mit dem Wedelmeyer gut läuft, erfahren wir vielleicht, ob die Branche oder alle, die da mitmischen, fähig sind, einen Mord in Kauf zu nehmen, um ihre Ziele nicht zu gefährden. Das, was wir bisher schon im Kasten haben und nach und nach veröffentlichen können, spricht ja eigentlich schon eine klare Sprache. Hat nicht der Richter in Hanau schon damals, als der Prozess gegen einen Mitarbeiter aus dem Umfeld Genskes lief, von mafiosen Strukturen gesprochen?«

Overdieck sprang plötzlich auf. »Ich kann's gar nicht erwarten, diesen coolen, aalglatten Atommanagern die Maske vom Gesicht zu reißen. Die erklären immer, sie hätten alles im Griff! Dabei wird gar nicht richtig klar, wie sie das eigentlich meinen!«

Mangold wusste, dass er seinen Kollegen bremsen musste, egal wie. Sonst würde der sich weiter in Rage reden.

»Mensch, Gerd«, sagte er und setzte ein spöttisches Grinsen auf, »besser hätte ich es auch nicht formulieren können. Ich sag's ja immer, unser Taps kann sich von einer Minute zur anderen als eleganter ... Haudrauf entpuppen.«

Overdieck klopfte ihm lächelnd auf die Schulter. »Manchmal bist du so'n richtig netter kleiner Armleuchter.«

»Ich finde es zwar immer wieder unterhaltsam, Ihnen beiden zuzuhören«, sagte Deckstein, »aber die Zeit drängt. Ich muss die Unterlagen noch mal durchgehen, und Sabine will auch noch was von mir.«

»O.k., wir sind schon verschwunden«, sagte Mangold und stand auf. »Ich reich Ihnen nachher noch die Fragen rein.«

MITTWOCH

2

Hanau, Untersuchungsgefängnis

Deckstein saß rittlings auf dem einzigen Stuhl im Zimmer des Aufsehers Kurt Wedelmeyer. Das Sitzmöbel machte einen derart wackeligen Eindruck, dass der Journalist es zur Sicherheit mit der Rückenlehne nah an die Kante des kleinen Tisches gestellt hatte. Das gab ihm das Gefühl, nicht damit umkippen zu können. Aus dieser Warte hatte Deckstein das Aufnahmegerät, das auf dem Tischchen neben dem Teller mit Wedelmeyers Mittagessen stand, gut im Blick. Es würde ihm also nicht passieren, dass sie redeten und redeten und das Band stünde längst still. Häufigeres Reporterschicksal, als man glaubt. Alex Sudhoff hatte sich mit seiner Kamera hinter ihm aufgebaut.

Deckstein betrachtete das zerfurchte, graue Gesicht des Aufsehers, der ihm auf einem ausgeblichenen, durchgesessenen Sofa gegenübersaß. Seit über zwanzig Jahren tat Wedelmeyer hier im Hanauer Gefängnis Dienst. Seine Augen, die unruhig hin und her huschten, lagen tief in dunkel umschatteten Höhlen. Die Wangen waren eingefallen, die Lippen hatte er fest aufeinander gepresst. Er machte den Eindruck eines Mannes, auf dem ein gewaltiger seelischer Druck lastet.

»Ein paar Tage nach diesem schrecklichen Erlebnis mit Genske hatte ich zufällig wegen einer anderen Sache mit Doktor Gaibel zu tun. Das ist unser Gefängnisarzt«, erzählte Wedelmeyer. »Ich hab ihn gefragt, was eigentlich im Kopf und im Körper eines Selbstmörders passiert, nachdem der sich die Adern aufgeschnitten hat. Sitzt der dann da einfach so rum und sieht zu, wie ihm der eigene Saft rausspritzt?«

Mit einer raschen Bewegung, die Deckstein diesem bisher eher träge erscheinenden Mann gar nicht zugetraut hätte, griff

Wedelmeyer hinter sich und zog hinter seinem Rücken ein wabbeliges Ding hervor.

»Ich hab was vorbereitet, damit Sie sich mal so richtig vorstellen können, wie das mit dem Genske abgelaufen ist, meine Herren. Ich meine, dann fallen Ihnen sofort die richtigen Fragen ein.«

Wie bei einem Zauberer verschwand das rote Ding plötzlich tief in dem weiten linken Ärmel von Wedelmeyers alter, durchgescheuerter Uniformjacke. Er streifte den Stoff hoch, und plötzlich schoss eine hellrote blutähnliche Flüssigkeit aus seinem linken Arm.

»Nicht! Lassen Sie das«, rief Wedelmeyer, als Deckstein den Teller mit dem Mittagessen wegziehen wollte. Das »Blut« spritzte über den Tisch, das Mittagessen und einen daneben liegenden Brief.

Mit einem Ruck wandte Deckstein den Kopf ab. Er hörte, wie es hinter ihm polterte, und spürte einen Ruck an seinem Stuhl. Er drehte sich um und sah, dass Alex Sudhoff vor Schreck seine Kamera losgelassen hatte. Sie war gegen Decksteins Stuhl geschlagen und baumelte jetzt am Riemen vor dem Bauch des Fotografen.

»Ih!«, gellte Alex' schriller Schrei durch den Raum.

Hoffentlich kippt der mir jetzt nicht noch um, dachte Deckstein,

»Nee, Herr Wedelmeyer«, rief Sudhoff, »dieses Blut im Mittagessen! Wie widerlich! So eine ekelige Sauerei!« Zugleich griff er wieder nach seiner Kamera und kniete sich mit einer geübten Bewegung hin. Immer wieder drückte er auf den Auslöser und schoss eine Serie Bilder von dem blutigen Stillleben.

Als Deckstein sich Wedelmeyer wieder zuwandte, sah er, dass inzwischen dunkleres »Blut« vom Tisch auf dessen Hose tropfte. Auf dem Boden hatte sich schon eine kleine Lache gebildet, die rasch größer wurde. Der linke Arm des Aufsehers hing wie eine rote blutige Wurst schlaff herunter.

»Und nun sitze ich hier und warte in aller Seelenruhe darauf, dass mir weiter das Blut rausläuft? Bis ich tot umfalle? Und dann hoffe ich auch noch, dass mich keiner entdeckt?« fragte Wedelmeyer ironisch und sah die beiden Journalisten an. »Das musste damals bei dem Genske ja alles zwischen zwei zeitlich engen Kontrollen passieren. Und der wusste natürlich nicht, wann die jeweils waren.«

In der Wärterzelle sah es inzwischen aus wie beim Schlachtfest. Je länger Deckstein Wedelmeyer mit seinem blutüberströmten Arm betrachtete, desto mehr verschwamm das Bild des Wärters vor seinen Augen. Stattdessen sah er den großen, schlanken, lebensfrohen Genske vor sich, wie er ihn von vielen Fotos und Schilderungen in Erinnerung hatte. Zugleich drang ihm immer klarer die Frage ins Bewusstsein: Sieht so ein Täter aus? Oder doch das geschlachtete Opfer? Ist das alles überhaupt so gewesen? Und wenn nicht, warum gibt sich Wedelmeyer so viel Mühe, uns vorzumachen, dass der Genske sich tatsächlich den Puls aufgeschlitzt hat?

»Also, der Doktor Gaibel«, erklärte Wedelmeyer weiter, »hat mir damals den medizinischen Ablauf eines Suizids geschildert. Mir kamen dabei immer wieder die Bilder von Genske in der Zelle hoch. ›Nach dem Schnitt‹, hat der Doktor gesagt, ›kommt zunächst der Moment, in dem man noch einmal richtig lebendig wird. Das Herz rast dann wie wild.‹ In diesem Augenblick, in dem man dann noch mal so richtig aufgekratzt und mobil wird, geben manche Selbstmordkandidaten ihre Absicht auf. Sie schreien rum, machen sich bemerkbar und werden oft noch gerettet.

Wenn man den Schnitt richtig gemacht hat, also längs und nicht quer, und die erste Phase hinter sich hat, kommt die zweite, und zwar ziemlich bald nach diesem Herzrasen. ›Sogar die erlebt man noch bei vollem Bewusstsein‹, hat der Gaibel mir weiter erklärt. ›Dann hat man schon richtige Schmerzen, denn der Körper versorgt nur noch das Gehirn, den Bauch, die Lunge und das Herz mit Blut. Beine und Arme schon nicht mehr. Und das kann sehr, sehr wehtun.‹«

Wedelmeyer machte eine Pause und fuhr dann nachdenklich fort: »Wenn das stimmt, was der Doktor mir erzählt hat – und es gibt keinen Grund, daran zu zweifeln –, dann muss der Genske doch damals irre Schmerzen gehabt haben.«

Deckstein lauschte mit angehaltenem Atem und brannte darauf, dass der Aufseher weitersprach.

»›Wedelmeyer‹, hat der Gaibel mich in einem Ton angeschrien, als ginge es auf mein eigenes Ende zu. ›Wedelmeyer, wenn Sie nun Ihre dritte Suizid-Phase erreicht haben, macht langsam auch Ihr Gehirn nicht mehr mit.‹ Er hat mir dabei einen kurzen, kräftigen Klaps vor die Stirn gegeben. ›Die kleinen Blutgefäße, die Kapillargefäße, die die Nervenzellen mit den übrigen Blutgefäßen verbinden, werden jetzt nicht mehr richtig durchblutet. Sie schalten allmählich ab. Und dann stellt der Herzmuskel seine Arbeit ein. Danach schalten auch alle anderen Organe ab.‹«

Wedelmeyer verstummte und schüttelte sich, als liefe es ihm noch in der Erinnerung kalt den Rücken herunter. Mit einem Mal beugte er sich so abrupt vor, dass das altersschwache Sofa ächzende Laute von sich gab. Eine Weile saß der Wärter regungslos mit zusammengezogenen Schultern da.

Deckstein stellte ihm keine Fragen, sondern wartete ab. Er will sich vor etwas wegducken, dachte er und nahm sich die Zeit, den Aufseher genauer in Augenschein zu nehmen. Im kaltweißen Licht der Neonröhre stachen die »Blutspritzer« in dem von tiefen Furchen durchzogenen Gesicht hellrot hervor. Wedelmeyers an sich krauses Haar war durch die Mütze, die er eben noch getragen hatte, platt an den Kopf gedrückt worden.

Plötzlich kam wieder Leben in den Aufseher. Er straffte sich, stand auf und sagte: »Entschuldigen Sie, meine Herren, aber Sie werden verstehen, dass ich jetzt wieder arbeiten muss. Man wird mich bestimmt schon vermissen. Und ich muss mich ja noch umziehen.«

Als die drei Männer den Raum verließen, hielt Deckstein das eingeschaltete Tonbandgerät in der Hand. Er achtete darauf, dass das Mikrofon möglichst auf Wedelmeyer gerichtet blieb. Sie waren kaum auf dem Gang angekommen, als der Wärter unvermittelt stehen blieb.

»Noch mal kurz zu Genske ...«

»Das ist das Stichwort, Herr Wedelmeyer«, unterbrach ihn Deckstein. »Wir haben Hinweise darauf, dass das alles ganz anders abgelaufen ist.«

Der Aufseher sah ihn erschrocken an und schwieg.

Die plötzlich eingetretene Stille wurde vom Klingelton eines Mobiltelefons unterbrochen. Deckstein sah seinen Fotografen an. Doch Sudhoff schüttelte den Kopf und zeigte auf Wedelmeyer. Der Aufseher griff in seine Jackentasche, zog sein Handy hervor und sah auf das Display.

»Entschuldigung, meine Herren«, sagte er erstaunt. »Eigentlich ungewöhnlich. Ich werde hier sonst nie angerufen. Normalerweise funktioniert auch unser Störsender, damit die Häftlinge nicht einfach so mit ihren Handys ...« Er sah noch einmal auf das Display. »Die Nummer kenn ich nicht. Ich nehme aber mal schnell an ... Wedelmeyer, hallo?«

Gleich danach lief sein Gesicht rot an. Er reckte den Kopf, um den langen Gefängnisgang zu überblicken. Dann schrie er: »Wer sind Sie überhaupt? Woher wissen Sie ...? Was wollen Sie ...?« Er beendete das Gespräch und sah Deckstein direkt ins Gesicht: »Seien Sie bloß vorsichtig!«

»Was ist denn los, Herr Wedelmeyer?«

Der Aufseher versuchte, das Handy, das von der »blutigen« Vorführung ebenfalls in Mitleidenschaft gezogen war, wieder in seiner Jackentasche zu verstauen, griff aber aus Nervosität mehrmals daneben. Deckstein sah, wie seine rot verschmierten Hände zitterten.

»Da war so ein Kerl dran. Wollte seinen Namen nicht nennen«, murmelte Wedelmeyer und konzentrierte sich darauf, das Handy in der Außentasche seines zu weiten Jacketts zu verstauen. Schließlich schaffte er es. »Der meinte doch tatsächlich ...«

Er sieht aus, als verstünde er überhaupt nichts mehr, dachte Deckstein.

»Meine Herren, haben Sie bitte Verständnis, aber ich muss jetzt«, erklärte der Aufseher unvermittelt und zeigte in Richtung Ausgang. »Ich fürchte, dass sich da im Hintergrund was gegen Sie zusammenbraut«, fuhr er fort, während er mit schnellen Schritten voranging. »Ich geb Ihnen einen guten Rat: Passen Sie auf sich auf! Nicht, dass Ihnen auch noch was passiert!« Er wirkte tief beunruhigt.

Als sie vor dem Ausgangstor angekommen waren, drückte der Wärter neben der Tür auf verschiedene Zahlen. Innerhalb des großen Tores öffnete sich, wie von Geisterhand gesteuert, eine kleinere Tür. Grelle Sonnenstrahlen tasteten sich in das dunkle Viereck, als versuchten sie, Licht in das unheimliche Geschehen dahinter zu bringen.

Draußen schien eine andere Welt zu warten. Oder war das nur eine kurze Sinnestäuschung? Vielmehr ein Wunsch? Deckstein zog es ins Freie, in die warme Sonne, zu ihrem Auto. Er wollte möglichst schnell weg aus dieser grellen Sterilität der kalt ausgeleuchteten Gefängnisflure. Alex Sudhoff war schon auf dem Weg zu ihrem Wagen, als Deckstein im letzten Moment einfiel, was Rainer Mangold ihm aufgeschrieben hatte: Fragen Sie den Wärter unbedingt auch nach dem letzten Besucher in Genskes Zelle und nach der Akte zum Todesermittlungsverfahren.

»Sagen Sie mal«, sagte Deckstein und legte die Hand auf Wedelmeyers Arm. »Ich wollte Sie schon die ganze Zeit danach fragen, aber über diesen Anruf eben hab ich's vergessen. Hatte der Genske eigentlich Besuch? Irgendwelche Leute haben den doch bestimmt in der Zelle besucht. Und dann muss es da doch eine Akte geben, in der der Arzt die genaue Todesursache angegeben hat.«

»Sie meinen die Todesermittlungsakte? Gute Frage! Wo die steckt, weiß ich auch nicht. Aber da sind Sie schon auf dem richtigen Weg. Wenn Sie die in der Hand hätten, wüssten Sie eine ganze Menge mehr. Fragen Sie mal bei der Staatsanwaltschaft Hanau nach. Im Übrigen: Den Genske haben schon einige Leute besucht«, sagte der Aufseher. »Vernehmungsbeamte vom Landeskriminalamt, Staatsanwälte ... Wenn Sie die Besucherliste einsehen wollen, müssten Sie auch beim zuständigen

Staatsanwalt anfragen, der hat die bestimmt noch in seinen Akten. Da gibt es einen ganz Netten, der auch an der Aufklärung des Falles beteiligt war. Ich kann Ihnen den Namen raussuchen. Schicke ich Ihnen.«

»Ich hab sie aus einem bestimmten Grund danach gefragt, Herr Wedelmeyer. Kann ja sein, dass wir da Namen von Leuten finden, die uns Hinweise auf Genskes mögliche Todesumstände geben. Besonders interessant wäre der Name des letzten Besuchers.«

»So ist es«, sagte Wedelmeyer in einem Ton, als wäre er nicht ganz bei der Sache. Er richtete sich kerzengerade auf und schob die Brust heraus. Das Jackett saß auf einmal stramm. Deckstein hatte den Eindruck, als stünde jemand hinter dem Aufseher und würde ihn mit einer Luftpumpe aufblasen.

Wedelmeyer sah an Deckstein vorbei. »Irgendwo müssen diese Schweine, die Sie und mich überwachen, doch stecken!«, flüsterte er und suchte mit den Augen die gegenüberliegende Häuserzeile ab.

»Vergessen Sie's, Herr Wedelmeyer. Das sind Profis. Die lassen sich bestimmt nicht sehen«, sagte Deckstein.

Kaum hatte er ausgesprochen, schoss hinter einem mittelgroßen Lkw, der auf dem Parkplatz vor den Häusern gestanden hatte, ein schwerer dunkler Mercedes mit quietschenden Reifen hervor. Zwei Männer mit dunklen Sonnenbrillen warfen einen kurzen Blick in Richtung des Gefängnistores, dann war der Wagen um die Kurve verschwunden. Es war so schnell gegangen, dass weder Deckstein noch Wedelmeyer das Kennzeichen erkennen konnten.

»Ich kann's nicht oft genug sagen: Seien Sie vorsichtig!«, sagte Wedelmeyer.

Deckstein verabschiedete sich mit einem kurzen Händedruck von dem Aufseher und ging mit schnellen Schritten zu dem Wagen, in dem Alex Sudhoff auf ihn wartete. Bevor er einstieg, wandte er sich noch einmal um und sah, dass Wedelmeyer ihnen noch mit sorgenvollem Blick nachsah, bis sich das Gefängnistor wie von Geisterhand gesteuert vor ihm schloss.

3

Bonn, Redaktion des *Energy Report*

Draußen wurde es bereits dunkel. Im Verlag des *Energy Report*, unweit der Bonner Oper, hüllten die italienischen Designerlampen Decksteins Büro in ein warmes Licht. Gerd Overdieck und Rainer Mangold hatten es sich im »italienischen Eck« bequem gemacht. Dieses von den Mitarbeitern mit untergründigem Spott so getaufte Ensemble im Büro des Chefredakteurs bestand aus drei leichten, schwarzen Ledersesseln und einer Zweiercouch. Produkte eines italienischen Nobeldesigners. Deckstein hatte seine Mitarbeiter zu sich gebeten, weil er ihnen von dem Interview mit Wedelmeyer und vor allem auch von dem seltsamen, irgendwie bedrohlichen Anruf berichten wollte.

Overdieck ließ seinen Blick durch den Raum wandern. »Ich muss schon sagen, Daniel, jedes Mal, wenn ich hier bei Ihnen sitze, fällt mir wieder auf, dass der Verleger aber auch wirklich die feinsten Teile in Ihr Büro gestellt hat«, sagte er. »Die sind derart fein und grazil, dass ich mich frage, ob er dabei auch an Leute wie mich gedacht hat.« Dabei wippte er mit seinen beinahe hundert Kilo ein paar Mal rauf und runter.

»Wenn Sie weiter hier so formidabel sitzen wollen, sollten Sie vorsichtiger mit dem Stück umgehen. Übrigens hat mir der Verleger diese schicken Teile erst hier reingestellt, nachdem ich ihn überzeugen konnte, dass wir Sie beide nur kriegen, wenn er für eine anständige Umgebung sorgt. Vorher haben wir hier auf Apfelsinenkisten gesessen«, sagte Deckstein und lachte. »Aber wir wollen fair sein, Gerd, Ihre Büros sehen auch nicht viel schlechter aus!«

»Ja, ja, stimmt schon. Ich muss zugeben, da kann man ganz gut darin leben«, räumte Overdieck ein und zwinkerte

Mangold zu. »Ich benehme mich jetzt auch anständig«, fügte er schmunzelnd hinzu, »und setz mich richtig hin.« Mit einer vorsichtigen Bewegung richtete er sich gerade in dem Sessel auf und legte die Hände wie eine Novizin zusammengefaltet in den Schoß.

»Ich wollte eigentlich mit Ihnen nicht über unsere Büroausstattung diskutieren, sondern kurz berichten, wie das Interview gelaufen ist«, sagte Deckstein.

»Noch schnell ein Wort vorweg«, unterbrach ihn Overdieck. »Muss einfach sein.« Er drehte sich zur Seite und ließ seine Augen über die Bilder an den Wänden schweifen. »Wenn mich mein Eindruck nicht täuscht, wird Ihr Büro auch immer mehr zu einer Galerie für die, zugegeben, tollen Bilder Ihrer Tochter.«

»Da bringen Sie mich auf eine Idee, Gerd. Bin ich noch gar nicht drauf gekommen. Aber wir sollten jetzt doch ...«

»Studiert sie eigentlich immer noch an der Kunstakademie in Berlin?«

Rainer Mangold stellte in dem Augenblick seine Kaffeetasse mit solch einem Schwung auf die Untertasse, dass es klirrte. Deckstein und Overdieck zuckten zusammen.

»Ach, komm, Taps, hör auf zu schleimen«, fuhr ihn Mangold unwirsch an. »Daniel hat doch gerade gesagt, dass es Wichtigeres zu besprechen gibt.«

»Kein Schleimen, Schnüffel. Du verstehst eben nichts von Kunst und ...« Overdieck kam nicht dazu, weiterzusprechen. Mangold hob die Hand auf eine Weise, die ihn sofort innehalten ließ.

»Was ist los, Rainer? Sie sind heute irgendwie komisch«, sagte Deckstein.

»Ja, ich weiß auch nicht. Diese ganze Geschichte, an der wir nun schon monatelang arbeiten, hinterlässt wohl bei mir ihre Spuren. Ich bin inzwischen fast süchtig nach Süßem«, erklärte Mangold.

»Nichts Neues für uns, Rainer«, spöttelte Overdieck.

»Ist aber wirklich so. Ich brauche mehr Nervennahrung als sonst«, sagte Mangold und fuhr an Deckstein gewandt fort: »Vor allem, wenn der Taps hier solche Sachen erzählt. Haben Sie nicht für einen ängstlichen Menschen noch ein paar Kekse hier rumliegen?«

»Mensch, ich dachte, du wolltest was Wichtiges sagen! Und überhaupt, du riechst doch sonst alles«, brummte Overdieck. »Da links, direkt vor deiner Nase, steht auf dem kleinen italienischen Designer-Glastisch eine ganze Schachtel.«

»Lass gut sein, Gerd«, sagte Deckstein. »Die letzten Monate waren wirklich ein Schlauch. Manch einer hätte uns für bekloppt gehalten, so wie wir an der Geschichte gearbeitet haben. Wie die Besessenen. Tag und Nacht, hätte ich fast gesagt.«

Deckstein gab den beiden einen kurzen Überblick über das, was der Aufseher gesagt hatte. Vor allem Wedelmeyers Darstellung, wie sich Genske umgebracht haben sollte, schilderte er ihnen ausführlich. Und dann kam er zu dem ominösen Anruf.

»Wedelmeyer ist überzeugt, dass wir beobachtet und womöglich auch abgehört werden. Der hat uns total nervös gemacht mit seinem Gehabe. Bevor wir nach dem Interview losgefahren sind, haben Alex und ich das ganze Auto nach versteckten Wanzen abgesucht.«

Mangold und Overdieck sahen sich betroffen an. Bevor sie etwas sagen konnten, klingelte das Telefon auf Decksteins Schreibtisch.

»Moment, ich geh mal gerade dran«, sagte Deckstein und hielt den Zeigefinger vor den Mund. Gleichzeitig nahm er das Gespräch auf dem schnurlosen Telefon an, das auf dem Beistelltisch neben ihm lag.

»Deckstein ..., ach, Ulla, du bist es. Wer ist dran? Was sagst du, der ist ungehalten?« Er warf den beiden anderen einen bedeutungsvollen Blick zu. »Moment, ich stell gerade mal auf laut. Gerd und Rainer sollen mitbekommen, was der Würselen zu sagen hat. Okay, funktioniert. Jetzt kannst du durchstellen ... Deckstein«, sagte er in die Sprechmuschel.

»Schön, dass ich Sie gleich erreiche, Herr Deckstein. Ich muss doch unbedingt mal mit Ihnen sprechen. Bei mir klingelt seit heute Morgen ununterbrochen das Telefon. Die Vorstände von unseren Mitgliedsfirmen rufen mich alle an und beschweren sich über Sie. Mein Gott, lassen Sie doch diese alten Kamellen ruhen!«

Overdieck und Mangold erstarrten. Sie hatten die Stimme erkannt – Matthias Würselen, der Präsident des Deutschen Atomvereins.

»Herr Mangold und sein Kollege, der Herr Overdieck, waren ja kürzlich auch bei mir und haben mir Löcher in den Bauch gefragt. Halt *ich* ja aus. Bei mir beißen die ja, wie Sie wissen, auf Granit. Aber seit Wochen, was sage ich, seit Monaten nerven die beiden nicht nur einige Vorstände unserer Mitgliedsfirmen mit ominösen Fragen zu diesem alten Skandal, auch aus Regierungskreisen gibt es immer wieder Anfragen. Die Leute wollen von mir wissen, ob da noch was auf sie zukommen könnte ...«

Deckstein spürte förmlich die Erregung des Präsidenten. Der schneidende Unterton überdeckte das Vibrieren in seiner Stimme nur unzureichend. »Sie wissen doch auch, wo Menschen arbeiten ...«

Würselen hielt inne und räusperte sich. Er musste bemerkt haben, dass er dabei war, sich zu verhaspeln. Schließlich hatte die Atomwirtschaft immer wieder betont, dass sie über ein absolut sicheres Konzept verfüge. Der Einzelne könne gar keine krummen Sachen machen. Ein wenig verbindlicher fuhr er fort: »Herr Deckstein, Sie machen doch ein professionelles, modernes Blatt. Wird auch bei uns in der Branche viel gelesen. Warum wollen Sie sich unbedingt den Ruf kaputtmachen? Der Skandal ist doch längst begraben, vergessen. Der modert ja schon richtig vor sich hin ...«

Deckstein ließ ihn nicht ausreden.

»Die Sache hat seit damals ihren üblen Geruch keineswegs verloren, Herr Würselen«, sagte er kühl. »Vergessen Sie nicht, da sind Menschen in Ihrer Branche auf brutale Art und Weise umgekommen. Ich frage Sie: warum? Weil sie zu viel wussten? Damals ist Bombenstoff verschwunden. Wohin? Nach Libyen, Pakistan und von da zu islamistischen Terrorgruppen? Bis heute will niemand aus Ihren Kreisen angeblich Genaueres wissen oder gewusst haben.«

»Das wurde doch alles aufgeklärt und ...«, warf Würselen ein.

»Aufklärung nennen Sie das?«, unterbrach Deckstein den Atomvereinspräsidenten. »Der Skandal wurde genau so wenig aufgearbeitet wie der von dem atomaren Zwischenendlager Asse. Keiner weiß so richtig, was es eigentlich sein oder werden soll. Erst heute, Herr Würselen, erst heute, nach mehr als zwanzig Jahren, kommt scheibchenweise zutage, dass in dem sogenannten Zwischenendlager in Niedersachsen kiloweise Plutonium, also Stoff für etliche Atombomben lagert, den Kontrollen entzogen und ...«

»Das behaupten *Sie*«, ging Würselen dazwischen.

»Nein, Herr Würselen, Sie wissen genau so gut wie ich, dass dies das Ergebnis der ersten stichhaltigen Bestandsaufnahme durch Experten ist. Das belegen auch die Unterlagen der Staatsanwaltschaft, die den Hanauer Atomskandal untersucht hat. Ich erinnere nur mal an Genske. Der Name sagt Ihnen noch was?«

»Aber natürlich. Das war doch der, der sich damals ...«

»Vielleicht wusste er auch nur zu viel. Aufgrund unserer bisherigen Rechercheergebnisse stellen wir uns die Frage, wie weit Ihre Branche geht, um ihre Ziele zu erreichen.«

Deckstein zog die Augenbrauen hoch und warf Overdieck und Mangold einen gespannten Blick zu.

»Ich habe gedacht, ich könnte Sie zur Vernunft bringen. Aber ...« Würselen legte auf.

»So nervös hab ich den Mann vielleicht das letzte Mal während der großen Anti-Atomkraft-Demos vor Jahren erlebt«, sagte Deckstein.

»Dieser scheinheilige Klugscheißer!«, empörte sich Overdieck. Er schaukelte so vehement in seinem Sessel, dass Deckstein ihm einen um das Möbel besorgten Blick zuwarf. »Genske und Co. haben mit Wissen ihrer Bosse den Bombenstoff ins belgische Atomzentrum Mol geliefert. Nach allem, was wir bisher recherchiert haben, bin ich mir inzwischen ziemlich sicher, dass deren Chefs sogar die Strategie dafür entwickelt haben.«

»Und in Mol wurden die schon sehnsüchtig von den pakistanischen Atomwissenschaftlern erwartet«, ergänzte Deckstein. »Wie Sie wissen, kriegt die Atombombe aber erst mit Tritium die richtige Sprengkraft. Das haben die Hanauer auch dahin geliefert. Sabine und ich haben das recherchiert. Wir liefern diesen Teil zur Titelgeschichte dazu. Das war nicht nur ein ganz dickes, sondern auch ein ganz gefährliches Geschäft. Und über all das wusste der Genske zu viel. Auch deswegen sind wir uns sicher, dass mit Genskes Tod etwas nicht stimmt.«

Overdieck und Mayer sahen ihn entgeistert an.

»Waren die meschugge? Woher wissen Sie ...?«, fragte Mayer und tippte sich an den Kopf.

»Hinter dem Tritium waren damals auch einige Atommächte her«, erklärte Deckstein.

»Es ist einfach unfassbar«, empörte sich Mangold, »da taucht plötzlich irgendwo kiloweise Plutonium auf und keiner wusste vorher, dass es das gibt! Das hatte niemand in den Büchern. Und dann behaupten diese Kerle in Wien von der IEAO oder auch diese Atomkontrolleure von Euratom, ihnen entginge aber auch gar nichts! Zumindest die hätten wissen müssen, wie viel Plutonium ins Lager Asse gekippt worden ist!« Mangold war außer sich. »Für mich steht fest, dass die überhaupt keinen Durchblick mehr hatten!«

»Die hatten noch nie einen, Schnüffel«, sagte Overdieck ruhig. »Im belgischen Mol sind Unmengen Tonnen an atomarem ›Abfall‹ unbemerkt verschwunden. Das zumindest steht hundertprozentig fest. Dieser sogenannte ›Abfall‹ war mit angereichertem Plutonium und Uran versetzt und behaftet. Glaubst du denn, deshalb wäre auch nur einer von der Regierung oder der Atomwirtschaft im Karree gesprungen? Oder wie das HB-Männchen unter die Decke gegangen? Nicht einer! Dass diese Mengen in dunklen Kanälen, vermutlich in Pakistan, versickert sein könnten, hat niemanden dort aufgeregt. Die waren ausschließlich mit dem Herunterspielen und Vertuschen der ganzen Sache beschäftigt.«

4

Bonn, Redaktion des *Energy Report*

»Immerhin bringen wir die Dinge mit unserer nächsten Titelgeschichte ja endlich auf den Punkt«, sagte Sabine. Sie war ein paar Minuten zuvor hereingekommen und hatte die letzten Sätze mitgehört.

»Da wird unseren Lesern mal plastisch dargestellt, dass diese Sauereien von damals unserem Land heute den größten GAU bescheren, ja, dass sie es, wenn's ganz dicke kommt, in den Abgrund stürzen können. Ich hab hier noch einen Vermerk von unseren damaligen Brüdern aus Ostberlin, der das alles bestätigt. Daraus geht im Übrigen auch ganz klar hervor, dass die Stasi über alles im Bilde war, was hier ablief. Die hatte dabei jede Menge Hilfe von Fachleuten aus dem Westen. Was die schreiben, trifft voll auf den Hanauer Skandal zu.« Sie setzte sich und blätterte in den Unterlagen, die sie in der Hand hielt. »Ich zitiere mal: ›Zugleich wurde … von mehreren Sachverständigen festgestellt, dass es in der BRD keine Spaltstoff-Echtzeitüberwachung gegeben habe, dass der Sicherheitsgrad für die Entdeckung einer illegalen Spaltstoffabzweigung bei 90 bis 95 Prozent liege … So sei der Kenntnisstand der staatlichen Behörden über den tatsächlichen Spaltstoffbestand … bisher gering gewesen. Daher hätten die Behörden nach Bekanntwerden des Atommüllskandals nicht gewusst, welches Spaltmaterial sich wo und in welchen Mengen befand.‹«

»Da wurde doch an höchsten Stellen mit gezinkten Karten gespielt«, sagte Mangold und zuckte angewidert die Schultern.

Sabine nickte ihm zu. »Dann haben die in dem Vermerk auch noch darauf hingewiesen, ich zitiere noch mal: ›… dass die Betreiber von Nuklearanlagen mit Unterstützung der BRD-Regierung eine Intensivierung der Überwachungs- und Kontrollsysteme ablehnen‹. Da haben wir's! Es muss doch einen Grund geben, warum die so was abgelehnt haben.«

»Unsere Recherchen haben ergeben, dass der Genske eigentlich nur die Gallionsfigur war«, schaltete sich Overdieck ein. »Der hat zwar bei diesen tödlichen Geschäften mitgemischt, aber die Strategen saßen ganz oben. Noch mal, ich sage *ganz* oben! Was die damals abgezogen haben, riecht nach großem Geschäft. Da stand eine ausgefeilte Strategie dahinter. Ich bin sicher, selbst die in Bonn wussten, was da lief. Bezahlen musste nachher allerdings, neben ein paar anderen, der Genske ...«

»Mit einem grässlichen Tod.« Rainer Mangold malte ein Kreuz in die Luft.

»Aber wir wissen immer noch nicht genau, wie der umgekommen ist«, sagte Deckstein. »Unglaublich, dass es da grundlegende Widersprüche gibt. Ich werd den Eindruck nicht los, dass da eine Menge vertuscht worden ist. Ich bin mir sicher, dass auch der Tod eines bekannten Politikers und eines Topbankers in diesem Zusammenhang zu sehen sind. Und zumindest bei dem Tod des Politikers durften die wirklichen Hintergründe nicht bekannt werden.«

Deckstein sah in die überraschten Gesichter seiner Mitarbeiter.

»Parallel zu unserer Arbeit an der Titelgeschichte haben Sabine und ich eigene Recherchen gestartet«, fügte er hinzu. »Aufgrund unserer bisherigen Ergebnisse sind wir ziemlich sicher, dass wir am Ende unserer Titelstory den Schleier über den Tod von Uwe Barschel, dem damaligen schleswig-holsteinischen Ministerpräsidenten, zumindest ein gutes Stückchen weiter lüften können. Der Tod von Genske und von Barschel, um den geht es, würde in einem ganz anderen Licht erscheinen. Sobald wir fertig sind, werden wir Ihnen unsere Story zu den Tritiumgeschäften vorlegen, die da gelaufen sind«, schloss Deckstein mit einem Blick in die Runde der Kollegen.

In Overdieck brodelte es. »Diese Soldaten in Nadelstreifen sollte man ...« Weiter kam er nicht, denn Mangold übertönte ihn.

»Soldaten in Nadelstreifen, Taps, das ist es doch!«, rief er.

»Nicht nur Würselen, das sind alles Soldaten in Nadelstreifen. Davon haben wir nicht nur in dieser Branche eine ganze Armee. Überall, wo es um Geschäfte geht, sind Mafiosi oder Soldaten an vorderster Front im Einsatz!« Mangold sprang mit einem Ruck auf. Er stand stramm, salutierte mit einem martialischen Ausdruck im Gesicht und rief laut: »Ich verlange blinden Gehorsam!« Eine lange dunkle Locke fiel ihm in die Stirn und erhielt ihm den Ausdruck der wilden Entschlossenheit, als er sich wieder setzte.

»Schnüffel, du musst unbedingt zum Kabarett«, sagte Overdieck grinsend.

»Stichwort blinder Gehorsam, Rainer, erinnern Sie sich noch an die Prozesse der Deutschland AG? Oder sind Sie deswegen drauf gekommen?«, fragte Deckstein. »In einem der Prozesse gegen die besagte AG ist da doch noch eine pikante Sache bekannt geworden. Angeblich hat der oberste Feldherr des Unternehmens einen seiner Manager aufgefordert, er solle sich wie ein Soldat der Deutschland AG aufführen und den ihm erteilten Auftrag einfach ausführen. Der Mann hatte ihm gegenüber Zweifel an gewissen Korruptionsmethoden des Konzerns geäußert. Ich weiß noch genau, wie alle im Gerichtssaal bei diesem Satz den Atem angehalten haben.«

Overdieck schlug mit seiner riesigen Rechten auf die Lehne des Ledersessels. »Ich bin mir sicher«, verkündete er, »dass Würselen und Co. erstmal versuchen werden, unseren Verleger mit Anzeigen zu ködern.«

»Und als Nächstes werden sie vermutlich den einen oder anderen lieben Kollegen gegen uns in Stellung bringen!«, ereiferte sich Mangold.

»Klar, die Bosse werden denen kräftig was rüberschieben.« Overdieck machte eine Handbewegung, als zähle er Geldscheine. »Wie das alles gelaufen ist, darüber hat doch die *taz* gerade berichtet. Journalisten wurden zu aufwendigen Pressereisen eingeladen. Wissenschaftler wurden für gezielte Studien bezahlt. Politiker wurden für Lobhudelei auf die Atomkraft eingekauft. Die Atomlobby hat die Laufzeitverlängerung durch die schwarz-gelbe Regierung mit einer Agentur Jahre im Voraus minutiös vorgeplant. Gott sei Dank ist das jetzt endlich mal schwarz auf weiß belegt! Aber davon mal abgesehen, manche Kollegen werden aber auch einfach nur bissig, weil sie nicht verkraften können, dass unser kleines Magazin so eine Riesenstory an der Angel hat. Sie wissen doch, Kollegenneid ...«

Rainer Mangold hielt es wieder nicht in seinem Sessel. »Zusammen packen wir die doch an den ...« Er zögerte einen Moment, ordnete in Gedanken einige Locken. Dann erklärte er mit staatsmännischer Miene: »Wo wir die packen, das müssen wir noch im Ausschuss besprechen. Das haben wir noch nicht festgelegt.«

Overdieck war anzusehen, dass es ihm schwerfiel, ernst zu bleiben. »Gut, machen wir. Verschieben wir die Entscheidung in den Ausschuss«, sagte er und kicherte in sich hinein.

Mangold hatte sich wieder hingesetzt. »Wir werden die schon an ihren empfindlichen Stellen treffen, Taps. Ich bin allerdings auch sicher, dass sich manch einer von den Kollegen auf unsere Seite schlagen wird, den wir bisher nicht zu unseren Freunden gezählt haben. Alte Erfahrung meinerseits ...«

»Ach, wenn wir uns nur um die lieben Kollegen Gedanken machen müssten!«, spöttelte Overdieck. »Ich schätze mal, dass die Konzerne gezielt eine ganze Armee von Soldaten im feinen Tuch gegen uns in Stellung bringen werden. Möglicherweise hat auch dieser geheimnisvolle Anruf bei dem Wedelmeyer damit zu tun.«

Er sah Deckstein an, der die Schultern zuckte. »Weiß man's, Gerd? Nach diesem Gespräch mit Würselen bin ich eigentlich auf alles gefasst.«

»Wart mal ab, Gerd, wenn diese Dreizentnerfigur von dem Essener Atomkonzern, hinter der sich die meisten Atombosse verstecken könnten, dir einen Besuch abstattet«, warf Mangold grinsend ein.

»Wenn der mit seinen über zwei Metern in deiner Bürotür steht, siehst du noch nicht mal dessen ganze wutentbrannte Visage im Türrahmen. Nur den verzerrten Mund mit den gebleckten Beißerchen hast du dann im Blick. In dem Moment wirst wahrscheinlich selbst du einsehen, dass es größere Mächte gibt als dich. Erinnere dich, Taps, ein Kollege von der ZEIT hat sinngemäß über den Mann geschrieben, wenn sich irgendwo auf der Welt ein Grizzly entschieden hätte, Mensch zu werden, dann sähe der so aus wie der, über den wir gerade herziehen.« In Mangolds Augen blitzte der Spott.

»Schnüffel, noch mal, ich hab doch eben schon gesagt, dass ich froh bin, dich nicht zum Gegner zu haben. Aber ich zähle natürlich auf deine Hilfe, wenn dieses Monster hier auftauchen sollte«, sagte Overdieck gutmütig. »Der wird nicht viel Freude an seinem Auftritt haben, wenn du den von hinten kräftig in die Wade beißt ... Höher kommst du bei dem ja nicht!« Er brach in schallendes Gelächter aus.

»Bald ist Schluss mit lustig«, sagte Deckstein nachdenklich. Er zögerte einen Moment, bevor er weiter sprach, während ihn Mangold und Overdieck wieder mit ernst gewordenen Gesichtern ansahen.

»Mir ist da noch was ganz anderes zum Deutschen Atomverein eingefallen«, fuhr er fort. »Neulich hat doch ein Spitzenpolitiker der Atomausstiegspartei ein vernichtendes Urteil über diesen Club gefällt. Wenn ich mich recht erinnere, war der da sogar noch als Atomminister im Amt. Können Sie sich noch daran erinnern?«

Overdieck und Mangold schüttelten die Köpfe.

»Er hat den Verein als Propagandazentrale der Atomkonzerne bezeichnet«, sagte Deckstein, »die wie kaum eine andere Institution für das bewusste Verschweigen, Verdrängen und Verharmlosen der Gefahren, die mit der kommerziellen Nutzung der Atomenergie verbunden sind, stehe.« Er machte eine kurze Pause, bevor er weitersprach.

»Noch mal, es wäre ein schwerer Fehler, diese Leute zu unterschätzen. Der Würselen ist in der Politikszene hervorragend vernetzt. Und ein nicht unerheblicher Teil davon will den geplanten, totalen Atomausstieg möglichst noch verhindern. Auch die Atomunternehmen werden noch alle Register ziehen, bevor sie endgültig die weiße Fahne hissen. Deshalb bin ich absolut nicht sicher, ob es wirklich bei dem Beschluss des Bundestags bleibt, in den nächsten zehn Jahren auszusteigen. Ich gehe davon aus, dass das Desaster in Fukushima schon bald wieder vergessen sein wird.«

Overdieck senkte den Kopf und sagte nach einer Weile: »Ich hab lange überlegt, ob ich drüber sprechen soll. Ich hab diese Geschichten, die da früher immer wieder kursierten, nie so richtig ernst genommen. Hab gedacht, da will sich jemand wichtigtun und ...«

»Das ist mir alles viel zu geheimnisvoll, Taps. Wovon redest du?« unterbrach ihn Mangold.

Overdieck sah aus, als krame er in den Tiefen seines Gedächtnisses und müsse sich mühsam erinnern. »Weißt du nicht mehr? Während der großen Anti-Atomdemos wurde hinter vorgehaltener Hand immer wieder dieser Satz des bekannten Pariser Atompioniers mehr geflüstert als gesagt: ›Ils sont capables de tout!‹ Der Mann hatte inzwischen wohl Angst vor der eigenen Branche bekommen.«

»Ach, diese Geschichten meinst du«, sagte Mangold. »Klar erinnere ich mich: Sie sind zu allem fähig! Dieser Satz wurde ja erst richtig bedeutsam, als es zu einigen ominösen, ungeklärten Todesfällen gekommen war. Da sollen doch Autos von Atomgegnern manipuliert worden sein. Diese Todesfälle sind damals tatsächlich nie richtig aufzuklären gewesen. Beerdigt nach der Devise: Schwamm drüber.«

»Ich bin Ihnen dankbar, Gerd, dass Sie diese Geschichten zur Sprache gebracht haben«, sagte Deckstein. »So brauche ich das nicht mehr zu tun und Gefahr laufen, als Angstmacher zu gelten. Aber diese Erkenntnis gilt aus meiner Sicht auch heute noch: ›Ils sont capables de tout‹«, schloss er düster.

Als sich Mangold und Overdieck verabschiedet hatten, ging Deckstein auf Sabine zu.

»Noch Lust auf ein Gläschen Wein?«, fragte er und musterte seine attraktive Stellvertreterin.

Sabines volles blondes Haar, das sie mal offen, mal hochgesteckt trug, umrahmte ein markantes Gesicht mit schmalen, sinnlich geschwungenen Lippen.

Sabine nickte. »Wär gut, wenn wir das alles noch mal in Ruhe Revue passieren lassen.«

»Find ich auch. Wir fahren nach Hause, du stellst dein Auto ab und steigst bei mir ein«, schlug Deckstein vor. Beide wohnten in der Kölner Altstadt nur eine Straße voneinander entfernt.

»Hoffentlich hat die Katie noch ein Plätzchen für uns. Bis gleich!«, sagte Sabine, als sie in der Tiefgarage des Verlagsgebäudes in ihren schwarzen Mini stieg, und warf ihm eine Kusshand zu.

Als Sabine Blaschek und Daniel Deckstein den schummerigen, von Stimmengewirr erfüllten Schankraum ihrer Stammkneipe betraten, tönte ihnen der Hit eines jeden Abends hier entgegen, und sie fühlten sich sofort wie zu Hause. »Däm Jupp sing Frau Katie« war eine Eigenkomposition des jungen Pianisten mit den gegelten dunklen Haaren, der sein »Liedsche« gleich mehrmals am Abend vortragen musste. Es war in diesem Lokal raketengleich auf Rang eins hochgeschossen und zum meist gewünschten Song geworden.

Das war auch nicht weiter verwunderlich: Jupp war der Wirt, und »Jupp sing Frau« war die Katie, die Kneipenwirtin. Während der »Schäng«, auf Hochdeutsch hieß der Pianist Johannes, in die Tasten des altersschwachen Klavierkastens griff, sangen alle Anwesenden mit – abhängig vom alkoholischen Pegelstand konnte bei einigen allerdings nur mehr von Grölen die Rede sein.

Als Deckstein und Sabine eintraten, war das Lokal bereits brechend voll. Aber Jupp sing Frau, die Katie, hatte es geschafft, ihnen ihren Stammplatz direkt an einem der großen Fenster mit Blick auf den nächtlichen Rhein zu reservieren. Sie bekamen aber nur wenig von der romantischen Aussicht mit, weil sie sich die Köpfe darüber heiß redeten, wer sie möglicherweise auf Schritt und Tritt beschatten ließ. Schnell wurde ihnen klar, dass dafür viele infrage kamen. Sie diskutierten über die verschiedenen Möglichkeiten, kamen aber zu keinem greifbaren Ergebnis.

Sabine wollte versuchen, einen alten Bekannten, die Schwuchtel Emy, zu erreichen. Dieser im wahrsten Sinne des Wortes bunte Vogel – im Umkreis von einigen Hundert Kilometern liefe wohl keiner in farbigeren Klamotten rum –, hatte Sabine lachend erklärt, war vom Computerspezialisten zum Abhörexperten mutiert. Er verdiene da wesentlich mehr als zuvor, hatte er Sabine erzählt. Sie schlug Deckstein vor, Emy solle nicht nur die Computer gegen unerwünschte Mitleser sichern, sondern auch die Redaktionsräume und alle ihre Autos auf Wanzen untersuchen.

Der Jupp sorgte während des ganzen Abends dafür, dass Deckstein nie ein leeres Glas vor sich stehen hatte.

Zu ziemlich später Stunde brachte Deckstein Sabine nach Hause. Auf dem Heimweg fiel ihm auf, dass sie immer wieder einen verstohlenen Blick nach rechts und links in die Seitenstraßen warf. Kein Wunder, dachte er. Wenn da was dran ist ...

Sie hatten sich zum Abschied innig umarmt und lange geküsst. Mehr war nicht gewesen, aber er hatte gespürt, dass mehr hätte passieren können. Eigentlich war das erst der zweite Abend, den ich allein mit ihr verbracht habe, dachte er, als er in Gedanken versunken in Richtung seiner Wohnung schlenderte.

Zu Hause angekommen wurde ihm schlagartig bewusst, dass er sich, anders als Sabine, unterwegs nicht umgeschaut hatte, um festzustellen, ob ihm jemand folgte. Er war völlig in seine Gedanken an Sabine versunken gewesen. Sie arbeiteten zwar schon über ein Jahr zusammen, aber erst an einem Abend in der vergangenen Woche, als sie gemeinsam an einer Story gearbeitet hatten, waren sie einander nähergekommen.

Sabine und er hatten bis spät in die Nacht an der Geschichte geschrieben. Anschließend war er an den in der Redaktion bekannten, nahezu berüchtigten Schrank in seinem Büro gegangen und hatte einen guten französischen Roten herausgeholt. Nach ein paar Gläsern war die Stimmung zwischen ihnen beiden immer gelöster geworden. Deckstein hatte ganz neue Seiten an seiner Stellvertreterin entdeckt.

Natürlich war ihm schon, als sie sich vorgestellt hatte, nicht entgangen, wie gut sie aussah. Sie war eine auffallende Erscheinung: groß gewachsen, schlanke Figur mit nicht zu üppigen Betonungen an den richtigen Stellen. Ihre blaugrünen, glänzenden Augen hatten seine Erinnerungen an das Meer bei den Malediven geweckt. Er hatte dort letztes Jahr mit Freunden und der Familie seines Sohnes Urlaub gemacht.

Deckstein seufzte wohlig und öffnete die Probierflasche, die Jupp ihm heimlich zugesteckt hatte.

DONNERSTAG

5

Köln – Bonn

Früh am Morgen steuerte Deckstein seinen dunkelgrünen Jaguar Kombi über die Kölner Zoobrücke. Müde und mit einem Brummschädel hatte er sein Appartement in der Nähe vom Stadtgarten verlassen, das er erst vor ein paar Monaten bezogen hatte. Nur aus den Augenwinkeln nahm er wahr, dass die Oktobersonne das ganze Rheintal in goldenen Glanz tauchte.

Seine momentane Stimmung passte so gar nicht zu dieser Idylle. Seit dem Interview mit Wedelmeyer war er innerlich angespannt. War es möglich, dass irgendjemand, den er nicht kannte, jeden seiner Schritte beobachtete? Der Gedanke, möglichen Angriffen schutzlos ausgeliefert zu sein, machte ihn nervös. Er fühlte sich nicht mehr sicher.

Zudem war inzwischen klar geworden, dass sie in der Redaktion die Dunkeltypen selbst auf sich aufmerksam gemacht hatten. Überall, wo er und seine Kollegen angeklopft und Informationen gesammelt hatten, hat es in deren Netz gezuckt und ihnen angezeigt, dass sich etwas gegen sie zusammenbraute. Daraufhin hatten diese Leute natürlich ihre Lauscher aufgestellt und ihre Späher losgeschickt. Geld hatten sie mit Sicherheit genug. Und wir, so gestand sich Deckstein ein, haben nichts geahnt und sind denen voll ins Netz gegangen. Eines war den Dunkelleuten mit Sicherheit sonnenklar: Wenn die Journalisten nach den Hintergründen von Genskes brutalem Ableben suchten, würden sie zwangsläufig im Umfeld auf brisante Funde stoßen.

Kurz nachdem er auf die A 59 abgebogen war, überholte ihn eine lange Reihe von blau-weißen Wagen der Bundespolizei. Die Kolonne bog mit hoher Geschwindigkeit und eingeschaltetem Blaulicht in Richtung Flughafen ab. Deckstein glaubte, in einigen Fahrzeugen Männer in weißen Schutzanzügen gesehen zu haben. In diesem Moment kam ihm aus Richtung Bonn eine weitere Armada von Polizeifahrzeugen entgegen. Seine Unruhe wuchs.

In den letzten Tagen war auf allen Fernsehkanälen und in fast allen Zeitungen vor islamistischen Terroranschlägen gewarnt worden. Al-Kaida-Terroristen weltweit hatten den Tod ihres Führers Osama bin Laden als Hinrichtung bezeichnet. Dieser war von einer amerikanischen Spezialeinheit in einer Garnisonsstadt nahe der pakistanischen Hauptstadt Islamabad erschossen worden. Es musste mit gezielten Racheaktionen gerechnet werden.

Es war durchgesickert, dass der Bundesinnenminister seine Länderkollegen in vertraulicher Runde bereits auf mögliche Anschlagziele hingewiesen hatte, angeblich bei einem Kaminabend. Da muss eine wirklich gemütliche Atmosphäre geherrscht haben, dachte Deckstein.

Inzwischen war die Polizei im ganzen Land in erhöhte Alarmbereitschaft versetzt worden. Die Beamten hatten zusätzlich verstärkte schusssichere Westen erhalten. Außerdem war eine Urlaubssperre verhängt worden. Plötzlich ging Deckstein ein Licht auf: Das musste es sein! Sein Freund Bernd Conradi, der Krisenmanager der Bundesregierung, hatte ihm erst vor wenigen Tagen erzählt, dass der Minister auch Ziele aus dem Raum Köln-Bonn benannt hatte.

War das der Grund für die massive Polizeipräsenz am Flughafen? Oder war schon etwas passiert, von dem er noch nichts wusste? Da war eben mehr als eine Hundertschaft in rasantem Tempo an ihm vorbeigerauscht. In voller Festbeleuchtung, mit eingeschaltetem Blaulicht und durchdringenden Sirenen. Aber warum die Männer in weißen Schutzanzügen und mit Kapuzen in den Wagen? Die rückten doch nur bei ABC-Alarm aus, dachte Deckstein, bei möglichen Anschlägen mit atomaren, biologischen oder chemischen Kampfstoffen.

Steckte hinter den Warnungen doch mehr, als bisher offiziell zugegeben wurde?

Er drehte das Radio an, um eventuell aus den Nachrichten etwas Neues zu erfahren. Doch auf allen Sendern gab es nur Musik. Ein Blick auf die Uhr sagte ihm, dass bis zu den Nachrichten noch etwas Zeit war. Mit einem Knopfdruck schaltete er das Radio wieder aus.

Mit einem Mal hatte er einen schalen, trockenen Geschmack im Mund. Sein Kopf brummte. Mit der linken Hand massierte er seine Kopfhaut, um den Druck zu lindern. Außerdem fröstelte es ihn – die altbekannten Folgen, wenn er wieder mal zu viel von dem französischen Roten getrunken hatte. Jupps Probierflasche hatte am Morgen halb leer neben seinem Bett gestanden. Wenn ich gleich im Büro ein paar Tassen Kaffee getrunken habe, werd ich wieder ein richtiger Mensch, tröstete er sich.

Er warf einen kurzen Blick in den Rückspiegel, dann scherte er nach links aus und überholte den vor ihm fahrenden Laster. Die dunkelhaarige Schönheit in dem blauen Dreier BMW-Cabrio, die schon eine Weile hinter ihm herfuhr, hatte ebenfalls überholt, stellte er fest, als er sich wieder auf der rechten Spur einordnete.

Unwillkürlich tauchten vor seinen Augen wieder die Bilder von Wedelmeyer auf. Nach dem merkwürdigen Anruf hatte der Gefängnisaufseher völlig verstört gewirkt. Deckstein war sich inzwischen sicher, dass sie mit ihren Fragen nach dem Warum und Wie der Todesumstände von Genske irgendjemandem zu nahe gekommen waren.

Plötzlich kam ihm ein Gedanke, der ihn elektrisierte. Er musste sich zusammenreißen, um bei der hohen Geschwindigkeit nicht in den Leitplanken zu landen. Was, wenn es diesen Typen nicht nur darum ging, sie einzuschüchtern, sie mürbezumachen? Was würde als Nächstes passieren, wenn sie feststellten, dass sie bei Deckstein und den anderen damit nicht viel erreichten? Würden sie ihnen dann – wie einigen französischen Kollegen, die ebenfalls an einer politisch brisanten Geschichte gearbeitet hatten – Computer, Festplatten und wichtige Tonaufnahmen aus der Redaktion klauen?

Deckstein spürte, wie ihm vor Aufregung der Schweiß über den Rücken rann. Er musste sofort etwas unternehmen. Vielleicht könnte ihm Bernd dabei helfen, überlegte er. Als Leiter der Abteilung Krisenmanagement im Innenministerium müsste er ihm einen Rat geben können, wie man brisante Unterlagen sicher aufbewahrte. Außerdem müssten sie sich in der Redaktion mit der Frage beschäftigen, wie sie sich gegen Abhöraktionen und sonstige Überwachungen absichern konnten. Aber auch da konnte ihm Bernd bestimmt gute Tipps geben. Ganz in Gedanken schob er sich den Kopfhörer ins rechte Ohr und wählte Conradis Nummer.

»Innenministerium, Apparat Conradi. ... chen, guten Tag. Mit wem spreche ich?«

Beim Klang der schrillen Frauenstimme fuhr Deckstein zusammen. Hektisch drehte er die Lautstärke am Telefon herunter und bekam deshalb von ihrem Namen nur noch den Rest mit, als er den Regler wieder etwas nach oben gestellt hatte. So konnte er wenigstens ihre Stimme ertragen, ohne dass er noch heftigere Kopfschmerzen bekam. Die Frau ist ja eine richtige Sirene, schoss es ihm durch den Kopf, eigentlich ein Volltreffer für eine Krisenabteilung. Den Kalauer müsste er Bernd bei Gelegenheit mal stecken.

»Ist Frau Brettschneider, die Sekretärin von Herrn Conradi, nicht ...?«

Sie ließ ihn nicht ausreden. »Sie sind ...?«

»Deckstein, Daniel Deckstein. Ein guter Freund von Bernd, ich meine von Herrn Conradi.«

»Gut, dass Sie anrufen! Frau Brettschneider ist kurz zu Tisch. Sie müssen schon entschuldigen. Hier geht's im Moment furchtbar hektisch zu.«

Dank des Lautstärkereglers war aus der schrillen Stimme eine piepsige geworden.

»Ich hätte auch gleich versucht, Sie zu erreichen. Frau Brettschneider hat mich nämlich gebeten, Ihnen mitzuteilen, dass sich Herr Conradi ganz in Ihrer Nähe, in der Dependance des BKA in Meckenheim, aufhält. Er wird Sie gegen Mittag anrufen.

Sie möchten sich doch bitte unbedingt ab dreizehn Uhr bereithalten. Mehr kann ich Ihnen nicht sagen.«

»Sie wissen also auch nicht, worum's geht? Ich hatte eigentlich nur eine kurze Frage an ihn. Aber ... wenn ich mich ... also, wenn ich mich bereithalten soll«, stotterte Deckstein.

»Ich kann Ihnen nur sagen, dass es schon ganz was Besonderes sein muss. Sonst würde er sich kaum die Zeit nehmen, Sie anzurufen. Bei der Hektik, die hier plötzlich ausgebrochen ist. Und ich weiß gar nicht, warum. Die Telefone laufen heiß. Das Kanzleramt ... das Verteidigungsministerium ... oh, jetzt hätte ich fast alle aufgezählt, und das darf ich ja gar nicht. Alle Welt fragt nach Herrn Conradi. Ich bin schon ganz durcheinander!«

»Dann erst mal vielen Dank. Wie war noch Ihr Name? Ich hab ihn vorhin nicht richtig verstanden.«

»Schmittchen, Caroline Schmittchen. Frau Brettschneider hat auf mich umgestellt. Ich bin neu hier im Sekretariat der Abteilung. Leider haben wir uns noch nicht kennengelernt, Herr Deckstein.«

»Das stimmt, ich war eben ein bisschen überrascht.«

»Hoffentlich positiv. Wenn Sie mal wieder in Berlin sind, schauen Sie doch einfach mal bei mir rein!«

»Mach ich gern. Aber wie erkenne ich Sie denn?«

»Ach so, verstehe«, sagte sie und lachte. »Wenn Sie nach Caroline Schmittchen fragen, weiß der Pförtner eigentlich Bescheid. Aber ich kann mir denken, was Sie wissen wollen. Bin blond, einen Meter siebzig groß, und die Figur ist auch nicht von schlechten Eltern.« Sie lachte wieder.

»Ja, sehen Sie, das ist doch schon genauer. Es gibt sicher so viele Schmittchen im Innenministerium ...«

»Nee, Herr Deckstein«, sagte sie. »Hier gibt's nur mich!«

»Trotzdem, dann kann ich jetzt wenigstens den Pförtner nach der blonden Caroline Schmittchen fragen«, sagte Deckstein. »Aber jetzt noch mal zu Herrn Conradi. Wenn er sich inzwischen noch mal bei Ihnen meldet, richten Sie ihm doch bitte aus, dass ich auf seinen Anruf warte.«

»Mach ich doch gern.«

Deckstein legte auf, nahm den Kopfhörer aus dem Ohr und massierte es ein bisschen. Die piepsige Stimme ließ noch immer sein Trommelfell vibrieren.

Dennoch würde er sich diese attraktive Frau Caroline Schmittchen gern mal aus der Nähe anschauen. Ihm fiel ein, dass er schon in der nächsten Woche wieder in Berlin sein würde. Das Interview mit dem Wirtschaftsminister zur Entwicklung auf dem weltweiten Ölmarkt stand auf dem Programm.

Deckstein warf einen kurzen Blick auf die Uhr am Armaturenbrett. Zeit für die Nachrichten. Er drehte das Radio an. Im Augenblick sang Herbert Grönemeyer noch: »Und der Mensch ist Mensch ...«

Wieso hat die Schmittchen von unerklärlicher Hektik gesprochen?, fragte sich Deckstein. Weshalb will alle Welt mit Conradi sprechen, und wieso ist der plötzlich beim BKA in Meckenheim? Sie hatten noch am Vortag telefoniert, und da hatte Bernd nichts davon gesagt.

Seit dem Interview mit Wedelmeyer konnte Deckstein nicht anders, als sich, wo immer er auch war, alle naselang nach potenziellen Beschattern umzusehen. Als er in der Nähe der Ausfahrt Troisdorf-Spich wieder in den Rückspiegel sah, stellte er fest, dass die rassige, dunkelhaarige Schönheit in ihrem Dreier BMW-Cabrio immer noch dicht hinter ihm fuhr. Sie trug eine überdimensional große Sonnenbrille.

Ihr Anblick versetzte ihm einen kleinen Stich. Für einen Moment hatte er geglaubt, es könnte Elena sein, hatte den Gedanken aber rasch verdrängt. Was sollte Elena denn hier wollen? Und dann in einem BMW-Cabrio. Ein zu teurer Luxusschlitten für eine kleine russische Dolmetscherin. Er hatte das HH auf dem Nummernschild erkannt. Vielleicht ein Mietwagen, überlegte er.

Vor mehr als einem Jahr hatte ihn Elena mit Tränen in den Augen am Moskauer Flughafen Domodedowo verabschiedet. Wäre sie das jetzt wirklich, da hinter ihm, dann würde sie doch auf die Hupe drücken und ihm winkend bedeuten, er solle anhalten – da war er sich sicher. Und dennoch, er war damals nie ganz das Gefühl losgeworden, dass sie im Auftrag des russischen Inlandgeheimdienstes FSB unterwegs war. Es war ja schon häufiger vorgekommen, dass sich Geheimdienstleute in jemanden verliebten, den sie ausspionieren sollten. Erste Gedanken in diese Richtung waren ihm seinerzeit schon auf dem Rückflug von Moskau nach Köln-Bonn in den Sinn gekommen.

Dass die dunkelhaarige Schönheit sich nun schon eine ganze Weile mit ihrem schnellen Wägelchen in seinem Windschatten aufhielt, stimmte ihn zunehmend nachdenklicher. Er warf immer wieder einen Blick in den Rückspiegel. Wegen der riesigen Sonnenbrille konnte er ihr Gesicht nicht genau erkennen. Deckstein beschloss, einen Test zu machen. Wenn es Elena wäre, würde sie sicher reagieren. Mit dem elektrischen Fensterheber senkte er sein Seitenfenster und winkte ihr zu. Nichts. Die Dame reagierte überhaupt nicht.

Andererseits sah sie auch ganz und gar nicht danach aus, als gehöre sie zu den Dunkeltypen, die ihn und die Redaktion bespitzelten. Aber wie sahen solche Leute aus?

6

Berlin, Bundeskanzleramt

Die »Nachrichtendienstliche Lage«, kurz »ND-Lage«, fand gewöhnlich in einem abhörsicheren Raum im Kanzleramt statt. Jeden Dienstag um zehn Uhr tagten hier unter der Leitung des Chefs des Kanzleramtes, Minister Mombauer, die Präsidenten vom Militärischen Abschirmdienst, dem Verfassungsschutz, des BND und der Chef des BKA.

Mit am Tisch saßen die Staatssekretäre des Auswärtigen Amtes, des Verteidigungsministeriums und des Innenministeriums. Im Anschluss an die ND-Lage fand jeden Dienstag in kleinerer Besetzung die Präsidentenlage statt. Die jeweiligen Dienste-Chefs nutzten die Lage, um den Chef-BK über die verschiedenen Projekte zu unterrichten.

Gelegentlich leitete Werner Brandstetter, Geheimdienstkoordinator und Chef der Abteilung sechs des Kanzleramtes, im Auftrag Mombauers die Zusammenarbeit der verschiedenen Dienste.

An einem Ende des Besprechungsraumes waren riesengroße Bildschirme in die Wand eingelassen. Darüber wurden während der ND-Lage bei Bedarf per Videokonferenz aus aller Welt wichtige Informationen eingespeist oder Mitarbeiter aus Krisengebieten zugeschaltet. Wenn sie ausgeschaltet waren, spiegelten sich die zahllosen Spots, die in die Decke des riesigen Besprechungsraumes eingelassen waren, auf den Monitoren und ergaben ein faszinierendes, funkelndes Lichtbild.

Mit einem Ruck riss Brandstetter die Tür auf.

Die beiden Herren, die an dem großen Konferenztisch saßen und sich in gedämpftem Ton unterhielten, zuckten gleichzeitig zusammen. BKA-Chef Walter Mayer und der Chef des BND,

Richard Grossmann, erhoben sich und gingen dem Geheimdienstkoordinator der Bundesregierung mit verhaltenen Schritten entgegen.

»Eine Katastrophe, meine Herren!«, rief Brandstetter und stürmte wie ein Boxer im Ring auf sie zu. Im Vorbeigehen gab er Mayer und Grossmann kurz die Hand.

Mayer nickte. »Das können Sie laut sagen. Noch«, sagte er und zögerte einen Moment, bevor er weitersprach, »leben wir am Rand der Apokalypse.«

»Und hoffentlich schlittern wir da nicht mitten ...«, sagte Brandstetter, als sich die Tür wieder öffnete.

Herein trat flotten Schrittes der bullige Generalinspekteur der Bundeswehr, Volkmar Wildhagen. Die Dienstmütze mit dem goldgewirkten Eichenlaub auf dem Schirm hatte er unter seine rechte Achsel geklemmt.

»Moin, Moin, meine Herren.«

»Ich danke Ihnen, dass Sie so schnell rübergekommen sind«, sagte Brandstetter an den Generalinspekteur gewandt. Dann schaute er Mayer und Grossmann an und machte mit der Rechten eine einladende Geste. »Aber bitte, meine Herren, nehmen Sie doch wieder Platz. Angesichts der neuen Lage habe ich General Wildhagen gebeten, an unserer Sitzung teilzunehmen. Sie kennen sich ja.«

Die Herren nickten sich zu.

Mit energischen Schritten marschierte Brandstetter auf den Konferenztisch zu. Für einen Mann, der knapp einen Meter siebzig maß, legte er ein enormes Tempo vor.

»Herr Wildhagen, setzen Sie sich doch bitte da vorn neben mich, gleich zu meiner Rechten. Bei der Beurteilung der atomaren Variante der Amerikaner brauchen wir alle hier unbedingt Ihre Analyse zu den möglichen Konsequenzen.« Als alle Platz genommen hatten, fuhr Brandstetter fort: »Meine Herren, lassen Sie uns rasch zur Sache kommen. Herr Mayer und Herr Grossmann, ich möchte Ihnen noch einmal sagen, dass ich Ihre Bereitschaft, so früh am Morgen hierher zu fliegen, schon richtig einzuschätzen weiß.«

»Machen Sie sich keine Gedanken, wir sind es gewohnt, früh aufzustehen«, sagte Mayer. Grossmann nickte.

»Das glaube ich Ihnen. Aber es ist doch was anderes, nach so einer versauten Nacht mal eben schnell frühmorgens mit dem Hubschrauber von Ihrer Tagung in Meckenheim hier rüberzudüsen. Wir alle haben ja kaum ein Auge zugetan. Aber angesichts der dramatischen Lage habe ich keine andere Möglichkeit gesehen.« Brandstetter zuckte mit den Schultern. »Wenn wir nachher durch sind, fliegen Sie gleich anschließend wieder zurück nach Meckenheim, ist mir berichtet worden. Oder bleiben Sie noch in Berlin?«

Mayer schüttelte den Kopf. »Da nun schon mal alle Chefs der Dienste in Meckenheim versammelt sind, haben wir beschlossen, die Lagebeurteilung dort gemeinsam fortzusetzen. So verlieren wir keine Zeit mit dem Hin- und Her. Offiziell geht die Tagung mit den bisher angesetzten Themen weiter. Inoffiziell beraten wir natürlich die völlig neue zugespitzte Situation. Und da unsere BKA-Dependance ja auch mit unserem Gemeinsamen Terrorismusabwehrzentrum in Berlin kurz geschaltet ist, vermissen wir in Meckenheim so gut wie nichts.«

»Verstehe.«

»Und außerdem, Herr Brandstetter«, fuhr der BKA-Chef fort, »befindet sich da ja auch unsere Abteilung für Terrorismusbekämpfung. Wir sind da also in besten Händen.«

»Und Sie, Herr Wildhagen, waren gerade, wie ich erfahren habe, beim Verteidigungsminister?«, fragte Brandstetter. »Dann war's für Sie ja nur ein Katzensprung.«

»Beim Staatssekretär«, sagte der Generalinspekteur, der Brandstetter fast um einen Kopf überragte. Er legte seine Dienstmütze neben seiner schmalen schwarzen Mappe mit den Unterlagen auf den Tisch.

»Ich glaube, ich habe Ihnen bereits mitgeteilt, dass die Kanzlerin ihren Besuch beim französischen Präsidenten vorzeitig abgebrochen hat«, fuhr Brandstetter fort.

Mayer und Grossmann entgegneten wie im Chor: »Nein, davon haben Sie nichts gesagt.«

Brandstetter sah die beiden mit großen Augen an und warf dann einen fragenden Blick zum General hinüber. Als der ebenfalls den Kopf schüttelte, sagte er: »Ich glaube, so einen irren Tag hab ich in meiner ganzen Dienstzeit noch nicht erlebt. Heute geht wirklich alles durcheinander! Entschuldigung. Dann habe ich es Ihnen hiermit jetzt gesagt. Zunächst habe ich eine Frage an Sie, Herr Mayer: Sind wir im Kanzleramt überhaupt noch sicher? Wir können ja nicht die Kanzlerin hierher zurückkommen lassen, und dann macht es plötzlich wumm, und die angekündigte nukleare Bombe explodiert genau hier!« Mit einem heftigen Ruck riss er die Arme in die Höhe. »Vergessen Sie nicht, meine Herren«, sagte er, als er die erstaunten Blicke der drei Kollegen am Tisch sah, »dass wir hier keinen Atombunker haben.«

»Dann gebe ich Ihnen am besten rasch erst mal einen Überblick über das, was bereits für das Regierungsviertel veranlasst wurde«, schlug Mayer vor. »Ich habe mich darüber mit Herrn Conradi abgestimmt. Wie Sie wissen, ist er mein Kompagnon in solchen Krisenlagen im Lage- und Führungszentrum hier im Innenministerium. Hier ist die Unterlage dazu, für den Bericht an die Kanzlerin.« Er schob Brandstetter über den Tisch zwei eng beschriebene Seiten zu. »Ich denke, es genügt, wenn der Chef BK, Herr Mombauer, der Kanzlerin das Wesentliche daraus kurz vorträgt.«

Brandstetter nickte. »Sehe ich auch so.«

»Also, für alle Eventualfälle haben wir damit angefangen, den alten Atombunker aus DDR-Zeiten unter dem nahegelegenen Excelsior-Haus herzurichten« erklärte der BKA-Chef.

»Meinen Sie das im Ernst?«, fragte Brandstetter mit fast belustigter Miene. »Diesen alten stinkigen Bunker? Da wollen Sie wirklich die Kanzlerin unterbringen? Und die Verpflegung? Woher nehmen Sie die Verpflegung? Wenn Sie die Kanzlerin schon in so einen Verschlag zu bringen gedenken, befürchte ich fast, dass Sie sie auch noch mit Schmalkost bei Laune halten wollen. NATO-Brot und so. Denken Sie dran, eine gute Küche ist in einer solchen Situation Balsam für die Seele ...«

Walter Mayer deutete ein Lächeln an. »Herr Brandstetter, meine Herren, bis jetzt gehen wir nicht davon aus, dass es ein Quartier für längere Zeit sein wird. Ein bis zwei Tage, denke ich, wenn's hochkommt. Sonst müsste ja der gesamte Tross für die ganze Zeit wer weiß, wohin, trampen, jedenfalls von Berlin nach, Sie wissen, wohin ich meine, umziehen.«

»Ja, und die Verpflegung?«, hakte Brandstetter nach.

»Für die kurze Zeit müssen wir, eh, auf einen Aldi in dem Haus darüber zurückgreifen, im Excelsior-Haus ist das, glaub ich, oder direkt daneben ...«

Die anderen Männer am Tisch sahen sich mit ungläubigen Gesichtern an, sagten aber nichts.

»Darüber, Herr Kollege, müssen wir später noch mal sprechen. Was haben Sie denn sonst noch veranlasst? Noch mehr so schöne Überraschungen?« Der Geheimdienstkoordinator warf mit einer unwilligen Bewegung die Blätter vor sich auf den Tisch, die Mayer ihm zugeschoben hatte.

»Für die VIP-Personen haben wir bereits Personenschutz angeordnet«, fuhr der BKA-Chef fort. »Selbst wenn diese Terrorbande erklärt hat, sie habe irgendwo im Land eine nukleare Bombe platziert, können wir zurzeit nicht ausschließen, dass es zu gezielten Anschlägen auf Personen kommt.«

»Auch das noch!«, stöhnte BND-Chef Richard Grossmann. »Ich finde das immer so lästig. Die Kollegen und Kolleginnen, die dieses Erlebnis neu durchmachen dürfen, werden sich bedanken!«

»Was sonst noch?«, erkundigte sich Brandstetter.

»Für den Bereich des Kanzleramtes und die übrigen Regierungsgebäude haben wir die für einen Übungs- wie auch für den Ernstfall oberste polizeiliche Sicherheitsstufe also ›Konkrete Gefahr‹ angeordnet. Alle zuständigen Einheiten der Berliner Polizei, der Bundespolizei und des Landeskriminalamtes sind alarmiert. Bis jetzt haben wir noch davon abgesehen, Scharfschützen auf den Dächern zu positionieren. Verschiedene Polizeileitzentralen bündeln die von den installierten Videokameras und die über Funk von den Streifenwagen herein gegebenen Daten zu einem Gesamtbild, das in unserem Lagezentrum ausgewertet wird. Das Tunnelsystem unter dem Regierungskomplex ist vorn und hinten abgesperrt. LKW, die die Kanzleramtskantine, die Küche im Bundestag und sonst wen beliefern, werden detailliert mit Detektoren untersucht.«

»Das hört sich schon fast an, als wären wir im Krieg«, murmelte Brandstetter und schüttelte den Kopf. »Der Aufwand, wenn ich mir allein diesen Aufwand vorstelle!«

»Bei der höchsten Alarmstufe geht das eben so ab«, erklärte der BKA-Chef. »Jede Gemüsekiste, aber auch alle Aktentaschen, die Abgeordnete und Mitarbeiter auf dem Laufband im Tunnelsystem transportieren wollen, werden noch akribischer untersucht als sonst.«

Er blätterte in seinen Unterlagen. »Ich seh mal gerade nach. Moment, hier. Nicht, dass ich das vielleicht Wichtigste vergesse: Just in diesen Augenblicken beginnt eine ABC-Einheit der Bundespolizei, ausgerüstet mit Spürgeräten und dazu entsprechend entwickelten Robotern, ihre Untersuchung hier im gesamten Umfeld. Sie nimmt alle denkbaren Platzierungen für eine nukleare Bombe unter die Lupe.«

»Wahnsinn, Herr Mayer, der reine Wahnsinn! Gut, ich berichte Mombauer gleich alles so, wie Sie es mir aufgeschrieben haben, und werde ihm dazu noch ein paar Erläuterungen geben. Übrigens, so eine ND-Lage wie heute Morgen habe ich auch noch nicht erlebt. Ziemlich konfus. Sie, meine Herren, wie ja auch der Kollege vom Verfassungsschutz, aber auch Ihr Mitarbeiter vom MAD«, er sah den General an, »konnten ja wegen Ihrer Tagung in Meckenheim leider nicht teilnehmen. Ich hatte also nur die Staatssekretäre am Tisch.«

»Vor allem hat uns die Erklärung des US-Verteidigungsministers ja erst vor knapp zwei Stunden erreicht, also mitten in unserer Morgensitzung, eigentlich war es schon eher eine Nachtsitzung«, sagte Brandstetter und trommelte mit seinem rechten Zeigefinger auf die Tischkante, als triebe ihn ein innerer Rhythmus an.

»Also, Herr Brandstetter«, unterbrach ihn der BND-Chef, »mit diesem Getrommel machen Sie mich und«, er sah in die Runde, »ich glaube uns alle hier noch nervöser, als wir es sowieso schon sind!« Mit einem verkniffenen Lächeln sah er zum Generalinspekteur hinüber: »Herr Wildhagen ist vielleicht als Einziger von uns an Trommelfeuer gewöhnt.«

»Inzwischen sind es mehr die verbalen Polittrommler, die mein Gehör strapazieren«, erwiderte der Generalinspekteur mit einem süffisanten Lächeln.

Brandstetter nahm die Hand vom Tisch. »Also, in der Sitzung heute früh, ich glaube, es war so um sieben, dass uns die Absicht der Amerikaner bekannt wurde. Auf einmal saßen alle hellwach in ihren Stühlen. Nach kurzer Debatte haben wir einstimmig beschlossen, sofort die Kanzlerin in Paris davon zu unterrichten.«

»Vielleicht sollte ich jetzt mal was sagen, Herr Brandstetter«, meldete sich der Generalinspekteur zu Wort. »Die Erklärung der USA ...« Er hielt inne. »Es ist wohl besser, wenn ich mich an das halte, was meine Kollegen mir aufgeschrieben haben. Moment bitte ...«

Während er sprach, suchte er nach der Unterlage in seiner Mappe. Schließlich zog er einige eng beschriebene Blätter daraus hervor.

»Ich will Ihnen das doch korrekt wiedergeben. Jedes falsche Wort kann ja in solch einer Situation ungeahnte Folgen haben. Also, wenn die Amis nach einem Terrorangriff mit einer nuklearen Bombe auf ihrem heimischen Boden jetzt plötzlich beabsichtigen, begrenzt nuklear zurückzuschlagen, eskaliert die Lage fast ins Uferlose. Meine Kollegen haben mir aufgeschrieben, dass die Situation unter diesen Umständen kaum noch beherrschbar wäre. Ich teile diese Meinung voll und ganz.« Wildhagen sah einen nach dem anderen am Tisch mit bedeutsamem Blick an.

Brandstetter sprang auf. »Meine Herren, Sie müssen mich kurz entschuldigen. Ihre Einschätzung, Herr Wildhagen, muss ich sofort an Mombauer weiterleiten. Und auch die Kanzlerin muss umgehend erfahren, wie Sie die Sicherheitslage einschätzen«, rief er und verschwand aus der Tür.

***

NATO-Gefechtsstand, Uedem

Bei einer Handvoll Männern im unterirdischen NATO-Gefechtsstand in der Nähe von Kalkar vibrierten seit dem frühen Morgen die Nerven. Leutnant Willy Hardt wischte sich mit der Linken über die Augen. Sauste da nicht einer der unzähligen weißen Punkte in eine ganz falsche Richtung? Seine rechte Hand zuckte vor. Bis zum roten Alarmknopf waren es nur noch Millimeter. Er zog sie mit einem Ruck wieder zurück. Schaute sie an, als hätte sich die Hand selbstständig gemacht. Als gehorchte sie schon nicht mehr seinem Kommando.

Seit die oberste Alarmstufe angeordnet worden war, starrten Hardt und die Männer, die mit ihm Dienst taten, unentwegt auf ihre Bildschirme. Darauf bewegten sich zahllose weiße Punkte so flink hin und her wie Sperma unter dem Mikroskop. Die Punkte waren Flugzeuge am deutschen Himmel.

General Bernd Wimmer war an diesem Morgen der ASO, der *Air Surveillance Officer*, der Herr über das Geschehen am Himmel. Auf einer großen Leinwand verfolgte er wie Leutnant Hardt und die anderen Männer und Frauen im Raum nebenan mit größter Anspannung alle Flugzeugbewegungen. Keine Maschine startete in Deutschland, ohne dass er informiert war.

Wimmer sah noch einmal auf den großen Bildschirm an seiner Wand. Er erkannte die weißen Kreise mit den roten Ringen darum. Das waren Hubschrauber und Flugzeuge, mit denen sich einige Minister und Staatssekretäre eilig in die Hauptstadt begaben, vermutlich zur Krisensitzung des Kabinetts. Einige Chefs der Geheimdienste waren schon am frühen Morgen, fast noch in der Nacht, von ihrer Sitzung in der BKA-Dependance in Meckenheim nach Berlin abgeflogen. Alle Flugzeuge und Hubschrauber wurden, je nach Bedeutung der Passagiere, von einer oder mehreren bewaffneten Phantom F-4 begleitet, die als dunkle Punkte auf den Bildschirmen zu sehen waren.

Wimmer wusste, dass es am Morgen weitere neue Anordnungen gegeben hatte. Im Normalfall würde Folgendes geschehen: Wenn sich auf den Radarschirmen der Soldaten einer der vielen Punkte, die von einem hellen Kreis umgeben waren, aus der vorgesehenen Richtung bewegte, würde sich der helle Kreis urplötzlich rot färben, und rote Alarmlampen würden die Kommandozentrale in die gespenstisch flackernde Warnfarbe tauchen. Das wäre der Fall »Renegade«. Umgehend würden die Abfangjäger der Alarm-Rotten in Wittmund und Neuburg an der Donau aufsteigen und binnen Minuten das Flugzeug, das die planmäßige Route verlassen hatte, identifizieren. Sie würden Funkkontakt herstellen. Wenn die Piloten nicht reagierten, würden die Abfangjäger mit schnellen Flugmanövern versuchen, die Maschine zur Landung auf einem nahegelegenen Flughafen zu zwingen. Die letzte Warnung, bevor sie sich entschließen könnten, das verdächtige Flugzeug abzuschießen, wäre ein Schuss vor den Bug. Im schlimmsten Fall beträfe das eine gekaperte Passagiermaschine mit über hundert Menschen an Bord.

Seit diesem Morgen würden die Abfangjäger im Ernstfall nicht erst aufsteigen müssen – sie befanden sich bereits in der Luft. Während der nächsten drei Tage sollten sie ständig am Himmel Position beziehen, damit sie ohne nennenswerten Zeitverlust auf mögliche Feinde reagieren konnten.

Frühmorgens war über die NATO-Zentrale in Brüssel der Befehl hereingekommen: »Höchste Alarmstufe, Übung *sword one* startet sofort.« Dann waren kurz hintereinander weitere Anweisungen gefolgt. General Wimmer hatte sich seine Gedanken gemacht, aber keinen Hinweis auf den Anlass dieser Übung mit der höchsten Alarmstufe erhalten.

Die NATO-Luftverteidigungszentrale in Uedem mit dem unterirdischen Gefechtsstand war wenige Jahre nach den verheerenden Terroranschlägen vom 11. September 2001 in den USA eingerichtet worden. Wimmer, zuvor Büroleiter des Verteidigungsministers auf der Bonner Hardthöhe, war bald darauf zum deutschen Leiter dieser Einheit ernannt worden. Er war inzwischen einiges gewohnt, aber diese Alarmvariante war auch für ihn neu. Nach kurzem Überlegen konnte er dafür nur einen Grund erkennen – den er allerdings den diensthabenden Soldaten noch nicht mitteilte.

General Wimmer schickte ein Stoßgebet zum Himmel. Hoffentlich würde es nicht so weit kommen, dass die Piloten sich vor die schwerste Gewissensfrage gestellt sähen: Wie sollten sie reagieren, wenn eine voll besetzte von Terroristen gekaperte Passagiermaschine mit nuklearem Bombenstoff an Bord auf ein Stadtgebiet zuraste? Das Flugzeug abschießen oder weiterfliegen lassen?

7

Köln – Bonn

Deckstein beschloss, seine rassige Verfolgerin im Auge zu behalten. Vielleicht war es ja doch Elena. Möglicherweise hatte sie ihn vorhin nicht erkannt.

Die sanften, grünen Hügel des Siebengebirges kamen in seinen Blick. Hoch auf dem Petersberg thronte das ehemalige Gästehaus der Bundesregierung. Der Blick weckte Erinnerungen an alte Zeiten, schöne Zeiten. Damals war Deckstein mit seiner Frau Cora und den Kindern Corinna und Nico fröhlich durch die Wälder da oben getobt. Anschließend hatten sie in einem der gemütlichen Restaurants Kaffee getrunken und den weiten Blick über die Rheinlandschaft genossen. Danach waren sie zusammen in das kleine Weinörtchen Oberdollendorf gefahren. Dort hatten sie in einem schmucken, alten Winzerhäuschen gewohnt. Inzwischen waren sie geschieden. Cora wohnte aber immer noch in ihrem Haus am Fuß der sieben Berge. Sein Sohn Nico hatte geheiratet und lebte mit seiner Frau in Düsseldorf. Corinna studierte Kunst in Berlin.

Ein plötzlicher Gedanke riss Deckstein aus seinen Erinnerungen. Corinna würde am Mittag oder Nachmittag aus Moskau zurückkehren. Er musste in seinem Handy nachsehen. Da hatte er sich eine Notiz gemacht. Seine Tochter hatte sich in Moskau mit einigen Kommilitonen unter Führung ihres Berliner Kunstprofessors russische Kunstschätze ansehen wollen. Er musste sie unbedingt anrufen.

Weiter vorne sah er nun schon die Südbrücke. Rechts von ihm, aus den Baumspitzen ragten die Zinnen und Türmchen des »Schlosshotels Kommende«. Ein Meilenstein in seinem Leben. Hier hatte vor einigen Jahren sein Sohn geheiratet. Da hatten sie noch alle zusammen gefeiert. Die ganze Familie. Die gab's nun so nicht mehr. Er gab Gas.

Auf der Südbrücke angekommen, fiel Decksteins Blick unwillkürlich über die Rheinaue hinweg auf das ehemalige Regierungsviertel. Früher war es von dem »Langen Eugen« dominiert worden. Der kleinwüchsige Bundestagspräsident Eugen Gerstenmaier habe sich hier in seiner Amtszeit ein über hundert Meter hohes Denkmal errichtet, so wurde gelästert.

Aber die Zeiten hatten sich geändert. Das bezeugte am sichtbarsten der fünfzig Meter höhere Posttower, der erst vor einigen Jahren in unmittelbarer Nachbarschaft errichtet worden war. Der *Spiegel* hatte die damalige Oberbürgermeisterin Bärbel Dieckmann mit dem Ausspruch zitiert, das Postgebäude symbolisiere Bonns Zukunft als Wirtschaftsstandort. Das ehemalige »politische Viertel« von Bonn mutierte dann auch nach dem Umzug der Regierung nach Berlin immer mehr zum Campus der Gelben Post.

Es ist noch gar nicht so lange her, dachte Deckstein, da war das »politische Viertel« für viele noch der Nabel der Welt. Im Kanzleramt an der Adenauerallee war die Wiedervereinigung beider deutscher Staaten organisiert worden. Gleich daneben, im Bundestag hatte Atomminister Strauß die Atomtechnik zur »bundesdeutschen Existenzfrage« gemacht.

Decksteins Blick wanderte hinüber zu dem breiten, scheinbar träge dahinfließenden Rhein. Die Sonne spiegelte sich so stark auf der Wasseroberfläche, dass es ihn trotz seiner Brille, die bei hellem Licht zur Sonnenbrille wurde, blendete. In seinem Kopf vermischte sich der Anblick mit Bildern von der Alster. Er musste an Hamburg und das große Nachrichtenmagazin denken, das er erst vor wenigen Jahren verlassen hatte, um den reizvollen Job in Bonn anzutreten.

Von der Brücke aus konnte er flussabwärts das Verlagshaus auf der gegenüberliegenden Rheinseite erkennen. Er sah auf die Uhr. Verflixt, er hatte doch die Nachrichten hören wollen. Mit einem schnellen Griff drehte er das Radio an. Zucchero sang. Ja, den wollte er unbedingt hören. »I change the world«, das konnte nur Zucchero so inbrünstig singen. Und anschließend immer dieses laut gestöhnte »Uuch«. Einfach wie bestellt an diesem sonnenbeschienenen Morgen. Für einen Moment vergaß Deckstein die Polizei-Armada. Seine Kopfschmerzen hatten ein bisschen nachgelassen. Mit Genske und dem Atomskandal wollte er sich erst später wieder beschäftigen. Allein die dunkelhaarige Schönheit im Cabrio, die weiter hinter ihm fuhr, mischte sich immer noch in seine Gedanken. Ein Blick zurück – sie war noch da.

Um Zuccheros gutturale Stimme und die Musik dazu richtig in sich aufnehmen zu können, fuhr er langsamer. Er hing fast mit beiden Ohren an den Lautsprechern und nahm mit gierigen Augen die von der Oktobersonne mit warmen Gelbtönen überzogene Bilderbuchlandschaft am Rhein in sich auf. Er hörte die letzten Töne von Zucchero: »Senza una donna I don't know what might follow.« Genauso fühlte er sich. Er wusste nicht, was auf ihn zukam. Was sich aus der unheimlichen Bedrohung entwickeln würde. Was war mit dieser Frau in dem BMW-Cabrio hinter ihm? Wollte sie überhaupt etwas von ihm? Und wie würde es weitergehen mit seiner neuen Liebe, mit Sabine?

»Radio Bonn Rhein-Sieg. Die Nachrichten aus NRW und aller Welt und dann das Wetter.«

Die Stimme des Nachrichtensprechers riss Deckstein, der gerade von der Bonner Südbrücke in Richtung des Verlagshauses abbog, aus seinen Gedanken. Er drehte das Radio lauter.

»Der Bundesinnenminister hat die Präsenz der Bundespolizei nach einer erneuten Terrordrohung an den Flughäfen verstärkt.«

Da war's! Seine Befürchtungen trafen also zu! Bevor Deckstein weiter darüber nachdenken konnte, fuhr der Sprecher fort: »Wie die Berliner Redaktion der britischen Nachrichtenagentur Reuters erfahren haben will, hat die Bundesregierung heute wegen der aktuellen Terrorgefahr für Deutschland die sogenannte Sicherheitslage einberufen. Seit den Anschlägen am 11. September 2001 ist dies zum ersten Mal außerhalb des wöchentlich festgelegten Turnus' geschehen.

Reuters will weiter erfahren haben, der Grund für die von der Regierung bisher geheim gehaltenen Sitzung, die Agentur bezeichnete sie sogar als Krisensitzung, sei eine bisher unveröffentlichte Analyse des amerikanischen Geheimdienstes CIA. Darin werde detailliert aufgelistet, warum Deutschland derzeit besonders bedroht sei. Außerdem seien Anschlagziele genannt worden, die ein Hamburger Islamist, der in einem Militärgefängnis in Kabul mehrfach verhört worden sei, angegeben habe. Sobald uns mehr bekannt wird«, schloss der Sprecher die Meldung ab, »werden wir unsere jeweilige Sendung unterbrechen und Sie unterrichten. Islamabad ...«

Deckstein hörte nicht mehr zu. Er beschloss, der Sache sofort nachzugehen, sobald er im Verlag angekommen war. Irgendwas war da im Busch.

Was hatte diese Caroline Schmittchen, ja, Caroline hatte sie doch geheißen, oder? War ja auch im Augenblick nicht so wichtig. Jedenfalls hatte sie gesagt, im Bundesinnenministerium sei der Teufel los. Und Conradi war beim BKA in Meckenheim und wollte ihn unbedingt sprechen. Deckstein überlegte fieberhaft. Da war doch was. Da war doch ... richtig. Er schlug sich vor die Stirn. In der Meckenheimer BKA-Dependance war auch die Abteilung für Terrorismus angesiedelt.

Deckstein kam nicht dazu, weiter nachzugrübeln. Die nächste Horrornachricht riss ihn aus seinen Gedanken.

»Fünfzig Tote bei einem Selbstmordanschlag in ...«

Er zuckte innerlich zwar immer noch zusammen, aber nicht mehr so stark wie damals, als die ersten Meldungen darüber verbreitet wurden.

»Der Krieg im Kaukasus ...«

Was der Nachrichtensprecher weiter sagte, wurde von dem Krach, den ein vorbeirasender großer Laster verursachte, verschluckt.

Er schaltete das Radio ab, und schreckte hoch. Erst im letzten Moment nahm er die Metallkonstruktion wahr, die die Autobahn überspannte. Fast hätte er es vergessen: Hier wurde geblitzt! Die rote Leuchtschrift auf mehreren Bildschirmen mahnte Tempo hundert an. Ein kurzer Blick auf seinen Tacho beruhigte ihn – nur knapp darüber. Nein, er war nicht geblitzt worden, stellte Deckstein erleichtert fest und sah zurück. Er stoppte ein wenig ab, um Elena – wenn sie es denn war – ein Zeichen zu geben, langsamer zu fahren. Sah wieder in den Rückspiegel. War sie geblitzt worden? Das konnte eigentlich nicht sein. Sie fuhr jetzt langsamer als er.

Bei dem kurzen Blick zurück und nach oben zu der Metallkonstruktion hatte Deckstein noch etwas anderes entdeckt, was er vorher an dieser Stelle noch nie gesehen hatte. Da waren Kameras gewesen, Videokameras – das hätte er schwören können.

War es schon so weit, dass Autokennzeichen mit den Fahndungslisten abgeglichen und Bewegungsbilder erstellt wurden? Oder sah er jetzt überall Gespenster? Flackerten sein eigenes und Elenas Autokennzeichen jetzt irgendwo über Computerbildschirme? Was würden sie feststellen? Welche Schlüsse daraus ziehen?

»Feuer eingestellt. Sarkozy präsentiert ... Friedensplan ... Katastrophe im Atomzwischenlager Asse ... Tausende Liter ... radioaktiv verseucht ... im Boden.«

Bei den letzten Worten des Radiosprechers zuckte Deckstein nun doch heftig zusammen.

Das hier berührte ihn unmittelbar. Er wusste, dass die Firma des Atommanagers Heinz Genske früher, also vor mehr als zwanzig Jahren, Tausende Fässer mit atomarem ›Abfall‹ zum Lager Asse und später ins belgische Atomzentrum Mol transportiert hatte. Doch erst jetzt hatten Experten bei einer genaueren Überprüfung der Anlage zu ihrem Schrecken festgestellt, dass dort Plutonium für mindestens drei Atombomben lagerte.

Von diesem Umfang habe bisher niemand etwas gewusst oder geahnt, hatte Deckstein am Abend zuvor dem Atomvereinspräsidenten Würselen vorgehalten.

»Beim BKA-Gesetz ... Das Bundeskriminalamt entwickelt ... Monsterbehörde ...«

Als der Laster vorbeigefahren war, konnte Deckstein den Nachrichtensprecher wieder deutlicher hören.

»Die Opposition kritisiert vor allem, dass auch Journalisten und Ärzte ausgespäht werden dürfen.«

Deckstein stutzte. Er fischte sich eine Gitanes aus dem Päckchen, das vor ihm auf der Ablage lag, und zündete sie am Zigarettenzünder an. Ein tiefer Zug genügte, und er spürte, wie ihn der bittere Geschmack des Rauchs, den er durch das filterlose Stäbchen eingezogen hatte, stimulierte. Ihm ging durch den Kopf, was er eben gehört hatte. Das BKA ließ neuerdings auch Journalisten bespitzeln? Gab es da vielleicht einen Zusammenhang mit der Abhöraktion am Vortag? Steckte da das BKA dahinter? Gehörte die Cabrio-Fahrerin, die ihm nun schon seit geraumer Zeit folgte, eventuell doch zum Bundeskriminalamt?

Deckstein warf einen kurzen Blick in den Rückspiegel. Die Schöne in ihrem Dreier-Cabrio hatte sich ein Stück weit zurückfallen lassen. Er beschloss, sich zur Sicherheit ihr Autokennzeichen zu notieren. Wer weiß, vielleicht war es noch mal zu was nütze.

Zugleich wurde er das Gefühl nicht los, dass er selbst schon ein wenig überdreht war. Vielleicht hatte er sich die ganze Zeit umsonst Gedanken gemacht. Vielleicht will die Dame nur ein bisschen Katz und Maus mit mir spielen, überlegte er. Soll's ja geben. Frauen, die mit ihrem schnellen Gefährt zeigen wollten, dass sie es mit einem Mann, zum Beispiel mit ihm in seinem Jaguar-Kombi, durchaus aufnehmen können. Schade, dass sie jetzt so weit hinten fuhr. Irgendwie hatte ihr Anblick in seinem Gehirn unterschwellig auch andere Gedanken bewegt. Die Sexualhormone wurden bekanntlich im Gehirn gebildet. Jedenfalls hatte er das irgendwo mal gelesen.

Die Vorstellung, von einer hübschen Frau verfolgt zu werden, hatte Decksteins Testosteronspiegel im Blut erhöht. War es das, oder die unterschwellige Gefahr, weshalb er sich plötzlich so aufgekratzt fühlte?

Kurz bevor er hinter der Brücke Richtung Bonn-Zentrum abbiegen wollte, zog die Schöne mit hoher Geschwindigkeit an ihm vorbei. Er konnte gerade noch erkennen, dass sie ihm einen verstohlenen Blick zuwarf. Dann sah er nur noch ihre Rücklichter. Sie musste ganz plötzlich richtig Gas gegeben haben. Gerade hatte er sie ja noch weit hinter sich gesehen. Er sah, wie sie rechts auf die Petra-Kelly-Allee abbog. Das war auch sein Weg. Als er an der Rheinaue entlang auf den Posttower zufuhr, stellte er fest, dass sie wieder langsamer geworden war. Sie telefonierte.

Das war die Chance, sie zu überholen und dabei aus größerer Nähe anzusehen. Deckstein warf einen Blick in den Rückspiegel. Die Bahn war frei. Er zog nach links hinüber und gab Gas. Als er auf gleicher Höhe mit ihr war, sah sie ihn an. Kurz, bevor er sie überholte, hatte sie die Sonnenbrille abgenommen.

Ihr Blick und ihr Anblick, aus wenigen Metern Entfernung, versetzten ihm einen heftigen Stich. Sie war es – oder doch nicht? Alles war so schnell gegangen, dass er sich immer noch nicht sicher war.

Hinter ihm kam wie aus dem Nichts plötzlich ein Wagen mit aufgeblendeten Scheinwerfern herangerast. Deckstein beschleunigte und wechselte abrupt auf den rechten Fahrstreifen. Krampfhaft umklammerte er das Lenkrad und gab wieder ein bisschen Gas, um das Auto in der Spur zu halten. Die Schöne hatte sich ein Stück weit zurückfallen lassen. Sie hatte wohl wegen seines riskanten Fahrmanövers Angst bekommen.

Deckstein atmete tief durch und versuchte, auf andere Gedanken zu kommen. Eigentlich mochte er diese Strecke. Immer, wenn er hier herfuhr, überkamen ihn Erinnerungen an alte, noch gute Zeiten. Der Politikertross war noch nicht nach Berlin gezogen. Und er selbst hatte, nicht weit von seinem Redaktionsbüro entfernt, noch mit seiner Familie an einem der Hügel des Siebengebirges gewohnt.

Im Regierungsviertel war ihm damals alles so dicht gedrängt erschienen. Die Regierenden, die Abgeordneten und das Heer von Journalisten traten sich fast auf die Füße. Mittendrin hatte es das Restaurant des Hotels »Tulpenfeld« gegeben. Dort an der Bar, waren die neuesten Gerüchte, die aus dem rund hundert

Meter entfernten Bundeshaus hinübergeweht oder -getragen worden waren, bequatscht und über den Äther oder schwarz auf weiß in den Zeitungen ins gesamte übrige Land weitergereicht worden.

Er fuhr die geschichtsträchtige Adenauerallee hinunter, am Palais Schaumburg vorbei. Nach dem Zweiten Weltkrieg war es Jahrzehnte lang die Schaltzentrale deutscher Politik gewesen. Hier hatten, angefangen vom ersten Bundeskanzler Konrad Adenauer bis hin zu Willy Brandt, alle Kanzler residiert. Erst Helmut Schmidt war sechsundsiebzig in das davor gelegene neu gebaute Kanzleramt gezogen, die »Gesamtschule« mit der Henry-Moore-Skulptur davor, wie das ansonsten schmucklose Domizil auch spöttisch genannt wurde.

»Ein bisschen Frieden, ein bisschen Sonne ...« Decksteins Autotelefon meldete sich mit der Songmelodie von Nicole. Er drückte den grünen Knopf.

»Tach auch«, meldete sich Gerd Overdieck. »Ich dachte, es wäre Zeit, Sie zu wecken.«

»Sehr fürsorglich, sehr fürsorglich, Gerd. Aber Sie sind ein bisschen spät auf die Idee gekommen. Ich steh in wenigen Minuten an Ihrem Schreibtisch, um mal einen Blick auf unsere Story zu werfen«, gab Deckstein zurück und bemühte sich, seine Stimme ruhig klingen zu lassen. Der Schock über das riskante Manöver saß ihm immer noch in den Knochen.

»Hab ich mir schon gedacht«, sagte Overdieck. »Aber damit Sie nicht ganz so uninformiert hier erscheinen, wollte ich Ihnen doch rasch mitteilen, dass in einer der Schatzkammern von Gaddafi Fässer mit Uran gefunden wurden.«

»Was? Der hatte noch Uran?«

»Die Wiener, Sie wissen, die IEAO-Leute, haben inzwischen behauptet, das sei ganz ungefährlich. Und sie hätten das auch alles in ihren Büchern gehabt.«

»Wer's glaubt, Gerd. Und wieso haben sie nie einen Ton darüber gesagt, dass der Gaddafi so ein hochbrisantes Zeugs in den Fingern hat? Wenn es stimmt, was sie behaupten, dann hätten sie ja genau wissen müssen, wo das Uran zu finden war.

Um jeden Unfug damit zu vermeiden, hätten die das doch gleich sichern lassen müssen.«

»So ist es. Wir sehen uns. Wollte Sie nur schon mal informieren. Tschüss, bis gleich.« Overdieck legte auf.

Während Deckstein, den BMW nun wieder hinter sich, die Rechtskurve hinauf zur Friedrich-Ebert-Allee nahm, versuchte er den Gedanken an Elena zu verdrängen und rief sich den Besuch ins Gedächtnis, den Rainer Mangold und er einem Mitarbeiter des Reaktorsicherheitsministeriums – intern hieß es bei ihnen nun Atomministerium – abgestattet hatten. Draußen war es schon fast dunkel gewesen. In dem Zimmer hatte die Schreibtischlampe ein gespenstisches grellweißes Licht auf ihre Gesichter und Hände geworfen. Der Beamte hatte ihnen mit leiser Stimme die Ergebnisse der staatsanwaltschaftlichen Ermittlungen mitgeteilt: Auch in dem nach Mol gelieferten sogenannten Atommüll war angereichertes Uran und waffenfähiges Plutonium enthalten gewesen. Das habe man aber erst viel später festgestellt, nachdem mehrere Fässer untersucht worden waren.

Als sie Overdieck später in der Redaktionskonferenz davon berichteten, hatte dieser einen regelrechten Wutanfall bekommen.

»Das ist ja nur die eine Seite! Diese geldgierigen Kerle konnten ja nicht genug kriegen! Deshalb haben sie nicht nur solchen atomaren ›Abfall‹ geliefert, sie haben denen nach unseren Informationen tatsächlich auch noch das einzigartige deutsche Verfahren verhökert, mit dem deren Atomtechniker dann aus dem ›Abfall‹ das darin enthaltene waffenfähige Plutonium und Uran herausfiltern konnten. Das war dann jeder Kontrolle entzogen, und damit konnten die Pakistani einfache Atombomben bauen. Und zwar so viele, wie sie wollten!«

»Passt doch wiederum alles prima zusammen, Gerd«, hatte Sabine, die dazu gekommen war, mit süffisantem Unterton ergänzt. »Deshalb haben wir ja die pakistanischen Praktikanten vorher in Deutschland und Belgien sinnigerweise in der ›Behandlung von Atom-›Abfall‹ ausgebildet. Praktisch, nicht? Das ist eben die deutsche Gründlichkeit! Auch wenn's im Dunkeln geschieht. Auch dann wird alles bis ins Kleinste geplant.«

»Mithilfe dieser Technik sind inzwischen Staaten im Besitz von waffenfähigem Plutonium und angereichertem Uran, von denen das bisher niemand geglaubt hätte«, hatte Rainer Mangold gesagt.

»Nicht nur Staaten«, hatte Gerd Overdieck eingeworfen. »Jetzt herrscht *open house*! Vergesst nicht, wir haben Hinweise erhalten, dass auch der Al-Kaida-Konzern mit seinen Finanzmitteln an Firmen beteiligt ist, die in der Lage sind, die Technik zu kaufen und nun das Plutonium aus dem ›Abfall‹ herauszufiltern.«

»Das heißt also, diese Terrorpaten sind in der Lage, zumindest eine einfache Atombombe zu bauen«, hatte Sabine nüchtern festgestellt. »Die Experten haben ja oft genug davor gewarnt«, hatte sie düster hinzugefügt.

Die Ampel vor dem ehemaligen Kanzleramt schlug plötzlich auf Rot um. Deckstein bremste, der BMW hielt auf der Spur rechts neben ihm. Sein Herz schlug schneller. In dem Cabrio saß Elena, da war er sich jetzt sicher. Ihr ebenmäßiges Gesicht mit dem dunklen Teint und den vorstehenden Wangenknochen war ihm nicht aus dem Kopf gegangen, seit sie sich vor etwa einem Jahr am Flughafen Domodedowo verabschiedet hatten. Sie sah ihn mit ihren großen, mandelförmigen Augen an, in denen er so oft versunken war. Ihr Blick ging ihm durch und durch. Als die Ampel grün wurde, fuhren sie auf gleicher Höhe weiter. Er winkte ihr zu, aber sie reagierte nicht.

Ihre dunkelrot geschminkten Lippen bewegten sich ununterbrochen, während sie in ihr Handy sprach. Dabei warf sie ihm wieder einen Blick zu. Nur ein Aufblitzen ihrer Augen hatte ihm verraten, dass sie ihn erkannt hatte. Dann sah sie wieder geradeaus, ohne weiter Notiz von ihm zu nehmen.

Bei Deckstein meldeten sich erste Zweifel. Er war hin- und hergerissen. Hatte er sich nur gewünscht, dass es Elena wäre? Andererseits hatte sie die Sonnenbrille abgesetzt – ein stilles Zeichen, damit er sie erkennen sollte? Er überlegte, was er tun könnte, um Elena zum Anhalten zu bewegen. Warum hatte sie nicht zurückgewunken? Ihm kein Zeichen gegeben anzuhalten? Ihm nicht signalisiert, sie sei es doch, seine Myschka aus Moskau? Dass sie das alles nicht getan hatte, musste einen wichtigen Grund haben. Anders konnte er sich ihr Verhalten nicht erklären.

Deckstein fuhr an der Villa Hammerschmidt vorbei, dem Bonner Dienstsitz des Bundespräsidenten. Rechts hinter dem ehemaligen Auswärtigen Amt bog er in eine Seitenstraße ein und stoppte unmittelbar am Rhein vor einem großen, modernen Bürogebäude. Mit einem Griff nahm er die Fernbedienung aus dem Handschuhfach. Ein Druck auf den Knopf genügte, und das große Tor der Tiefgarage des Verlagshauses schwang träge nach oben.

Er blickte kurz die Straße hinauf und hinunter. Elenas Wagen konnte er nicht entdecken. Schade, dachte er, während er darauf wartete, dass das Garagentor sich ganz geöffnet hatte. Auf den letzten Zentimetern gab es ein lautes Quietschen von sich. Plötzlich zuckte Deckstein zusammen. Im Dunkel der Garageneinfahrt glaubte er die Umrisse eines Mannes zu erkennen, der auf ihn zukam.

8

Moskau, Verteidigungsministerium

»Victor«, sagte Gennadij und sah den General, über den Tisch hinweg an, »was ist eigentlich, wenn euch mal ein großes Malheur passiert?«

»Was sollte das denn sein, zum Beispiel?«

»Wenn einer der Zöllner, die ihr an den Flughäfen mit Dollars oder sonst wie«, erwiderte Gennadij und holte mit der Rechten aus, als wolle er zuschlagen, »überzeugt habt, das zu tun, was ihr von ihnen verlangt, zum Beispiel kurzfristig ausgetauscht oder krank wird. Was ist dann? Dann fliegt doch alles auf. Ihr seid dran, und ich bin auch geliefert. Sibirien, sag ich nur, oder schlimmer!«

Die beiden Freunde saßen an einem selbst für Moskauer Verhältnisse kalten Oktobermittag im Offizierskasino des Verteidigungsministeriums zusammen. Draußen klatschte der Regen unaufhörlich gegen die gekippten Fenster. Drinnen war es bullig warm. Die Heizung lief auf vollen Touren.

Der General zog das Jackett seiner khakigelben Uniform mit den drei goldenen Sternen auf den Schultern aus und legte es auf den Stuhl neben sich.

Sein Hemdkragen stand weit offen. Die Krawatte, die eben noch wie ein Würgeinstrument um seinen überquellenden Hals gespannt gewesen war, nahm er ebenfalls ab und warf sie achtlos auf das Jackett. Seine kurzen, kräftigen Beine schienen, wie Gennadij gleich zu Anfang ihres Treffens festgestellt hatte, in viel zu engen Hosen zu stecken.

Mit seiner fleischigen Hand schob er sein noch fast volles Wodkaglas, zusammen mit den anderen leeren Gläsern, an den Rand des Tisches. Dabei war kein Klirren zu hören. Er beugte sich weit zu Gennadij hinüber, wobei er ihn in eine Wolke von

Bier- und Wodkadunst hüllte, und musterte ihn einen kurzen Moment nachdenklich durch seine randlose Brille.

»Meinst du wirklich, wir wollten in so einem dreckigen Loch mit Gitterstäben davor in Sibirien enden? Glaub mir, Gennadij, wir haben immer für jede Sache doppelte Sicherungen eingebaut«, erklärte er dann mit gedämpfter Stimme. »Es gibt da aber noch was anderes, das muss ich unbedingt mit dir besprechen. Die Leute von unserem Auslandsgeheimdienst in der Berliner Botschaft haben mir ein Papier zugesteckt. Darin geht's um ein deutsches Journal namens *Energy Report* und seinen Chefredakteur. Er heißt Dani...el Deck... *blin*, verflixt!«, fluchte er. »Ich kann diese deutschen Namen immer noch nicht richtig aussprechen!«

Der General kratzte sich am Kinn, das ein Dreitagebart aus dunklen Stoppeln zierte.

Gennadij zuckte zusammen. »Meinst du Daniel Deckstein?«

»Genau. So heißt er. Du kennst ihn ganz gut, haben sie gesagt. Er war letztes Jahr auf Einladung der Regierung in Moskau und Nowosibirsk und ...«

»Da war er, das ist richtig«. Gennadij wusste alles über Decksteins Reise. »Aber er hat sich auch Atomkraftwerke und in Petersburg, ich meine in Wyborg, die Planung der neuen Gaspipeline nach Deutschland angesehen. Ich hab ihn die ganze Zeit begleitet. Was ist mit ihm? Ist doch ein netter Kerl.«

»Ich weiß, dass du ihn magst. Steht alles in dem Bericht.«

Gennadij sah den General verwirrt an. Er wusste nicht, was er denken sollte.

»Die Leute vom Auslandsgeheimdienst haben jemanden auf ihn angesetzt«, erklärte Victor. »Ich hab mir überlegt, dass wir uns das zunutze machen könnten. Wenn du nachher nach Berlin fliegst, kannst du von dort aus Kontakt mit ihm aufnehmen.«

In Gennadijs Kopf arbeitete es. Was konnte der GRU, der für die militärische Aufklärung im Ausland zuständig war, von Daniel Deckstein wollen? Er konnte sich keinen Reim darauf machen. Vielleicht planten Victor und ein paar andere Offiziere ja irgendeine Sauerei auf eigene Rechnung und schoben ihm gegenüber den GRU nur vor. Oder sein Freund gehörte selbst dazu.

Gennadij hatte da immer einen gewissen Verdacht gehegt. Victor saß inzwischen auf einem wichtigen Posten, ganz in der Nähe des Ministers, und diesem wurde der größte Einfluss auf den Präsidenten zugeschrieben.

Geistesabwesend schüttete Gennadij aus der silbernen Streudose, die vor ihm auf dem Tisch stand, etwas Zucker in seinen schwarzen Kaffee. Seine Hände zitterten. War es nur die Hitze im Kasino, die ihm den Schweiß ins Gesicht trieb? Oder auch die Angst? Er musste unbedingt etwas trinken. Und wenn es Kaffee war, der ihn nur noch mehr schwitzen lassen würde.

Gennadij war vor Jahren unfreiwillig aus der Armee ausgeschieden. Sie konnte ihn nicht mehr bezahlen. Nach der Rückkehr aus Ostberlin hatten Victor und er noch eine Weile in der Atomstadt Sarow südlich von Moskau Dienst getan. Damals, zu Zeiten der Sowjetunion war das eine der zehn äußerst geheimen und für die sowjetischen Normalbürger nicht zugänglichen Städte der Sowjetunion gewesen. Jeder Fremde, der sich in die Nähe gewagt und den man entdeckt hätte, wäre sofort erschossen worden. Der Tarnname der Stadt war Arzamas. Prominente Nuklearexperten wie der Vater der sowjetischen Atombombe, Borissowitsch Chariton, hatten in Sarow gearbeitet. Dort war auch die Wasserstoffbombe entwickelt worden.

Doch bald schon kam in Arzamas kein Geld aus Moskau mehr an. Monatelang hatten sie auf ihren Sold warten müssen. Selbst die besten Nuklearexperten gingen ins Ausland. In den Iran, nach Libyen, Korea, Südafrika oder sonst wohin. Sie waren weltweit gefragt, das hatte Gennadij schon damals mitbekommen.

Victor hatte inzwischen eine steile Karriere hingelegt, aber ihm, Gennadij, hatte sich in der Armee keine Zukunft mehr geboten. Noch heute stand immer noch viel Sold von damals aus. Als Arzt war er anschließend nirgendwo mehr untergekommen. Er war mit seiner Familie nach Moskau zu seinen Eltern gezogen. Seine Frau Swetlana und er hatten sich mit Gelegenheitsarbeiten über Wasser gehalten.

Später wurde Victor ins Verteidigungsministerium in Moskau versetzt. Er hatte seinen Freund aus Berliner Tagen nicht vergessen und ihm hin und wieder Aufträge zugeschanzt. Der General umschrieb das, was Gennadij für ihn erledigte, gern mit dem Begriff »taktische Aufgaben«. In Gennadijs Augen waren die Reisen in den Westen mit dem brisanten Stoff im Gepäck nichts anderes als eine lebensgefährliche Drecksarbeit.

Seit er die Aufträge für Victor übernommen hatte, trafen sie sich jedes Mal vor seiner Reise im Offizierskasino des Verteidigungsministeriums. In der letzten Zeit hatten sich die »taktischen Aufgaben« gehäuft. Gennadij wurde zweifellos gut bezahlt, er bekam viel mehr Geld, als er als Arzt irgendwo verdient hätte. Wenn alles weiter so gut lief, dann hätte er in Kürze ausgesorgt. Falls aber etwas schief ging, wäre sein Leben möglicherweise schneller zu Ende, als ihm lieb war. Gennadij wischte sich den Schweiß von der Stirn.

»Statt diesen Scheißkaffee solltest du lieber mal was Ordentliches trinken«, sagte Victor und musterte seinen schwitzenden Freund über die Brille hinweg.

Gennadij schüttelte den Kopf. »Liegt nicht am Kaffee, ist nur so verdammt warm hier drin. Außerdem sieh dich mal an, mein Lieber! Dir läuft ja auch die Suppe runter. Fehlt nur noch, dass du auch noch deine Hose auszieht!«, versuchte er zu scherzen.

Victor grinste. »Na und? Ich bin doch hier fast zu Hause. Zieh doch auch dein dickes Jackett aus. So, wie du schwitzt, holst du dir noch den Tod, wenn wir dich nachher am Flughafen aus dem Auto ausladen.«

»Ist schon gut, Victor.«

Gennadij schaute an dem feisten, geröteten Gesicht seines Freundes vorbei zum Fenster. Erschrocken stellte er fest, dass es seit seiner Ankunft im Ministerium noch kälter geworden sein musste. Der Schneeregen wurde immer dichter und hinterließ breite Schlieren auf den staubigen Scheiben. Das Wasser tropfte auf die lockeren Fensterbleche und erzeugte ein monotones *tok, tok, tok*. Es erinnerte Gennadij an Maschinengewehrfeuer, das er aus seiner Armeezeit noch genau im Ohr hatte.

Victor sah ihn einen Moment nachdenklich an. »Nicht, dass du mir noch krank wirst, Gennadij. Du musst auf jeden Fall fliegen. Eine Panne können wir uns nicht leisten!«

»Ich fliege auch mit einer Erkältung, Victor, das weißt du.«

»Das hör ich gern, Gennadij. Ich weiß, du bist ein wirklicher Freund«, sagte der General und versetzte ihm ein paar kräftige Klapse auf die Schulter.

»Du weißt ja, uns sitzt der GRU im Nacken«, fügte er mit einem maliziösen Lächeln hinzu. »Watscheslaw wartet morgen Mittag am Berliner Flughafen auf dich. Du musst ihm den Stoff übergeben. Wenn alles klappt, schlagen wir schon sehr bald zu.«

Gennadij riss die Augen auf. Er brachte vor Schreck keinen Ton heraus.

Der General ließ sich in seinen Stuhl zurückfallen. Unter seiner massigen Brust wölbte sich ein kolossaler Bauch, der, wenn er sich bückte wie eben, als ihm einige Rubel aus der Hosentasche gefallen waren, den Eindruck vermittelte, als würde er ihn gar nicht mehr auf die Beine kommen lassen wollen. Aber das täuschte. Victor gehörte zu den Dicken, die jeden mit ihrer Beweglichkeit verblüfften. Mit einem schnellen Griff zog er eine halb leere Schachtel Papirossy aus der Brusttasche seines Jacketts, zündete sich eine Zigarette an und nahm einen tiefen Zug.

Gennadij hob abwehrend die Hände. »Mensch, Victor, erst die Hitze, dann versetzt du mich in Angst und Schrecken, und jetzt qualmst du mich auch noch zu. Wenn ich nicht auf einem dieser Horrortrips für dich hopsgehe, komme ich hier um ...«

Er fummelte einen Zettel aus seiner Anzugtasche, einen Kassenzettel aus einem Kaufhaus. Mit krakeliger Schrift schrieb er darauf: »Fanatische Truppe. Können wir darüber reden?« Er schob Victor den Zettel über den Tisch zu.

Der General nahm ihn mit einer hastigen Bewegung an sich. Kaum hatte er ihn gelesen, schüttelte er auch schon den Kopf. »Später«, sagte er nur, zerknüllte das Papier mit seinen dicken

Fingern und steckte es in die Hosentasche. »Mit der Truppe ist, glaub ich, was schief gelaufen. Ich fürchte, die haben sich selbstständig gemacht hat oder werden von anderen gesteuert.« Er sah sich nach allen Seiten um. Er beugte sich zu Gennadij hinüber und flüsterte: »Alles, was ich dir sage, muss unbedingt unter uns bleiben. Auch das mit Deckstein. Geheimsache zwischen meinem Minister und einigen GRU-Generälen.«

»Und das sagst du mir jetzt erst?«, zischte Gennadij dem General ins Ohr. »Du glaubst also, da könnte was schief gelaufen sein? Hast du mal an mich, an dich gedacht? Was das für uns bedeuten könnte?«

Victor sah Gennadij an, zeigte nach oben zur Decke und flüsterte: »Wir gehen gleich rüber in ein sicheres Zimmer. Lass uns dann darüber sprechen.«

»Gut, und die Sache mit Deckstein?«, fragte Gennadij.

»Besprechen wir auch da drüben.« Der General legte kurz einen Finger auf den Mund und sagte leise: »Lass uns jetzt so tun, als würden wir uns ganz normal unterhalten.«

Das war ganz im Sinne Gennadijs, der spürte, dass er seine plötzliche innere Anspannung irgendwie loswerden musste.

»Übrigens, Victor, was ich dir eben schon sagen wollte«, rief er laut, »ich staune, dass du in unserem Alter und bei deiner Leibesfülle immer noch durchhältst. Im Laufe der Zeit hast du zwar immer weniger Haare auf dem Kopf be ...«

»Na, na«, murmelte Victor erstaunt und bedachte seinen hochgewachsenen, hageren Freund mit einem schmollenden Blick. Er tastete seinen schütteren Haarkranz ab, den er mit großer Sorgfalt um seinen Kopf zu drapieren pflegte. Im Moment war alles ein wenig außer Fasson geraten und die lichten, schweißbedeckten Stellen auf seinem Schädel glänzten im schummerigen Lampenlicht. Missmutig sah er zu, wie Gennadij demonstrativ sein dichtes hellbraunes Haar zurückstrich.

»Du rauchst wie früher, du säufst, wie du es immer getan hast«, fuhr Gennadij in seiner Aufzählung fort, die im Ton zwischen Bewunderung und Abneigung schwankte. »Und wie du

mir in den letzten beiden Stunden versichert hast, verlässt keine einzige deiner hübschen Gespielinnen enttäuscht dein Bett!«, sagte er und schaute zu der drallen, blonden Bedienung hinüber.
Victor war Gennadijs Blick gefolgt. »Nur kein Neid, Gennadij, nur kein Neid!«
»Wenn du willst, verschaff ich dir gerne hin und wieder auch so eine kleine zusätzliche Freude. Wenn, ich sage, *wenn*, Gennadij, wenn dir deine liebe Frau Swetlana mal einen Abend freigibt, ließe sich das leicht arrangieren.«
Victor grinste Gennadij schief von unten an. In seinen Brillengläsern spiegelte sich die vollschlanke Figur der jungen blonden Bedienung, die einige Tische weiter irgendetwas arrangierte. Manchmal hat er etwas Verschlagenes an sich, dachte Gennadij. Er hob abwehrend die Hand.
»Danke, Victor, ich komm auch so zurecht.«
»Gennadij, lieber Freund, ich verbringe in diesem Puff hier die meiste Zeit meines Tages. Opfere die längste Zeit meines Lebens fürs Vaterland. Da werd ich mir doch irgendwann am Abend oder in den Ferien noch ein bisschen Freude gönnen dürfen, oder? Das solltest du armer Arzt auch mal tun!«
»Ich gönne dir das doch, Victor, ganz bestimmt, ich gönn es dir. Ich habe nur gestaunt, was heißt gestaunt, dich bewundert«, versicherte Gennadij und sah Victor mit einem süffisanten Lächeln an, »dass du das alles durchhältst!«
Der General richtete sich in seinem Sessel zu seiner vollen Größe auf.
Gennadij hatte den Eindruck, dass die meisten seiner Feststellungen dessen Selbstbewusstsein noch gestärkt hatten. Den Hinweis auf das schütter werdende Haar – Gennadij wusste, das war Victors wunder Punkt – schien dieser schon vergessen zu haben. Er hatte auch nur deshalb darauf angespielt, weil er ärgerlich auf den Freund war. Die Arbeit, die er in Victors Auftrag erledigte, war ohnehin schon gefährlich genug. Und nun teilte ihm der General auch noch mit, dass es mit der Truppe, der Gennadij seine hochbrisante, strahlende Ware über geheimnisvolle Zwischenstationen zulieferte, Schwierigkeiten gäbe.

Victor griff nach seiner kleinen Aktenmappe und zog ein Schriftstück hervor. Mit einem kräftigen Schwung warf er es Gennadij über den Tisch zu.

Dann beugte er sich weit zu ihm hinüber und flüsterte: »Hier, lies das mal. Darin findest du alles zur Sache Deckstein. Wenn du fertig bist, kommst du nach nebenan. Das Püppchen da«, er nickte in Richtung der jungen Blondine, »wird dich rüberbringen. Dann können wir alles besprechen. Da kann keiner mithören.« Der General stand auf. Er schob seinen Stuhl mit einem solchen Gepolter zurück, dass das Mädchen herbeigelaufen kam.

»Ist was, General?«, fragte sie mit ehrlicher Besorgnis in der Stimme.

»Nein, Asja, bin bei bester Gesundheit, wie du siehst.« Er legte seinen Arm besitzergreifend um ihre Taille, zog das Mädchen an sich und sagte: »Lass uns rübergehen.« Dann zeigte er auf Gennadij. »In ein paar Minuten bringst du mir meinen lieben Freund da. Und gleich servierst du mir da drüben auch noch einen ...«

Gennadij hörte schon nicht mehr zu. Seine Augen glitten bereits über das Papier. Sein Blick fiel auf ein Foto von Deckstein, das rechts oben angeheftet war. Es zeigte den Journalisten mit der dunkelhaarigen Elena an seiner Seite.

Gennadij besah sich das Bild näher. Das musste jemand letztes Jahr bei Decksteins Besuch in Moskau gemacht haben. Aber wer? Er hatte Deckstein bei seinem Moskau-Besuch die ganze Zeit über begleitet. Hatten der GRU oder der Inlandgeheimdienst FSB sie bespitzelt? Gennadij spürte einen schalen Geschmack im Mund.

In Gedanken vertieft, griff er zu dem nächststehenden Glas und nahm einen Schluck. Er schüttelte sich. Hustete. Er hatte soeben Victors volles Wodkaglas geleert, das dieser stehen gelassen hatte, als er mit dem »Püppchen« nach nebenan gegangen war. Gennadij schob das leere Glas beiseite und griff zu seiner Kaffeetasse. Ohne abzusetzen, trank er die letzten Schlucke aus.

Dann vertiefte er sich wieder in das Bild. Es zeigte Danie, wie er ihn immer genannt hatte. Mit der Rechten hielt er, dem Wirtschaftsminister zugewandt, ein Wodkaglas hoch. Danie stand so dicht neben Elena, die bei dem Interview mit dem Minister gedolmetscht hatte, dass seine linke Hand nicht zu sehen war.

Als einer der ganz wenigen deutschen Journalisten im Kreml hatte Deckstein ein ausführliches Interview mit dem Minister gemacht. Nur *Spiegel*-Chef Rudolf Augstein und *Stern*-Chef Henri Nannen – beide waren inzwischen verstorben – hatten häufiger den Vorzug solcher Gespräche genossen. Bei Decksteins Interview war es um große Wirtschaftsprojekte gegangen. Er hatte dabei auch ein altes deutsch-russisches Thema wieder aufgewärmt und Fragen über die gegenseitigen Stromlieferungen zwischen Russland und Europa gestellt.

Gennadij wusste, dass sein Land bereits fast vierzig Prozent des deutschen Gasverbrauchs lieferte. Ihm kam ein verwegener Gedanke. Dachten Victor und seine Leute über einen Schlag gegen die Energieversorgung Deutschlands nach? Aber wie passte Danie in einen solchen Plan?

Gennadijs Blick ruhte einen Moment auf Elena. Mit ihrem ebenmäßigen Gesicht und ihrer zierlichen Figur war sie immer noch sehr attraktiv. Und sie hatte eine fast ebenso hübsche jüngere Schwester. Die hatte er damals allerdings nur einmal gesehen.

Auf dem Bild strahlte Elena Danie unverhohlen an. Offenbar hatte sie ihre Wirkung auf Männer seit damals, als sie gemeinsam studiert hatten, nicht eingebüßt. Später hatte Gennadij sie aus den Augen verloren. Er wusste nur, dass sie nach dem Studium eine Zeit lang als Dolmetscherin in Ostberlin gearbeitet hatte. Erst der Zufall hatte sie wieder zusammengeführt. Als er Danie auf der ersten Reise nach Petersburg begleiten sollte, fand Gennadij ihren Namen in den Unterlagen zur Vorbereitung der Reise. Elena Podeskaja, das konnte nur sie sein.

Es hatte ein großes Hallo gegeben, als sie sich wiedersahen. Sie hatten alte Erinnerungen ausgetauscht. Über das, was sie nach der gemeinsam verbrachten Zeit gemacht hatte, war Elena ziemlich rasch hinweggegangen. Das hatte in Gennadij einen Verdacht geweckt, den er nie wieder losgeworden war. Es hatte aber auch noch andere Merkwürdigkeiten gegeben. So hatte Elena oft, während sie mit ihm sprach, mitten im Satz abrupt innegehalten. Ihr Gesicht hatte dabei einen Ausdruck angenommen, als sei sie im Moment gar nicht mehr anwesend. Später war ihm der Gedanke gekommen, dass sie in solchen Momenten gewirkt hatte, also höre sie auf irgendeine innere Stimme.

Auf einer weiteren Reise hatte er sie dann ganz direkt gefragt, ob sie als Dolmetscherin auch für den FSB arbeite. Sie hatte ihn nur lange angesehen. Und nichts gesagt. Ihre schönen Augen hatten nicht gestrahlt. Gennadij glaubte, in ihnen eine tiefe Traurigkeit entdeckt zu haben.

Im Verlauf ihrer letzten gemeinsamen Reise, auf der sie mit Danie zur Akademie der Wissenschaften nach Nowosibirsk gereist waren, hatte es einen Bruch in ihrer freundschaftlichen Beziehung gegeben. Elena wurde ihm gegenüber zurückhaltender, geradezu distanziert. Auch hatte sie sich plötzlich an vieles nicht mehr erinnert, was sie während ihrer Studentenzeit gemeinsam unternommen hatten.

Er hatte versucht, sich gegen den Eindruck zu wehren, dass Elena von irgendwo her ferngesteuert wurde, aber er konnte den Gedanken nicht mehr verdrängen. Vor Monaten hatte er eine große medizinische Studie in die Finger bekommen, in der die verblüffenden Ergebnisse von Experimenten am menschlichen Gehirn geschildert wurden. Unter anderem war Testpersonen ein Chip implantiert worden. In ihrem Gehirn wurde dann durch einen elektrischen Impuls ein Reiz stimuliert, der wiederum eine Befehlskette auslöste. Dieser waren die Testpersonen – Lagerhäftlinge, hatte Gennadij vermutet – wie auf Kommando gefolgt.

Er lehnte sich zurück und dachte nach. Konnte es sein, dass sich ein solcher Chip in Elenas Kopf befand? Er betrachtete wieder das Foto. Im Unterbewusstsein nahm er wahr, dass sich Danies voller blonder Haarschopf von Elenas langen schwarzen

Haaren abhob. Auch Elenas hochstehende Wangenknochen fielen ihm auf. Sie betonten ihre natürliche Anmut und Eleganz, die so viele Kommilitonen schon damals an ihr bewundert hatten, verrieten aber auch ihren slawischen Einschlag. Ihr Gesicht wirkte dadurch etwas breiter, fand er. Danie hatte dagegen ein schmales, langes Gesicht. Seine Augen ...

Gennadij stutzte. Er beugte sich noch tiefer über das Bild. Bevor er falsche Schlüsse zog, wollte er ganz sichergehen.

Aber es gab gar kein Vertun: Danie sah nicht zum Wirtschaftsminister, sondern erwiderte Elenas innigen Blick. Während der häufigen Reisen ins Land hatte sich damals zwischen den beiden wohl etwas entwickelt. Er hatte sie einmal überrascht, als sie sich einen Moment unbeobachtet glaubten, und da hatten sie sehr vertraut miteinander getan.

Seine Gedanken überschlugen sich. Immer mehr Puzzleteile fügten sich zusammen. Danie war mehrmals in die Sowjetunion gereist. Und er war auch häufiger in Russland gewesen. Elena war immer dabei gewesen. Gennadij hatte das schon damals äußerst merkwürdig gefunden.

Normalerweise, so wusste er, achtete der FSB darauf, dass die Begleitpersonen immer wieder gewechselt wurden, um keine zu große Nähe aufkommen zu lassen. Hier stimmte etwas nicht, da war er sich jetzt sicher.

Eines Abends hatten Danie und er ein oder zwei Glas Wodka mehr getrunken. Da hatte er Danie gegenüber eine vorsichtige Andeutung gemacht. Er sei sich nicht darüber im Klaren, welche Rolle Elena wirklich spiele. Er wisse nicht, hatte er ihm erklärt, ob sie echte Gefühle für ihn, Danie, hege, oder nur einen Auftrag als Agentin des GRU oder des FSB ausführe.

Danie hatte nur gelacht. »Selbst wenn es so wäre, hältst du euren FSB für so blöd, Gennadij? Der muss doch wissen, dass man mich mit Frauen und Alkohol nicht erpressen kann. Was das betrifft, so ist mein Ruf schon ruiniert. Und außerdem bin ich geschieden. Was soll schon sein?« Und dann hatte er gesagt: »Weißt du, Gennadij, so eine Frau wie Elena hab ich noch nie kennengelernt!«

Danie hatte vermutlich zu keiner Zeit in Betracht gezogen, dass er sich in Gefahr befinden könnte. Durch Victor aber war Gennadij über Dinge informiert, von denen Danie nichts wusste. Der FSB oder der GRU, oder beide zusammen, konnten hässliche Fallen stellen, in denen schon ganz andere umgekommen waren. In Gennadij wuchs die Gewissheit, dass er auf Danie aufpassen musste – möglicherweise war Elena eine solche Falle.

9

Berlin, Bundeskanzleramt

»Ist Ihnen das vorhin auch aufgefallen?«, flüsterte der BND-Chef Walter Mayer zu. »Unser sonst so nervenstarker Geheimdienstkoordinator rotiert wie ein aufgezogener Brummkreisel.«

Mayer und Grossmann saßen im Konferenzraum im Bundeskanzleramt und warteten. Der Geheimdienstkoordinator war noch nicht zurückgekehrt. Generalinspekteur Wildhagen nutzte die Zeit, um lautstark mit einem Mitarbeiter zu telefonieren.

Mayer beugte sich zu Grossmann und erwiderte leise: »Liegt bestimmt daran, dass er sich heute Morgen schon etliche Tassen Kaffee reingeschüttet hat. Sie wissen ja, er ist ein leidenschaftlicher Kaffeetrinker.«

Vor seinem inneren Auge sah er Brandstetter vor sich. Mit seinen breiten Schultern und dem etwas platten Nasenrücken erinnerte er ihn an einen alternden Boxer. Er hatte auch so einen leichtfüßigen Gang – eigentlich war es mehr ein Tänzeln, wie es gute Boxer im Ring praktizierten. Das kleine Bäuchlein, das sich über seinem Hosenbund wölbte, ließ darauf schließen, dass dieser Mann auch eine gemütliche und herzliche Seite hatte.

Während Mayer noch diese Bilder durch den Kopf gingen, stürmte der leibhaftige Brandstetter in das Besprechungszimmer. »Der Chef BK lässt Sie alle herzlich grüßen. Ich hab meinen Chef noch nie so fassungslos erlebt wie eben, als ich ihm erklärt habe, wie Sie, Herr Wildhagen, die Lage einschätzen.«

»Lassen Sie mich vorweg etwas klarstellen, meine Herren«, sagte der Generalinspekteur und sah in die Runde. »Sie werden verstehen, dass ich noch keine fertige Analyse präsentieren, geschweige denn, mit detaillierten Gegenmaßnahmen aufwarten kann. Dafür fehlen uns wesentliche Angaben. Zwei meiner Generalskollegen, die mit strategischen Analysen befasst sind, habe ich in die neue Lage eingeweiht. Aufgrund der Erfahrungen und verschiedener Planspiele in der Vergangenheit haben die beiden in aller Eile mögliche Maßnahmen mit unterschiedlichen Alternativen zu Papier gebracht, sodass wir nicht ganz unvorbereitet dastehen.«

»Mir war klar«, sagte Grossmann, »dass Sie sich nicht zum ersten Mal mit einer solchen Gefechtslage beschäftigen. Als George Dabbelju Bush Präsident war, hat doch dieser smarte Chefstratege, der Paul Wolfowitz, schon mal eine ähnliche Drohung vom Stapel gelassen. Man werde Staaten, die den Terrorismus unterstützen, wegradieren oder ausradieren oder so ähnlich.«

»Dann wissen Sie sicher auch, Herr Kollege, dass Wolfowitz damals zur ›Vulcans‹-Clique um Condoleeza Rice gehörte, der späteren Außenministerin und Einflüsterin von Bush«, erwiderte Wildhagen mit einem selbstgefälligen Grinsen und sah Grossmann an.

»›Vulcans‹?«, fragte Brandstetter und warf dem Generalinspekteur einen verständnislosen Blick zu. »Vulcanus war doch der römische Gott des Feuers.« Er legte seine Stirn in Falten. »Wie sind die denn auf *den* Namen gekommen?«

»Ist doch jetzt egal«, polterte Grossmann. »Jedenfalls haben sie ja mit dem Irakkrieg ihrem Namen alle Ehre gemacht.«

»Am besten erkläre ich Ihnen die Lage zunächst mal aus militärischer Sicht«, sagte Wildhagen. »Vorweg: Meine Generalskollegen und ich sind uns einig, dass wir ganz schnell in eine ähnlich bedrohliche Situation wie zu Zeiten der Berlin- oder der Kubakrise geraten könnten.«

»Oh, Gott!« Brandstetter stöhnte auf. »Nicht auch noch das! Wir haben doch schon genug vor der Brust. Kubakrise, Berlinkrise, wissen Sie, was Sie da sagen? Wenn nur ein einziger Hitzkopf auf den roten Knopf drückt, gibt's uns alle hier vielleicht bald nicht mehr ...«

»Nur, wenn wir es versäumen, uns frühzeitig auf eine solche Entwicklung einzustellen«, fuhr der General ungerührt fort. »Dann könnten wir gewaltig eins auf die Mütze kriegen. Aber nur dann!« Er machte eine Pause. »Wir sollten uns nichts vormachen, meine Herren, da wird immer herumgerätselt, ob die islamistischen Fanatiker tatsächlich so brutal sein könnten, wirklich eine nukleare Bombe zu zünden. Das wären sie! Wir vergessen, dass die Sowjets schon während der Berlinkrise und auch während der Kubakrise bereit waren, Atomraketen auf den Westen abzufeuern. Ich sagte Atom ... ra ... ke ... ten, meine Herren. Nicht einfach nur Bomben.«

»Aber der Westen wäre ja auch zu so einem Schützenfest bereit gewesen«, hielt Grossmann dagegen. »Wir sind damals doch nur haarscharf einem Atomkrieg entgangen. Hätten Chruschtschow oder Kennedy die Nerven verloren, wär's das gewesen!«

»Davon mal abgesehen«, warf Wildhagen ein, »es waren doch die USA, die als Erste ihre atomare Unschuld verloren haben – ich erinnere nur an Hiroshima und Nagasaki. Deshalb werden die islamistischen Terroristen auch keine Hemmungen haben, uns so ein Ei ins Nest zu legen!«

»Diese moralische Einordnung hilft uns im Moment auch nicht weiter«, sagte BKA-Chef Mayer unwirsch.

»Ich weiß ich nicht, ob Sie da richtig liegen«, erwiderte der Generalinspekteur. »Meiner Meinung nach ist es gerade in der jetzigen Situation äußerst wichtig, dass wir uns keinen Illusionen hingeben.«

»Sie haben recht, Kollege«, sagte Grossmann. »Ich denke, es ist inzwischen müßig, den Koran zu wälzen. Es ist soweit – die Islamisten bedrohen uns. Und nach meiner Einschätzung zucken die auch nicht mehr zurück!«

»Nach dem Tod von Osama bin Laden, Gott erbarme sich auch seiner«, sagte Wildhagen und schlug zum Erstaunen aller ein Kreuz in der Luft, »müssen wir damit rechnen, dass sein weltweit operierendes Terrornetzwerk noch einen Zahn zulegt. Dabei werden diese Krieger Allahs nach unseren Erkenntnissen vor allem von den iranischen Atom-Ayatollahs unterstützt.« Er blickte in die Runde und sah in angespannte Gesichter.

Der BND-Chef räusperte sich: »Wenn wir den Iran isolieren könnten, wären wir vielleicht ein Stück weiter. Nur, wie ist das zu schaffen?«

»Schwierig, schwierig, Herr Kollege«, antwortete Wildhagen.

»Also, meine Herren«, rief Brandstetter dazwischen, »Sie galoppieren mir viel zu weit voraus. Das alles sind Langfristbetrachtungen. Im Augenblick werden wir von einer Terrorgruppe nuklear bedroht. Wir wissen bis jetzt noch nicht mal hundertprozentig, ob die überhaupt so eine Bombe haben oder ob sie nur bluffen. Aber eins steht fest: Zu einer Art Kubakrise dürfen wir es gar nicht erst kommen lassen. Niemals, meine Herren!«

Der Generalinspekteur fuhr fort, das Schreckensszenario auszubreiten. »Hinzu kommt, dass diese islamistischen Terroristen nicht immer zu identifizieren sind. Die operieren weltweit. Und da gibt es ja die sogenannten Schläfer, die plötzlich ganz wach werden. Wie soll man die fassen, bevor die es haben rumsen lassen?«

»Also wirklich«, sagte der BND-Chef und funkelte Wildhagen an, »ich glaube, verehrter Kollege, ich muss Sie in Ihrer Einschätzung der Lage doch langsam ein bisschen bremsen! An der Berlin- und Kubakrise waren die Supermächte beteiligt. Da stand es auf Messers Schneide, ob die Menschheit sich dazu entschließt, sich mit dem riesigen Arsenal an Atomraketen selbst auszulöschen. Das, Herr Wildhagen, war die Sachlage!«

Grossmann stupste mehrmals seinen ausgestreckten Zeigefinger auf die Tischplatte. »Damals ging's um Hunderte von Atomraketen«, fuhr er fort. »Und heute, jetzt, in diesem Augenblick, in dem wir hier im Kanzleramt am Besprechungstisch sitzen und Sie die Berlinkrise und die Kubakrise heraufbeschwören, bedrohen uns Terroristen, Herr General. *Nur* eine Terrorgruppe, vergessen Sie das bitte nicht! Dahinter stecken vermutlich Al-Kaida-Leute oder was für Gruppen auch immer. Wissen wir ja noch nicht. Okay, das ist alles schlimm genug.

Aber diese Terroristen bedrohen uns zurzeit mit *einer*«, Grossmann hielt Wildhagen seinen hochgestreckten Daumen entgegen, »mit einer nuklearen Bombe!«

»Sie haben recht, Herr Kollege. Sie haben ja völlig recht«, sagte Wildhagen und nickte. »Aber nur auf den ersten Blick ...« Als er die entsetzten Gesichter seiner Zuhörer sah, beschloss er, die Nervosität ein wenig zu mildern. »Könnten Sie mir bitte ein Fläschchen Wasser rüberreichen?«, fragte er Brandstetter.

»Entschuldigung, hätte ich auch schon früher dran denken können«, sagte der Geheimdienstkoordinator, griff mit einer fahrigen Bewegung nach einer Flasche, die vor ihm auf dem Tisch stand, öffnete sie und schob sie Wildhagen zu.

Während der Generalinspekteur sich ein Glas Wasser eingoss und einen Schluck nahm, rutschten die anderen Anwesenden unruhig auf ihren Stühlen hin und her.

»Nun machen Sie's doch nicht so spannend und reden endlich!«, platzte der BND-Chef heraus.

Doch Wildhagen ließ sich Zeit. Erst nach einem weiteren Schluck Wasser fuhr er fort: »Herr Grossmann, Sie haben bei Ihrer Überlegung vergessen, dass wir damit rechnen müssen, dass die Terrortruppe an verschiedenen Positionen gleichzeitig zuschlägt. So war es jedenfalls bisher immer, wenn die eine ihrer spektakulären Aktionen gefahren haben. Wie wir wissen, haben mehrere Staaten entsprechende Drohvideos erhalten. Unsere Erfahrung sagt uns, dass die Terroristen in einem Land an mehreren Stellen zugleich zuschlagen. Deshalb sollten wir uns darauf einstellen, dass die Staaten, denen sie das Ultimatum gestellt haben, im Augenblick von einer insgesamt ganz erklecklichen Anzahl nuklearer Bomben bedroht werden ...«

»Aber es sind bei Weitem nicht so viele wie damals!«, fiel ihm Grossmann ins Wort und setzte sein Siegerlächeln auf. »Und vergessen Sie nicht: Damals ging es um zahllose Ra ... ke ... ten, und zwar mit Atom ... spreng ... köp ... fen!« Er zog diese erschreckenden Worte in die Länge und betonte dabei jede Silbe.

»Also bitte, Herr Grossmann!«, erwiderte der Generalinspekteur konsterniert. Durch den ganzen Mann ging ein Beben.

»Was soll das? Wir können es uns schon aus Zeitgründen nicht leisten, hier eine akademische Diskussion zu führen!«

Grossmann zuckte zurück und zog die Augenbrauen hoch. Werner Brandstetter rutschte mit einem Ruck ganz nach vorn auf die Sesselkante und richtete sich auf. Walter Mayers Gesicht erstarrte. Die Stimmung im Raum knisterte.

»Sie wissen doch genauso gut wie wir alle hier«, sagte der Generalinspekteur und streifte einen nach dem anderen mit einem kurzen Blick, »was es bedeutet, wenn die USA womöglich nuklear zurückschlagen, falls die Terroristen eine nukleare Bombe auf amerikanischem Boden zünden! Mal angenommen, es ließe sich nachweisen, dass der Iran in irgendeiner Weise mit Bombenstoff oder Bombentechnik an dem nuklearen Angriff beteiligt gewesen wäre ...«

»Meinen Sie wirklich, dass die Chinesen oder Russen ...?«, fragte Brandstetter skeptisch.

»Die größten Sorgen machen uns zunächst mal die Israelis«, fuhr Wildhagen unbeeindruckt fort. »Bei denen sitzt der Finger am Abzug am lockersten. Das Teheraner Atomprogramm ist ihnen schon lange ein Dorn im Auge. Und wenn die in einer solchen Gefechtslage dann eine ihrer gerade getesteten Atomraketen mit einer Reichweite bis zum iranischen Atomkomplex abfeuern ... Immerhin haben sie den irakischen Atomreaktor Osirak in Bagdad in Schutt und Asche gelegt und auch den im Bau befindlichen syrischen Atomreaktor bombardiert. Wir alle hier am Tisch wissen doch, dass die in Tel Aviv nur schwer zurückzuhalten sind, Herr Grossmann. Und was dann?«, fragte er, legte den Kopf zur Seite und sah den BND-Chef herausfordernd an. »Sind Sie noch immer der Meinung, ich hätte übertrieben?«

Grossmann antwortete nicht, sondern schaute mit zusammengepressten Lippen aus dem Fenster.

Wildhagen schien das Schweigen den BND-Chefs noch anzustacheln. »Ja, meine Herren«, verkündete er mit erhobener Stimme, »ich versteige mich sogar zu der Behauptung, dass die Lage noch dramatischer sein könnte als zu Zeiten der Berlin-

und der Kubakrise. Schließlich sind die heutigen atomaren Waffensysteme noch weit effizienter! Dabei hab ich Pakistan noch gar nicht erwähnt!«

»Das Land ist ja nach den USA, Russland und China bald die viertgrößte Atommacht«, fuhr er leiser fort. »Die haben inzwischen mehr als hundert Atomsprengköpfe auf Lager. Und wenn der Iran angegriffen wird, machen die mobil. Der pakistanische Geheimdienst hat seinerzeit bereits durchblicken lassen, dass das Land wegen der religiösen und ideologischen Affinität große Zuneigung zum Iran empfindet. Der Atompapst der Pakistaner, Abdul Quadeer Khan, ist sogar noch deutlicher geworden. Schon damals, als er bei uns im Westen auf dem Schwarzmarkt in großem Stil Atomtechnologie einkaufte, hat er, wie er selbst sagte, den Iranern die Pläne für Atomwaffen angeboten. Dabei hat er ein klares Ziel verfolgt.«

Wildhagen beugte sich weit vor und sagte in beschwörendem Ton: »Vor ein paar Jahren hat er in einem Interview Folgendes gesagt: ›Wenn der Iran Nukleartechnologie hat, können wir in der Region einen starken Block bilden, um uns internationalem Druck zu widersetzen.‹ Und weiter, jetzt hören Sie genau hin, meine Herren: ›Die nuklearen Fähigkeiten des Iran werden Israels Macht neutralisieren.‹ Damit ist ziemlich klar, was passiert, wenn der Iran, von welcher Seite auch immer, angegriffen wird«, schloss der Generalinspekteur und lehnte sich zurück.

»Ich weiß nicht, ob sie alle mitbekommen haben, was Avi Primor, der ehemalige israelische Botschafter in Deutschland, kürzlich in der *Süddeutschen* erklärt hat«, sagte Grossmann. »Moment, ich blättere mal gerade in meiner Medienübersicht. Hier habe ich's.«

Er zeigte mit dem Zeigefinger auf seine Fundstelle. »Ich zitiere: ›Möglich scheint auch, dass das Land‹, er meint den Iran, ›verschiedene terroristische Gruppierungen mit atomarem Material beliefert.‹ Das, meine Herren, sagt ein absoluter Insider zu der Frage, was der Iran tun könnte, tun würde, sollte das Land angegriffen werden!«

»Dass die Pakistaner und die Iraner atomar überhaupt so stark werden konnten, das haben sie ja nicht zuletzt uns zu verdanken«, sagte Mayer. Ein zynisches Lächeln umspielte seine Lippen.

»Da sagen Sie was, Herr Kollege!« Brandstetter schüttelte den Kopf. »Fehlte nur noch, dass wir denen damals die fertige Atombombe übergeben hätten. Sonst haben wir ihnen ja wohl alles geliefert, was zum Bombenbau nötig ist.«

Plötzlich wurde auch der BND-Chef wieder lebendig. »Da gab's doch damals auf einmal diesen Riesenknall. Erinnern Sie sich? Wir hätten den Atomwaffensperrvertrag gebrochen und so ...« Grossmann machte eine Pause, bevor er zögernd fortfuhr. »So hieß es jedenfalls. Und war da nicht auch dieser Deckstein vom *Energy Report* irgendwie in den Skandal verwickelt?«

»Stimmt, Herr Grossmann«, sagte Mayer. »Ich weiß zwar auch nicht mehr, ob das Deckstein war oder ein Kollege von ihm, aber jedenfalls haben die doch den Ball erst richtig ins Rollen gebracht.«

Auch Brandstetter erinnerte sich. »Einer von den beiden, also Deckstein oder der andere, an den ich mich auch nicht mehr erinnere, hat doch damals diesen hessischen Minister interviewt und ihm gesagt, nach seinen Informationen hätten deutsche Unternehmen Plutonium nach Libyen und Pakistan geliefert.«

»Das müssen Sie sich mal vorstellen!«, sagte der BKA-Chef. »Meine Herren, ich muss mich mal bewegen. Sitz jetzt schon seit Stunden auf meinem ...« Mayer stand auf, strich seinen dunklen Anzug glatt und ging mit schnellen Schritten auf die Fensterfront zu.

»Der Eschborner Amtschef für Ausfuhrkontrolle hat das ja später bestätigt«, rief er zu den Kollegen hinüber, die ihn mit überraschtem Blick gefolgt waren. »Ich weiß noch, wie mir die Haare zu Berge gestanden haben, als der das damals im Untersuchungsausschuss des Bundestags so locker vom Hocker rausließ. Auch den Abgeordneten, die ihn befragten, blieb der Mund offenstehen. Und dann hat er auch noch ungerührt hinzugefügt, wie viel Plutonium das gewesen sei, könne er nicht mehr genau sagen.«

Brandstetter schlug mit der Hand auf den Tisch. »Unglaublich! Ich weiß noch, wie ich als kleiner Referent im Kanzleramt die Sache aus der Nähe verfolgt habe. Was meinen Sie wohl, was wir heute zu hören bekämen, wenn publik würde, dass wir quasi dieselbe Schei …, Schitte, die wir denen in Libyen und vor allem Pakistan geliefert haben, jetzt als Bombe zurückkriegen!«

»Unsere Brüder hinterm Eisernen Vorhang waren damals bestens über unsere Lieferungen über den Grauen Markt oder den Schwarzmarkt informiert, das kann ich Ihnen sagen«, erklärte Grossmann und schnaubte. »Die hatten ja eine Heidenangst davor, dass wir eine eigene Atombombe bauen würden. Deshalb haben sie natürlich alles drangesetzt, um an Informationen zu kommen. Ich habe da Stasi-Papiere auf den Tisch gekriegt, da würden Sie sich an den Kopf fassen! Schon 1980 haben sie gewusst, dass sich Pakistan über eine Bonner Deckadresse für vierzig Millionen Mark Teile für die Urananreicherungsanlage zusammengekauft hatte. Hinter dieser Deckadresse steckte übrigens der Bonner Botschafter von Pakistan. Ikram-ul Haque Khan hieß dieser zwielichtige Herr. Er wohnte in Bonn-Wachtberg, in der Hauptstraße. Wir dagegen wussten noch nicht mal, dass da unter unseren Augen solche Sachen abgelaufen waren. Zumindest mussten wir das öffentlich so darstellen …« Er zwinkerte Brandstetter zu.

»Ich hab damals die Staatsanwälte bedauert, die in der Sache ermitteln mussten«, sagte Generalinspekteur Wildhagen. »Die waren in einer schwierigen Position. Viele Menschen in der Öffentlichkeit hatten sicher erwartet, dass die Juristen den verantwortlichen Regierungsmitgliedern und den Vorständen der beteiligten Atomunternehmen die Hosen runterziehen würden.«

»Wenn die tatsächlich den rauchenden Colt gefunden hätten«, sagte Brandstetter, »also bestätigt, dass wir den Atomwaffensperrvertrag gebrochen hätten, wäre Deutschland doch erst recht an die Wand genagelt worden! Das Bundesverdienstkreuz hätte man sich da mit einer erfolgreichen Ermittlung wahrhaftig nicht verdienen können.« Er schüttelte den Kopf. »Der Leitende Oberstaatsanwalt – ein erfahrener Mann – hat die Ermittlungen ja dann rasch wieder eingestellt. Und was ich Ihnen jetzt erzähle, werden Sie kaum glauben«, fuhr er fort. »Die Journalisten, über die wir eben gesprochen haben, der Deckstein und einer seiner Mitarbeiter, ich meine, es wäre der Overdieck gewesen, so ein Hüne, haben mich und Mombauer vergangene Woche wegen dieser Sache von damals kontaktiert. Die sitzen an einer großen Story da drüber, mit neuem brisantem Material.«

»Wir müssen unbedingt verhindern, dass die jetzt mit der Geschichte herauskommen!«, sagte BND-Chef Grossmann stirnrunzelnd. »Wenn öffentlich bekannt wird, dass wir von Terroristen mit einer nuklearen Bombe bedroht werden, und gleichzeitig kommt diese Story vom *Energy Report* unter die Leute, dann kriegen wir die Stimmung nicht mehr in den Griff. Dann hagelt's Proteste. Dann gibt's Panik!«

»Dann kann die Kanzlerin ihren Hut nehmen«, stellte Generalinspekteur Wildhagen trocken fest.

10

Bonn, Redaktion des *Energy Report*

Die Ampel leuchtete grün. Das Garagentor hatte sich ganz geöffnet. Deckstein starrte in die Einfahrt der Tiefgarage des Verlagshauses. Er reckte den Kopf vor und rieb sich die Augen. Hatte er nicht gerade die Umrisse eines Mannes gesehen, der auf ihn zukam? Jetzt war da war nur dunkle Leere. Er rieb sich wieder die Augen. Hatte er schon Halluzinationen? War seine innere Unruhe so groß, dass er etwas sah, was gar nicht da war? Oder waren das bereits ernst zu nehmende Auswirkungen seines gestiegenen Rotweinkonsums?

An manchen Tagen – und heute war so ein Tag – überfiel ihn eine heftige Ungeduld, wenn er warten musste, bis sich das Tor der Tiefgarage geöffnet hatte. Es ging ihm nicht schnell genug. Lauter Fragen stürzten auf ihn ein: Was würde ihn auf seinem Schreibtisch erwarten? Was gab es Neues in der Redaktion? Wie waren die anderen Kollegen mit den Recherchen für die Titelstory vorangekommen?

An diesem Morgen hatte er zudem noch ein flaues Gefühl in der Magengrube. Das begleitete ihn schon, seit sie festgestellt hatten, dass sie von irgendwelchen Dunkeltypen beschattet wurden. Und dann auch noch dieses merkwürdige Erlebnis mit Elena, das ihn innerlich aufgewühlt und verunsichert hatte. Deckstein schüttelte kurz den Kopf, um alle düsteren Gedanken zu verscheuchen, ließ es aber rasch wieder bleiben. Im nächsten Moment fragte er sich, ob Ulla, seine Sekretärin, schon damit angefangen hatte, das Interview abzuschreiben. Das laute Quietschen des Garagentors riss ihn aus seinen Gedanken. Er schreckte hoch und sah, dass die Ampel rot blinkte – das Tor senkte sich. Rasch drückte er erneut auf die Fernbedienung.

Bis das Tor wieder offen war, würde es ein paar Minuten dauern. Deckstein legte den Kopf zurück, schloss die Augen und versuchte, zur Ruhe zu kommen.

Ein Bild erschien vor seinem inneren Auge: Elena, wie sie auf der Autobahn ohne nennenswerte Reaktion an ihm vorbei gefahren war.

Sie hätte angehalten, da war er sich mit einem Mal sicher, außer – ja, außer, es gab einen äußerst wichtigen Grund dafür, dass sie es nicht tat, und der konnte nur in irgendeiner Gefahr bestehen, die im Hintergrund lauerte. Sie wäre aus dem Wagen gesprungen und ihm um den Hals gefallen. Sie hätte ihn mit Küssen bedeckt, und er hätte ihr endlich wieder zärtlich »mein Myschka, mein Kätzchen« ins Ohr geflüstert.

Das Garagentor stand offen, die Ampel war grün. Deckstein gab Gas. Während er auf den für ihn reservierten Parkplatz zusteuerte, fragte er sich, ob es wirklich so gewesen wäre wie vor einem Jahr. Hatte sich inzwischen nicht alles verändert?

Anders als gewohnt beschloss er, als Erstes bei Sabine reinzuschauen, bevor der Redaktionsalltag ihn in Beschlag nahm. War das Sehnsucht? Deckstein dachte wieder an den vergangenen Abend. Erst hatten sie nah nebeneinander beim Wein in seiner Stammkneipe in der Kölner Altstadt gesessen. Und vor ihrer Haustür hatten sie sich ausgiebig geküsst.

Auf seinem Parkplatz angekommen, schloss Deckstein den Wagen mit einem Klick seiner Fernbedienung ab. Gedankenverloren ging er zum Fahrstuhl hinüber. Als dieser anruckte und nach oben glitt, spürte Deckstein, dass der Druck in seinem Kopf wieder zunahm. Vielleicht sollte er doch erst ein Aspirin mit einer Flasche Wasser herunterspülen, bevor er sich einen Kaffee gönnte.

Plötzlich ruckte es. Der Fahrstuhl hielt in der ersten Etage. Die Türen öffneten sich, aber niemand stand davor. Da hatte es sich wohl jemand anders überlegt.

Obwohl Deckstein eigentlich in die zweite Etage hochfahren musste, verließ er den Fahrstuhl nach einem Augenblick des Zögerns mit schnellem Schritt. Die Türen schlossen sich hinter ihm, und einen Moment lang stand er auf dem Gang, ohne zu wissen, was er hier eigentlich wollte. Dann fiel sein Blick auf das Fenster im Treppenhaus. Er ging darauf zu und sah auf die Straße hinunter.

Draußen vor dem Eingang zum Verlag entdeckte er die rassige Schöne, die ihm mit dem BMW gefolgt war. Sie sah wirklich aus wie Elena! Ihr volles Gesicht mit den hohen Wangenknochen wurde von fast pechschwarzen Haaren umrahmt, die ihr bis über die Schultern fielen. Sie sah zu ihm hoch. Wie von der Tarantel gestochen sprang er vom Fenster zurück.

Als er nach einem kurzen Moment wieder einen vorsichtigen Schritt nach vorn machte, konnte er gerade noch sehen, dass ihre langen, braunen Beine in einem viel zu kurzen Rock endeten. Dann war sie schon mit eiligen Schritten aus seinem Gesichtsfeld verschwunden. Elena hatte zwar auch so wunderschöne lange und gut geformte Beine, schoss es ihm durch den Kopf, aber sie bewegte sich anders.

Hinter den leicht getönten Scheiben konnte die Frau ihn nicht erkannt haben, glaubte er. Ihr Alter schätzte er auf Ende dreißig, Anfang vierzig. Wer war sie? Was wollte sie hier? Was hatte sie mit Elena zu tun? Deckstein wurde immer unruhiger. Seine Gedanken überschlugen sich.

Plötzlich kam ihm eine Idee: Vielleicht hatten zwei Frauen in dem Cabrio gesessen. Hatte sich die andere versteckt, als er, Deckstein, Elena überholt hatte? Wurde Elena von ihr vielleicht sogar überwacht, oder wurde sie nur begleitet? Tausend Fragen schossen ihm durch den Kopf. Plötzlich kam ihm die Erkenntnis: Die Schöne da unten musste Elenas Schwester gewesen sein. Aber wenn es so war, warum verhielten sich die beiden so merkwürdig?

Deckstein trat vom Fenster zurück und ging in Richtung Fahrstuhl. Im letzten Moment überlegte er es sich anders und beschloss, die Treppe zu nehmen. Von Stufe zu Stufe kam er immer stärker ins Schwitzen. Außerdem merkte er, dass er kurzatmiger wurde. Das machten die Stäbchen, die starken Gitanes-Zigaretten, gestand er sich innerlich widerstrebend ein.

Oder beides zusammen: Rotwein und Stäbchen. Dazu kam der übrige Stress.

Kurz bevor er den Treppenabsatz der zweiten Etage erreicht hatte, war er schon ziemlich durchgeschwitzt. Er nahm sich vor – zum wievielten Mal eigentlich? –, weniger zu trinken. Immer wieder fand er Gründe, warum er diesen gutschmeckenden roten Franzosen in sich hineinschlürfen musste. Wieder beschlich ihn die Furcht, er sei bereits der großen Zahl der stillen Alkoholiker zuzurechnen. Cora, seine Exfrau, hatte ihm deswegen immer wieder Szenen gemacht.

Auf dem Treppenabsatz angekommen, durchfuhr ihn ein Gedanke, der augenblicklich eine solche Kraft entwickelte, dass Deckstein ein regelrechtes Zittern durchlief. Er blieb stehen. So einen Zustand kannte er bisher nicht. Er bekam Angst. Gleichzeitig wuchs eine Gewissheit in ihm, die von Sekunde zu Sekunde stärker wurde und schließlich die Oberhand über die Angst gewann.

»Das Saufen und Rauchen und auch dieser endlose Stress, das muss alles ein Ende haben!«, brach es aus ihm heraus.

Erschrocken blickte er um sich, um nachzusehen, ob irgendjemand seine Selbstbeschwörung mitbekommen hätte. Er sah niemanden.

Erschöpft lehnte er sich an die Wand des Treppenhauses. Es hatte ihn gepackt. Schon lange hatte es in ihm rumort.

Merkwürdig, dachte er, merkwürdig, dass er gerade hier, in diesem Augenblick auf dem Treppenabsatz, endlich den entscheidenden Entschluss gefasst hatte! Schon am nächsten Tag wollte er sich in einem Fitnessstudio anmelden. Er warf einen kurzen Blick aus dem gegenüberliegenden großen Fenster, das den Blick auf den Rhein und das Siebengebirge am Horizont freigab. Sonst war er immer einen Augenblick stehen geblieben und hatte den herrlichen Ausblick auf die Rheinlandschaft genossen. Doch jetzt drängte es ihn, sich Sabine mitzuteilen.

Er wischte sich den Schweiß von der Stirn, drückte sein Kreuz durch und steuerte mit energischen Schritten auf das

Büro seiner Stellvertreterin zu, das auf der rechten Seite des Ganges lag. Dass er gar nicht erst angeklopft hatte, merkte er erst in ihrem Zimmer. Er blieb wie angewurzelt stehen.

Er rührte sich nicht und genoss das Bild, das sich ihm bot. Sabine lag lang ausgestreckt in ihrem Schreibtischsessel. Ihre wohlgeformten braunen Beine hatte sie auf der Schreibtischkante abgestützt. Als Deckstein die Tür aufgerissen hatte, war sie hochgeschreckt. Nun beugte sie sich vor und griff nach ihrer Kaffeetasse. Ein paar Haarsträhnen fielen ihr ins Gesicht und verdeckten ihr Lächeln.

Sie ließ sich wieder zurückfallen. Dabei sprang ihre Haarspange auf, und die schulterlange blonde Mähne ergoss sich über die Lehne des Schreibtischsessels. Sie streckte sich und griff mit beiden Händen in ihren Nacken, wobei sich ihre vollen Brüste unter ihrem engen marineblauen Lieblingspullover aus Cashmere abzeichneten. Bei der abrupten Bewegung war ihr Rock ein wenig hochgerutscht und gab den Blick auf ihre langen Beine noch ein bisschen mehr frei.

Deckstein ging auf sie zu. »Ja, was seh ich denn da? Bleib ruhig so sitzen, Bine! So kannst du mich immer erwarten ...«

»Nee, nee, nichts da!«, sagte sie mit einem Lächeln, als er ganz nahe bei ihr war. Sie legte die flache Hand auf seine Brust und schob ihn sanft zurück. Dann schwang sie die Beine vom Schreibtisch und richtete sich wieder gerade in ihrem Sessel auf.

»Jetzt wird gearbeitet. Nach dem, was gestern passiert ist, haben wir einen Haufen anderer Dinge zu tun!«

Deckstein kannte diesen Ton an Sabine: Er war einerseits freundlich und ließ für die Zukunft vieles offen, andererseits wusste er inzwischen, dass sie damit auf charmante Art auch klare Grenzen zog.

»Schade, du hättest ruhig so liegen bleiben können«, sagte er und setzte sich Sabine gegenüber auf die Schreibtischkante.

»Daniel, wir haben keine Zeit. Wir müssen jetzt ganz schnell überlegen, wie wir weiter vorgehen. Und dann ist da noch was ...« Sie brach ab und senkte den Kopf.

In der letzten Zeit waren ihre Gefühle völlig durcheinandergeraten. Seit sie mit Deckstein wegen der neuen Titelgeschichte enger als sonst zusammenarbeitete, hatte seine warmherzige, offene Art eine Sehnsucht in ihr ausgelöst, die sie lange nicht mehr empfunden hatte. Er hatte in ihr das Verlangen nach körperlicher Nähe geweckt. Als er sie so innig geküsst und mit spürbarem Begehren umarmt hatte, war ihr mit einem Mal bewusst geworden, dass sie lange Zeit die Zärtlichkeit, die Wärme eines Partners vermisst hatte. Zu lange. Ihr Mann Marc war drei Jahre zuvor bei einem Flugzeugabsturz in Afrika ums Leben gekommen. Seitdem war in ihrem Herzen, dort, wo früher in ihr das Gefühl der Wärme, das starke Hingezogensein zu Marc geherrscht hatte, nur eine kalte Leere gewesen. Und sie war nicht sicher, ob sie schon bereit war, sich einem neuen Mann gegenüber zu öffnen.

Deckstein sah sie besorgt an. »Und das wäre?«

Sabine zögerte einen Augenblick. Sie war sich nicht sicher, ob sie ihn das jetzt fragen sollte, tat es dann aber doch.

»Und was hast du gestern Abend noch so gemacht? Ich vermute mal, bei dir ist es spät geworden. Du siehst ein bisschen müde aus.«

Erst jetzt bemerkte sie, dass sie fast im Partnerlook erschienen waren. Auch Daniel trug seinen blauen Cashmerepullover, der ihr schon immer so gut an ihm gefallen hatte.

»Dir kann man nix vormachen, Bine.«

»Ich seh es an deinen Augen, Daniel. Und trotzdem, irgendwie kommst du mir heute, wie soll ich sagen, du wirkst anders ... entschlossener. Und das ist gut so. Das können wir ja gerade gut gebrauchen!«

»Du merkst wirklich alles! Ich geb zu, nach dem schönen Abend konnte ich nicht gleich einschlafen. Vor allem habe ich über uns nachgedacht. Aber sag mal, du siehst irgendwie bedrückt aus. Bist du sauer wegen gestern Abend?«

»Nein, hat nichts mit uns zu tun. Ich erzähl dir gleich, was los ist. Aber noch mal zu dir. Du hast über uns nachgedacht und dabei noch ein Gläschen vom Roten getrunken, stimmt's?«

»Ja, aber nur ein klitzekleines Bisschen.« Daniel grinste schief. »Bine, du wirst es vielleicht nicht glauben, aber ich hab eben, als ich hier die Treppe raufgestiefelt bin, einen wilden Entschluss gefasst: Morgen melde ich mich im Fitnessstudio an!«

»Siehst du, ich hab doch gleich gemerkt, dass da irgendwas ist! Aber das meinst du nicht ernst, oder? Du und Fitnessstudio? Das will ich sehen! Fänd ich ja toll. Wenn du nichts dagegen hast, würde ich sogar mitkommen. Täte mir auch mal gut. Also, ich kann dich da nur unterstützen.«

»Oh, das wäre klasse! Gehen wir zusammen. War übrigens ein wunderschöner Abend«, fuhr er fort – allzu tief wollte er dann doch nicht in das Thema Fitness einsteigen. »Hätte gut noch so weitergehen können.«

»Hätte, hätte ... ach, was weiß ich denn!« Sabine seufzte und wurde plötzlich wieder ernst.

»Was ist los? Du hast doch irgendwas. Hab ich was falsch gemacht? Ich versprech dir, wir gehen zusammen ins Fitnessstudio«, beteuerte Deckstein.

»Das ist es nicht ...«

Deckstein wurde den Gedanken nicht los, dass es irgendetwas gab, das Sabine zurückhielt. Trotz ihrer Zuneigung zu ihm, die er deutlich spürte. Hatte er sie am Abend zuvor vielleicht doch zu sehr gedrängt? Hatte sie den Verlust von Marc noch nicht verkraftet?

Marc war mit seiner kleinen Piper kurz nach dem Start über dem Gelände der Atomanlage im südafrikanischen Pelindaba abgestürzt. Die Umstände des Unglücks waren bis heute nicht restlos aufgeklärt. Das hatte Sabine in ihrem Verdacht bestärkt, dass Marcs Maschine nicht einfach so vom Himmel gefallen war. Nicht lange nach seinem Tod hatte sie ihren Job als Leiterin des Wirtschaftsressorts einer Tageszeitung aufgegeben. Als der *Energy Report* einen stellvertretenden Chefredakteur suchte, hatte sie an Decksteins Tür geklopft.

Sie wolle mehr wissen über die atomare Zusammenarbeit zwischen Deutschland und Südafrika. Da müsse es Bereiche in der Atombranche geben, in die sie gerne tiefer hineinleuchten wolle, hatte sie als Grund für ihren Jobwechsel angegeben. Während des Gesprächs hatte Deckstein ihr erzählt, dass der Redaktion neben anderen Dokumenten auch Stasi-Akten vorlagen. Daraus ging hervor, dass zwar auch Washington, London und Paris auf nuklearem Gebiet mit Südafrika zusammengearbeitet hatten, aber die Partnerschaft mit der BRD, wie sie damals genannt wurde, war trotz aller Dementis aus Bonn besonders eng gewesen.

Die Stasi hatte auch aufgelistet, welche deutschen Firmen involviert waren. Trotzdem war vieles im Dunklen geblieben. Deckstein hatte Sabine auch auf ein heftig umstrittenes U-Boot-Geschäft mit Südafrika hingewiesen und ihr seine Meinung darüber mitgeteilt: Manche Insider gingen zwar davon aus, dass der mysteriöse Tod des schleswig-holsteinischen Ministerpräsidenten Uwe Barschel damit zusammenhinge, doch er selbst glaube nicht, dass das der alles entscheidende Auslöser für den Mord an Barschel gewesen sei.

Sie hatten sich schon früher häufiger bei Pressekonferenzen getroffen. Sabines investigative Art zu recherchieren hatte Deckstein von Anfang an sehr gefallen. Mit großem Interesse hatte er in dem überregionalen Wirtschaftsblatt die hochklassigen Berichte nachgelesen, die sie aus ihren Rechercheergebnissen gestrickt hatte. In die Feinheiten und Hintergründe der Energiebranche würde sie sich beim *Energy Report* schnell einarbeiten können. Und so hatte er sie mit großem Vergnügen als seine Stellvertreterin akzeptiert. Es hatte sich rasch gezeigt, dass sie ein großer Gewinn für das Blatt war.

»Nein, Daniel«, wiederholte Sabine. »Du hast nichts falsch gemacht. Wir müssen über was anderes reden!«, brach es plötzlich aus ihr heraus. »Wir müssen dringend was tun! Ich will nicht so enden wie Marc! Die ganze Sache wird mir immer unheimlicher. Ich glaube, sie ist inzwischen richtig gefährlich!«

»Was ist denn? Wovon redest du? Ich weiß ja gar nicht, wovon du sprichst«, sagte Deckstein und bemerkte zu seiner Bestürzung, dass Sabine zitterte. Er hatte noch nie erlebt, dass sie derart die Fassung verloren hatte. Die entspannte Coolness war dahin. Was war passiert? Sie war ihm immer so selbstbewusst, so zupackend und tatendurstig erschienen. Jetzt saß sie plötzlich vor ihm wie ein unsicheres, ja hilfloses kleines Mädchen. Er erkannte sie gar nicht wieder.

»Sieh dir das an«, sagte Sabine und hielt ihm ihr Handy hin. Das Display leuchtete. Er sah genau hin. Als er die SMS las, lief sein Gesicht vor Zorn rot an.

11

Berlin, Bundeskanzleramt

»Ich hielte es für gut, wenn jemand Kontakt zu diesem Deckstein aufnehmen würde«, sagte BKA-Chef Mayer. Generalinspekteur Wildhagen und BND-Chef Grossmann nickten.

Werner Brandstetter stand auf und ging einen Moment lang nachdenklich im Zimmer auf und ab. »Ich rede mal mit Bernd Conradi«, sagte er dann. »Soviel ich weiß, ist er mit Deckstein befreundet.«

»Lassen Sie das aber lieber nicht zu lange ungesteuert laufen!«, warf Grossmann ein.

»Okay, das hätten wir ja dann abgehakt!«, sagte der Generalinspekteur ungeduldig. »Ich muss noch meinen Speech über die Pakistanis zu Ende bringen, Herr Brandstetter«, erklärte er. »Sie sollten das der Kanzlerin unbedingt mit in den Bericht schreiben.«

»Bitte sehr, Herr Wildhagen«, sagte Brandstetter und nahm wieder auf seinem Sessel Platz.

»Ich schließe nicht aus, dass es in Pakistan womöglich zu einem Putsch kommt, wenn die Amis irgendwo, ob in Teheran oder sonst wo, nuklear zuschlagen«, erklärte der Generalinspekteur. »Die Unruhen würden vor allem durch islamistische Kräfte in Militär und Geheimdienst geschürt. Wir müssen davon ausgehen, dass es dann zu islamischen Solidaritätsaktionen käme. Als die Pakistanis damals mit ihrem Atombombenbau angefangen haben, sind sie von einigen arabischen Brüdern massiv unterstützt worden. Es ging schließlich um die erste islamische Atombombe. Auch Gaddafi hat Hunderte Millionen dazu beigesteuert. Die Gelder liefen großenteils über die pakistanische Skandalbank BCCI – ein altes Gespenst, das im Zusammenhang mit Waffen und Atomtechnik immer wieder auftaucht. Mitbegründer dieser Bank der Betrüger, Drogendealer und Terroristen war Abbas Gokal. Ein Mann mit engen Bindungen zum pakistanischen Staatschef Zia ul-Haq ...«

»Tatsächlich? Das ist ja interessant!«, sagte BKA-Chef Mayer überrascht.

»Der Name Gokal ist ja auch damals im Zusammenhang mit dem Hanauer Atomskandal aufgetaucht«, sagte Brandstetter. »Eine ganz dubiose Figur. Im Lübecker Hafen gehörten ihm ein größeres Unternehmen, eine Kokerei, die Neuen Metallhüttenwerke, und der Gokal ist da in einen hässlichen Verdacht geraten: Aus dem Hafen sind damals jede Menge Atomstoff und ...«

»Aktuell sieht's in Pakistan so aus«, unterbrach ihn der Generalinspekteur, »dass sich der Präsident schon jetzt nicht mehr der Loyalität seines Militärs sicher ist.«

»Da ist was Wahres dran.« Grossmann nickte Wildhagen zu. »Wir haben ja unsere Leute dort. Es stimmt, die Terroristen überziehen das Land immer dichter mit einem eigenen Netzwerk und haben auch bei den Militärs Erfolg.«

»Der Armeechef ist zum wichtigsten Mann im Land geworden«, fuhr Wildhagen fort. »Und er hat eingeräumt, dass Teile des Geheimdienstes ISI außer Kontrolle geraten sind. Da kann in so einer Lage, wie wir sie eben besprochen haben, alles passieren.«

Grossmann räusperte sich. »Aufgrund der Berichte unserer Agenten und Kontaktleute in Afghanistan und Pakistan machen wir uns sehr große Sorgen, was die Sicherheit des Atombombenpotenzials in Pakistan angeht. Je instabiler Pakistan wird, desto größer wird die nukleare Gefahr, die von dort ausgeht. Fakt ist aber auch, dass die Terroristen, woher sie auch kommen, ob aus dem Jemen oder aus Pakistan, immer stärker vom Iran unterstützt werden.«

Der Generalinspekteur nickte. »Richtig, Herr Kollege. Ich würde unsere Überlegungen aber gern noch in eine ganz andere Richtung lenken.«

Er blickte ernst in die Runde.

»Was passiert, frage ich Sie, wenn Washington feststellen sollte, dass der Stoff für die nukleare Terrorbombe aus Moskau stammt? Erinnern Sie sich, den Fall hatten wir vierundneunzig schon mal. Ein Arzt – meine Herren, ein Arzt, das müssen Sie sich mal vorstellen! – ergattert in Moskauer Militärkreisen fast ein Pfund Plutonium und fliegt anschließend seelenruhig damit in einer Lufthansa-Linienmaschine nach München. Das ist hier zwar auch wie eine Bombe eingeschlagen, hat aber eher ein diplomatisches Getöse verursacht. Gekracht hat es damals noch nicht wirklich. Meine Herren, ich betone: noch nicht!«

Wildhagen legte die Hände vor sich auf den Tisch und fuhr fort: »Ich sehe Ihre erschrockenen Gesichter, meine Herren. Aber jetzt mal ganz realistisch: Wir müssen uns der Frage stellen, was passiert, wenn die in Washington feststellen, dass der Bombenstoff, den die Terroristen gezündet haben, aus Moskau stammt? Ist ja nicht auszuschließen bei dem, was die da alles ungesichert herumliegen haben. Vielleicht haben auch geldgeile oder unterbezahlte Militärs, gibt's ja immer noch, den Stoff verkauft. Ja, und dann? Dann haben wir beinahe die gleiche Ausgangsposition wie damals. So viel zum Thema Moskau.«

Er seufzte und fuhr nach einer kleinen Pause fort: »Ich will die Lage ja nicht dramatisieren. Aber solange nichts Genaues feststeht, müssen wir nach allen Seiten Ausschau halten. Dabei fällt mir ein, dass ich Ihnen, Herr Grossmann, etwas zu Nahost rübergeschickt habe.«

Der BND-Chef sah ihn irritiert an.

»Eine Meldung unseres Militärischen Abschirmdienstes. Haben Sie die denn nicht bekommen?«, fragte der Generalinspekteur. »Oder vielleicht noch nicht gelesen? Ich hatte sie ihnen extra über die gesicherte Leitung rübergeschickt.«

»Ich weiß nicht ...«, stotterte Grossmann und schüttelte den Kopf. »Worauf wollen Sie hinaus? Sagen Sie doch einfach, worum's geht!«

Wildhagen war bemüht, sich seine Verärgerung nicht anmerken zu lassen.

»Wir im Führungsstab halten es immerhin für äußerst bemerkenswert, wenn der Kronprinz von Abu Dhabi die Lage in

Nahost angesichts der Spannungen, die durch das iranische Atomprogramm ausgelöst werden, mit der Lage Europas kurz vor dem Zweiten Weltkrieg vergleicht«, sagte er. »Wenn sich jetzt auch noch herausstellt, dass der lange Arm des Iran hinter der atomaren Terrordrohung steckt, können Sie sich sicher vorstellen, wie schnell sich auch das Spannungspotenzial in Nahost hochschaukelt. Selbst der britische Ex-Premier, Tony Blair, hat eingesehen, dass nicht Saddam Hussein der größte Unterstützer des Terrors gewesen ist. Inzwischen ist auch er der Meinung, das sei der Iran.«

»Hat ja lange genug gedauert«, warf Grossmann ein.

»In einem Interview mit der *Times* fordert Blair den Sturz des Teheraner Regimes«, sagte Wildhagen.

»Vermutlich wieder mit einem Krieg.« Grossmann schüttelte den Kopf. »Was die Meldung über Kronprinz Abu Dhabi angeht, da muss ich mein Büro nach den Unterlagen fahnden lassen. Mir liegt da bisher nichts vor. Wenn es aber so ist, wie Sie sagen – und ich habe keinen Anlass, daran zu zweifeln –, dann ist das in der Tat mehr als bemerkenswert. Dann sieht die Sache schon ein bisschen anders aus.«

»Nur ein bisschen, Herr Grossmann?«, fragte Wildhagen mit spöttischer Stimme. »Seit Teheran eine US-Spionage-Drohne vom Himmel geholt und auch noch damit gedroht hat, die Straße von Hormuz zu sperren – rund ein Viertel der globalen Ölversorgung läuft da durch –, hat sich die Lage doch deutlich verschärft.«

»Sie werden Ihre Analyse ja nachher noch im Sicherheitskabinett vortragen, Herr Wildhagen«, sagte Brandstetter. »Ich möchte jetzt doch noch mal auf die brandaktuelle Bedrohung durch die Terroristen eingehen. Herr Mayer, da sind Sie und Conradi aus dem Innenministerium gefragt. Haben wir überhaupt eine Chance?«

Walter Mayer richtete sich in seinem Sessel auf. »Ja, meine Herren, zum ersten Mal müssen wir einen Ernstfall durchstehen. Die Zentrale Unterstützungsgruppe des Bundes ist ja, wie Sie wissen, als eine Art Sondereinheit des Bundes gegen

Atomkriminalität und Atomterrorismus geschaffen worden. Genau das ist in diesem Fall aber ihre Achillesferse ...«

»Wieso?«, fiel ihm BND-Chef Grossmann ins Wort.

»Die ZUB kann nur tätig werden, wenn sie von der Regierung eines unserer Bundesländer angefordert wird. Diese tut das aber nur, wenn sie erkennt, dass sie selbst nicht mit der Bedrohungslage fertig wird. Und da liegt in unserem aktuellen Fall der Hase im Pfeffer.«

Walter Mayer zögerte einen Moment, bevor er weitersprach. Er überlegte, wie er das, was er sagen wollte, am besten formulieren sollte.

»Um in unserem aktuellen Fall keine Zeit zu verlieren«, erklärte er dann, »müssten wir eigentlich schleunigst die Bundesländer informieren und sie bei ihrer Suche nach der Bombe unterstützen. Aber wenn wir die Länder einweihen und denen erzählen, was los ist, bricht im Land Panik aus. Hinzu kommt, dass wir gleich alle Bundesländer informieren müssten – wir wissen ja noch gar nicht, wo die Bombe liegt.«

Generalinspekteur Wildhagen griff zu seinem Wasserglas, leerte es mit schnellen Schlucken und setzte es hart auf dem Tisch ab. Seine Miene verriet große Anspannung.

»Ich muss sagen, Kollegen, irgendwie stecken wir da schon in einer beschissenen Gefechtslage. Wir werden nuklear bedroht, wissen aber nicht mal hundertprozentig, ob diese Terroristen überhaupt eine nukleare Bombe haben. Wir müssten die Bundesländer über diese absurde Lage informieren, um die Bombe suchen und überall Abwehrmaßnahmen treffen zu können. Aber wenn wir sie informieren, haben wir eine Panik am Hals, die wir mit Sicherheit nicht mehr stoppen können.« Der Generalinspekteur rieb sich mit der Hand über die Stirn.

»Deshalb plädiere ich dafür, zunächst alles auf ganz kleiner Flamme zu kochen«, sagte Mayer. »Wir sollten das so machen wie bei den Übungen: zuerst nur alle benötigten Spezialisten auf Bundesebene in unserem Berliner Lagezentrum zusammenziehen und mit denen die Lage sondieren. Und dann erste Maßnahmen treffen. Solche, die wir zumindest schon mal auf Bundesebene einleiten können. So lange brauchen wir die Länder noch nicht zu fragen oder zu informieren.«

»An welche Leute denken Sie denn da? Wen können wir ansprechen, ohne dass die Länder argwöhnisch werden?«, fragte Grossmann.

»Also, wenn wir das Ganze als Übungsfall deklarieren wollen, sollten wir erstmal, wie auch sonst bei Übungen üblich, unser Lagezentrum oben im Innenministerium mit dem des Reaktorsicherheitsministeriums in Bonn kurzschließen. Ich hab das oft genug mit Conradi durchexerziert – wir sind ein eingespieltes Team. Dann sollten wir aus dem Bonner Umweltministerium am Anfang nur einen ganz bestimmten Kollegen von der Reaktorsicherheit über Videostandleitung zuschalten. Diesen Kollegen informieren wir dann schon etwas detaillierter, denn auf den sind wir angewiesen. Ist ein vertrauenswürdiger Mann mit Zugriff auf alle wichtigen Daten, Unterlagen und Karten, die wir brauchen. Das alles funktioniert natürlich nur, solange die Kanzlerin nicht anders entscheidet.«

Der BKA-Chef blickte in die Runde und sah in abwartende, angespannte Gesichter.

»Dann brauchen wir ganz dringend die ›Strahlemänner‹ vom zuständigen Bundesamt für Strahlenschutz in Salzgitter«, fuhr er fort. »Die können uns mit ihren über zweitausend Messstationen ganz schnell warnen, wenn irgendwo im Land höhere Radioaktivität auftaucht. Das könnte ja bedeuten, dass da schon was gezündet wurde und die gefährlichen Strahlungen sich allmählich ausbreiten. Sollte das der Fall sein, müssen wir sofort handeln und unsere ausgebildeten Hilfstrupps dorthin schicken. Dann können wir aber auch gleich mit dem entsprechenden Bundesland zusammenarbeiten. Unabhängig davon sollten aber wie im Übungsfall schon mal Messwagen zu zentralen Versorgungsanlagen geschickt werden, die vor Ort vorsorglich überprüfen, ob sie was finden. Ich denke da zum Beispiel an große Energieanlagen, Wasserwerke, vielleicht auch Lebensmittelproduzenten und andere. Womöglich haben die die Bombe schon bei irgendeiner dieser zentralen Versorgungsanlagen platziert. Da kann uns das BBK helfen. Sie wissen, wen ich damit meine.«

Als er Grossmanns fragenden Blick sah, erläuterte er: »Das Bundesamt für Bevölkerungsschutz und Katastrophenhilfe in Bonn hat ja eine genaue Auflistung der kritischen Infrastrukturen, die unbedingt geschützt werden müssten. Die sollten wir, wenn möglich, alle überprüfen können. Ja, und wenn da nichts gefunden wird, können wir einerseits heilfroh sein. Andererseits müssten wir diese Plätze dann schleunigst durch entsprechendes Personal, vielleicht zunächst durch die Bundespolizei, schützen. Wir werden wohl auch nicht drum herum kommen, die Bundeswehr einzusetzen.«

»Bis hierhin einverstanden. Sollten wir der Kanzlerin und dem Kabinett nachher so vorschlagen, denke ich«, sagte Brandstetter. »Das mit der Bundeswehr wird uns allerdings noch Kummer bereiten.«

Der Generalinspekteur nickte. »Das seh ich genauso.«

»Außerdem haben Conradi und ich die Leitung des BBK in Bonn und die jeweilige Führung anderer Hilfseinrichtungen im Land alarmieren lassen«, berichtete Walter Mayer weiter. »Die stehen alle in Habachtstellung. Auch mit meinem Kollegen an der Spitze der Bundespolizei hab ich bereits gesprochen. Die zuständigen Einheiten zur Abwehr von nuklearen Bedrohungen rücken schon aus. Natürlich ist das alles in Abstimmung mit unserem Minister bis jetzt als Übungsfall deklariert. Weiter habe ich selbst unsere Spezialisten vom BKA aktiviert. Ich denke, das erregt bei den Ländern keinen Verdacht.«

»Und was machen wir mit den uns bekannten islamistischen Gefährdern hier bei uns im Land?«, fragte Wildhagen.

»Unsere Leute sind da am Ball«, sagte Mayer. »Die sind schon fleißig tätig. Wir machen das alles so unauffällig, dass uns bis jetzt noch keiner bemerkt hat. Ein paar von den uns bekannten Kandidaten aus dem islamistischen Gefährder-Lager haben wir unsanft geweckt und zur Befragung mitgenommen. Andere ahnen gar nicht, dass wir ihnen so nahe sind, dass wir sogar ihr Morgengebet im Schlafzimmer mitkriegen«, erklärte

Walter Mayer in einem Ton, als sei das das Normalste von der Welt. »Natürlich läuft das bei meinen Leuten bis jetzt auch alles unter der Überschrift ›normale Arbeit‹. Das alles geht allerdings nur, so lange die Kanzlerin ...«

»Genau das ist doch die Frage«, warf Grossmann ein. »Hand aufs Herz, Kollegen, was, glauben Sie, wird die Kanzlerin wohl wollen?« Er sah die anderen Männer mit einem bohrenden Blick an.

»Ich bin davon überzeugt, dass die Kanzlerin darauf drängen wird, die Länder zu informieren«, sagte der BKA-Chef. »Sollte es tatsächlich zum Desaster kommen, und die Bombe geht hoch, will sie sich auf keinen Fall nachsagen lassen, dass die Länder zu spät informiert wurden. Die schiebt die Verantwortung gleich von Anfang an den Ländern zu. Außerdem gehen Sie mal davon aus, dass auch unser Minister bald Rabatz machen wird, oder, Herr Brandstetter?« Er warf dem Geheimdienstkoordinator einen herausfordernden Blick zu.

»Der peilt noch den Wind«, antwortete Brandstetter. »Aber sobald er feststellt, dass der günstig für ihn weht, wird er alles mobilmachen, um zu zeigen, dass er es ist, der die Krise meistert. Das ist doch *die* Chance für den, um nach gelungener Katastrophenbewältigung mit Volkes Rückendeckung auf den Kanzlersessel zu hüpfen!«

»Das muss aber erst mal gelingen«, sagte Mayer. »Ich warte übrigens nur noch auf den Tag, an dem der Lensbach direkt über seinem Ministerium ein großes Blaulicht installieren lässt, das signalisiert: Minister im Terroreinsatz!«

Keiner der Anwesenden konnte sich ein Grinsen verkneifen.

»Wenn es mal so weit gekommen ist, Herr Mayer, können Sie die Tage im Jahr zählen, an denen das Ding ausgeschaltet bleibt«, sagte Brandstetter schmunzelnd. Dann wurde er wieder ernst.

»Was mir gerade noch einfällt, Kollegen, wir müssen natürlich auch damit rechnen, dass die Terroristen nervös werden. Wenn die merken, dass wir mit allen Einheiten im gesamten Land, in allen Bundesländern alles unternehmen, um ihre

Bombe zu finden, lassen die das Ding vielleicht sogar noch vor Ablauf des Ultimatums hochgehen.«

»Meine Herren«, schaltete sich nun der Generalinspekteur ein, »ich fasse, wenn's erlaubt ist, mal zusammen. In aller Offenheit, ich habe den Eindruck ...«

»Dazu ist es noch zu früh, Kollege Wildhagen«, unterbrach ihn Walter Mayer. »Ich habe noch was ganz Wichtiges vergessen.«

Er hielt inne und sah in die Runde.

»Wenn Terroristen eine Bombe auf Plutoniumbasis haben, also mit Alpha-Strahler, dann haben wir kaum eine Chance, die Bombe zu finden, bevor sie losgeht. Da sollten wir uns nichts vormachen. Plutonium ist nur auf kürzeste Entfernung messbar.« Er zeigte zwischen rechtem Daumen und Zeigefinger einen Abstand von gerade mal fünf Zentimetern. »Wenn wir da so nah rankämen, dann wäre das reiner Zufall.«

»Unvorstellbar!«, stöhnte Wildhagen.

»Vor allem, wenn das Plutonium auch noch abgeschirmt ist. Dann können wir alles vergessen«, fuhr Mayer fort. »Es gibt noch keine exakte Technik, um auf größere Entfernung etwas feststellen zu können. Bei einer Uranbombe müssten wir zwar auch das ganze Land absuchen, aber da hätten wir wenigstens den Hauch einer Chance.«

»Vielleicht darf ich ja mal was zur Beruhigung beitragen«, mischte sich Brandstetter ein. »Wie ich vorhin schon sagte, werden einige Atomkraftwerke zurzeit eingenebelt und können von den Terroristen aus der Luft ...«

»Dieser ominöse Nebel, meine Herren, ist der größte Humbug, der mir je untergekommen ist!« BND-Chef Grossmann sprang auf und fuchtelte mit den Händen in der Luft herum. Dabei sah er Brandstetter an, als hätte sich der Geheimdienstkoordinator in einem Kreis honoriger Wissenschaftler als Märchenonkel geoutet.

»Mit diesem Scheißzeug, hätte ich fast gesagt«, eiferte sich Grossmann, »sollte man die Herren einnebeln, die uns das als Sicherheitsmaßnahme verkaufen wollen! Dann bräuchte ich mir deren Visagen nicht mehr anzusehen! Nehmen Sie meine Bemerkungen bitte nicht persönlich, Herr Brandstetter«, fuhr er ruhiger fort und setzte sich wieder.

»Aber dieser Nebel, mit dem diese Komiker an der Spitze der Atomkonzerne diese ungesicherten Atombomben, ich meine die Atommeiler im Land, im Ernstfall unsichtbar machen wollen, erinnert doch mehr an ein Kunstevent als an eine ernst gemeinte Sicherheitsmaßnahme!« Grossmann wandte sich an den Generalinspekteur.

»Sie sind doch Flieger. Sie können sich doch am besten in die Lage eines Piloten, ich meine, eines Terroristen versetzen, der mit seiner gekaperten Maschine an einem herrlichen, wolkenlosen Sonnentag wie heute, überall blauer Himmel, mittendrin plötzlich so eine herrlich dichte Nebelwolke entdeckt. Der wüsste mit Sicherheit, dass die Oberschlaumeier von den Atomkonzernen in einer bedrohlichen Situation ihre Atomkraftwerke in Nebel hüllen. Prima, würde er denken! Der hätte doch sein Ziel sofort erkannt und würde mit Hochgeschwindigkeit in die Nebelwolke hineinfliegen. Oder?«

Mit einem zynischen Lächeln fügte er hinzu: »Danach, er ist ja bereits dem Himmel nah, winken ihm schließlich da oben schon die zweiundsiebzig Jungfrauen, meine Herren.« Der BND-Chef sah zur Decke, lächelte und winkte mit beiden Händen.

»Was diesen Nebel angeht«, sagte der Generalinspekteur, »da muss ich Ihnen leider zustimmen, Herr Grossmann. Wenn einer fliegen kann, ist es für ihn kein Problem, so eine vernebelte Atombombe wie unsere Meiler zu treffen. Für mich steht fest, dass die Terroristen, die in die *Twin Towers* gedüst sind, überraschend gut fliegen konnten. So gut sogar, dass man meinen könnte, sie seien gar nicht selbst geflogen. Vielleicht, das ist zumindest mein Eindruck, sind die von irgendwo, vielleicht sogar von jemandem am Boden gesteuert worden. Auch das ist ja möglich. Also, Herr Brandstetter«, fuhr Wildhagen fort und sah den Geheimdienstkoordinator mit ernstem Gesicht von der Seite an, »Nebel oder nicht – ich als geübter Flieger stelle jedenfalls im Cockpit den Kurs ein, und rums bin ich drin im

Atomkraftwerk. Abschließend komme ich nicht umhin, festzustellen, dass wir die Gefahr mit der Einnebelung aus meiner Sicht noch erheblich vergrößert haben.«

12

Moskau, Verteidigungsministerium

Gennadij Blick fiel auf einige Notizen auf dem Deckblatt des Deckstein-Dossiers, das ihm der General übergeben hatte. Rechts oben hatte irgendein GRU-Mitarbeiter aus der Berliner Botschaft in krakeliger Schrift etwas notiert, was er nur mühsam entziffern konnte: »*Unbedingt mit Gennadij Schtewsch. Kontakt aufnehmen!*«

Auf der Innenseite des Deckblattes stand: »Daniel Deckstein, geboren 24.10.1951 in Düsseldorf. Vater ...« Gennadijs Augen wanderten weiter hinunter: »*Volontierte bei verschiedenen Tageszeitungen. Später Redakteur beim Hamburger Nachrichtenmagazin. Seit drei Jahren Chefredakteur vom* Energy Report *mit Sitz in Bonn. Wohnt in Köln ...*«

Das alles war für Gennadij nichts Neues. Auch nicht, dass Danie vor vier Jahren geschieden worden war. Dann las er weiter: »*Zwei Kinder. Tochter studiert Kunst in Berlin. Sohn lebt mit Familie in Düsseldorf. Exfrau wohnt mit neuem Partner im Haus in der Nähe von Bonn (Oberdollendorf).*«

Wo die das bloß alles herhaben!, dachte Gennadij. Sein Verdacht, dass bei ihren Gesprächen in Moskau oder auf Danies Reisen zu den Atomkraftwerken immer jemand dabei gewesen sein musste, den er nicht wahrgenommen hatte, wuchs weiter. Der Inlandsgeheimdienst hatte unsichtbar immer mit am Tisch gesessen. Entweder war es Elena gewesen, die entsprechende Berichte geschrieben hatte, oder sie waren die ganze Zeit über abgehört worden.

Bevor er, wie von Victor und dem Auslandsgeheimdienst gewünscht, von Berlin aus Kontakt mit Danie aufnahm, würde er Victor gleich auf seinen dicken Bauch tippen. Der musste jetzt mit der Wahrheit rausrücken. Anderenfalls? Anderenfalls –

Gennadij überlegte einen Moment. Was er anderenfalls tun würde, darüber würde er während des Fluges nachdenken, beschloss er. Ihm würde da schon was einfallen ...

Er las weiter. Jetzt wurde es interessant. Gennadij erkannte, wo sie ansetzen wollten, um Danie in die Finger zu bekommen.

»*Aufgeschlossen gegenüber slawischen Frauentypen, groß, langbeinig*«, stand da. Aber damit würden sie Danie nicht mehr einfangen können, dachte Gennadij und musste lächeln. Er wusste immer noch nicht genau, was sie von Deckstein wollten. Es folgten Hinweise, nach welchem Muster die Frauen auszusuchen seien, die auf den Journalisten angesetzt werden sollten. Und dann kamen noch ein paar Informationen zu seinem Bankkonto und darüber, dass seine Eigentumswohnung in Köln noch nicht abbezahlt war.

Auf den ersten Blick schienen die wirklich gut informiert zu sein, das musste Gennadij zugeben. Vermutlich hatten sie mehrere Leute auf Danie angesetzt. Zusätzlich hatten sie mit Sicherheit ihre großen Lauscher ganz weit aufgestellt und in den Äther hineingehorcht. Hatte der Geheimdienst mehr Informationen als er? Wieso sollte Danie mit Frauen erpressbar sein? Gennadij las weiter.

»*Das Magazin* Energy Report, *bei dem Deckstein Chefredakteur ist, arbeitet an einer Geschichte, die Auswirkungen auf die Atompolitik der deutschen Regierung und auf den Bestand der Regierung überhaupt haben könnte.*«

Als Gennadij den nächsten Absatz las, wurde ihm plötzlich einiges klar.

»*Deckstein sollte zu Gesprächen über die künftige Energiepolitik des Landes und der Energie-Beziehungen zu Russland nach Moskau eingeladen werden.*« Und weiter: »*Den Mann ködern mit dem Hinweis, Moskau verfüge über Kenntnisse zu den tatsächlichen Ölvorräten in Nahost.*«

Wahrhaftig ein verlockender Köder für Danie!, dachte Gennadij. Einem Magazin, das belastbare Zahlen über dieses Thema veröffentlichte, wäre weltweite Aufmerksamkeit gewiss. Darauf würde Danie sofort anspringen, da war sich Gennadij sicher. Schon lange wurde in den internationalen Wirtschaftsmagazinen darüber spekuliert, dass die arabischen Ölstaaten ihre Zahlen über die tatsächlichen Ölvorkommen in ihren Ländern schönten.

Aber was die Geheimdienstleute wirklich mit Danie vorhatten, wenn sie ihn in Moskau erst in den Fingern hatten, erschloss sich ihm immer noch nicht. Er zermarterte sich das Hirn. Victor hatte davon gesprochen, dass Deckstein und sein Team an einer Story über Unsicherheiten im Atomsektor arbeiteten. Darin würde es auch um die ungesicherten Moskauer Nuklearstoffe gehen. Wollten sie Danie zwingen, plausible, aber gefälschte Unterlagen darüber zu veröffentlichen? Dazu mussten sie aber irgendwas in die Hände bekommen, mit dem sie ihn erpressen konnten.

Gennadij klappte das Dossier zu und stand auf. Er würde seinem Freund Victor, dem er inzwischen manche Schweinerei zutraute, wichtige Fragen stellen müssen. Außerdem überlegte er, wie er Danie am besten davon abhalten könnte, nach Moskau zu kommen. Auch vor Elena würde er ihn warnen. Wieder einmal ...

»Ich bringe Sie gerne zu Victor«, sagte die dralle Blondine, die Gennadij herbeigewunken hatte, und geriet ins Stottern. »Äh, ich meine natürlich, zum ...«

»Lassen Sie nur«, sagte Gennadij und winkte ab. »Mir gegenüber können Sie ihn gerne Victor nennen. Ist ja mein Freund. Ich sag ihm auch nicht, dass Ihnen das rausgerutscht ist. Außerdem habe ich doch vorhin mitbekommen, dass er Sie auch in ganz vertraulichem Ton mit Asja angesprochen hat ...«

»Mich?«, fragte sie mit solch entwaffnender Unschuld, als könne sie kein Wässerchen trüben.

»Ja doch, Sie. Wen denn sonst!«, sagte Gennadij, »Eben, als er mit Ihnen drüben ins Separee gegangen ist.«

Asjas Gesicht war plötzlich von einer flammenden Röte überzogen. Sie presste die Lippen aufeinander und führte ihn wortlos an dem langen Tresen vorbei. Gennadij ließ seinen

Blick über die Regale hinter der Theke schweifen. Dort mussten Hunderte Flaschen Wodka und Cognac stehen, überschlug er rasch.

Asja räusperte sich. »Wir sind gleich da. Aber vorher möchte ich Ihnen noch sagen: Es ist nicht so, wie Sie denken!«

Gennadij erwiderte nichts. Sie bogen gerade in einen dunkleren Gang ein, und er musste sich neu orientieren. Nur eine einzelne schwache Birne, die in der Fassung von der Decke herunterhing, spendete ein wenig Licht.

Asja ging zielstrebig voraus. Sie schien sich gut auszukennen und klopfte an eine der vielen Türen. Gennadij war hier noch nie gewesen. Er vermutete, dass die Zimmer rechts und links vom Gang nicht nur Besprechungen dienten. In einigen Metern Entfernung hörte er Victors Stimme. Der General rief nach ihm.

»Gennadij, mein Freund, wo bleibst du denn? Komm zu mir. Hier ... Du kannst uns gleich allein lassen, Asja, mein Täubchen.«

»Victor, nicht so laut!« Asja senkte den Blick.

Der General erhob sich mit einer flinken Bewegung von einem mit dunkelrotem Samt bezogenen Sofa. Vor ihm auf dem Tisch standen mehrere kleine Wodka- und Cognacflaschen. Er hatte sich offenbar gerade nachgeschenkt – das Glas war noch voll.

Gennadij entdeckte zu seinem Erstaunen einen großen Kamin, in dem ein kräftiges Feuer brannte, aber es herrschte nicht eine so erstickende Wärme wie in dem großen Barraum. Sein Blick fiel auf eine Tür, die in ein weiteres Zimmer führte. Sie war nur angelehnt. Gennadij sah durch den Spalt, dass dort ein breites Bett stand.

Der General hatte Gennadijs Blick bemerkt. Er ging seinem Freund entgegen und zog ihn zu einem ausladenden, ebenfalls mit rotem Samt bezogenen Sessel, der mit dem Rücken zur angelehnten Schlafzimmertür stand.

»Komm, Gennadij, setz dich hierher!« Mit seinen fleischigen Fingern schob der General ein Cognac- und ein Wodka-Glas zu Gennadij hinüber. »Danke, Asja, wir sind jetzt gut versorgt«, sagte der General. Aus den Augenwinkeln sah Gennadij, dass

Victor dem Mädchen ein heimliches Zeichen gab. Kurz bevor Asja verschwand, hörte er, wie die Tür zu dem Nebenraum geschlossen wurde.

Der General erhob sein Wodkaglas. »Oder möchtest du etwa wieder einen Kaffee?«, fragte er mit hochgezogenen Augenbrauen.

»Mensch, Victor, ich will doch nicht mit einer Schnapsfahne ins Flugzeug steigen! Und nachher in Berlin beim Zoll brauch ich auch einen klaren Kopf. Aber gut, einen Cognac kann ich mir vielleicht genehmigen ...«

»*Do dna'*, bis zum Boden«, rief der General. Mit einem Ruck setzte er sein Glas an die Lippen und kippte den Inhalt hinunter. Dann stellte er es mit Schwung wieder auf den Tisch. Das war so schnell gegangen, dass Gennadij es gar nicht richtig mitbekommen hatte. Erst jetzt nippte er an seinem Glas.

»Ich hab übrigens eben aus Versehen deinen Wodka ausgetrunken. Das Glas stand direkt vor mir, warum auch immer.«

»Nicht, dass du mir noch das Saufen anfängst!«, rief der General und lachte dröhnend.

Gennadij schmunzelte. »Ich war völlig in das Dossier über Deckstein vertieft und hab dann ganz in Gedanken nach deinem Glas gegriffen.«

»Die Katze lässt das Mausen nicht, Gennadij!«, sagte der General grinsend und drohte ihm scherzhaft mit dem Zeigefinger. »Du hast früher ganz schön gesoffen, mein Lieber!«

»Das ist vorbei, Victor. Außerdem hab ich ja gesagt, dass ich einen Cognac trinke. Aber es wäre gut, wenn Asja mir auch noch eine Cola dazu bringen könnte.«

»Dieses Amizeugs? Willst du dich umbringen? Na gut, wenn du unbedingt willst. Ich ruf sie an«, sagte der General und griff nach dem Hörer des Telefons, das vor ihm auf dem Tisch stand. Kaum hatte er aufgelegt, erschien Asja schon in der Tür. Als hätte sie Gennadijs Wunsch durch die Tür gehört.

»Hast du das Dossier ganz durchgelesen?«, fragte Victor, als Asja die Tür wieder hinter sich zu gemacht hatte. »Oder hast du wenigstens da oder dort genauer reinsehen können?« Der

General beugte sich zu Gennadij und senkte die Stimme. »Lieber Freund, wir müssen von Mann zu Mann reden. Der GRU will, dass wir den Deckstein zu uns einladen, und auch wir könnten Honig aus dieser Sache saugen.« Er sah an die Decke: »Übrigens, wir können hier ganz offen reden. Obwohl es das Zimmer mit unseren Abhörmikrofonen ist. Hierher laden wir gern unsere Gäste ein«, erklärte er lachend.

Gennadij sah ihn empört an.

»Nicht, dass du was Falsches denkst. Das Schlafzimmer nebenan ist nicht für mich«, fuhr der General fort. »Auch das ist für unsere Gäste. Dann und wann bekommt der eine oder andere, wenn er uns wieder verlässt, schon mal einen netten Film mit auf die Rückreise. Er soll uns doch in bester Erinnerung behalten!«, verkündete er augenzwinkernd. »Unser Gespräch wird natürlich nicht mitgeschnitten, lieber Freund! Ein Scherz. Entschuldige bitte. Ich habe natürlich dafür gesorgt, dass die Anlage jetzt abgeschaltet ist. Aber ich find es hier einfach gemütlicher als drüben. Außerdem weiß ich, dass *hier* wirklich niemand mithört.«

»Manchmal bist du ein richtiger Teufel, Victor! Dann krieg ich regelrecht Angst vor dem General in dir«, sagte Gennadij. »Dabei bin ich schon nervös genug! Mein Trip nach Berlin ist ja kein Erholungsausflug. Da musst du mich nicht noch zusätzlich erschrecken. Warum bist du eigentlich vorhin, als wir da drüben gesessen haben«, Gennadij zeigte in Richtung des großen Barraums, »und du über den Geheimdienst gesprochen hast, so leise geworden, dass ich dich kaum noch verstehen konnte?«

»Gewohnheit, mein Lieber, nichts als Gewohnheit«, erklärte der General mit treuem Augenaufschlag.

Dann holte er tief Luft und beugte sich noch weiter vor. Gennadij fühlte sich in diesem Moment an eines dieser Monster erinnert, die er in einem Science-Fiction-Film bei widerlichen, mordgierigen Aktionen gesehen hatte.

Victors ohnehin gewaltiger, im Augenblick schweißnasser Schädel wirkte im grellen Licht der Hängelampe noch riesenhafter. Rechts und links vom Kopf waren nur die bulligen

Schultern zu sehen, unter denen der massige Bauch des Generals hervorquoll.

Ganz in Gedanken trommelte Victor mit den Fingern einen Marsch auf der Couchtischplatte. »Also, Gennadij, bevor wir zum Deckstein-Bericht kommen, will ich dir erzählen, was mich in der letzten Zeit sehr beschäftigt hat. Ich kann's immer noch nicht fassen!« Er schüttelte sein massiges Haupt so heftig, dass ihm eine lange Haarsträhne ins Gesicht fiel. Mit einer schnellen Handbewegung klebte er sie wieder an seinen Kopf.

»Wie tief ist unser früher so großes, gutes Mütterchen Russland doch gesunken! Heute hat nicht mal mehr die Armee genug Geld, um einen so guten Arzt wie dich zu bezahlen. Und anderen guten Männern, selbst manchen Atomwissenschaftlern, unseren Helden von gestern, geht's ebenso.«

»Das hätte ich auch nie für möglich gehalten.«

»Gennadij, das müssen wir ändern! Moskau muss wieder groß und stark werden. Die Mittel dazu haben wir doch!«

Gennadij sah ihn überrascht an.

»Früher galten wir noch was in der Welt«, fuhr der General mit Wehmut in der Stimme fort. »Ich muss immer wieder an Nikita denken, an unseren unvergleichlichen Ministerpräsidenten Chruschtschow. Wie der sich damals bei der UNO Gehör verschafft hat, als er sich mal wieder über die Amerikaner aufgeregt hatte.« Victor schüttelte den Kopf und lachte in sich hinein. »Erinnerst du dich noch?« Sein straffer, wie eine große Kugel gewölbter Bauch zitterte, als stünde er unter Spannung.

»Der hat einfach seinen Schuh ausgezogen und damit so laut auf die Tischplatte geklopft, dass der Welt die Ohren dröhnten. Denen im Saal sowieso.«

»Ganz so schlimm war's ja nun doch nicht!«

Victor lachte aus vollem Hals. »Trotzdem, das war noch ein Typ! Und wenn's brenzlig wurde, Gennadij, wenn's ganz kritisch wurde, haben wir mit unseren Atomraketen gedroht. Und alle haben gekuscht. Gezittert vor Angst.«

»Nicht nur die anderen«, sagte Gennadij. »Am meisten haben wir selbst gezittert und gebibbert. Wir waren doch überhaupt nicht sicher, ob die im Westen nicht längst gemerkt hatten, dass wir gar nicht so stark waren, wie wir getan haben.«

Victor machte eine wegwerfende Handbewegung. »Diese Zeit ist sowieso vorbei, mein Freund. Heute haben wir ganz andere Mittel. Moskau wird wieder groß und mächtig. Dazu, Gennadij, zieht hier bei uns eine ganz kleine Gruppe von Eingeweihten an den richtigen Fäden. Nur so viel sollst du wissen: Wir stellen die Weichen weltweit so, dass die Leute in Europa und USA immer abhängiger von unserem Gas und Öl, und vielleicht sogar noch von unserem Strom werden. Egal, ob sie wollen oder nicht!«

»Das kommt wohl ein bisschen spät, Victor«, wandte Gennadij ein. »Die haben doch jetzt riesige Solarprojekte in der afrikanischen Wüste. In Marokko, soviel ich weiß.«

»Sollen sie doch, Gennadij! Wollen wir mal sehen, was nach den ganzen Unruhen da unten von dem Projekt übrig bleibt. Der GRU schläft ja auch nicht.« Der General lehnte sich zurück in die Kissen.

»Auch wenn's funktioniert, was die da vorhaben. Wir haben auch dafür einen Plan. Lass mich kurz weiter berichten. Wenn die im Westen nicht frieren wollen, müssen sie künftig zahlen. Geld, viel Geld. Viel mehr als wir heute verlangen. Und dann können wir gute Ärzte wie dich und auch unsere Atomleute wieder bezahlen. So einfach ist das. Du willst sicher wissen, was du damit zu tun hast, oder, Gennadij? Du trägst mit deinen Kurierdiensten einen entscheidenden Teil dazu bei. Mehr brauchst du nicht zu wissen. Mehr kann ich, mehr darf ich dir nicht sagen.«

»Also wirklich, Victor!« Gennadij wurde langsam wütend. »Erst machst du mich verrückt und erzählst mir, du hättest Angst, dass bei der Operation, dem Projekt oder, was weiß ich, du sagst mir ja nichts Genaues, was schiefgelaufen sein könnte. Du hast ein Gesicht gemacht, als stünde schon der Tod hinter dir. Du hast gesagt, mit der Truppe, die dieses Atomzeugs bekäme, das ich da hin und her kutschiere, würde was nicht stimmen. Die seien aus dem Ruder gelaufen und würden vielleicht sogar von einem anderen Dienst, vielleicht sogar von der CIA gesteuert. Und jetzt markierst du einfach wieder den Starken!«

Der General winkte mit einem verächtlichen Schnauben ab. »Hör mir auf mit der CIA. Die doch nicht!«, sagte er, legte den Kopf auf die Seite und sah Gennadij an.

»Ich wollte dich wirklich nicht verrückt machen, das musst du mir glauben. Aber manchmal gehen auch mir die Nerven durch. Glaub mir, das alles ist für mich ein totaler Stress. Aber mach dir keine Sorgen, wir kriegen das schon in den Griff. Wenn du wieder zurück bist ...«

»Victor, bei mir haben vorhin alle Alarmleuchten geblinkt«, unterbrach ihn Gennadij. »Und was heißt, wenn ich wieder zurück bin? Das ist es ja gerade! Ich hab immer Angst, dass ich irgendwann nicht mehr zurückkomme.« Er schlug so heftig mit der Faust auf den Tisch, dass die Gläser klirrten. »Was ist, wenn unterwegs was passiert? Ich weiß doch überhaupt nichts über eure Pläne. Vielleicht lasst ihr sogar mein Flugzeug mit dem Atomzeug in der Luft explodieren, wenn's euch gerade taktisch oder strategisch ins Konzept passt! Wer ist denn schon Gennadij Schtewschterentko? Wenn's um eure große Sache geht, dann zähl ich doch gar nicht! Ich muss dir ehrlich gestehen, Victor, jetzt hab ich erst recht Angst!«

Er legte die Hände vor der Brust übereinander und spürte, wie sein Herz klopfte. Dann holte er tief Luft und sah den General an.

»Es kann ja sein, Victor, dass das alles nicht passiert. Aber es kann auch anders kommen. Was ist, wenn sie mich irgendwo im Westen, in Berlin, nach meiner Landung hopsnehmen?«

13

Berlin, Bundeskanzleramt

Brandstetter sprang von seinem Sitz hoch, sah auf die Uhr und verkündete mit gehetztem Gesichtsausdruck: »Meine Herren, ich hab völlig die Zeit aus den Augen verloren! Ich hab vielleicht noch zehn Minuten, dann muss ich für Mombauer den ersten Lagebericht runterdiktieren. Der saust anschließend damit zum Flughafen, um ihn der Kanzlerin in die Hand zu drücken. Ich kann mir jetzt schon ihr entsetztes Gesicht vorstellen, wenn sie den Bericht liest ...«

Er hatte noch nicht ganz ausgesprochen, als eines der beiden Telefone, die unmittelbar neben ihm auf dem Beistelltischchen standen, einen nervtötenden Summton von sich gab. Das eine Telefon war ein ganz normales, wie es sich bei allen Mitarbeitern des Kanzleramtes auf dem Schreibtisch fand. Das andere war ein kryptiertes, also ein abhörsicheres Gerät, dessen Hörer der Geheimdienstkoordinator nun mit einer schnellen Handbewegung abnahm.

»Ich höre ...«

Brandstetters Miene verfinsterte sich zusehends. Plötzlich riss er den Hörer vom Ohr und hielt ihn dem BKA-Chef hin.

»Herr Mayer, Ihr Sekretariat ist dran. Man will mir nicht mitteilen, worum es geht. Frau Weyand will Sie mit irgendwem weiterverbinden. Mit wem, hat sie mir nicht gesagt.«

Walter Mayer sprang von seinem Stuhl auf und ging mit ein paar Schritten zu Brandstetter hinüber. Dieser reichte ihm den Hörer und zog ihm zugleich einen Sessel heran.

»Mayer, worum geht's, Frau Weyand?« Der BKA-Chef hörte einen Augenblick zu. Dann sagte er: »Gut, dann verbinden Sie mich weiter.« Er sah in die Runde und raunte: »Ich glaub, da brennt irgendwas an!«

Am anderen Ende der Leitung war der für Terrorismus zuständige Abteilungsleiter aus der BKA-Dependance in Meckenheim. Binnen kurzem erstarrte Mayers Gesicht zu einer Maske. Dann legte er auf. Sein Blick, der über die Männer hinweghuschte, wirkte abwesend.

Grossmann schlug mit der Hand auf den Tisch. »Mensch, Mayer, nun reden Sie schon! Was ist los? Sie sehen aus, als hätten sie mit dem Teufel persönlich telefoniert.«

»Ich glaube, es ist passiert!«, brach es aus dem BKA-Chef heraus.

Der Generalinspekteur sprang auf, ging um den Tisch herum und blieb mit einem Ruck vor Mayer stehen. Äußerlich war ihm seine Anspannung nicht anzumerken, doch seine Stimme verriet ihn. Sie überschlug sich fast.

»Was ist passiert?« Er fasste Mayer an den Schultern und rüttelte ihn kräftig. »So reden Sie doch endlich!«

Mayer hatte die Augen weit aufgerissen. »So, wie sich das angehört hat«, sagte er stockend, »haben sie ... eine Bombe entdeckt.« Dann fuhr er mit festerer Stimme fort: »Mein Mitarbeiter schien ziemlich durch den Wind zu sein. Das ist bei dem Mann nicht die Regel. Es muss sich schon um ein besonderes Stück handeln, das da gefunden wurde.«

Hätte der BKA-Chef in diesem Augenblick in den Spiegel geschaut, hätte er einen Ansatz von aufkeimender Erleichterung, aber auch von Unglauben darin entdeckt.

Brandstetter schlug mit der Faust auf den Tisch. »Mensch, freuen Sie sich doch, Kollege«, rief er Grossmann zu, der wie gelähmt dasaß. »Gottseidank!«

In Grossmanns Gesicht zuckte es. Seine Erstarrung wich einer skeptischen Miene.

Kurz darauf summte das abhörsichere Telefon erneut. Diesmal reichte Brandstetter den Hörer gleich an Mayer weiter.

»Wieder Meckenheim für Sie!«

Der BKA-Chef hörte eine Weile zu, ohne ein Wort zu sagen. Als er aufgelegt hatte, stieß er heftig die Luft aus und rieb sich mit beiden Händen den Kopf.

»Keine Bombe. War ein Missverständnis, meine Herren«, sagte er dann. »Der BND-Mann an der deutschen Botschaft in Moskau hatte Alarm geschlagen: Über geheime Kanäle war ihm zugetragen worden, dass waffenfähiges Plutonium abhandengekommen sei. Die russischen Quellen hatten ihm berichtet, der Inlandsgeheimdienst sei sicher, dass mit größter Wahrscheinlichkeit islamistische Terroristen auf das ungesicherte Gelände, auf dem der Stoff lagerte, vorgedrungen waren. Es gab auch Hinweise, wonach die Diebe mit dem Stoff auf dem Weg in den Westen waren, womöglich sogar nach Deutschland. Daraufhin sei umgehend der GRU, der ja für die geheimen Auslandsaktivitäten zuständig ist, eingeschaltet worden.«

»Ich bestehe darauf, dass sofort überprüft wird, weshalb die Meldung auf deutscher Seite beim BKA gelandet ist«, sagte Brandstetter, der sichtlich um Fassung rang.

»Und aus welchen Gründen das entwendete, waffenfähige Plutonium auf dem Informationsweg von Moskau nach Berlin zu uns hier im Kanzleramt zu einer nuklearen Bombe von Terroristen geworden ist«, ergänzte Grossmann.

Vermutlich, da war man sich in der Runde nach kurzer Diskussion einig, hatte die allgemeine Hektik und Aufregung im Kanzleramt selbst dazu beigetragen. Das abhörsichere Telefon summte wieder. Diesmal war der Anruf für den Geheimdienstkoordinator.

»Der Außenminister hat den direkten Kontakt zu seinem Kollegen in Moskau, zu Sergei Lawrow, aber auch vor allem zur Wiener Atompolizei aufgenommen«, sagte Brandstetter, dem die Enttäuschung ins Gesicht geschrieben stand, obwohl er nun eine gewisse Hoffnung hegte, dass man den Terroristen vielleicht doch auf die Spur kommen könnte.

»Wenn Sie die IAEO meinen«, sagte Grossmann, »da würd ich nicht unbedingt von Polizei sprechen. Kaum Befugnisse, zu wenige Leute ...«

»Jedenfalls hat der Minister zur Sicherheit noch mal in Wien nachgefragt, ob irgendwo Bombenstoff fehlt, angereichertes Uran oder Plutonium. Und ob sie schon was von der Moskauer

Sache wissen. Ohne, dass da was weggekommen ist, können die Terroristen ja keine nukleare Bombe gebaut haben. Und könnten sie folglich auch nicht zünden.«

»Ich garantiere Ihnen, Herr Brandstetter, die in Wien wissen nichts!«, sagte Grossmann und machte eine wegwerfende Handbewegung. »Es ist wieder mal nichts von den Bombenstoffen abhandengekommen. Oder? Hab ich recht? Der Alarm aus Moskau ist nach deren Lesart nur wieder die Wichtigtuerei eines Geheimdienstmannes, eine dicke Fehlmeldung also.«

»Da ist sogar mal eine ganze Schiffsladung Uran weggekommen«, warf Generalinspekteur Wildhagen ein. »Erinnern Sie sich, Herr Brandstetter? Später hat sich herausgestellt, dass die Israelis diese brisante Schiffsladung auf hoher See einfach gekapert hatten. Ein Husarenstück des Mossad. Damit hatte Tel Aviv jedenfalls den Grundstock für ihre ersten Atombomben.«

»Natürlich kenn ich die Geschichte mit den Israelis«, sagte Brandstetter. »Als Euratom-Chef Gmelin die Geschichte während seiner Anhörung im Bundestagsuntersuchungsausschuss zum Hanauer Atomskandal zum ersten Mal öffentlich bestätigt hat, waren alle fassungslos. Aber ich muss zugeben, ich hatte geglaubt, heute sei alles besser ...«

BND-Chef Grossmann schüttelte den Kopf. »Was sich der Mossad da geleistet hat, hatte ich bis dahin auch nicht für möglich gehalten. Aber gehen Sie mal davon aus, Kollege Brandstetter, auch heute ist immer noch vieles möglich! Bis jemand festgestellt hat, dass brisanter atomarer Stoff verschwunden ist, vergeht oft mindestens ein Jahr. Und wenn die Terroristen den Stoff erstmal haben, reichen Tage, allenfalls ein paar Wochen, und die haben eine einfache A-Bombe zusammengebaut!« Grossmann verschränkte die Arme hinter dem Kopf und lehnte sich in seinem Sessel zurück. »Ich würde gerne zu unserem Fall zurückkehren. Stellen wir uns doch mal vor, die Wiener wüssten, dass Bombenstoff verschwunden ist. Hätten die dann nicht schon längst die Sirenen schrillen lassen müssen?«

»Wenn Sie mal so ganz im Vertrauen mit einem aus der Führung in Wien sprechen können, Herr Grossmann, vielleicht bei einem Glas Wein«, sagte Wildhagen, »dann wird der Ihnen bestätigen, dass man sich in seiner Zentrale größte Sorgen macht. Je mehr Atommeiler gebaut würden, hat mir kürzlich einer gesagt, desto weniger verlässlich seien seine Kontrollen. Wie Sie schon sagten«, fügte er an Grossmann gewandt hinzu, »zu wenig Geld, zu wenige Leute und zu wenige Befugnisse.«

Der BND-Chef streckte sich und warf dem Geheimdienstkoordinator einen derart hintergründigen Blick zu, dass dieser sich aus Verlegenheit an die perfekt sitzende Krawatte griff und so tat, als wolle er sie richten. »Ich werde Ihnen gleich noch mindestens ein Beispiel dazu liefern«, sagte Grossmann. Doch dazu kam er nicht.

»Sie haben ja vollkommen recht, Kollege Grossmann«, ließ sich Walter Mayer vernehmen. »Eigentlich sollten wir hier nicht in Habachtstellung sitzen. Da Wien keinen Verlust von atomarem Bombenstoff gemeldet hat, könnten wir ja die Hände in den Schoß legen und Al-Kaida wie beim Pokern auffordern: Lasst mal sehen!«

»Oder den Wienern erklären: Kann ja nichts passiert sein. Laut euren Unterlagen ist ja nichts weggekommen«, ergänzte Wildhagen.

»Die werden stur ihre Linie beibehalten und erklären, dass nichts«, weggekommen ist. Aber diesmal leg ich sie aufs Kreuz!«, sagte der BND-Chef.

»Aber, meine Herren, es geht doch um konkrete Gegenmaßnahmen!«, sagte Brandstetter ungeduldig. »Wir müssen nachher im Kabinett Maßnahmen vortragen. Wir müssen aber auch abwägen, ob wir den Forderungen der Terroristen nachgeben wollen. Sie lassen uns nicht viel Zeit, und da bleibt für Gegenmaßnahmen immer weniger Spielraum, je mehr wir uns hier im Grundsätzlichen verlieren.«

»Dennoch müssen wir erst die Prämissen klären, damit wir später die richtigen Entscheidungen treffen«, hielt BKA-Chef Mayer dagegen. »Ich bin fest davon überzeugt, dass da Bombenstoff verschwunden ist. Die Nachricht von Ihrem Mann aus Moskau«, er sah Grossmann an, »spricht doch Bände!«

»Entschuldigen Sie bitte, ich wollte nicht gleich zu Beginn unserer Besprechung damit rausrücken. Aber ich war hin- und hergerissen ...«, setzte Grossmann an.

»Nun sagen Sie endlich, was los ist! Ich hab schon die ganze Zeit den Eindruck, dass Sie mit irgendwas hinter dem Berg halten«, sagte Brandstetter.

»Unabhängig von dieser Moskauer Sache muss ich Ihnen leider noch zwei andere wichtige Mitteilungen machen – gar nicht gute. Ich war doch vorhin mal einen Moment aus der Tür. Und da hat man mir diese Papiere übergeben.« Grossmann hielt ein Blatt in die Höhe. »Die Amis haben uns heute eine Horrormeldung zukommen lassen.«

»Ich denke, die Herren haben sich was dabei gedacht, als sie das, was ich Ihnen gleich mitteile, gerade heute dem US-Kongress vorgelegt haben. Die Angaben entstammen einem Prüfbericht ihrer Atomaufsichtsbehörde. Also, Herr Brandstetter, ganz wichtig, keine Meldung aus Wien. Aber jetzt kommt das, worüber ich Sie eigentlich informieren will und was wir unbedingt bei unseren weiteren Überlegungen berücksichtigen müssen: Den Amis fehlen knapp dreitausend Kilogramm hochangereichertes Uran. Über diese Menge können sie keinen genauen Verbleib melden.«

In dem abhörsicheren Konferenzraum breitete sich eine Grabesstille aus.

»Wollen Sie uns Angst machen, Herr Kollege?«, fragte Wildhagen, der sich als Erster wieder gefasst hatte. »Oder wollen Sie testen, wie viel wir alles für bare Münze nehmen?«

Grossmann schüttelte den Kopf. »Keine Witze, keine Tests. Leider harte Realität. Die Behörden haben, laut Bericht ihrer eigenen Aufsichtsbehörde, ›keine umfassende, detaillierte und aktuelle Bestandsliste des amerikanischen Nuklearmaterials‹. Dies, so haben die weiter erklärt, gelte auch für waffenfähige Stoffe wie hochangereichertes Uran und Plutonium.«

Brandstetters Analyse kam schnell, präzise und trocken. »Dann brauchen wir uns ja keine Gedanken mehr darüber zu machen, ob die Terroristen Bombenstoff haben. Sie haben!«

»Das ist aber noch nicht alles, meine Herren«, fuhr der BND-Chef fort. »Wir haben verlässliche Hinweise darauf – ich sage noch mal, es sind bisher nur Hinweise, und die kommen wiederum nicht aus Wien –, dass eine taktische Atomwaffe verschwunden sein soll.«

»Das gibt's nicht! Wo ist das passiert?«, entfuhr es dem Generalinspekteur, der von seinem Sitz aufgesprungen war. »Meine Herren, das würde doch die taktische Lage dramatisch verändern! Da müsste ich doch sofort ...«

»Nun setzen Sie sich doch bitte wieder, Herr Wildhagen«, sagte Geheimdienstkoordinator Werner Brandstetter und sah in die Runde. »Kann mir mal einer von Ihnen erklären, wieso dieses Ding, diese taktische Atomwaffe, die Lage total verändert?«

»Sehen Sie, Herr Brandstetter«, erklärte Grossmann, »dieses Ding, wie Sie es zu nennen belieben, die taktische Atomwaffe, die da verschwunden sein soll, ist etwa so groß wie eine Granate. Die können Sie in jede Panzerfaust stecken. Die Wirkung ist aber größer als bei jeder *dirty bomb*. Die Lage hat sich komplett verändert, weil die uns damit an jedem Punkt treffen können. Sie müssten die nicht schon irgendwo platziert haben, sondern könnten damit unbemerkt mit dem Auto durch die Gegend fahren. Oder sie fliegen mit irgendeinem Leichtflugzeug über ein Atomkraftwerk, das Bankenviertel in Frankfurt oder auch über irgendeine Stadt und schießen die von oben auf jedes beliebige Ziel ab.«

»Oh, Gott, Grossmann!«, stöhnte BKA-Chef Mayer. »Wenn das so ist, können wir ja unsere ganzen bisherigen Überlegungen zur Taktik und Strategie vergessen! Meiner Meinung nach können wir unsere vorbereitenden Maßnahmen der Öffentlichkeit jetzt nicht mehr als Übung verklickern.«

»Und weshalb nicht, Herr Mayer?«, fragte Brandstetter.

»Stellen Sie sich mal vor, die schießen das Ding einfach ab, ohne das Ende des Ultimatums abzuwarten und unsere Schutztruppen laufen alle ohne Vorwarnung in so eine tödliche atomare Falle. Und wir wissen davon!«

»Um Himmels willen! Daran hab ich noch gar nicht gedacht!«, rief Brandstetter, sprang auf und machte einige Schritte in Richtung Tür.

»Jetzt laufen Sie doch nicht gleich wieder weg!«, sagte Mayer. »Wir müssen sofort veranlassen, dass alle großen Feuerwehren, die Messtrupps der Bundeswehr, die Bundespolizei und alle ABC-Schutzzüge und die Leute vom Technischen Hilfswerk mit dem neuen LASAIR-Gerät und den anderen neu entwickelten Spürgeräten ausgerüstet werden. Wir dürfen die nicht in ihr Verderben laufen lassen! Ohne dieses Gerät wissen die doch gar nicht, ob da Uran oder Plutonium beigemischt ist!«

»Haben wir denn so viele davon?«, erkundigte sich Wildhagen.

»Kann ich Ihnen im Augenblick nicht sagen«, antwortete Brandstetter. »Aber Conradi könnte das wissen. Wir sollten schleunigst Kontakt mit ihm herstellen!«

»Halt, mal langsam. Es genügt nicht, nur ungeprüfte Hinweise zu haben«, wandte Grossmann ein. »Das muss alles hieb- und stichfest sein. Ich schlage vor, wir stellen Maßnahmen für alle Eventualitäten zusammen, sodass gleich im Kabinett kompetent entschieden werden kann. Sonst verursachen wir mit unseren Maßnahmen nur gewaltige Kosten.«

»Wo ist denn dieses taktische Dings verloren gegangen?«, fragte Brandstetter.

»Dieses Dings ist vermutlich aus einem Forschungslabor in den USA verschwunden. Und mit ihm übrigens ein hochrangiger Wissenschaftler. Wir wissen noch nicht, ob der freiwillig gegangen ist oder entführt wurde.«

»Und die Wiener? Wissen die Wiener davon?«, fragte Brandstetter und griff gleichzeitig zum Hörer des abhörsicheren Telefons.

»Hallo, Herr Brandstetter, entschuldigen Sie bitte, dass ich frage, aber wen wollen Sie denn jetzt anrufen?«, erkundigte sich Grossmann.

»Na, die Wiener natürlich. Ich will mich mit Wien verbinden lassen.«

»Das können Sie sich sparen«, sagte Grossmann. »Auch in dieser Sache haben wir von denen bisher nichts gehört. Aber abgesehen davon, wir haben zur Sicherheit natürlich von uns aus schon bei denen angeklopft. *Nada, niente,* nichts.«

Er sah Brandstetter an. »Wir haben auch unsere Kontakte nach Wien. Sie dürfen nicht vergessen, auch die Wiener wissen nicht, was die Amis oder die Franzosen in den Geheimlabors der Army praktizieren und was da jeweils verschwindet. Von dem, was in Russland passiert, ganz zu schweigen. Das habe ich Ihnen aber schon mehrmals erklärt. Glauben Sie denn im Ernst, die Amis oder Franzosen würden den Wienern das sofort auf die Nase binden, wenn denen was abhandengekommen ist? Aber zurück zu der taktischen Atomwaffe«, sagte Grossmann.

Er beugte sich vor und legte die verschränkten Arme auf den Tisch. »Was wir wissen, haben wir nur über unsere geheimen Kontakte erfahren. Wir haben ja, Gott sei Dank, unsere Leute. Über Einzelheiten möchte ich Sie jetzt noch informieren. Aber eins ist klar: Den Amis brennt es unterm Hintern. Davon können Sie ausgehen.«

Einen Moment lang senkte sich völlige Stille über den Raum. Grossmann sah zu BKA-Chef Mayer hinüber, der gedankenversunken vor sich hinstarrte. Auch Werner Brandstetter war damit beschäftigt, die Neuigkeiten irgendwie einzuordnen.

Mit einer verlegenen Geste versuchte Grossmann, seine Papiere, die vor ihm auf dem Tisch verstreut lagen, zu ordnen, als er durch ein Räuspern Brandstetters aufgeschreckt wurde.

»Herr Mayer, meine Herren, gibt's noch was zum Punkt Maßnahmenkatalog für das Kabinett? Die Zeit drängt, drängt, drängt! Haben wir vielleicht noch eine Chance, das Ultimatum der Terroristen aufzuschieben?«

Brandstetter hatte seine Arme hinter dem Kopf verschränkt. BKA-Chef Mayer wusste, wenn der Geheimdienstkoordinator diese Haltung einnahm, war er nervös, sehr nervös. Meist dauerte es dann nicht mehr lange, bis er beim Sprechen mit seinem Stuhl vor- und zurückwippte.

So kam es dann auch, schneller, als Mayer gedacht hatte. Zudem wippte Brandstetter hektischer als je. Dabei fuhr er sich mit der rechten Hand durch das für sein Alter noch immer erstaunlich volle Haar, das nur an wenigen Stellen graue und lichter werdende Ansätze zeigte.

BND-Chef Grossmann beugte sich vor.»Die Mitarbeiter von Herrn Mayer und meine Spezialisten haben in Meckenheim alle Unterlagen, die uns die Terroristen übermittelt haben – Drohvideos, die Botschaften in Schriftform und was sonst noch so alles rein gerauscht ist –, genauestens überprüft«, erklärte er. »Sie haben sie auch mit unseren bisherigen Kenntnissen verglichen. Danach sieht es so aus, als sollten wir uns die Vorstellung, diese Leute hinhalten zu können, ganz schnell von der Backe putzen!« Grossmann schüttelte den Kopf.»Das sind nach Ansicht unserer Leute ganz hartgesottene, brutale Terroristen. Die sind nicht zu bremsen!«

»Das hört sich ja fast so an, als hätten Sie schon bestimmte Leute im Visier. Ist das so?«, fragte Brandstetter.

Dem BND-Chef war der hoffnungsvolle Unterton, der in Brandstetters Frage mitschwang, nicht entgangen.

»Wir glauben, da auf alte Bekannte gestoßen zu sein. Allerdings muss ich Ihre Erwartungen stark dämpfen. Es kann auch so sein, dass die aus ihrem Riesenreservoir nur ein paar Akteure vorgeschickt haben und die Strategen in Deckung bleiben. Aber die Handschrift der Drohung ist dieselbe wie die von unseren alten Al-Kaida-Bekannten.«

»Und an das Muster von Al-Kaida«, warf Generalinspekteur Wildhagen ein, »hängen sich ja immer mehr andere Terrorstrategen und Terrorakteure dran.«

»Sie haben recht, Kollege Wild, das kommt hinzu«, sagte Grossmann. »Wir haben ja inzwischen festgestellt, dass nicht überall, wo Al-Kaida draufsteht, auch Al-Kaida drin ist. Meiner Überzeugung nach müssen wir immer aufpassen, ob da nicht unsere lieben Kollegen vom Mossad und von der CIA ihre eigenen Spielchen treiben. Sogar mit uns. Und dann sollten wir nicht vergessen, dass auch die Russen dazugelernt haben.«

Brandstetter hörte mit einem Ruck auf zu wippen. Die Stuhlbeine knallten nach vorn auf den Boden. Die anderen zuckten zusammen.

»Heißt das, dass wir nicht ausschließen können, dass einer dieser Geheimdienste im Hintergrund die Strippen zieht?«, fragte Brandstetter entgeistert.

»Wir gehen im Augenblick davon aus, dass auf jeden Fall die Strategen von Al-Kaida involviert sind«, antwortete Grossmann. »Ich bekomme über eine gesicherte Verbindung laufend Meldungen aus unserer Zentrale hier auf meinen Laptop. Danach verdichtet sich der Eindruck, dass hinter den Kulissen ein teuflischer Plan ausgeheckt wurde. Daran sind vermutlich auch die Dienste eines Staates beteiligt. Doch, ja, Herr Brandstetter, das ist richtig.«

»Meine Herren«, sagte Brandstetter, »vielleicht geben Sie uns, Herr Mayer oder Sie, Herr Grossmann, mal einen Überblick darüber, wie das Terrorismusabwehrzentrum die gegenwärtige Lage beurteilt.«

Das Zentrum, das zwei Jahre nach dem verheerenden Anschlag auf die *Twin Towers* in New York die Arbeit aufgenommen hatte, residierte in einer ehemaligen Kaserne der DDR-Volksarmee in Berlin-Treptow. Unter seinem Dach waren die verschiedensten Dienste und Polizeieinheiten vereint.

Walter Mayer räusperte sich. »Vorab: Ich begrüße es außerordentlich, dass wir das GTAZ inzwischen hier in Berlin in nächster Nähe eingerichtet haben. Das bisherige Anklopfen und Nachfragen bei den vielen Landespolizeidienststellen, den Verfassungsschutzämtern und sonstigen Dienststellen, ob da irgendwelche relevanten Nachrichten vorliegen, hätte uns Zeit gekostet, die wir jetzt ja gar nicht haben. Aber das nur vorweg. Ich bin mit Herrn Grossmann heute Morgen, bereits vor unserem Gespräch hier, übereingekommen, dass er den Lagebericht des GTAZ vorträgt.«

Grossmann begann mit dem Vortrag. Mayer, der ja die Inhalte kannte, ließ seine Gedanken für einen Moment abschweifen. Wir sind gar nicht mehr so fern von der Orwellschen

Utopie eines totalitären Überwachungs- und Präventionsstaates, bei dem selbst die Gedanken kontrolliert werden, überlegte er sich nicht zum ersten Mal. War es denn überhaupt noch Utopie? Wenn er und seine Leute wollten, konnten sie doch bei jedem Menschen privat ›ins Fenster‹ sehen, ihn belauschen. Er wusste, wenn irgendjemand am Telefon die Begriffe Terrorismus oder Atomwaffen erwähnte, würden auch die Lauscher der eigenen Dienste und die der Freunde aus Übersee ihre ›Ohren‹ weit aufspannen.

Als Grossmann seinen Bericht beendet hatte, stöhnte Brandstetter auf und riss den BKA-Chef aus seinen Gedanken. »Meine Herren«, sagte er dann und sah Grossmann und Mayer ernst an. »Ich danke Ihnen, dass Sie hergekommen sind. Meine Sekretärin hat mir vorhin eine Notiz gegeben, die besagt, dass Sie dringend in Meckenheim zurückerwartet werden. Wäre schön«, fügte er hinzu und versuchte ein freundliches Lächeln, »wenn Sie mit besseren Nachrichten von Ihrer Sitzung dort zurückkämen. Zunächst wünsche ich Ihnen einen guten Flug. Halten Sie Mombauer und mich bitte auf dem Laufenden. Hoffentlich passiert zwischendurch nicht noch was ...«

14

Bonn, Redaktion des *Energy Report*

Sabine stand mit schreckgeweiteten Augen da, als Deckstein die SMS auf ihrem Handy las: »*Wir sind über alles im Bielde. Wiessen was Sie schreiben und was Sie tun! Lassen Sie die alten Geschichten unter Decke! Mehr auf Decksteins Handy!*«

Deckstein war außer sich. »Diese Armleuchter! Das gibt's doch gar nicht! Das ist schlichtweg Terror. Telefonterror, Überwachungsterror!«, rief er und zog sein Handy aus der Gürteltasche. »Ich hab da heute noch gar nicht reingeguckt.« Er öffnete die Nachrichten und fand eine MMS. Als sie sich geöffnet hatte, zuckte er zusammen. »Das sind ... das sind ja wir!«, stammelte er und starrte auf das Display.

Sabine hatte sich ein wenig gefasst. »Ist dir jetzt klar, was los ist?«, sagte sie und legte ihre Hand auf seinen Arm. »Wir werden überall beobachtet, verfolgt und bespitzelt. Die haben uns gestern Abend vor meiner Haustür, Danny ... das musst du dir mal vorstellen ... direkt vor meiner Haustür ... gefilmt. Wenn ich mir vorstelle, dass die uns die ganze Zeit über beobachtet haben! Vielleicht haben die uns auch noch belauscht, alles mitgehört.«

»Wer weiß, wie lange das schon so geht? Erst hören sie uns ab und belauschen uns, und jetzt fangen sie an, uns mit so was zu terrorisieren!«

Er hielt ihr das Handy hin. »Gestern Abend wollte ich dir noch sagen, dass du deine Wohnungstür gut sichern solltest, sprich, mehrfach den Schlüssel rumdrehen.«

»Hab ich sowieso gemacht, nach dem, was du mir alles in der Kneipe vom Interview mit dem Wedelmeyer erzählt hast. Ich hab heute Morgen auch schon versucht, Emy anzurufen, aber er ist nicht rangegangen. Ich versuch's später noch mal.«

»Sabine, ich wollte es dir eigentlich gleich erst sagen. Aber nach dem hier ...« Er zeigte auf sein Handy. »Ich hatte das Gefühl, dass ich auf der Fahrt hierher verfolgt oder besser gesagt, beschattet worden bin.«

»Was? Von wem?«

Er beschrieb ihr kurz, was er auf der Fahrt zum Verlag erlebt hatte und erwähnte auch, dass er Elena im Jahr zuvor auf seiner Reise durch Russland näher kennengelernt hatte. Einzelheiten erzählte er Sabine nicht. Das war jetzt nicht der richtige Zeitpunkt. Zum Schluss erklärte er ihr, dass er zwar immer den Verdacht hatte, dass Elena zum russischen Inlandsgeheimdienst gehörte oder zumindest auf ihn, Daniel, angesetzt worden war.

»Aber was sollte mich da stören?«, sagte er. »Ich war allein und hatte nichts zu verbergen.«

Dann schilderte er ihr noch den Auftritt der geheimnisvollen Schönheit, die er unten vor dem Verlagseingang beobachtet hatte.

»So, wie die aussah, hätte sie Elenas Schwester sein können«, schloss er.

Sabines Blick war immer skeptischer geworden.

»Wenn diese beiden Russinnen auch zu diesen Dunkeltypen gehören ...«, sagte sie.

Deckstein fiel ihr ins Wort. »Also, Elena solltest du nicht unbedingt dazu zählen. Ich bin mir ja nicht ...«

Nun war es Sabine, die Deckstein unterbrach. »Hast du nicht eben selbst den Verdacht geäußert, dass sie vom FSB ist oder zumindest von ihm eingesetzt wird?«

»Ja, aber ich hab auch gesagt, dass ich es nicht genau weiß«, gab er, heftiger als gewollt, zurück. In seinem Innern rumorte es. Er wollte Sabine gegenüber nicht zugeben, dass ihn das Verhalten von Elena verunsichert hatte.

»Ich seh das ganz anders«, beharrte Sabine. »Die beim russischen Geheimdienst wissen schon, was sie tun, wenn sie die auf dich ansetzen. Die sind sich offenbar sicher, dass du auf sie abfährst. Ich nehme mal an, dass du der Elena, oder wer immer es war, unterwegs auch noch schöne Augen gemacht hast«, spöttelte sie. »Vielleicht ist die dir deswegen ... und überhaupt, ich weiß ich ja nicht, was damals alles zwischen euch passiert ist.«

»Sag mal, was redest du denn da? Kenne einer die Frauen! Jetzt erzähl ich dir ganz offen davon, dass ich mich quasi verfolgt oder beschattet gefühlt habe.«

»Von ›so einem schönen Biest‹, das waren deine eigenen Worte. Die Bewunderung für die Frau war ja nicht zu überhören!«

Deckstein bemerkte einen empörten Unterton, der ihm nicht unlieb war.

»Aber, dass die dann auch noch so dreist ist, beinahe bis in den Verlag zu kommen!« Sabine machte eine kleine Pause und dachte nach, bevor sie fortfuhr: »Trotzdem, irgendwie komisch, dass die es sein sollten, die uns abhören, uns SMS und Fotos schicken, sich nicht sehen lassen – und dass dir dann plötzlich jemand von denen so offensichtlich folgt. Sich sozusagen dabei erwischen lässt. Ja, je mehr ich darüber nachdenke, vielleicht sogar gesehen werden will. Vielleicht will da jemand allmählich den Druck auf uns erhöhen. Was meinst du?«

Sabine lehnte sich in ihrem Sessel zurück und warf Deckstein von der Seite einen ebenso besorgten wie spöttischen Blick zu. Er schwieg.

»Was ist? Warum sagst du nichts?«

Deckstein kratzte sich nachdenklich am Kopf. »Vielleicht geht's bei Elena – wenn sie es denn wirklich ist, und der anderen russischen Maid, die bei ihr im Wagen gesteckt hat, und die vielleicht ihre Schwester ist –, um was ganz anderes. Vielleicht hat das gar nichts mit unserer Story zu tun. Warten wir's ab. Und vielleicht sind die, die uns gestern Abend vor deiner Haustür fotografiert und vielleicht auch belauscht haben, die eigentlichen Bösewichter.«

Sabine sah ihn eindringlich an. »Wir berichten ja über die Missstände im russischen Atombereich. Irgendwie sind wir denen offensichtlich mächtig auf die Füße getreten. Mit was genau, weiß ich auch noch nicht. In so einem Fall fackelt der

Geheimdienst meist nicht lange. Der ergreift Maßnahmen. Wir werden heimlich fotografiert, vermutlich auch abgehört. Dann kriegen wir unmissverständliche Drohungen aufs Handy. Schließlich ziehen die, ohne einen Moment zu zögern, ein As aus dem Ärmel. Und ...«, sie hielt einen Moment inne, »schicken Elena auf die Reise zu uns. Mit der ist der Deckstein doch bestens klargekommen, sagen sich die Geheimdienstleute in Moskau. Nicht, so war's doch?«

Bevor Deckstein antworten konnte, setzte sie hinzu: »Die schafft das, den Kerl umzudrehen oder zumindest dahin zu bringen, wo wir ihn haben wollen. Testen wir den doch einfach mal.«

»Also, Bine, jetzt bist du aber wirklich ins Reich der Verschwörungstheorien abgedriftet«, protestierte Deckstein, der sich bewusst war, dass Sabine ins Schwarze getroffen hatte.

»Ha, ich wünschte, es wäre so!« Sabine hatte sich in Rage geredet. »Aber sicher bin ich mir da nicht. Pass bloß auf, Danny! Schöne Spioninnen haben schon so manchen Chefredakteur oder auch Politiker rumgekriegt. Da wärst du nicht der Erste. Reingefallen auf die Maske des Schönen, hinter der das Böse, das schöne Biest lauerte«, schloss sie pathetisch.

»Madame bemühen ja fast literarische Bilder!«, sagte Deckstein und grinste. Ihre Gefühle für ihn waren offenbar stärker, als sie ihm gegenüber bisher zu erkennen gegeben hatte.

Sabine ignorierte den Spott und griff nach seinem Handy, das auf dem Schreibtisch lag. Noch einmal studierte sie das Foto.

»Sag mal, wir müssten doch eigentlich erkennen können, wo die gestanden haben, als sie das Bild gemacht haben, oder?«

»Ja, klar, du hast recht!« sagte Deckstein und sah sich das Foto noch einmal genauer an.

»Bine, wir haben ja noch gar nicht alles gesehen. Da ist noch eine zweite Nachricht ...«

Deckstein drückte ein paar Tasten. Er sah auf das Display, erstarrte und schaltete rasch das Handy aus. Sabine nahm es ihm aus der Hand und schaltete es wieder an. Er ließ es wortlos geschehen und starrte sie an.

»Oh Gott, wie abscheulich!«

Auf dem Display war ein einzelner abgerissener, blutiger Finger zu sehen. Sabine wandte sich angewidert ab und legte das Handy auf den Schreibtisch. Deckstein nahm es erneut zur Hand.

»Das ist ja wirklich ein schauriges Bild. Da hängen ja hinten noch Sehnen runter ...«

»Hör sofort auf, Danny! Das ist widerlich! Ich hab's doch gesehen. Du musst es mir nicht auch noch beschreiben!«

»Sieh es dir ruhig noch mal an«, sagte Deckstein ruhig und hielt ihr das Handy hin. »Damit du weißt, mit was für Leuten wir es zu tun haben.«

»Bleib mir mit dem Bild aus den Augen!«, schrie sie fast und hob abwehrend die Hände.

»Eine Botschaft haben die auch noch mitgeschickt«, sagte Deckstein. »›Das passiert denen, die Geschickten schreiben, die sie nicht schreiben sollten‹, steht da.«

Sabine schlug die Hände vors Gesicht und schüttelte wortlos den Kopf.

»Die können kein richtiges Deutsch«, stellte Deckstein ohne erkennbare Regung fest.

Sabine nahm ihre Hände herunter. »Das ... das könnte uns doch weiterbringen«, stotterte sie.

Deckstein sah sie überrascht an. »Was meinst du?«

»Anhand der Bilder können wir vielleicht rausbekommen, von wo aus die die Aufnahme von uns gemacht haben. Und dass die kein Deutsch können ... Das sind doch alles schon mal kleine Anhaltspunkte, die uns auf die Spur von diesem Pack bringen könnten.«

Nach einer kurzen Pause setzte sie leise hinzu: »Menschen möchte ich die fast schon nicht mehr nennen.«

»Scheiße, so ein verfluchter Mist!«, fluchte Deckstein und schlug so kräftig mit der flachen Hand auf den Schreibtisch, dass Sabine zusammenzuckte. Jetzt, wo er sicher war, dass sie trotz dieses schaurigen Handyterrors nicht wegsackte, konnte er selbst Dampf ablassen.

Der Druck, der seit dem vergangenen Tag auf ihm lastete, war stetig angewachsen.

»Dieser Abschaum! Die wollen uns fertigmachen, Bine! Die wollen uns mit ihrem Telefonterror zermürben und uns mit miesen Tricks und mit schönen Frauen auseinanderbringen. Das werden sie aber nicht schaffen, oder?«

Sabine zögerte einen Moment. Deckstein runzelte die Stirn.

»Das ist alles so brutal, dass ich einen Moment lang das Gefühl hatte, ich würde das mental nicht durchstehen«, sagte sie dann. »Doch dann dachte ich an das, was ich mir geschworen habe, als das mit Marc passiert ist: Du lässt dich nicht mehr einschüchtern, komme, was da wolle. Und auch die hier werden es nicht schaffen, mir Angst einzujagen!«

Sie sah Deckstein mit funkelnden Augen an.

»Seit damals brenne ich darauf zu erfahren, wer hinter diesen schmutzigen Atomgeschäften steckt und zu solchen brutalen Aktionen fähig ist, die Marc das Leben gekostet haben. Wir werden vorsichtig sein, Danny, aber«, fuhr sie mit eiskalter Wut in der Stimme fort, »wir werden keinen Millimeter weichen, hörst du? Keinen Millimeter! Im Gegenteil. Wir werden angreifen, sobald sich jemand zeigt!«

Sie stand auf, ging um den Schreibtisch herum und blieb dicht vor Deckstein stehen. »Mit dieser Sache hier«, sie zeigte auf das Handy, »haben sie die Grenze überschritten!«

Äußerlich machte sie jetzt wieder einen ruhigen, gefassten Eindruck, aber ihm entging das wilde Funkeln in ihren Augen nicht.

»Wir nehmen den Kampf auf, Danny! Wir schießen sofort zurück. Das wird zwar nicht einfach werden, weil wir ja noch gar nicht wissen, in welche Richtung wir unsere Kanonen richten müssen. Aber uns wird schon was einfallen. Danny! Oder? Du kennst mich doch inzwischen. So leicht lassen wir uns doch nicht abschießen!«

Sie drohte ihm mit dem Zeigefinger und lächelte kaum sichtbar. »Und wehe dir, du fällst auf so ein verführerisches Biest rein!«

Deckstein betrachtete sie hingerissen. So gefiel sie ihm! Ihre ganze Gestalt strahlte wilde Entschlossenheit und Kampfbereitschaft aus. Die Augen sprühten vor Energie, die Lippen bebten. Unter ihren heftigen Atemzügen hoben und senkten sich ihre Brüste. Er riss sie an sich und küsste sie leidenschaftlich.

»Nicht so stürmisch, junger Mann ...«, sagte sie atemlos, als er sie endlich wieder freigegeben hatte, und ging zurück zu ihrem Schreibtischsessel. Sie spürte, wie sich auf ihrem Gesicht eine wohlig warme Röte ausbreitete, konnte dieses Gefühl aber nicht lange genießen.

Die Tür flog auf und schlug mit einem lauten Knall an die Wand. Ulla Brandt, Decksteins Sekretärin, stürmte herein.

»Was ist denn mit dir los, Ulla?«, rief Deckstein ungehalten. »Platzt hier rein wie dieses Reh mit dem Rüssel!«

Sabine sah zu ihrem Erstaunen, dass Ulla hektische rote Flecken im Gesicht hatte.

»Conradi ist am Telefon«, sagte sie. »Ist furchtbar aufgeregt. Will dich unbedingt sofort sprechen, aber allein.«

»Ist er noch in der Leitung?«

Sie nickte.

»Leg' s mir rüber in mein Zimmer.«

»Mach ich«, sagte Ulla, drehte sich auf dem Absatz herum und zog die Tür hinter sich zu.

»Bine, entschuldige. Bernd ist dran.«

Sabine hatte die ganze Zeit wie erstarrt dagestanden. Als Deckstein sie ansprach, zuckte sie zusammen.

»Was geht hier eigentlich ab, Danny? Wir werden bespitzelt, erhalten Drohungen, Bilder mit abgerissenen Fingern und so was.« Sie verzog angewidert das Gesicht und schüttelte sich. »Und nun ruft dich auch noch Conradi an. Wach auf, Danny!«, sagte sie heftig und packte ihn fest am Arm. »Das ist der Krisenmanager der Regierung! Wenn der furchtbar aufgeregt ist ... und dich unbedingt allein sprechen will ...«

Deckstein spürte die Angst in Sabines Stimme.

»Ich geh nur mal kurz rüber in mein Büro«, sagte er ruhig. »Wir machen gleich weiter. Ich sag dir dann, was los ist.«

Mit schnellen Schritten verließ er das Zimmer. Schon auf dem Flur hörte er sein Telefon klingeln. Er rannte um seinen Schreibtisch und hob ab.

»Hallo, Bernd, was ist passiert? Ulla sagt, dass du ...«

Conradi fiel ihm ins Wort. »Daniel, ich mach's kurz. Frau Schmittchen hat dir ja gesagt, dass ich dich unbedingt sprechen muss. Mit einem Wort, uns brennt's unterm Arsch.«

Deckstein zuckte innerlich zusammen. Eine solche Wortwahl war er von seinem Freund nicht gewohnt.

»Können wir uns heute Mittag am Flughafen treffen? Ich komm dann vom BKA, du weißt ja, hier von der Außenstelle des Bundeskriminalamtes in Meckenheim ...«

»Ich weiß schon, was du meinst.«

»... mit dem Hubschrauber rüber. Wir landen so gegen dreizehn Uhr dreißig. Kann auch ein bisschen später werden. Ich hab eine gute halbe Stunde Zeit. Dann flieg ich mit meinem Minister nach Berlin zurück.«

»Was ist denn los, Bernd? Das klingt ja drama ...«

Conradi schnitt ihm erneut das Wort ab: »Setz dich einfach in dein Auto und komm zum Flughafen. Du kriegst von mir alle Fakten für die größte Geschichte deines Lebens auf dem Silbertablett serviert!«

Deckstein verschlug es die Sprache.

»Bis wir gesprochen haben, Daniel«, sagte Conradi, »kein Wort zu irgendwem über das, was ich dir jetzt sage: Es ist so weit! Fanatische Islamisten, auf jeden Fall Terroristen, wir wissen noch nicht genau, wer wirklich dahinter steckt, drohen, eine nukleare Bombe zu zünden. Alles Weitere gleich am Flughafen.«

»Ich weiß nicht, Bernd, ... kommt mir alles komisch vor!« Deckstein geriet ins Stottern.

»Daniel, was ist? Bist du noch dran? Kommst du?«

Deckstein hatte sich wieder gefasst. »Ich weiß nicht, ob es da einen Zusammenhang gibt, aber wir werden auch bedroht ... Hallo, Bernd, Bernd? Bist du noch dran?«

»Wir sprechen nachher über alles«, sagte Conradi und legte auf.

15

Sankt Augustin-Hangelar, Zentrale der Bundespolizei

Ein lauter Heulton zerriss das gedämpfte Stimmengemurmel in der voll besetzten Kantine der Bundespolizei auf dem Flugplatz Sankt Augustin-Hangelar. Die Warnlampen an den Decken und Wänden tauchten die Tische und Bänke in ein gespenstisches rotes Licht. Hektik brach aus.

Die Männer der Sondereinheit zur nuklearen Terrorabwehr sprangen von ihren Stühlen auf. »Los, raus hier!« oder »Marsch, marsch, beeilt euch doch!« Eben noch hatte die Oktobersonne freundlich in den Saal geschienen, es wurde gefrotzelt, ordinäre Witze machten die Runde.

Die, die nicht zur Sondereinheit gehörten, riefen den Kameraden zu: »Was ist denn eigentlich los?« Sie bekamen keine oder nur nichtssagende Antworten.

»Weiß ich doch auch nicht.«

»Scheiße, lass mich ... nicht mal in Ruhe essen kann man hier. Pissladen!«

Die Männer der Sondereinheit, die eben erst von einer Übung zurückgekehrt waren, ließen ihr verspätetes Frühstück stehen und stürmten aus der Kantine.

Als sie ihre dunklen Einsatzanzüge angelegt hatten und nach draußen kamen, sahen sie, dass einige Piloten bereits die Hubschrauber startklar machten.

Vor den Pumas und Eurocoptern hatten sich die Männer der legendären Grenzschutztruppe GSG 9 versammelt. Manche von ihnen waren schon vor ein paar Jahren bei der Verhaftung der Islamisten dabei gewesen, die Anschläge auf den Weihnachtsmarkt in Straßburg geplant hatten. Andere waren vor nicht langer Zeit an dem Zugriff auf die »Sauerland-Bomber« beteiligt gewesen.

Wie aus dem Nichts tauchte Kommandeur Roland Wübben auf. Er ließ die Männer antreten und sah kurz in ihre von Nervosität gekennzeichneten Gesichter. Er wusste, dass sie nicht einmal zu Ende hatten frühstücken können. Und wann sie wieder etwas zu essen bekommen würden, war ungewiss. Mit knappen Worten gab er den Einsatzgrund bekannt.

»Höchste Übungsalarmstufe. Gefahrenlage. Machen Sie sich gefechtsklar. Jeder weiß, was das heißt. Ich sehe Sie alle hier in zehn Minuten wieder angetreten. Wir laden in diesem Fall auch unsere ABC-Schutzausrüstung, Dekontaminations- und Spürgeräte. Weggetreten.«

Wübben sah kurz zum Himmel, der an diesem Oktobermorgen von einem leuchtenden Blau war. Das schöne Wetter passte so gar nicht zu dem heutigen Übungsauftrag, dachte er flüchtig und machte sich im Laufschritt auf den Weg zurück in sein Büro. Im Vorzimmer reichte ihm sein Büroleiter, Oberstabsfeldwebel Tobias Becker, das schnurlose Telefon.

»Oberst Kramer, der Kommandeur von Ahrensfelde ist in der Leitung.«

Ohne abzuwarten, was sein Kommandeurskollege von ihm wollte, rief Wübben in die Sprechmuschel: »Hallo, Heinz, wir machen uns gerade zum Abflug bereit.«

Mit dem Telefon am Ohr ging Wübben mit schnellen, großen Schritten in sein Büro. Ein kräftiger Tritt mit dem rechten Absatz seines Springerstiefels genügte, und die Tür schlug mit einem lauten Knall hinter ihm zu.

»Mensch, Roland, jedes Mal, wenn du deine Bürotür auf diese unkonventionelle Art zuschlägst, zucke ich richtig zusammen. Hört sich an wie eine Explosion. Dabei bin ich heute ohnehin schon ziemlich schreckhaft!«

»Entschuldige. Hatte das Telefon am Ohr und in der anderen Hand ...«

»Ist schon gut, ich kenn das ja bei dir.«

»Hab selten ein so ungutes Gefühl gehabt wie bei diesem Einsatz!«

»Da geht's dir wie mir ...«, sagte Kramer.

»Ihr geht auch raus, hab ich gehört. So einen Alarm, bei dem wir nicht genau wissen, worum es geht, hat's noch nicht gegeben, oder? Da müssen uns erst alte Freunde einen Tipp geben.«

»Ja, und ich dachte, ich könnte dir mal was Neues berichten. Wollte dir eigentlich mitteilen, dass wir ausrücken, und mich erkundigen, wie's bei euch so aussieht. Und dann weißt du schon alles. Wieder bestens informiert, wie ich feststelle.«

»Ich freue mich trotzdem immer, wenn du anrufst, Heinz«, sagte Wübben und lachte. »Ich hab gehört, dass die Kanzlerin ihren Besuch bei diesem Pariser Gernegroß vorzeitig abgebrochen hat und mit einer Phantom-Schutzeskorte nach Berlin zurückgedüst ist. Aber was mich hellhörig macht, ist was anderes. Warte, ich les es dir mal vor, bevor ich was Falsches erzähle. Mein alter Förderer und Kollege Wimmer, der General, du kennst ihn ja auch, sitzt doch jetzt im NATO-Gefechtsstand in Uedem. Und der hat mir was rübergeschickt. Also hier steht, dass die Atomwirtschaft zurzeit auch die Vernebelungs ..., Pardon, Freudscher Versprecher, ich meine natürlich die Einnebelungstechnik der Atomkraftwerke testet. Das lässt doch tief blicken, Heinz. Am Ende geht's hier noch um nukleare Bedrohung!«

»Vielleicht hab ich ja doch noch was Interessantes für dich. Da passt meiner Meinung nach allerlei zusammen ...«, sagte Kramer nachdenklich.

»Aha? Na denn man los, Heinz.«

»Ich hab rumtelefoniert und aus meinen Kanälen herausgekitzelt, dass die vom GTAZ in Berlin vor allem die Einheiten angefordert haben, die eine nukleare Bombe aufspüren können und über Dekontaminationsausrüstungen verfügen. Das passt doch zu deiner Vermutung.«

»Allerdings! Das bestätigt auch die Angaben von General Wimmer. Heinz, wir müssen's jetzt ganz kurz machen. Ich muss noch zusammenpacken und dann gleich raus, genau wie du. Nach dem, was du sagst, werden auch die Kameraden in Schwandorf und in Donaueschingen ausrücken. Das sind ja fast alle Staffeln, die für einen Einsatz bei atomarer Bedrohung, oder jedenfalls bei Unfällen mit atomaren Stoffen, infrage kommen. Oder seh ich das falsch?«

»Nein, das siehst du ganz richtig!«

»Was sollt ihr denn eigentlich machen? Was habt ihr für einen Auftrag?«, fragte Wübben.

»Wir sollen mit unseren Alouetts abschnittsweise alle Atomkraftwerke und große Versorgungskonzerne überfliegen. Das ist uns allerdings als Übungsaufgabe verkauft worden. Die in Berlin halten uns offenbar für dämlich. Als könnten wir nicht eins und eins zusammenzählen!«, schimpfte Kramer. »Und stell dir vor, als ein Übungsziel haben sie uns auch noch vorgegeben, wir sollten testen, ob diese Gamma-Messgeräte, die wir neu an Bord gekriegt haben, besser funktionieren als die alten. Damit finden wir doch, wenn überhaupt, nur Uranbomben oder Material auf Uranbasis. Bei Plutonium bringen die Messgeräte ja nichts.«

»Wir übernehmen tatsächlich ähnliche Aufgaben wie ihr«, sagte Wübben. »Aber die Männer der anderen Einheiten hier in Hangelar müssen gleich auch ausrücken, um das Gebiet in Bonn um die Telekom- und Postzentralen zu sichern. Nicht auszudenken, wenn da was passieren würde!«

»Das gibt's nicht!«

»Und vorher werden ein paar meiner Männer darüberfliegen und nachschauen, ob sie da eine Bombe entdecken. Meine Buschtrommeln haben mir übrigens auch noch zugetragen, dass sich alle ABC-Schutztruppen der Bundeswehr marschbereit machen sollen.«

»Was? Roland, ist dir klar, was das für einen Aufschrei in der Bevölkerung gibt, wenn die irgendwo in Massen plötzlich mit Panzern und den ganzen Gerätschaften auftauchen? Die Leute werden denken, wir seien im Krieg!«

»Sind wir vielleicht ja auch, wer weiß das schon so genau. Heinz? Heinz ... ich versteh fast mein eigenes Wort nicht mehr. Die Maschinen laufen schon alle. Ich muss raus. Heinz, hörst du mich noch?«

»... Roland, ... ist was oberfaul!«

»Ich hör nichts mehr, ich leg jetzt auf. Wir sprechen später noch mal über Funk«, rief Oberst Roland Wübben und knallte das Telefon auf den Tisch. Er griff nach seinem Einsatzrucksack und suchte mit raschen, mechanischen Bewegungen den Einsatzplan und die übrigen Sachen zusammen, die er noch brauchte.

Wieder und wieder hatte es Warnungen von kompetenten Männern und Frauen gegeben, dachte er, dass aufgrund des steigenden Einsatzes von Atomenergie weltweit beständig mehr waffenfähiges Bombenmaterial produziert wurde. Und immer mussten andere den Scheißdreck ausbaden!

Mit Schwung warf er sich seinen Einsatzsack, in dem er auch Bilder von seiner Frau und von seinen Kindern mit sich trug, über die Schulter und lief hinaus zu seinen Männern.

***

Bonn, Hardthöhe

Christoph Schönewald, der Präsident des Bundesamtes für Bevölkerungsschutz und Katastrophenhilfe, blinzelte und warf einen Blick auf den Wecker: Sechs Uhr fünfundvierzig! Er tastete nach dem Telefon, das ihn durch anhaltendes Klingeln geweckt hatte.

»Schönewald«, meldete er sich verschlafen.

»Ministerialrat Schorn, Bundesinnenministerium, Abteilung Krisenmanagement.« Die Stimme des Anrufers zitterte vor Aufregung. »Guten Morgen, Herr Schönewald. Ich habe gerade meine Schicht angetreten und die Anweisungen gefunden, die mir mein Chef, Bernd Conradi, übermittelt hat. Wir haben ja für solche Fälle eine festgelegte Empfangsliste, und da stehen sie ziemlich weit oben.«

Schönewald hatte sich aufgesetzt. Es war völlig unüblich, dass das Innenministerium in Berlin direkt bei ihm anrief.

»Worum geht's?«, fragte er.

»Herr Conradi lässt Ihnen ausrichten, dass er sich von Meckenheim aus bei Ihnen melden wird. Auf Wiederhören.«

Während sich Schönewald noch Gedanken über die unübliche Verfahrensweise und die Tatsache machte, dass ihn Conradi von der BKA-Dependance aus Meckenheim anrufen wollte, klingelte schon das Telefon neben seinem Bett erneut. Der Chef der Abteilung Krisenmanagement vom Berliner Bundesinnenministerium war am Apparat.

Schönewald kannte Conradi aus früheren Bonner Tagen und wusste, dass er sich auf ihn verlassen konnte.

Conradi tat sehr geheimnisvoll. Er sagte nur, es sei Gefahr im Verzug. Näheres könne er ihm noch nicht mitteilen. Das fand Schönewald doch ein bisschen befremdlich.

»Christoph, nimm die Sache noch ernster als sonst. Diesmal brennt's wirklich!«, sagte Conradi, bevor er auflegte.

Schönewald war jetzt hellwach. Er sprang aus dem Bett, zog sich rasch an und verließ schnellen Schrittes sein Haus in Wachtberg. So früh am Morgen war es noch relativ frisch. Er holte den Wagen aus der Garage und machte sich auf den Weg in die Zentrale auf der Hardthöhe. Schönewald mochte die ländliche Umgebung mit ihren Wiesen und Wäldern, in der er wohnte. Doch an diesem Morgen hatte er keinen Blick dafür. Er fuhr durch Holzem und Vilip bis zur A 565 und verließ die Autobahn an der Ausfahrt Bonn-Hartberg.

Zwanzig Minuten, nachdem er sein Haus verlassen hatte, stand er vor dem Riesengebäude, in dem das Bundesamt für Bevölkerungsschutz und Katastrophenhilfe und das Technische Hilfswerk untergebracht waren. Nicht weit entfernt lag das Bundesverteidigungsministerium. Schönewald eilte zum GMLZ, zum Gemeinsamen Melde- und Lagezentrum von Bund und Ländern, das zur Abteilung I des BBK gehörte und für das Krisenmanagement zuständig war, und klopfte.

Wilfried Hermanns, der groß gewachsene Leiter des GMLZ, riss die Tür auf.

»Hier hat jetzt kein Unbefugter was zu suchen. Große Gefahrenlage!«, rief er hastig, ohne zu registrieren, wer da stand.

Er wollte die Tür schon wieder vor sich zuziehen, als sich Schönewald an ihm vorbeidrängte.

»Wie ist die Lage?«, fragte er.

»Mich zerreißt's fast! Dieses Warten, und nichts passiert! Die Leute werden schon ungehalten. Wir haben sie schließlich heute Morgen extra aus ihren Betten geholt.«

Morgens um sieben Uhr war für das BBK und das Technische Hilfswerk die höchste nationale Alarmstufe für Katastrophenalarm ausgelöst worden. Seither war nichts weiter passiert.

»Eine derart undurchsichtige Lage hab ich die ganzen Jahre noch nicht erlebt«, sagte Hermanns leise.

Schönewald setzte sich neben ihn auf einen der hellen Buchenstühle. Er fühlte sich unwohl, weil er auf seine morgendliche Dusche verzichtet hatte. Er zwang sich, konzentriert auf die Stirnwand des großen Raumes zu starren, an der über die ganze Breite Bildschirme angebracht waren, die national und weltweit die Lage darstellten. Beide Männer warteten ungeduldig darauf, dass sich auf den Monitoren endlich die angekündigte Gefahr abzeichnete.

Nichts, was Schönewald auf irgendeinem der Bildschirme erkennen konnte, ließ auf das schließen, was ihm Conradi frühmorgens gesagt hatte. Es war irritierend. Aus dem Gemeinsamen Terrorabwehrzentrum in Berlin kamen zwar immer wieder Anfragen zu den für das Land lebenswichtigen Energie- und Lebensmittel-Versorgungseinrichtungen, aber sie konnten den Sinn und Zweck dieser Anfragen nicht richtig einordnen. Auf kleineren Fernsehmonitoren, die über all den anderen Bildwänden fast unter der Decke hingen, verfolgten einige Mitarbeiter Nachrichtensendungen aus verschiedenen Regionen der Welt. Auf keinem der Bildschirme war der Hinweis auf irgendeine Gefahr zu erkennen.

Als die Anfragen aus Berlin im Laufe des Morgens zunahmen, entschied Herrmanns, dass auch die Mitarbeiter der Abteilung im Haus anrücken sollten, die für die landesweite Übersicht der kritischen Infrastruktur zuständig war. Schönewalds Bonner Katastrophenschützer lieferten bald darauf die angeforderten

Bilder rund um die Kraftwerke oder Verkehrsknotenpunkte, die ihnen von allen Lagezentren der Bundesländer eingespielt worden waren. Auf diese Weise hatte das GMLZ einen Überblick über das gesamte Geschehen im Bundesgebiet.

Der Wetterdienst versorgte sie mit allen aktuellen Wetterdaten mit Windrichtungen und sonstigen Werten, die über einen großen Bildschirm liefen. Weiter gab es aktuelle Übersichten darüber, welche Rettungskräfte für atomare, chemische oder sonstige Katastrophen von welchen Standorten herangezogen werden konnten, und Informationen über nahegelegene Krankenhäuser, Bundeswehreinrichtungen oder zum Beispiel örtliche Gruppen des Technischen Hilfswerks.

Das Lagezentrum der Bonner Katastrophenschützer war nicht nur mit dem Terrorabwehrzentrum in Berlin direkt verbunden, sondern auch das in der Nähe von Godesberg gelegene Ministerium für Umwelt- und Reaktorsicherheit war per Videokonferenz zugeschaltet.

Das hatte es bisher so noch nicht gegeben. Das GTAZ, das Gemeinsame-Terrorabwehrzentrum, erhielt damit die Daten der über zweitausend Messstationen im Land und würde für den Fall der Fälle schon sehr früh informiert sein, falls irgendwo die radioaktive Strahlung dramatisch anstieg.

Im Übungsfall schicken wir jetzt Messtrupps los, dachte Schönewald, und die Spezialisten finden die Ursache sehr bald heraus. Er wusste ja meist schon im Vorfeld, was »passiert war« oder geschehen würde. Aber bis jetzt war alles anders gelaufen als sonst bei solchen Übungen.

Seit kurz nach sieben saß er nun hier, ohne dass sich auf irgendeinem Monitor eine gefährliche Entwicklung abgezeichnet hätte. Auf dem Bildschirm ganz außen links, der die Waldbrandgefahr wiedergab, zeigten sich nirgendwo rote Flecken ab, nur da und dort etwas Gelb – leicht erhöhte Gefahr.

Auch auf den Bildern des Wetterdienstes konnte er nichts Dramatisches erkennen – der Wind nahm zu. Warum also die höchste Alarmstufe? Aus welchem Grund sollte er die Sache ernster nehmen, wie Conradi ihm nahegelegt hatte? Was könnte er damit gemeint haben? Schönewald spürte, wie langsam Wut in ihm aufstieg. Warum erfuhr er nichts? Ein Blick auf die anderen im Raum, die an ihren Computertischen fast wie in der Schule hintereinander aufgereiht saßen, zeigte ihm, dass deren Stimmung auch nicht besser war. Vor lauter Starren auf die Bildschirme fielen ihm die Augen zu. Er döste einen Moment vor sich hin und überlegte, ob er Conradi anrufen und ihn fragen sollte, wozu das Ganze gut sei. Da passierte es.

Hermanns rüttelte ihn am Arm. »Herr Schönewald, Herr Schönewald!«, rief er.

Schlagartig veränderte sich die Lage.

Während sich Schönewald noch die Augen rieb, hörte er jemanden sagen: »Oh, jetzt geht's da aber los!«

Er kam nicht dazu, sich anzusehen, was da los war. Jemand reichte ihm ein Telefon.

»Für Sie.«

Oberst Roland Wübben, sein Hausnachbar, war am Apparat. Schönewald wusste, dass Wübben bei der benachbarten Bundespolizei ein Kommando hatte.

»Hallo Christoph, altes Haus! Na, auch schon so früh ausgerückt? Bei euch muss doch jetzt der Teufel los sein!«

Schönewald hörte im Hintergrund Hubschraubergeräusche. »Wo bist du denn?«

»Ich flieg mit meinen Leuten in eure Nähe. Die Ministerien absuchen und so. Genaueres weiß ich auch nicht. So wie ich das sehe, machen sich die entsprechenden Einheiten der Bundespolizei, der Armee und wer, was weiß ich nicht alles, bereit für einen atomaren Übungseinsatz oder ...« Wübben zögerte einen Moment, bevor er weitersprach, »oder für den atomaren Ernstfall, Terror oder sonst was. Jedenfalls ist nach meinen Informationen alles auf den Beinen, was damit zu tun hat.«

Als Schönewald den Hörer zurückgegeben hatte, und auf die großen Bildschirme sah, erschien Hubert Bromski im Lagezentrum.

Auch in den Räumen des THW, einige Etagen unter dem Lagezentrum des BBK, herrschte inzwischen große Hektik. Präsident Hubert Bromski war ebenfalls in aller Frühe von Ministerialrat Schorn aus dem Bett geholt worden. Nach den ersten Informationen aus Berlin hatte er alle acht Landesverbände des THW alarmiert. Damit standen auch die wichtigsten der fast siebenhundert Ortsverbände Gewehr bei Fuß.

Als Erste waren die Gruppen in der Nähe von lebenswichtigen Versorgungseinrichtungen und die Verbände im Umkreis der übers Land verteilten Atomkraftwerke alarmiert worden. Egal, wo sie gerade waren, ob an der Arbeitsstelle oder zu Hause. Die Männer mussten alles stehen und liegen lassen und zu ihren Sammelstellen rasen. Dort warteten sie nun auf ihren Einsatz.

»Hallo, sagt mal, jetzt geht's aber doch los. Ich dachte schon ...«, sagte Bromski. Weiter kam er nicht.

Das Lagezentrum aus NRW meldete starke Bewegungen der Hubschrauberstaffeln der Bundespolizei und der GSG 9 in Hangelar in Richtung der großen Konzerne Telekom und Post, aber auch der in Bonn verbliebenen Ministerien.

»Da! Siehst du die dicken Nebelwolken?« Bromski stieß Schönewald an und zeigte mit hektischen Bewegungen auf ein Fernsehbild. In den Meldeleisten berichtete das hessische Lagezentrum von der Einneblung des Atomkraftwerks Biblis.

Wie gebannt starrten Schönewald, Hermanns und Bromski auf die Monitore. Sie konnten das, was sich da als neue Lage abzeichnete, immer noch nicht einordnen.

»Herr Schönewald!«

In der Tür stand Schönewalds Sekretärin und winkte ihn mit hektischen Bewegungen herbei. Er stieß seinen Stuhl zurück und eilte hinaus.

»Berlin ist am Telefon! Man wünscht Sie sofort zu sprechen!«

16

Bonn, Redaktion des *Energy Report*

Mechanisch legte Deckstein den Hörer auf und ließ sich in seinem Schreibtischsessel zurücksinken. Der Schreck, der ihm bei dem Telefonat mit Conradi in die Glieder gefahren war, ebbte nur langsam ab. Sein Herz schlug heftig, das Blut rauschte ihm in den Ohren, und auf seiner Stirn stand kalter Schweiß.

Er hatte gar nicht gefragt, wo die Islamisten zuschlagen wollten. Er steckte sich eine Gitanes an und warf das Feuerzeug mit Schwung auf den Schreibtisch. Das laute Klacken, als es aufprallte, ließ ihn zusammenzucken. Er nahm einen tiefen Zug und lehnte sich zurück.

Durch das Fenster sah er auf den Rhein, der in der Oktobersonne glänzte. Einen Moment lang betrachtete er versunken das friedliche Bild, das sich ihm bot. Die Schiffe, die in Richtung Amsterdam unterwegs waren, fuhren zügig rheinabwärts. Andere, die rheinaufwärts Richtung Basel fuhren, mussten sich Meter um Meter langsam gegen den Strom vorwärtskämpfen. Vor dem Fenster bogen sich die Ahornbäume mit ihrem roten und gelben Laub im Wind. Ein idyllisches Bild, das trügerische Ruhe vorgaukelte.

Während das Rauschen in den Ohren allmählich nachließ, überschlugen sich seine Gedanken. Wenn Terroristen eine nukleare Bombe in Deutschland zündeten, würde das eine unvorstellbare Katastrophe bedeuten. Viele Menschen wären sofort tot. Wie viele, das hing natürlich von der Sprengkraft, von der Stärke der Bombe ab.

Deckstein nahm einen großen Schluck aus der Wasserflasche, die neben seinem Schreibtisch stand. Woran sollte er zuerst denken? An sich selbst und die Kollegen in der Redaktion? Sie wurden ja schon von irgendwelchen Psychopathen,

Irren oder eiskalten Strategen verfolgt. Und jetzt auch noch diese nukleare Bedrohung durch fanatische Islamisten!

Wörter wie Gier, Milliardengeschäfte, Bombe, Iran Atomstaat, Pakistan zogen im Stakkatotakt durch Decksteins Gehirn. Wie sicher lagerten da in Islamabad eigentlich die Nuklearwaffen? Dem ISI, dem pakistanischen Geheimdienst, warfen die Amerikaner vor, er kooperiere mit den Islamisten, die sich den Zugriff auf die Atomarsenale sichern wollten. Dennoch behauptete die pakistanische Regierung weiter steif und fest, sie habe alles im Griff.

»Geschenkt, geschenkt!«, sagte Deckstein laut vor sich hin und erschrak, als er seine Stimme hörte. Die Beteuerungen der Pakistanis waren für ihn inzwischen nichts weiter als Kontrollillusionen. Wenn jemand weiß, dass er nichts im Griff hat, dann versucht er, sich und andere mit dem gegenteiligen Spruch zu beruhigen, dachte er.

Zum Beispiel die Russen. Der Gorbatschow hatte immer verkündet, sie hätten alles im Griff. Die russischen Wissenschaftler hatten dem Politbüro versichert, man könne den Reaktor von Tschernobyl auf den Roten Platz in Moskau stellen, weil er nicht gefährlicher sei als ein Samowar. Und dann war denen dieser Samowar um die Ohren geflogen.

Vor Decksteins inneren Augen liefen Bilder aus Pakistan ab, die er in den letzten Jahren im Fernsehen gesehen hatte. Eine aufgepeitschte Menschenmenge auf den Straßen Islamabads hatte den Tod des Präsidenten Pervez Musharraf gefordert. »Hängt ihn, hängt ihn«, hatte die aufgebrachte Masse skandiert. Musharraf musste Hals über Kopf im Exil untertauchen, sonst wäre er vielleicht gelyncht worden. Benazir Bhutto, die sich danach um das Präsidentenamt beworben hatte, war wenig später ermordet worden.

Musharrafs Vorgänger Zulfikar Ali Bhutto, der Vater von Benazir Bhutto, war von seinem eigenen Generalstabschef und späteren Nachfolger Zia ul-Haq verhaftet und gehängt worden. Zia hatte immer behauptet, er wolle keine Bombe bauen. Atomstaaten wie die USA hatten das zunächst gerne geglaubt und

Pakistan mit Geld zum Ausbau der »friedlichen Atomenergie« unterstützt. Dabei hatte die Bombe damals schon fix und fertig zum Abwurf in Zias Atomkeller gelegen, wie Deckstein bei einem langen, weinseligen Abend von Bernd Conradi erfahren hatte. Mit der Bombe im Keller hatte sich Zia stark gefühlt und gegenüber den Amerikanern große Töne gespukt. Im August 1988 war er dann bei einem bis heute nicht aufgeklärten, mysteriösen Flugzeugabsturz ums Leben gekommen.

Die Ahnung, dass dieses Land etwas mit der augenblicklichen nuklearen Bedrohung zu tun hatte, wurde ihm mehr und mehr zur Gewissheit. Pakistan war ein Pulverfass, das jederzeit in die Luft gehen konnte. Da war nichts sicher!

Bernd hatte aber noch etwas anderes gesagt, etwas, das Deckstein elektrisiert hatte: »... du kriegst von mir alle Fakten für die größte Geschichte deines Lebens«, oder so ähnlich. Ob ihm dafür überhaupt noch Zeit bliebe?, dachte er. War das womöglich eine dieser Geschichten, von denen er sein ganzes Journalistenleben lang geträumt hatte? Wäre es ihm vergönnt, vor dem endgültigen Untergang noch so einen richtigen Scoop zu landen?

Sein Blick fiel auf das Manuskript für die nächste Titelgeschichte, das auf seinem Schreibtisch lag. Verdammt, diese Story enthielt doch bereits einen Sprengsatz! Auch dieser Artikel könnte den einen oder anderen Politiker in der Regierung den Kopf kosten. Wenn sie den Beweis dafür bringen könnten, dass der Genske ...

»Wahnsinn!«, rief Deckstein so laut, dass seine Sekretärin erschrocken durch die Tür spähte.

»Keine Angst, Ulla. Alles in Ordnung. Musste nur mal Luft ablassen.«

»Rauch nicht so viel!« Ulla wedelte mit ihrer Rechten ein paar Mal in der Luft herum. »Durch den ganzen Qualm hier drin kann man dich ja kaum noch sehen.«

Sie schüttelte den Kopf und zog die Tür mit einem heftigen Schwung zu.

Im nächsten Augenblick riss sie sie wieder auf.

»Sag mal, hab ich das richtig gesehen? Du hast ja nur noch den Stummel im Mund! Verbrenn dir bloß nicht die Lippen. Wolltest du nicht aufhören und dich im Fitnessstudio anmelden? Sabine hat so was durchblicken lassen.« Ohne Decksteins Antwort abzuwarten, war sie wieder verschwunden.

Er nahm den Zigarettenstummel aus dem Mund und betrachtete ihn. Ulla hatte recht – beim nächsten Zug hätte er sich wahrscheinlich die Lippen angesengt. Er war so tief in Gedanken versunken gewesen, dass er das nicht gemerkt hatte. Noch während er den Stummel im Aschenbecher ausdrückte, zündete er sich eine neue Gitanes an.

Er hatte erst zwei Mal an der Zigarette gezogen, als er sie wie in Trance im Aschenbecher wieder ausdrückte. Ihm war ein Gedanke gekommen: Zur gleichen Zeit, als das Flugzeug des pakistanischen Präsidenten vom Himmel gestürzt war, waren in Europa Staatsanwälte und Untersuchungsausschüsse dem Verdacht nachgegangen, Genskes Unternehmen habe den Stoff für die Bombe an Pakistan und Libyen geliefert. Gab es einen Zusammenhang zwischen dem Tod des pakistanischen Präsidenten Zia und dem Tod Genskes?

Er zündete sich eine neue Zigarette an. Die blauen Wölkchen, die er mit Bedacht in die Luft blies, strebten in solch anmutigen Formen der Zimmerdecke zu, als wollten sie den Forderungen der Anhänger zur Verlangsamung der Zeit entsprechen. Genüsslich sog er den vom Rauch zurückbleibenden herben, kräftigen Geruch durch die Nase ein. Sabine hatte ihn einmal gefragt, warum er gerade diese starken Gitanes ohne Filter rauche. Eine vernünftige Begründung war ihm nicht eingefallen.

»Besonders bei großen Geschichten brauche ich diesen bitteren Tabakgeruch.« Er hatte geschnieft, um ihr irgendwie klarzumachen, was er meinte. »Weißt du, es ist komisch, aber erst dann komme ich richtig in diese vibrierende Stimmung«, hatte er mit der größtmöglichen Überzeugung in der Stimme behauptet. »Warum das so ist, kann ich dir auch nicht erklären. Aber eigentlich bin ich immer noch besser dran als manch anderer. Ich kenne Kollegen, die kriegen keine Geschichte ohne eine Flasche Cognac zustande. Gut, sagen wir, eine halbe Flasche – reicht ja auch. Jedenfalls fällt der eine oder andere nachher besoffen aus dem Sessel.«

Immer wenn er an dieses Gespräch dachte, hatte Deckstein Sabines Gesicht vor Augen. Sie hatte ihn nur mit einem leichten, ungläubigen Lächeln angeschaut.

Er hatte schon oft darüber nachgedacht, dass es irgendetwas Unkontrollierbares, Eigenständiges neben der menschlichen Vernunft geben müsse, etwas, das sich allen Erklärungen entzog. Das war der Grund, weshalb er immer wieder zu diesem blauen Zigarettenpäckchen griff. Er nahm einen Zug und inhalierte tief.

War es nicht so, dass dieses Unkontrollierbare, eigentlich Unerklärbare auch viele Tycoons der Wirtschaft überfiel? Und nicht nur die – auch Spitzenpolitiker waren nicht davor gefeit. Lange Zeit folgten sie ausschließlich ihren glasklar ausgearbeiteten Strategien und Kalkülen und ließen nichts Unkontrolliertes zu. Sie schafften den Weg zum Olymp. Schienen schier unerreichbar zu sein für die da unten. Standen über allen. Ihr Erfolg wurde in der Öffentlichkeit bestaunt, beschrieben und beschrien. Sie waren gern gesehene Gäste bei »Hofe«. Ihr »weiser« Rat war gefragt bei den Regierenden.

Doch dann entdeckte man manchmal bei einem von ihnen – gerade bei jemandem, von dem man es am allerwenigsten erwartet hätte – hässliche dunkle Flecken auf der vermeintlich strahlend weißen Weste. War das noch derselbe Mensch? Er war ja kaum wiederzuerkennen – sozusagen über Nacht hatte er seinen Glanz verloren. Ex-Postchef Zumwinkel war so ein Fall, lange Zeit ein gern gesehener Gast bei den Spitzen der Politik. Er hatte Schwarzgelder in Liechtenstein gebunkert, war erwischt und zur Rechenschaft gezogen worden. Oder der frühere Landesfinanzminister und spätere Bundesinnenminister Kanther, der Millionen seiner Partei am Fiskus vorbei auf Schweizer Konten geschleust hatte.

Aus den Tiefen des Unterbewusstseins musste sich etwas Unkontrollierbares in die Köpfe dieser Manager und Politiker geschlichen haben. Ein Raubtier, das mit Heißhunger ihre kühl geplanten Strategien verschlungen hatte. Übrig blieb eine völlig gescheiterte Karriere.

Deckstein schüttelte den Kopf. Was genau war dieses Unkontrollierbare, Übermächtige, das wohl auch bei ihm selbst überhandnahm, wenn er abends zu viel vom roten Franzosen getrunken hatte oder nicht wusste, warum er die schweren Gitanes rauchte? Während er noch seinen Gedanken nachhing, ging die Tür auf.

»Hallo, wir sind's!«, sagte Sabine. »Wir dachten, wir sollten mal nach dir sehen. Du warst eben so blass, als du bei mir aus dem Zimmer gestürmt bist.«

Hinter ihr kamen Rainer Mangold, Gerd Overdieck und Vanessa, die neue Volontärin, herein.

»Ich wollte schon eben mal bei dir anklopfen«, sagte Sabine, »aber dann hab ich eine laute Stimme hinter der Tür gehört. Ich dachte, du hättest überraschend Besuch bekommen. Ulla war gerade nicht im Vorzimmer. Die konnte mir also auch nichts sagen. Da hab ich mich leise wieder von dannen gemacht.«

Das Klopfen hab ich gar nicht gehört, dachte Deckstein und sagte: »Da muss ich wohl laut mit mir selbst gesprochen haben.«

Er sah in vier erstaunte Gesichter.

»Ist es schon so schlimm, dass Sie Selbstgespräche halten?«, fragte Mangold mit spöttischem Unterton.

Deckstein sah ihn einen Moment nachdenklich an. Er überlegte, ob er zuerst mit Sabine unter vier Augen über Bernds Anruf sprechen sollte, wie er es vorgehabt hatte, doch dann beschloss er, die Karten vor ihnen allen auf den Tisch zu legen.

»Ist es tatsächlich. Ich musste gerade alle Kraft aufbringen, um mich selbst zu beruhigen,« sagte er und berichtete ihnen von Conradis Hinweis auf eine nukleare Bedrohung durch islamistische Fanatiker.

»Bernd erwartet zwar von mir, dass ich alles für mich behalte, bis ich nachher mit ihm gesprochen habe. Er war so kurz angebunden, dass ich ihn nichts weiter fragen konnte. Ich hab die Nachricht noch gar nicht richtig verdaut, sonst säße ich vermutlich nicht mehr so ruhig auf diesem Stuhl.«

Er sah Sabine an. Ihr Gesicht verriet, dass sie nicht recht wusste, wie sie die Neuigkeiten aufnehmen sollte.

»Verstehe, Daniel«, murmelte sie, fuhr ihn aber im nächsten Moment an: »Sag mal, willst du uns testen?« Deckstein sah sie ernst an und schwieg. »Aber wenn das wahr ist, was du uns hier erzählst, das wäre doch der reinste Horror!« Sie legte die Hände vor die Augen.

Deckstein berührte sie leicht am Arm, um sie zu beruhigen.

»Lass uns zunächst mal nüchtern die Lage peilen, Sabine«, sagte er sanft. »Das, was ich von Bernd vor allen anderen erfahren habe, gibt uns, zumindest journalistisch gesehen, die Möglichkeit, unsere Titelstory noch wesentlich stärker zuzuspitzen. Die kriegt jetzt ein ganz anderes Gewicht. Außerdem haben wir einen gewaltigen Informationsvorsprung. Daraus müssen wir was machen!«

Er sah seine Kollegen einen nach dem anderen mit einem beschwörenden Blick an. »Bis jetzt weiß kein anderer Journalist davon. Und ich werde mit Conradi am Flughafen klären, wann wir damit rauskommen können!«

Deckstein schob Sabine einen Zettel zu. »*Muss dich nachher kurz sprechen*«, stand darauf. Vanessa sah Sabine an, aber die nahm den Zettel und steckte ihn, ohne etwas zu sagen, zwischen ihre Unterlagen, die vor ihr auf dem Tisch lagen.

Overdieck schüttelte immer noch fassungslos den Kopf, als könne er nicht glauben, was er gerade gehört hatte.

»Wenn bei uns tatsächlich eine nukleare Bombe hochgeht, dann fliegt am Ende des Dramas mit ziemlicher Sicherheit auch unsere Regierung auseinander«, sagte Rainer Mangold, als er sich wieder gefasst hatte.

»Richtig, das seh ich auch so«, sagte Deckstein. »Da stellt sich ebenfalls die Frage des Überlebens, aber in etwas anderer Form als für uns gewöhnliche Sterbliche. Doch dazu später. Vorher würde ich gerne noch ein paar Worte zu uns hier verlieren. Also: Spätestens, wenn ich von dem Treffen mit Conradi zurück bin, werden wir entscheiden, wie wir die Informationen hier im Haus verwerten können. Bis dahin bitte ich Sie alle um Stillschweigen. Vor allen Dingen, kein Wort nach draußen! Unabhängig von unserer Titelstory sollten wir außerdem einen brandaktuellen Vorbericht zur nuklearen Bedrohung vorbereiten. Wenn Bernd mir nachher grünes Licht gibt, stellen wir den sofort online ins Netz. Rainer, Gerd«, Deckstein nickte den beiden zu, »Sie sollten Sabine dabei unterstützen. Ich weiß das ja bei Ihnen in bewährt guten Händen. Vielleicht kann unsere begabte junge Volontärin dabei eingebunden werden?«

Vanessa senkte den Kopf und wurde rot. Rainer Mangold klopfte ihr auf die Schulter, als wolle er Decksteins Lob bestätigen. Keiner sagte einen Ton. Es trat eine bedrückende Stille ein. Sie hatten in der Redaktion zwar immer wieder darüber diskutiert, dass so was von jetzt auf gleich passieren könnte, aber nun hatte die Realität sie eingeholt.

»Ich ... meine Kinder. Soll ich die jetzt zu Hause allein ... was ist mit meiner Frau?«, fragte Overdieck in die Stille hinein.

Mangold stupste ihn leicht an. »Mensch, Taps, reiß dich zusammen! Noch ist ja nichts passiert. Noch kannst du mit deiner Familie ins Flugzeug steigen und abdüsen.« Er zuckte mit den Schultern und sah Deckstein an. »Ich wüsste allerdings nicht, wohin man am besten fliegen sollte ...«

Overdieck entschuldigte sich für seinen plötzlichen Ausbruch. »Hier kann's ja nicht nur um den redaktionellen Aspekt gehen. Da wir nun wissen, dass wir bedroht werden, geht es auch um den privaten Bereich. Wir müssen unbedingt darüber reden, wie wir damit umgehen, spätestens, wenn Sie zurückkommen, Daniel. Wie sollen wir uns verhalten? Auch da haben wir ja jetzt einen Wissensvorsprung. Ich kann doch meine Frau nicht so ahnungslos mit den beiden Kindern zu Hause sitzen lassen ...« Er schüttelte den Kopf und knetete seine großen Hände.

»Klar«, sagte Deckstein. »Aber bevor wir hier die Pferde scheu machen, wüsste ich aber gern Genaueres von Conradi. Erst dann können wir konkret besprechen, welche Informationen wir nach draußen, ich meine in den Privatbereich, weitergeben können. Welche Vorkehrungen da zu treffen sind und so weiter. Noch mal, ich will unbedingt vermeiden, dass hier in der Redaktion und im Verlag Chaos ausbricht! Wir müssen erst Konkretes wissen. Dann können wir reagieren.«

»Okay, hab verstanden«, sagte Overdieck. »Im Übrigen bin ich mir ziemlich sicher, dass die in Berlin jeden Tag damit gerechnet haben, dass so ein nuklearer Anschlag passieren kann. Der Lensbach hat sich doch schon lange den Mund fusselig geredet. Vor Anschlägen von Selbstmordattentätern hat der ja wahrlich oft genug gewarnt.«

»Wir sind Teil eines weltweiten Bedrohungsraums«, sagte Rainer Mangold und zitierte damit die Worte des Ministers, die dieser wiederholt geäußert hatte.

»Sag mal, Daniel«, meldete sich Sabine. »Hast du das eben schon gewusst, als du aus meinem Zimmer gestürzt bist? Du warst total blass. Unglaublich, dass ...«

Mangold ließ sie nicht ausreden. »Vielleicht können Taps und ich was dazu sagen. Wir glauben nämlich ...«

Overdieck nickte, klopfte mit seinem Kugelschreiber auf die Tischplatte und sah Deckstein an.

»Was ist? Wissen Sie beide eventuell mehr als ich?« sagte Deckstein und beugte sich gespannt vor.

»Von dieser plötzlichen dramatischen Entwicklung war uns natürlich nichts bekannt«, erwiderte Overdieck. »Sonst wär ich natürlich schon gleich bei Ihnen reingestürmt und hätte Sie gefragt, wie ich das am besten mit meiner Familie mache und so.« Er machte eine kurze Pause und räusperte sich, bevor er fortfuhr: »Rainer und ich haben Informationen zugespielt bekommen. Heiße Sachen. Das Sahnehäubchen auf unserer Story. Wir wären sowieso gleich noch auf Sie zugekommen.«

»Die Unterlagen sind uns erst gestern Abend auf den Tisch geflattert«, ergänzte Mangold.

»Sie waren uns schon länger angekündigt worden«, fuhr Overdieck fort, »aber wir wussten nicht genau, was da drinstehen würde. Als Rainer und ich die Sachen dann gestern

Abend durchgeblättert haben, sind uns die Augen aufgegangen, aber richtig! Erst da haben wir gemerkt, wie brisant das Zeug ist. Darin geht's vor allem um unser schönes Städtchen hier, um Bonn!«

Mangold hielt es nicht auf seinem Stuhl. Er stand auf und wanderte, soweit es der kleine Raum zuließ, hin und her.

»Heute Morgen haben wir uns dann alles noch mal zur Brust genommen«, sagte er. »Aus den Unterlagen geht eindeutig hervor, dass die Berliner glauben, Bonn stünde bei einem Anschlag von Al-Kaida ganz oben auf der Liste.«

Für einen Moment wurde es ganz still im Raum.

»Vielleicht hab ich auch deshalb gleich an meine Familie gedacht, als Sie gesagt haben, dass wir bedroht werden, Daniel«, sagte Overdieck leise.

»Ist doch völlig klar, Taps, dass du bei einer nuklearen Bedrohung als Erstes an deine Familie denkst.« Sabine legte ihm die Hand auf den Arm.

»Da haben wir's doch wieder!«, rief Mangold schlug mit der flachen Hand auf den Tisch. »Da werden die Familien mit Warnungen vor nuklearen Bombenanschlägen von Terroristen überhäuft, kirre gemacht, und trotzdem schicken die weiter die Technik für die Bombe in die Welt!«

»Was soll das denn schon wieder?« Deckstein sah zu Overdieck hinüber der mit angestrengtem Blick in einem Stapel Papier blätterte. »Rainer und Sie ergehen sich in nichts als ominösen Andeutungen. Das macht mich ganz nervös!«

»Ick sage nur Brasiljen. Det hamse wohl schon janz vajessen, was, Daniel?«, fragte Mangold.

Er war zwar im Ruhrgebiet geboren, beherrschte aber auch ein bisschen den Berliner Dialekt, weil er dort mal für kurze Zeit als Korrespondent der britischen Nachrichtenagentur Reuters gearbeitet hatte.

Deckstein grinste, und Mangold grinste zurück.

»Die Bundesregierung bürgt doch neuerdings wieder für eine große Lieferung Atomtechnik von der Deutschland AG an Brasilien ...«

Bevor Mangold weiter sprechen konnte, fiel ihm Sabine ins Wort. »Moment mal, Rainer. Das ist ein ganz anderes Thema. Jetzt geht's erst mal um das, was Taps über Bonn gesagt hat. Wir hier wären die Ersten, die eine nukleare Bombe aufs Haupt bekämen. Darüber will ich mehr wissen.« Sie sah zu Overdieck hinüber, der weiter in seinem Stapel Papier wühlte. »Sie sind so hektisch, Taps. Was suchen Sie denn bloß die ganze Zeit?« Sabine bebte vor innerer Erregung. »Wenn das wahr wäre, dass wir die Ersten wären, dann ...«

»Hier hab ich's!« Triumphierend schwenkte Overdieck ein paar Blätter in der Luft.

17

Moskau, Verteidigungsministerium

»Sag mal, mein lieber Gennadij«, fragte der General, »erzählst du Watscheslaw in Berlin immer noch am Telefon so offen, also im Klartext, was du ihm mitbringst? Du hast mir mal gesagt, dass ihr euch inzwischen auf Codes geeinigt hättet, oder?«

Ganz am Anfang waren Watscheslaw und Gennadij ziemlich unvorsichtig gewesen. Sie hatten locker am Telefon geplaudert. Damals hatte noch keiner von ihnen damit gerechnet, dass sie von den Spionagesatelliten der Amerikaner abgehört werden könnten. Bald schon aber hatte der General Gennadij davor gewarnt, dass die großen »Lauscher« der NSA, der *National Security Agency*, die fast alle wichtigen Regionen auf der Welt abhörten, bei bestimmten Begriffen empfindlich reagierten und die Gespräche automatisch aufzeichneten. *Never say anything* – sag nie was, würde NSA oft übersetzt, hatte Victor gesagt und voller Bewunderung hinzugefügt, die NSA höre und sehe fast alles.

»Haben wir, Victor, haben wir. Aber weiß ich, ob die Amis die Spur damals nicht schon längst aufgenommen hatten?«

»Ihr dürft nur noch mit Code telefonieren. Das müsst ihr strikt einhalten! Wenn die euch tatsächlich schnappen, können wir nur wenig für euch tun. Außerdem wollen wir ja nicht, dass uns unser schönes Nebengeschäft ...«

»Nebengeschäft, Nebengeschäft! Du redest immer nur von Nebengeschäft. Wie ich dir schon gesagt habe, kann ich bei diesem Nebengeschäft, wie du es nennst, ganz nebenbei auch draufgehen!«

»Beruhig dich doch ...«

»Das ist alles sehr, sehr riskant geworden, Victor! Und mit Geld kaum noch zu bezahlen. Ich weiß gar nicht mehr, wieso ich mich darauf eingelassen habe. Und jetzt erzählst du mir auch noch, bei eurer islamistischen Truppe könnte was schiefgelaufen sein!«

»Wir kriegen die schon wieder in den Griff, Gennadij. Außerdem kannst du dich nicht beklagen, du hast ganz schön viel Geld verdient. Aber ich versteh auch, dass du dir Sorgen machst. Du hast Familie. Wie weit ist deine Tochter Irina eigentlich mit ihrem Studium?«

»Sie macht bald ihr erstes Examen.«

»Toll, wie sich die Kinder entwickeln! Ich hab Irina noch als ganz kleine Göre in Erinnerung. Grüß sie doch bitte mal von mir. Aber bis sie mit ihrem Studium fertig ist, braucht sie ja sicher noch die kräftige Unterstützung vom Papa?«

»Klar, meiner Tochter soll es später ja mal besser gehen als mir. Aber von einem toten Vater hat sie nichts. Oder von einem, der im Westen im Gefängnis sitzt. Am schlimmsten wäre, wenn sie mich in Sibirien im Lager besuchen müsste und mich nur noch durch Gitterstäbe ansehen kann. Wenn überhaupt ...«

Der General fingerte eine Zigarette aus der Papirossy-Schachtel, klemmte sie sich zwischen die Lippen und steckte sie an. Während er einen tiefen Zug nahm, verengten sich seine Augen hinter der Brille zu schmalen Schlitzen.

»So, Gennadij, nun aber zu deinem lieben Freund Deckstein. Laut GRU schreibt der an einer neuen Titelgeschichte. Du weißt, dass unsere Horcher auf bestimmte Stichworte reagieren. Dann hören wir tiefer rein. Und wenn es für uns wichtig ist, greifen wir auch zu anderen Mitteln, um Näheres zu erfahren. Du brauchst gar nicht so erschrocken zu gucken«, sagte er grinsend und schlug Gennadij auf den Schenkel. »Bestimmt hast du schon davon gehört, dass in London inzwischen selbst die Journalisten von einigen Blättern Politiker und, wer weiß, wen alles, abhören. Aber zurück zu De ..., ist ja egal, du weißt, wen ich meine. Also, dieser Deutsche und seine Leute wollen in ihrem Blatt berichten, es gäbe bei uns ungesicherte Atombestände. Das sei unverantwortlich. Du weißt schon, von wegen Terroristen, Al-Kaida und so. Kannst dir schon denken, was da alles so zusammenkommt.« Der General schüttelte langsam den Kopf. »Und so was können wir zurzeit nun ganz und gar nicht gebrauchen! Uns stört allerdings am allermeisten, dass die vor allem uns beim Militär mit der Geschichte im Visier haben sollen. Quasi direkt auf uns zielen.« Er zeigte auf Gennadij und dann auf sich selbst.

»Es soll da auch um hochrangige Offiziere bei uns gehen, die mit diesen angeblich ungesicherten atomaren Stoffen bei uns Dunkelgeschäfte betreiben. Gennadij, ich bin mir sicher, die müssen im Westen irgendeine Quelle haben, die sprudelt.« Er sah seinen Freund mit unergründlichem Blick an.

»Erstaunlich, was die Genossen aus der Berliner Botschaft so alles mithören und auf ihren speziellen Wegen herausbekommen«, entgegnete Gennadij mit einem süffisanten Lächeln. »Da kann man es ja richtig mit der Angst zu tun kriegen, Victor! Du hast schon recht, wenn du dir Sorgen machst. Ich denke in diesem Zusammenhang auch an uns«.

Er nickte dem General zu und tippte sich an die Brust.

»Allerdings aus einem anderen Grund als du, vermutlich. Was unsere Genossen da in Berlin mit den Westlern veranstalten, das machen die doch mit Sicherheit auch hier mit uns. Hast du denn da keine Angst? Euer heimlicher Plan, an dem ihr so eifrig herumstrickt, eure ganze Gruppe könnte doch auffliegen. Da werden jetzt manche Leute bei uns ungeheuer hellhörig, nehme ich mal an.«

»Keine Bange, Gennadij, wir haben hier und auch in unserer Berliner Botschaft alle Fäden in der Hand. Außerdem stehen wir doch unter dem Schutz von ganz oben.« Der General stocherte mit dem erhobenen Daumen in der Luft herum.

»Noch mal, Victor«, sagte Gennadij, »jeder von denen, die da mit ihren großen Lauschern was mitkriegen oder schon mitgekriegt haben, kann auch quatschen. Jeder von denen kann euch reinreißen. Irgendwo eine Spur legen und in eine Falle laufen lassen. Und ich häng dann voll mit drin!«

Bevor der General etwas erwidern konnte, fuhr Gennadij in beschwörendem Ton fort: »Denk immer dran, selbst der einst reichste Mann Russlands, der Chodorkowski, hat sich mal so in die Brust geworfen wie du jetzt. Der hat auch gedacht, mir kann keiner. Und dann? Ging's schneller ab nach Sibirien, als der gucken kon ...«

Der General ließ ihn nicht ausreden. »Pah, hör doch endlich auf zu jammern. Der Chodorkowski! Der hat doch dicke Fehler gemacht. Sich mit Putin anzulegen ...« Er verzog sein Gesicht zu einer abschätzigen Grimasse. »Ich sag dir jetzt mal was ganz im Vertrauen: Wenn du dich mit dem anlegst, bist du schon verurteilt, bevor du überhaupt ein Gericht von innen gesehen hast!«

»Gut, dass du das sagst!« Gennadij schoss in seinem Sitz hoch. »Ich wollte es dir schon längst sagen ...«

»Was ist denn jetzt schon wieder?« Die Augen des Generals blitzten hinter den Brillengläsern.

»Der Chodorkowski-Prozess und vor allem das Urteil, General«, zu dieser Anrede griff Gennadij, wenn er seinem Freund gegenüber etwas förmlicher werden wollte, »lässt uns doch alle ganz alt aussehen. Kann uns sogar irgendwann das Genick brechen.«

Victor sah ihn an wie einen Kranken, der im Delirium fantasiert und mit Nachsicht und Verständnis zu behandeln ist.

»Was redest du bloß für ein Zeug zusammen!«, herrschte er Gennadij an. »Was soll der Chodorkowski-Prozess denn mit dem angeblich ungesicherten Atomzeugs zu tun haben? Der ist doch längst vorbei! Kannst du das bisschen Alkohol auch schon nicht mehr vertragen?«

»Ich bin völlig nüchtern, Victor«, gab Gennadij gelassen zurück. »Aber vielleicht hat der Wodka *dir* ja ein bisschen die klare Sicht vernebelt.«

»Jetzt reicht's aber!« Der General wurde allmählich wütend.

»Ist dir denn nicht klar, was hier abläuft?«, fuhr Gennadij unbeeindruckt fort. »Die haben den Chodorkowski vor Gericht gestellt, weil er zweihundertzwanzig Millionen Tonnen Öl gestohlen haben soll. Lass dir die Zahl mal richtig auf der Zunge zergehen. Zwei ... hun ...«

»Nun sag schon, worauf du rauswillst«, fiel ihm der General ins Wort. Er war zwar immer noch ungehalten, wurde aber immer nachdenklicher.

»Das ist so viel Öl, wie ganz Russland in einem Jahr produziert«, sagte Gennadij. »Und das soll keiner gemerkt haben? Nicht mal der FSB oder der GRU?« Gennadij tippte sich mit dem Zeigefinger an die Stirn. »Wenn das stimmte, gäbe es für mich nur zwei Möglichkeiten: Entweder sind beide Geheimdienste ihr Geld nicht wert, oder sie haben mitgemacht. Aber mir geht's um was anderes.«

Der General war verstummt. Er saß weit nach vorn gebeugt da und starrte Gennadij mit offenem Mund und aufgerissenen Augen an.

Gennadij tippte sich wieder an die Stirn. »Und du, General, du großer Stratege, merkst nicht mal, was die euch mit dem Prozess für ein dickes Ei ins Nest gelegt haben? So kapier doch endlich!« sagte er in beschwörendem Ton. »Wenn einer dem russischen Staat eine ganze Jahresproduktion russischen Öls klauen kann ...«

»Du meinst ...« Der General sprang auf. »Du meinst ... ich weiß jetzt«, murmelte er fassungslos vor sich hin.

Gennadij sah ihn besorgt an. Vielleicht hätte er ihm alles ein wenig schonender beibringen sollen. Victors Gesicht war aufgedunsen, sein ganzer Kopf dunkelrot angelaufen. Er sah nicht gerade gesund aus.

»Du meinst, wenn so viel Öl gestohlen werden kann ...«, keuchte der General, »ohne, dass es jemand merkt, dann kann auch keiner behaupten, unsere Atombestände seien sicher.«

Er schlug sich mit der Hand vor die Stirn. »Ich weiß gar nicht, wie ich die ganze Zeit über so verbohrt sein konnte. Wieso bin ich da nicht selbst drauf gekommen? Du hast recht!«, murmelte er und sah seinen Freund erstaunt an. »Du hast ja vollkommen recht. Und der Öffentlichkeit wird das auch bald klar werden!«

Mit gesenktem Kopf und verschränkten Armen lief der General im Zimmer auf und ab, während er mit monotoner

Stimme weiterredete. Zwischendurch nickte er wie ein Roboter mit dem Kopf. »Und dieser deutsche Schreiberling hält mit seiner Story voll die Scheinwerfer drauf. Wenn das bei uns nicht schon andere aufgegriffen haben, rührt der mit seinem Blatt so lange in dieser, entschuldige bitte, Scheiße rum, bis der Gestank hier Leuten in die Nase steigt, die davon eigentlich nichts riechen sollen. Die nichts davon wissen dürfen, was wir hinter ihrem Rücken treiben.«

Schließlich blieb er stehen und bedachte Gennadij mit einem warmen Blick. »Du bist ein echter Freund, mein Lieber. Und immer wieder verblüffst du mich.« Erstaunen spiegelte sich auf seinem Gesicht. »Ich werde die Sache an entsprechender Stelle zur Sprache bringen. Und ich werde dich da mit gebührenden Worten erwähnen. Du hast vollkommen recht, wir müssen Maßnahmen treffen!« Er hielt einen Moment inne, bevor er leise hinzufügte: »In welche Richtung auch immer.«

Dann nahm er wieder seinen Platz auf dem Sofa ein und genehmigte sich einen Schluck Cognac. Als die Anspannung in seinem Körper nachließ, sackte er ein wenig in sich zusammen.

»Mir hatte sowieso nicht gefallen, Gennadij, dass dieser Deutsche die alten Geschichten wieder anpackt. Du hast recht, durch Chodorkowski kriegen die Dinge noch eine ganz andere Dimension und die alten Sachen erneut eine neue Bedeutung. Weißt du noch, vierundneunzig? Da ist ein knappes Pfund Plutonium unbemerkt in einer Lufthansa-Maschine von Moskau nach Berlin transportiert wor ...«

»Natürlich«, fiel ihm Gennadij ins Wort. »Klar erinnere ich mich! Wir beide waren ja noch in Berlin, als das passierte. Diese peinlichen, demütigenden Untersuchungen in unserer Truppe werd ich nie vergessen!«

»Ich hab's dir nie erzählt, aus guten Gründen nicht. Aber ich kannte den Mann, der das damals zusammen mit einer Bande im Westen gefingert hat. Schon da hatte so ein Bonner Wichtigtuer getönt«, er überlegte, »irgendein Bauer oder so ... ich hab immer Schwierigkeiten mit den deutschen Namen.«

»Du meinst den Schmidbauer?«

»Ja, so hieß er wohl. Jedenfalls ein Vertrauter von Kanzler Kohl. Der hat erklärt, ein paar ranghohe russische Offiziere einer Spezialabteilung von uns hätten das Ganze eingefädelt, mit Atomstoff Geschäfte gemacht und so weiter. Unser guter alter Präsident Boris Jelzin, Gott hab ihn selig,« der General warf einen kurzen Blick nach oben, »hat die Jungs rausgerissen und dem deutschen Kanzler geschrieben, dass da nichts dran sei. Trotzdem, Ärger gab's genug.«

Gennadij nickte. »Aber abgesehen davon, mein Lieber, ich seh es dir an der Nasenspitze an, dass du mehr darüber weißt. Warst du darin verwickelt?«

»Lieber Freund«, erwiderte der General, ohne auf Gennadijs Frage einzugehen, »wir müssen das Eisen schmieden, solange es heiß ist – schönes Sprichwort, hab ich in Deutschland gelernt. Aber du«, fuhr er fort, während sein ausgestreckter Zeigefinger in Gennadijs Richtung wies, »du hast offenbar in Berlin anderes von den Deutschen gelernt. Deine Ängstlichkeit und deine penetrante Genauigkeit, dein ewiges Nachfragen – das hab ich früher, als wir beide zusammen bei der Armee waren, nicht an dir gekannt.«

Gennadij war so verblüfft über den plötzlichen Sinneswandel des Generals, dass ihm keine Antwort einfiel. Ihm wurde bewusst, dass er einen wunden Punkt getroffen hatte.

»Ich kümmere mich hier um die Sache Chodorkowski und um alles, was damit zusammenhängt«, fuhr der General fort, der scheinbar gar keine Antwort erwartet hatte. »Und was diesen deutschen Journalisten angeht, da bist du gefragt. So wie ihn mir unsere Berliner GRU-Leute beschrieben haben, ist er ein eingefleischter Gegner der Atomkraft. Er und seine Leute scheinen uns gefährlich werden zu können. Mein Gewährsmann aus unserer Berliner Botschaft hat sogar über die verschlüsselte Leitung geheimnisvoll getan. Der Mann und seine Leute arbeiten investigativ, die lassen nicht locker, hat er gesagt und dass er mir das Dossier zukommen lassen würde. Was, glaubst du, meinte er mit ›investigativ‹?« Er betonte jede Silbe des für ihn ungeläufigen Wortes.

»Diese Journalisten lassen sich nicht mit einfachen Antworten abspeisen. Sie fassen nach.«

Der General sagte nichts. Mit fahrigen Handbewegungen knöpfte er mit seinen Wurstfingern den Kragen seines Uniformhemdes zu und wieder auf.

»Wenn Präsidenten, Premiers oder auch Generäle, Victor«, fuhr Gennadij fort, »oder auch andere Wichtigtuer, du weißt schon wie ich das meine, *money* unter ihren Gewändern versteckt haben, musst du davon ausgehen, dass die investigativ arbeitenden Journalisten ihnen so lange an den Kleidern zerren, bis alles enthüllt ist, bis die Scheine sichtbar werden.«

»Das fehlte uns noch!« Der General blickte an sich herunter, als sei er bereits nackt, und sah den Freund ungläubig an.

»Ja«, Gennadij konnte den Spott in seiner Stimme nicht ganz unterdrücken, »das fehlt uns hier in Moskau wahrhaftig.«

Der General tat, als habe er Gennadijs Bemerkung nicht gehört: »Du kennst den Typen ja ganz gut«, sagte er. »Du musst ihm, wenn du heute in Deutschland bist, irgendwie klar machen, dass er sich in die Todeszone begibt, wenn er solche gefährlichen Berichte veröffentlicht. Ich gehe mal davon aus, dass der GRU sowieso schon was eingeleitet hat. Der darf auf keinen Fall was über uns schreiben, das müssen wir unbedingt verhindern! Eins musst du wissen, Gennadij, wenn unsere Gegner im eigenen Land Wind von unserem großen Plan bekommen, haben wir ein Problem.«

»Das klingt ja nach einer richtigen Verschwörung, Victor!«, sagte Gennadij. Und da hast du mich mit reingezogen? Muss ich jetzt auch von dieser Seite Angst um mein Leben haben?«

»Du musst überhaupt keine Angst um dein Leben haben. Wir haben das alles im Griff. Du sollst nur verhindern, dass der Deckstein uns in die Quere kommt. Wenn du in Berlin bist, rufst du den am besten gleich von einer öffentlichen Zelle an. Nicht, dass da noch einer mithört. Du musst ihm die Hölle heißmachen und ihn auf eine andere Fährte setzen. Ich weiß auch schon, wie.« Er beugte sich zu Gennadij hinüber und setzte ihm auseinander, wie er sich das im Einzelnen vorstellte.

Am Ende seiner Ausführungen machte der General eine kurze Pause. Dann nahm er einen tiefen Zug aus seiner Zigarette. Seine prallen roten Wangen leuchteten im Licht des flackernden Kaminfeuers. Während er den Rauch langsam in Gennadijs Richtung blies, schaute er ihn durch die graublaue Tabakwolke kurz an und schlug dann ohne jegliche Vorwarnung einen scharfen Ton an.

»Falls du, nach allem, was ich dir erzählt habe, auf den Gedanken kommen solltest, mit dem vielen Geld, das du inzwischen angesammelt hast, im Westen unterzutauchen und mit irgendwem über die ganze Sache zu reden ...« Als er Gennadijs empörten Blick sah, setzte er kühl hinzu: »Mein Freund, ich habe schon ganz andere Dinge erlebt, seit ich hier Tür an Tür mit meinem Minister sitze. Ich weiß, wovon ich spreche. Ich sorge mich vor allem um dich. Und dies, obwohl du mir eben, wie du selbst weißt, ganz schön zugesetzt hast. Du sollst wissen, dass der GRU dich überall findet, wohin du auch gehst. Was dann mit dir passiert, wenn sie dich gefunden haben, erfährt niemand. Niemand, sag ich!« Sein Blick bohrte sich in Gennadijs Augen. »Merk dir das, nicht einmal deine Familie erfährt davon! Da stirbt ein Schtewschterentko. Ja und? Deinen Decknamen kennt deine Familie ja nicht. Und was mit ihr passiert ...« Der General sprach nicht weiter.

Gennadij saß starr vor Schreck da und gab keinen Laut von sich. In Sekundenschnelle schossen ihm Erinnerungsfetzen aus Gesprächen mit Victor über frühere Geheimoperationen des GRU durch den Kopf. Da hatte es nur so von Plänen und später tatsächlich ausgeführten Morden und Terroraktion, Gebäudesprengungen in London, New York und sonst wo gewimmelt.

Die schneidende Stimme des Generals riss ihn aus seinen Gedanken. »Uns geht es um größere und höhere Interessen, Gennadij! Da spielt ein Einzelner keine Rolle. Auch ich nicht. Es geht ausschließlich um die Größe Moskaus!« Er legte den Kopf auf die Seite und fügte in verbindlicherem Ton hinzu: »Ich bitte dich, das zu verstehen!«

18

Meckenheim, BKA-Dependance

Conradi unterdrückte ein Gähnen. Wie die Kollegen aus den verschiedenen Geheimdiensten und der Bundespolizei war er in der BKA-Dependance zu nachtschlafender Zeit aus dem Bett geholt worden.

»Wer will da was von mir? So früh krähen ja nicht mal die Hähne«, hatte er ins Telefon gemurmelt, bevor er überhaupt wusste, wer dran war.

Zu seinem Schrecken war der Minister am anderen Ende der Leitung gewesen. Die hohe näselnde Stimme, normalerweise ohne jegliche Emotion, hatte derart überdreht geklungen, dass Conradi umgehend hellwach geworden war. Lensbach hatte ihm vieles nur angedeutet, aber schon das war äußerst alarmierend gewesen.

Danach hatte Conradi lange mit verschiedenen seiner Mitarbeitern im Lagezentrum des Bundesinnenministeriums in Berlin telefoniert. Er hatte sich einen Überblick über die neue Situation verschaffen müssen, und im Laufe des frühen Morgens hatten die Befürchtungen immer konkretere Gestalt angenommen. Nun saß er mit den Dienste-Chefs im Konferenzraum.

»Ich muss mich für mein Aussehen entschuldigen, meine Herren«, sagte Jürgen Steiner, der deutsche Botschafter in Saudi-Arabien, als er mit tiefen Schatten unter den Augen den Raum betrat.

Conradi musterte den Botschafter. Selbst in dieser Lage war der Mann auf Contenance bedacht. Das Benehmen, die äußere Form wurde während der Ausbildung geradezu in die Diplomaten hineingeprügelt. Aber das würden sie niemals zugeben. Es sei ihnen »beigebracht und vermittelt« worden, würden sie selbst in einer prekären Lage mit einem angedeuteten Lächeln erklären.

»Ich habe die ganze letzte Nacht kein Auge zugetan«, fuhr Steiner fort. »Gestern Abend habe ich in der Botschaft in Kairo noch einen Empfang gegeben. Als ich mich mit dem amerikanischen Kollegen unterhielt, wurde ich plötzlich hinausgebeten. Um es kurz zu machen: In meinem Büro wartete mein Stellvertreter mit den Unterlagen der Terroristen auf mich. Dann wurde es spät. Wie ich hörte, hat auch mein US-Kollege fast fluchtartig den Empfang verlassen.«

Der Botschafter berichtete, dass er versucht habe, den Außenminister in Berlin telefonisch zu erreichen. Dieser hielt sich jedoch mit der Kanzlerin zu einem Kurzbesuch beim französischen Präsidenten in Paris auf. Außergewöhnliche Ereignisse erfordern manchmal auch entsprechendes Handeln, erklärte Steiner, und so habe er sich, entgegen jeder Dienstvorschrift, direkt mit dem Bundesinnenminister in Verbindung gesetzt. Lensbach habe nur kurz bestätigt, dass er alles richtig gemacht habe. Er werde sich selbst mit dem Außenminister in Verbindung setzen.

Dann habe Lensbach ihn aufgefordert, sagte Steiner, mit allen ihm zugegangenen Unterlagen der Terroristen nicht erst nach Berlin, sondern direkt nach Köln/Wahn zu fliegen. Von dort würde er mit dem Hubschrauber weiter zur Sitzung der Dienste-Chefs beim BKA in Meckenheim transportiert. Sollte sich daran etwas ändern, würde er ihn informieren.

Angesichts der dramatischen Lage hatte die saudische Regierung zu seiner Überraschung noch nachts mit ihm Kontakt aufgenommen und ihm eine Sondermaschine der Regierung zum Flug nach Deutschland angeboten. Woher die Saudis die Einzelheiten der Terrordrohung kannte, hatte er nicht so schnell feststellen können.

»Im Flugzeug konnte ich natürlich auch kein Auge zutun«, fuhr Steiner fort. »Ein Telefongespräch jagte das nächste. Dabei musste ich hellwach bleiben und mir genau überlegen, was ich sagte. Denn ich war mir inzwischen sicher, dass sich der saudische Geheimdienst mit großen Lauschern an Bord befand.«

Aus Sicherheitsgründen war das Flugzeug bis zur deutschen Grenze von saudischen Abfangjägern begleitet worden. Anschließend hatten auf Weisung des Verteidigungsministers zwei deutsche Phantom-Abfangjäger die Sicherung der Maschine übernommen. Gleich nach der Landung auf dem militärischen Teil des Flughafens Wahn habe, so berichtete Steiner weiter, der von Lensbach angekündigte Hubschrauber der GSG 9 bereitgestanden und ihn hergeflogen.

»Sie entschuldigen mich einen Moment, meine Herren«, sagte Steiner und begab sich, gefolgt von Conradi, den ein ähnliches Bedürfnis dazu zwang, aus dem Raum.

»Machen Sie, dass Sie so schnell wie möglich nach Deutschland kommen, hat Lensbach gesagt«, vertraute Steiner Conradi an, während sie dorthin gingen, wo jeder Mensch eben mal hin muss. »Sagen Sie, macht der Sie eigentlich nicht nervös mit seinem näselnden, hohen Sing-Sang?«

»Und was die Saudis betrifft«, sagte Steiner, als sie auf dem Rückweg zum Konferenzraum waren, »da sehe ich eigentlich nur zwei Möglichkeiten: Entweder haben die eine Abhöranlage installiert, die wir noch nicht entdeckt haben. Viel wahrscheinlicher ist aber, dass der saudische Geheimdienst einen Maulwurf in der Botschaft platziert hat.«

Als die beiden Männer wieder Platz genommen hatten und Ruhe eingekehrt war, änderte sich zu Conradis Erstaunen Steiners Auftreten völlig.

»Meine Herren«, rief der Botschafter so heftig, dass Conradi schon befürchtete, er würde nun doch die Contenance verlieren, und wedelte dabei mit einigen Blättern in der Luft herum, »wenn das eintrifft, was hier drin steht, und was Ihnen dieses Video«, er knallte eine Kassette auf den Tisch, »in brutalster Form bestätigt, dann wird das Deutschland total verändern!«

Er warf auch die restlichen Unterlagen auf den Tisch und trommelte im Stakkatotakt eines Maschinengewehrs mit den

Knöcheln seiner rechten Faust auf die Platte, um seine düsteren Prophezeiungen zu unterstreichen.

»Jetzt haben wir den Salat! Ich hab ja immer davor gewarnt, dass wir ihn eines Tages hier zu Hause serviert bekommen!«, rief Conradi, der nun auch die Fassung verlor, und schlug mit der Faust auf den Tisch, dass die Kaffeetassen klirrten.

Er spürte, dass sich damit sein Frust über den in den letzten Wochen und Monaten starren Atomkurs seines Ministers Bahn gebrochen hatte. Wer konnte guten Gewissens eine Wette darauf abschließen, dass es bei diesem Einstieg in den Ausstieg blieb? Schließlich war die Kanzlerin schon einmal aus dem Ausstieg ausgestiegen.

Die Dienste-Chefs in der Runde waren bei Conradis Ausbruch sichtlich zusammengezuckt. BKA-Chef Mayer und BND-Chef Grossmann sahen ihn verblüfft an. So emotional kannten sie ihn gar nicht. Manche Sitzungsteilnehmer würden seinen Auftritt wohl als unbeherrscht, andere vielleicht sogar als »rüpelhaft und ausfällig« bezeichnen, dachte Conradi und sah in die Gesichter, die ihn anstarrten. Das eine oder andere war unrasiert, alle zeigten Anzeichen von Schlafmangel.

Beherrscht, absolut zuverlässig und mit einem scharfen analytischen Verstand ausgestattet, so hatte man ihn bisher charakterisiert. Minister Lensbach habe mit sicherem Händchen genau den richtigen coolen Typ Mann für den heißen Stuhl im Bundesinnenministerium ausgesucht, war man einhellig der Meinung gewesen. Conradi wusste, wie sie ihn einschätzten. Die Buschtrommeln funktionierten immer noch.

Ich brauche eine Pause, dachte Conradi zehn Minuten später. Der Mann, der bei Katastrophenlagen zusammen mit BKA-Chef Walter Mayer den Führungsstab des Bundesinnenministeriums, das zentrale Nervenzentrum, das Krisensteuerungsinstrument der Bundesregierung leitete, musste unbedingt einen Moment abschalten.

Er saß allein in dem Raum, wo gerade noch die Sitzung stattgefunden hatte. Conradi telefonierte kurz mit seinem Freund Daniel Deckstein und verabredete sich mit ihm am Flughafen.

Wenn alles nach Plan liefe, würde er in einer guten halben Stunde mit dem Hubschrauber zum Airport Köln/Bonn starten, um sich dort mit Deckstein zu treffen. Dass dieses Gespräch zustande kam, war für Conradi sehr wichtig.

Danach würde er gemeinsam mit Minister Lensbach nach Berlin zurückfliegen. Dort erwarteten ihn Gespräche mit Franz Mombauer, dem Chef des Kanzleramtes, und Sitzungen des Sicherheitskabinetts – Ende offen. Die Lage war so brisant, dass sich das alles ganz schnell wieder ändern konnte. An Schlaf war vermutlich auch in der kommenden Nacht nicht zu denken ...

Die warmen Strahlen der Oktobersonne schienen durch das geöffnete Fenster in den Raum. Sie fielen durch die hohen Kronen der Buchen und zeichneten ein interessantes Muster auf den anthrazitfarbenen Teppichboden vor dem Nussbaumtisch.

Während Conradi sein dunkelblaues Nadelstreifenjackett auszog und es über die Lehne des Schreibtischsessels hängte, beobachtete er, wie sich mit jedem Windstoß, der die Zweige bewegte, das Muster aus Licht und Schatten veränderte. Er setzte sich auf die schwarze Ledercouch in der Besucherecke, lockerte seine Krawatte und öffnete den obersten Knopf des bordeauxfarbenen Hemdes. Die Beine auf dem ausladenden dunklen Ledersessel neben der Couch und den Kopf zurückgelehnt, ließ er den Blick über die weiße Zimmerdecke schweifen. Bald verschwamm alles vor seinen Augen zu einem großen weißen Nichts.

Das kam ihm gelegen. Am liebsten wäre es ihm gewesen, nichts mehr wahrnehmen zu müssen, einfach so sitzen bleiben zu können, nichts mehr tun zu müssen, nichts mehr bedenken. Eine Welle von Müdigkeit erfasste ihn.

Nach einer Weile überkamen ihn allmählich Zweifel. War sein Ausbruch in der Besprechung angemessen gewesen? Bei aller Nervosität und Aufregung? Er sah Mayer und Grossmann vor sich, die ihn angestarrt hatten, als seien die Pferde mit ihm durchgegangen.

In diesem Augenblick steckte Werner Mayer den Kopf durch die Tür.

»Bernd, kann ich kurz mit dir reden? Wir haben uns eben Sorgen um dich gemacht.«

Der ein Meter neunzig Mann Mayer passte kaum durch die Tür. Wohl aus Gewohnheit bückte er sich ein wenig, als er hereinkam.

Conradi bemerkte, dass der BKA-Chef trotz der gebräunten Gesichtshaut blass wirkte. Die Sache nahm ihn doch wohl mehr mit, als er zugeben wollte. In der Besprechung eben hatte er keine Unruhe durchblicken lassen, sondern, wie Conradi es von dem kühlen Strategen kannte, seine Fragen präzise und ohne jede erkennbare Erregung wie scharfe Pfeile abgeschossen. Ihm war allerdings aufgefallen, dass Mayer irgendwann sein Jackett ausgezogen hatte. Sein Hemd war unter den Achseln durchgeschwitzt gewesen.

Auch jetzt war der BKA-Chef ohne Jackett erschienen. Seine hellrote Krawatte prangte wie ein großes Ausrufezeichen auf seiner breiten Brust: Hier kommt Walter Mayer, Chef der obersten Polizeibehörde des Bundes!, hätte manch einer denken können. Aber Conradi wusste, dass der erste Eindruck täuschte. Er hatte Mayer als zurückhaltenden und nachdenklichen Menschen kennengelernt und schätzte ihn. Inzwischen hatten sie gemeinsam so manchen heißen Kampf ausgefochten, ohne sich gegenseitig die Köpfe einzuschlagen. Mittlerweile duzten sie sich.

»Komm rein, Walter. Setz dich doch.«

Mit etwas ungelenken Bewegungen nahm der BKA-Chef auf dem zweiten Ledersessel Platz.

»Die Pause ist ja leider nur von kurzer Dauer. Du siehst müde aus, mein Lieber«, sagte er.

»Bin ich auch. Aber an dir geht das Ganze auch nicht spurlos vorbei«, gab Conradi zurück. »Eben, als du reingekommen bist, dachte ich, dass du auch ganz schön fertig aussiehst. Ich hab vorhin überhaupt nur müde Gesichter gesehen.«

»Kein Wunder.«

»Entschuldige, dass ich eben etwas lauter geworden bin. Hatte auch noch andere Gründe. Ich wollte sowieso gern mal mit dir darüber sprechen. Bin ganz froh, dass du hier bist.«

»Ja, Mensch, du warst ja richtig in Fahrt! So kenn ich dich gar nicht. Was ist denn los? Grossmann glaubt, du würdest mit irgendwas hinterm Berge halten. Du wüsstest inzwischen doch mehr. Ganz im Ernst, Bernd, seit du ausgeflippt bist, denkt er, dass die Lage noch viel schlimmer ist, als Steiner gesagt hat.«

»Viel schlimmer geht eigentlich nicht mehr. Es sei denn, die Terroristen zünden die Bombe wirklich.«

»Doch, Bernd, aus meiner Sicht gibt's da noch was, das noch viel schlimmer ausgehen könnte. So schlimm, dass du es dir wahrscheinlich gar nicht vorstellen kannst. Auf den Trichter sind wir alle noch nicht gekommen. Auch du nicht.«

Conradi warf ihm einen Blick zu. »Du sprichst in Rätseln.«

»Wie du weißt, war ich heute in aller Herrgottsfrühe mit Grossmann in Berlin. Zu unserer Überraschung hatte Brandstetter auch den Generalinspekteur Wildhagen zu der Lagebesprechung geladen. Dass Grossmann annimmt, du wüsstest mehr, hat sicher auch mit dem Auftritt von Wildhagen heute Morgen zu tun. Was der Mann uns da aufgetischt hat, kannst du dir in deinen verrücktesten Albträumen nicht ausmalen. Wie gesagt, Grossmann vermutet jetzt ...«

»Hat Wildhagen denn so was Neues ausgepackt?«

»Das kannst du laut sagen. Er hat uns Folgendes klar gemacht: Auch wenn die Terroristen nur eine *dirty bomb* zünden sollten, könnte das zum Auslöser für die Apokalypse werden. Die Amis haben gesagt, dass sie bei einem nuklearen Terrorangriff auf amerikanischem Boden atomar zurückschlagen wollen. Hättest du das für möglich gehalten, dass sie sich so weit rauslehnen?«

Über den Rand seiner Brille, die ihm auf die Nasenspitze gerutscht war, sah Mayer sein Gegenüber an.

»Ehrlich gesagt haben wir so was im Lagezentrum in den vergangenen Monaten nur mal kurz angedacht, aber nicht weiter verfolgt«, antwortete Conradi.

»Ich bin fast vom Stuhl gefallen, als Wildhagen uns das verklickert hat. Aber du hättest erstmal Brandstetter sehen sollen! Der hat die Hände vors Gesicht geschlagen, als wolle er nichts mehr sehen, nichts mehr hören ...«

Überrascht fiel ihm Conradi ins Wort. »Was? Der Brandstetter ist doch eigentlich ziemlich hart im Nehmen. Na, dann hast du ja schon mal einen kleinen Vorgeschmack davon bekommen, was uns erwartet, wenn das Sicherheitskabinett tagt und die Dinge wirklich alle auf den Tisch kommen.«

»Ist mir klar. Da wird's drunter und drüber gehen. Jeder weiß was anderes, und jeder weiß es besser. Und eins steht schon jetzt fest: Ein paar werden ganz schön die Hosen voll haben!«

»Oh Gott, wenn ich daran denke, was da heute noch alles auf uns zukommt! Sicherheitskabinett, Abstimmung mit der NATO. Und bestimmt erwartet Lensbach gleich auf dem Rückflug nach Berlin von mir eine erste Lageeinschätzung. Hoffentlich hab ich mich bis dahin soweit abgeregt, dass ich ihm die Situation erklären kann, ohne zu explodieren.«

»Was ist denn los? Geht die Stimmung zwischen dir und deinem Minister immer noch den Bach runter?«

»Lass uns später darüber reden. Ich würde gern deine Meinung dazu hören. Aber was die aktuelle Situation angeht ...«

Ein beherztes Klopfen unterbrach ihn, und gleich darauf wurde die Tür geöffnet. Der BKA-Chef kam gar nicht mehr dazu, »Herein!« zu rufen.

»Entschuldigen Sie bitte die Störung«, sagte eine kräftige blonde Dame mit resoluter Stimme. »Ich möchte hier etwas für einen Herrn Conradi abgeben.«

»Das bin ich«, sagte der Krisenmanager.

Sie ging mit schnellen Schritten auf ihn zu und überreichte ihm einen verschlossenen Briefumschlag. Dann drehte sie sich um, wünschte noch »einen wunderschönen Tag« und verließ das Zimmer.

Mit einem leichten Schmunzeln sahen die beiden Herren ihr nach. Conradi wendete den Briefumschlag in den Händen.

»Ich seh rasch mal nach. Muss wohl Wichtiges sein, sonst hätte sie uns vermutlich nicht gestört.«

Conradi riss den Umschlag auf und entnahm ihm ein Blatt mit einer maschinengeschriebenen Nachricht.

Er überflog die Zeilen und sah den BKA-Chef an. »Da haben wir's! Bestätigt einerseits, was wir gerade besprochen haben. Andererseits ist es doch auch ziemlich beunruhigend ...«

»Was meinst du denn? Du machst mich noch nervöser, als ich schon bin!«

»Mein engster Mitarbeiter teilt mir mit, dass wir Probleme damit haben werden, die ins Land kommenden Container zu kontrollieren. Wenn wir jeden aufmachen und nachsehen wollen, ob da vielleicht die Bombe der Terroristen drin ist, kriegst du unter Umständen keine Bananen mehr zu essen. Die wären verfault, so lange, wie das dauert. Wir haben noch nicht genug Geräte.«

»Oh verflucht!« Walter Mayer sprang auf.. »Nicht wegen der Bananen. Wenn's peng macht, sind die sowieso alle verstrahlt.«

»Weiß ich doch. War ja auch nur ein Beispiel.«

»Aber ihr habt recht, dein Mann in Berlin und du. Wenn die Terroristen das Ding, die nukleare Bombe, in eine Bananenkiste stecken ...«

»Nun mach dich mal nicht nass, Walter«, sagte Conradi. »Die Amis haben's noch viel schwerer als wir. Da kommen fast zwanzig Millionen Container im Jahr ins Land, und die Zollfritzen können nur einen kleinen Bruchteil davon kontrollieren. Wenn's hochkommt, vielleicht drei Prozent.«

Mayer warf ihm einen resignierten Blick zu. »Trotzdem werden wir irgendwann gezwungen sein, das ganze Land abzusuchen. Irgendeine Seite wird uns so lange zwiebeln, bis wir gar nicht mehr anders können!«

Conradi nickte. »Das glaub ich auch. Aber das wird auch nicht viel ändern. Ich mach mir da jedenfalls keine großen Hoffnungen. Tja, wenn wir wüssten, wo die Terroristen diese Bombe platziert hätten, sähe das Ganze ein bisschen anders aus. Dann wäre die Sache zwar immer noch schwierig, aber eventuell lösbar. Du wolltest doch vorhin noch was zu den Russen sagen.«

»Grossmann hat uns erzählt«, sagte Mayer, »dass bei denen Plutonium abhandengekommen sein soll. Diese Nachricht hat uns ja heute Morgen bei unserer Sitzung mit Brandstetter fast aus den Sesseln gehauen. Aus dem Plutonium wurde dann ganz schnell die Bombe. Den Rest kennst du ja inzwischen.«

»Aber die Amerikaner müssten eigentlich wissen, was bei den Russen wirklich los ist.« Conradi legte die Hände auf den Tisch. »Wenn da einer was weiß, dann sind es die Amis!« Er dachte einen Moment nach. »Und wenn du mich fragst, dann müsste auch unser Außenminister mehr wissen. »Dass ich da nicht früher drauf gekommen bin!« Conradi sah aus, als sei er selbst überrascht und klopfte mit der Faust auf den Tisch.

Unter dem erstaunten Blick des BKA-Chefs fuhr er fort: »Mir ist gerade eingefallen, dass die G-8-Staaten bei ihrem Treffen im kanadischen Kananaskis vor ein paar Jahren ein Projekt zur Sicherung sowjetischer Nuklear-Nachlassenschaften beschlossen haben. Federführend für das Projekt ist auf unserer Seite das Auswärtige Amt. Irgendwie ist da auch noch eine europäische Bank in London involviert. Die haben die Vorfinanzierung übernommen und einen Masterplan vorgelegt. Ein zweites Projekt, bei dem das Nuklearmaterial der Atom-Unterseeboote gesichert werden sollte, hat das Bundeswirtschaftsministerium durchgezogen. Beide Projekte sollen inzwischen abgeschlossen sein. Wir sollten das nachher bei der Kabinettssitzung in Berlin unbedingt ansprechen. Botschafter Steiner könnte da doch gleich mal, ohne Näheres über die aktuelle Lage zu verkünden, in der zuständigen Abteilung des Außenministeriums nachfassen.«

»Das ist ja schon was, aber so richtig vielversprechend hört es sich nicht an«, wandte Mayer ein. »Die Russen würden uns wahrscheinlich nichts sagen, selbst wenn sie wirklich was wüssten.«

»Seh ich auch so. Aber eigentlich ist es noch viel schlimmer! Wenn es dieses G-8-Projekt nicht gäbe, wüssten die vermutlich selbst nicht, wo sie ihren atomaren Dreck verscharrt haben. Nach allem, was ich bei interministeriellen Konferenzen so zwischen den Zeilen mitgekriegt habe, befürchten die Kollegen vom Auswärtigen, dass die Russen uns bei diesem Projekt, für das wir ganz schön teuer bezahlen, nicht über alles informiert haben.«

»Wir sollten unsere Maßnahmen vor allem auf die möglichen Folgen einer nuklearen Explosion ausrichten«, stellte der BKA-Chef fest.

»Vorher können wir sowieso nicht viel anderes tun als in jedem anderen durchexerzierten Übungsfall«, sagte Conradi. »Wir können nur Vermutungen anstellen, wo die die Bombe oder was auch immer platziert haben könnten. Aber Deutschland ist groß. Da gibt es viele plausible Stellen. Wo sollen wir anfangen und wo aufhören?« Conradi stöhnte. »Vor allem, die Zeit. Uns läuft die Zeit davon!«

»Auf die Gefahr hin, dass ich mich wiederhole: Ich werde das Gefühl nicht los, dass keiner von uns das, was gerade passiert, als Realität wahrnimmt.«

»Hast du wirklich den Eindruck?«, fragte Conradi und runzelte die Stirn.

»Ganz klar ist mir das bei Botschafter Steiner geworden. Du warst nach der Sitzung schon rausgegangen, da hat der doch tatsächlich zu mir gesagt: ›Herr Mayer, kneifen Sie mich doch mal in den Arm. Ich weiß nämlich nicht mehr, bin ich hier nur virtuell oder wirklich? Sind Sie sich sicher, dass Sie wirklich hier sind?‹ Dabei hat er mich mit so einem prüfenden Blick fixiert, dass ich richtig unsicher wurde und es mir kalt den Rücken runterlief. Wenn du in aller Herrgottsfrühe so ein Erlebnis hättest, Bernd, weiß ich nicht, wie du reagieren würdest. Mir ist jedenfalls ganz komisch geworden. ›Sind Sie sicher, Herr Mayer‹, hat der Steiner dann noch gesagt, ›dass es tatsächlich um eine nukleare Erpressung geht‹?«

»Manche Sachen gehen einem eben nur schwer in den Kopf, Walter. Versetz dich doch mal in die Lage der Leute in Fukushima. Gerade stand da noch dein Haus, und einen Moment später hat der Tsunami nur noch Geröll davon übriggelassen. Da glaubst du doch erstmal nicht, was du da vor dir siehst. Und dann die, deren Haus da noch steht. Die dürfen da nicht mehr rein, weil es verstrahlt ist, was sie aber nicht sehen können.«

»Trotzdem ... ich weiß nicht. Bei diesen Diplomaten weiß ich sowieso nie, wo ich dran bin. Jedenfalls muss ich den Steiner wohl mit großen Augen angestarrt haben. ›Wissen Sie, Herr Mayer‹, hat der gesagt, ›wenn man so übernächtigt ist wie ich, kaum geschlafen hat, kommen die Wachträume. So was erlebe ich wohl gerade.‹ Ich hab versucht, den Mann zu beruhigen, und gesagt, dass ich von schrecklichen Wachträumen ein Lied singen kann!«

»Die meisten von uns am Tisch haben wohl vorhin geglaubt, sie würden mit offenen Augen träumen«, sagte Conradi. »Da kenn ich eine Frau, die überlegt nicht lange, ob das nun ein Wachtraum ist oder nicht. Die Kanzlerin fackelt nicht lange. Die handelt. Du wirst sehen. Die wird noch heute die Bevölkerung über die nukleare Gefahr informieren. Wenn sie das nicht tut, gerät sie im Kabinett unter Druck. Ihre Parteifreunde, besonders die aus dem Süden, können's doch gar nicht abwarten, die Armee auf die Straße zu schicken!«

»Darüber haben wir heute Morgen auch schon gesprochen.« Mayer legte die Arme auf die Sessellehnen. »Kannst du dir vorstellen, was dann im Land los wäre? Wenn Tausende von Soldaten in den Straßen patrouillieren würden, die ganzen Staffeln der Bundespolizei mit Hubschraubern unterwegs wären und die Tornados im Tiefflug übers Land jagen würden? Und dann wird ja auch die örtliche Polizei in den Ländern mobilisiert werden müssen ...«

»Die Männer und Frauen vom Technischen Hilfswerk, die Feuerwehren und die anderen Hilfstruppen stehen sowieso schon alle Gewehr bei Fuß«, sagte Conradi. »Sollte die Kanzlerin Druck machen, werden wir die vermutlich alle heute noch in die Städte und Betriebe schicken müssen.«

»Und die psychologische Wirkung der Messtrupps auf die Bevölkerung ist nicht zu unterschätzen. Wenn die in ihren Anzügen, in denen sie wie Geister oder Aliens aussehen, durchs Land ziehen, um nach der Bombe zu suchen, dann gute Nacht!«

Die beiden Männer hingen einen Moment lang ihren Gedanken nach.

»Du wolltest mir doch eben noch was über Lensbach erzählen«, sagte Mayer dann und richtete sich in seinem Sessel auf. Er sah auf die Uhr. »Wir haben noch ein bisschen Zeit. Die sind mit der Überprüfung der Unterlagen von Steiner noch nicht so weit.«

Conradi sah ihn mit nachdenklicher Miene an. »Meine innere Abneigung gegen den Mann ist in der letzten Zeit gewaltig gewachsen«, begann er. »Und als Steiner eben gesagt hat, dass die Terrorpaten, die uns im Augenblick bedrohen, dieses ganze nukleare Zeugs vermutlich von Pakistan oder Iran – ich tippe mehr auf Iran – bekommen haben, hat mich die kalte Wut auf den Minister gepackt ...«

»Hab ich's mir doch gedacht. Du hast seinen Namen eben in der Runde zwar nicht genannt, aber ich wusste gleich, wer gemeint war«, unterbrach ihn der BKA-Chef.

»Wobei Lensbach für mich zugleich die Symbolfigur für alle ist, die hemmungslos die weltweiten Atomgeschäfte propagieren. Die möglichst jedem Entwicklungsland so einen Knallkörper für Irre andrehen möchten. Ist ja ein einträgliches Geschäft«, ereiferte sich Conradi und machte eine eindeutige Handbewegung. »Und davon profitieren dann natürlich wieder alle. Was da abgeht, hältst du im Kopf nicht aus! Lensbach singt die ganze Zeit das Hohelied der Atomenergie, und gleichzeitig rührt er mit ohrenbetäubender Lautstärke die Trommel für Sicherheitsmaßnahmen gegen die Gefahren des nuklearen Terrorismus. Das ist doch pure Schizophrenie!«

»Der Lensbach hat sich inzwischen für die Wirtschaft unentbehrlich gemacht. Von dem profitieren sowohl die Atom- als auch die Sicherheitsfirmen«, sagte Mayer.

»Mich beschäftigt schon seit geraumer Zeit die Frage, was in den Gehirnen der Manager und Politiker konkret passiert, wenn da zwei elementare menschliche Instinkte wie Gier und Angst unmittelbar aufeinandertreffen.« Conradi blätterte in dem vor ihm liegenden Stapel Papier, als fände er darin die Antwort.

»Ich stelle mir mal vor, Hirnforscher hätten Managern und natürlich auch Managerinnen, aber auch Politikern beiderlei Geschlechts die Frage gestellt, ob sie bei einem Geschäft mitmachen würden, bei dem sie richtig Kohle verdienen könnten. Andererseits sei das sehr gefährlich. Mich würde vor allem interessieren, *warum* sie mitmachen, wenn sie das tun. Aus welchem Grund entscheiden sie sich für diese gefährlichen Geschäfte, obwohl ihnen alles Mögliche zustoßen kann.« Conradi hielt einen Moment inne.

Walter Mayer hatte sich in seinem Sessel zurückgelehnt und mit vor der Brust verschränkten Armen und gesenktem Kopf zugehört. »Meist erleben wir beim BKA ja nur noch das Ende von dem bösen Lied«, sagte er. »Kaputte Existenzen, tödliche Auseinandersetzungen. Deshalb stellen wir uns solche und ähnliche Fragen natürlich auch nicht erst seit gestern. Unsere Psychologen kommen dann schon mal mit dem alten Freud: Triebe und Moral. ›Es‹ steht für die Triebe, und die Moral ist bei ihm das Über-Ich ...«

»Alle Achtung, Walter«, fiel ihm Conradi ins Wort, »du hast es ja noch voll drauf. Unsere Gehirnpfadfinder sind da aber schon ein ganzes Stück weiter. Aber warum der Trieb trotzdem oft stärker ist, diesem Klick da drinnen«, Conradi tippte sich an den Kopf, »dem müssen wir mit der Gehirnforschung erst noch auf die Spur kommen.«

19

Bonn, Redaktion des *Energy Report*

»Wie? Die haben das ... das«, Sabine geriet ins Stottern, während sie auf Overdiecks Unterlagen zeigte, »schriftlich, dass wir die Ersten sind, die eine Bombe aufs Haupt kriegen sollen?« Mit einem Ruck wandte sie sich Deckstein zu. »Die in Berlin haben angeblich schon länger davon gewusst, und Conradi hat dir erst jetzt was ge ...?«

»Vielleicht lässt du ihn erst mal ausreden, Sabine.« Deckstein legte ihr die Hand auf den Arm. Aus den Augenwinkeln sah er, dass Rainer Mangold unruhig auf seinem Stuhl hin und her rutschte und Vanessa fahrig an ihrem Pferdeschwanz zupfte. Auch ihn selbst hatte die wachsende Spannung erfasst.

»Ob die in Berlin wirklich was Konkretes gewusst haben?«, Overdieck legte nachdenklich den Kopf auf die Seite. »Ich weiß es nicht hundertprozentig. Kann ich noch nicht beurteilen. Aus meiner heutigen Sicht spricht allerdings manches dafür.« Wie immer, wenn er nervös war, begann sein rechtes Augenlid zu zucken. »Immerhin waren die Bundeswehr, die Bundespolizei in Hangelar und die Gesellschaft für Reaktorsicherheit in Köln sofort zur Stelle«, sagte er, den Blick auf seine Papiere geheftet, »als in Bonn eine dieser viel zitierten *dirty bombs* hochgegangen ist. Die war mit Plutonium 239 und irgendeinem konventionellen Sprengstoff bestückt. Das geht zumindest aus diesen Unterlagen hervor ...«

»War das das Ding«, fiel ihm Vanessa ins Wort, »weswegen die Kanzlerin dem US-Präsidenten beim Atomgipfel in Washington die Hölle heißgemacht haben soll?«

Overdieck nickte. »Sie kriegen erstaunlich viel mit.«

»Die Kanzlerin soll Obama deutlich gemacht haben, dass es nicht nur um die Sicherung der Atomsprengköpfe gehen könne,

Die muss kräftig auf den eingeredet haben, wenn das stimmt, was ich gelesen habe.«

»Das war so. Hab ich auch aus anderen Quellen«, sagte Overdieck. »Vor allem hat sie demonstrativ gefordert, dass hochangereichertes Uran und Plutonium weltweit besser gesichert werden. Weil sich schon aus kleinen Mengen davon und ein bisschen konventionellem Sprengstoff ganz leicht so eine *dirty bomb* bauen lasse.«

»Sagen Sie mal, Gerd«, fragte Sabine, »dass hier in Bonn so eine Bombe hochgegangen ist, das war doch wohl ein Scherz, oder?«

»Absolut nicht! Wenn ich das richtig mitgekommen habe, war das in Kessenich. Und der Wind hat dann diese tödliche Explosionswolke über Bad Godesberg bis rauf nach Meckenheim geweht. Da mussten überall die Leute evakuiert werden. Ich glaub, auch die BKA-Dependance in Meckenheim ist geräumt worden. Muss man sich mal vorstellen! Genau da sitzt auch die für Terrorismusabwehr zuständige Abteilung des BKA ...«

»Kommen Sie, Gerd, Sie wollen uns einen Bären aufbinden«, unterbrach ihn Deckstein ungeduldig. »Machen Sie's nicht so spannend! Erzählen Sie uns endlich, was wirklich los ist!«

»Ja, wirklich, Gerd!«, sagte Sabine. »Die Geschichte, die Sie uns da auftischen, wird doch durch die gegenwärtige nukleare Bedrohung noch mal eine ganze Umdrehung brisanter!«

Overdieck hob beide Arme. »Ich geb zu, ich hab's ein bisschen spannend gemacht, aber, glauben Sie mir, es ist wahr. Das hat wirklich so stattgefunden. Das hier«, er zeigte auf seine Unterlagen, »sind behördeninterne Papiere!«

Sabine und Deckstein warfen sich einen ungläubigen Blick zu. Beide schüttelten den Kopf.

Mit einem Ruck reichte Deckstein dem verdutzten Overdieck plötzlich seine Rechte: »Noch schnell ein letzter Händedruck, Gerd. Wenn das wirklich wahr ist, was Sie da behaupten, dann kann uns die gegenwärtige nukleare Bedrohung durch die Turbankrieger egal sein. Dann sind wir inzwischen so verstrahlt, dass unser letztes Stündlein längst geschlagen hat!«

Overdieck lächelte schief. »Ich denke, Sie alle ahnen jetzt die Zusammenhänge. Die haben die ›schmutzige Bombe‹ zunächst *nur* auf dem Truppenübungsplatz Munster gezündet.«

Vanessa schlug mit der Faust auf den Tisch: »Scheiße, Taps, und ich blöde Kuh hab die ganze Zeit gedacht, dass die Bombe tatsächlich hier in Bonn losgegangen wäre. Liegt wohl daran, dass ich Ihnen fast alles glaube.«

»Selbst schuld, Vanessa«, sagte Overdieck schmunzelnd, »als Journalist muss man immer eine kritische Distanz wahren.«

»Sie schaffen es mit Ihren irren Geschichten doch immer wieder, dass wir Ihnen auf den Leim gehen!«, rief Sabine dazwischen, die sich wieder ein bisschen beruhigt und in ihrem Stuhl zurückgelehnt hatte.

Overdieck grinste. »Ist wirklich eine irre Geschichte. Sie ahnen gar nicht, wie recht Sie haben! Anschließend haben die nämlich die ›giftige, strahlende‹ Wolke vermessen. Damit haben sie künftig die Möglichkeit ...«

Er zögerte einen Moment. »Was heißt künftig. Falls diese fanatischen Islamisten wirklich hier heute oder morgen die nukleare Bombe zünden, haben die in Bonn jetzt die Möglichkeit, mithilfe der Daten, die sie in Munster gewonnen haben, und aufgrund der hier vor Ort herrschenden Windverhältnisse festzustellen, wohin der Wind das giftige Zeug treiben würde. Welche Stadtteile betroffen wären. Und, welche evakuiert werden müssten ...« Overdieck brach ab, und es entstand eine Pause.

»So weit mal zum Grundsätzlichen«, sagte Mangold dann. »So eine Simulation ist natürlich sinnvoll. Ich frag mich aber – und jetzt kommt der Haken an der ganzen Sache: Warum haben die diese Simulation als Erstes auf Bonn übertragen?«

»Das liegt doch auf der Hand, Schnüffel!«, rief Overdieck. »Das Landeskriminalamt hat in seinem Geheimpapier doch eine plausible Antwort darauf gegeben – da es uns inzwischen vorliegt, ist es natürlich schon nicht mehr geheim.« Er kramte wieder in seinen Unterlagen und fand schließlich, was er suchte. »Hier steht über Bonn: ›Herausragende Bedeutung für die islamistische Szene‹.Und dann haben die auch notiert, dass

›namentlich bekannte Islamisten überwiegend aus dem Bereich Bonn aus Deutschland in den Dschihad ausgereist‹ sind.«

»Je länger ich darüber nachdenke«, sagte Mangold, »desto sicherer werde ich, dass die in Berlin auch die Gründe kennen, warum uns die Islamisten hier in Bonn auf dem Kieker haben.«

Deckstein runzelte die Stirn. »Und das alles schließen Sie aus dieser Simulation?«

»Nicht nur«, erwiderte Mangold. »Denken Sie an die Drohvideos von diesem seltsamen Gefährder aus Godesberg. Der soll da ja in den Höhlen von Afghanistan große Attentate gegen den Westen planen. Und Bonn kennt der aus dem Effeff!«

»Bonn taucht jedenfalls immer wieder auf«, sagte Overdieck. »Wir dürfen auch die geheime BKA-Übung nicht vergessen, bei der ein nuklearer Anschlag auf den Bonner Weihnachtsmarkt durchexerziert wurde.«

»Das sind doch lauter echte Hinweise!«, sagte Mangold und sah seine Kollegen beschwörend an.

Für einen kurzen Moment trat Stille ein.

»Die Software, mit der man die Ausbreitung der nuklearen Wolke nach so einer Explosion nachvollziehen kann«, sagte Mangold so leise, als wolle er die anderen nicht in ihren Gedanken stören, »heißt LASAIR. Es ist ein Programm zur Simulation der Ausbreitung und Inhalation von Radionukliden. Ich wiederhole: Inhalation von Nukliden. Tödliche Sache, kann ich nur sagen.« Er stand auf und ging mit kurzen, schnellen Schritten auf und ab.

»Kaum steht dieses Video von diesem Kasper im Anzug und mit Schlips, diesem Marokkaner aus Bad Godesberg, im Internet, dann wissen die in Berlin schon gleich, dass der für Al-Kaida alle großen Bombenattentate mit Fernzündung plant. Als wär's ein alter Bekannter!«

»Das BKA hat den doch schon lange auf der Liste«, warf Sabine ein. »Der ist denen schon gleich nach dem Angriff auf die *Twin Towers* aufgefallen.«

»Ja und? Davon haben wir die ganze Zeit nichts ge ...«, Mangold kam nicht dazu, seinen Satz zu Ende zu führen.

»»Unsere Atombombe ist die Autobombe«, tönt der jetzt auch noch im Video!«, fiel ihm Overdieck ins Wort. »Wenn die hier eine nukleare Bombe zünden wollen, können die das auch mit einer Autobombe machen. Wisst ihr eigentlich, was das für uns bedeutet?«

»Wenn jetzt so eine nukleare Bombe direkt vor unserer Haustür hochgehen würde ...«, sagte Mangold und strich sich eine seiner langen, dunklen Locken aus dem Gesicht, »dann lägen wir mit unserer Titelgeschichte ganz vorn. Hätten wir die Themenführerschaft!«

Deckstein musterte ihn nachdenklich. Er konzentrierte sich im Moment offenbar ganz auf die journalistische Seite der ganzen Sache.

»Wenn die Leser sich die Story reingezogen haben, geht denen erst mal der Arsch auf Grundeis«, sagte Overdieck. »Mein Haus, mein Auto, mein Konto, bald alles verstrahlt. Ich prophezeie euch, die kochen vor Wut!«

»Allen, die unseren Artikel lesen, wird mit Sicherheit aber auch dämmern, dass das nicht die letzte nukleare Bombe ist, die Terroristen oder andere hochgehen lassen«, gab Deckstein zu bedenken.

»Genskes Liefergeschichten von damals, bei der eine Menge Leute aus den obersten Etagen in Politik und Wirtschaft Handlangerdienste geleistet haben, könnten zur Erfolgsgeschichte der islamistischen Terroristen von heute und morgen werden. Ob in Afghanistan, Pakistan oder Usbekistan. Ende offen ...«, sagte Overdieck.

»Mir wird immer klarer, warum uns bei unseren Recherchen zu den Todesumständen von Genske im Untersuchungsgefängnis so viele Hindernisse in den Weg gelegt werden. Da gibt's einen Zusammenhang!« Vanessa sah so aufgeregt von einem zum anderen, dass ihr Pferdeschwanz ihren hektischen Kopfbewegungen mit Schwung folgte. »Da waren damals Leute am Werk, die verhindern wollten, dass Genske aussagt, was da alles wirklich gelaufen ist. Und der angebliche Selbstmord muss unbedingt einer bleiben!«

»Da sind Sie auf der richtigen Fährte, Vanessa«, sagte Overdieck.

»Aber haben Sie schon mal dran gedacht, dass wir auch selbst dabei draufgehen könnten? Eventuell, noch bevor wir unsere heiße Story auf den Mark gebracht haben?«, fuhr Vanessa fort. »Ich hoffe doch, dass wir ungeschoren bleiben, aber in Deutschland wird das wilde Chaos ausbrechen, wenn die hier eine Bombe hochgehen lassen. Dann wird's wohl kein Halten mehr geben, und die arabischen Brüder hier im Land werden vermutlich nichts mehr zu lachen ...«

»Auch bei den arabischen Schwestern ginge es wahrscheinlich nicht mehr um die Kopftuchfrage«, warf Mangold ein. »Für viele handgreifliche Typen bei uns würde es gleich um den ganzen Kopf gehen!«

»Du hast dich auch schon mal rücksichtsvoller ausgedrückt, Rainer«, sagte Sabine und zog die Augenbrauen hoch. »Also, ihr habt eben alle so auf die Pauke gehauen, was die Story alles bewirkt, wenn sie erst auf dem Markt ist. Sie muss aber erst mal auf den Markt kommen! Statt weiter zu spekulieren, was sein könnte, wenn, sollten wir lieber ganz schnell dafür sorgen, dass unsere Titelgeschichte erscheinungsreif wird. Sonst haben wir gar keine Chance, eventuell schon heute Abend erste Teile zu publizieren. Okay? Wer weiß heute schon, was morgen ist ...«

»Sabine hat recht«, sagte Deckstein. »Wenn die Bombe erst mal gezündet ist, wird sich kaum noch einer für unsere Story interessieren. Dann rutschen wir damit ganz nach hinten. Wenn wir aber vorher schon, möglichst heute noch, auf dem Markt sind, und wenn Conradi nachher grünes Licht gibt, dass wir vielleicht sogar einen zarten Hinweis darauf unterbringen können, dass ein nuklearer Schlag bevorsteht ... dann, ja dann! Ich wage gar nicht, dran zu denken, was dann bei uns im Verlag, in der Redaktion los wäre!«

Sabine lächelte. »Die Telefone würden nicht mehr stillstehen. In Berlin würde die Regierung im Karree springen. Es würde auch böse Anrufe von bestimmter Seite geben. Vor allem, wenn wir Indizien dafür bringen, dass der Genske sich womöglich nicht selbst umgebracht hat. Die TV-Kollegen und die vom Rundfunk würden Schlange stehen und Statements und Interviews von uns wollen. Die würden natürlich versuchen, mehr zu erfahren.«

»Wir müssen davon ausgehen, dass Gott und die Welt hier auf der Matte stehen würden«, fügte Deckstein hinzu.

»Gott wohl gerade nicht«, sagte Sabine schmunzelnd. »Aber wir würden mit einer Story über alle nationalen und internationalen Nachrichtenticker laufen, in der wir andeuten oder vielleicht sogar konkreter ankündigen, dass ein nuklearer Schlag durch Terroristen bevorsteht. Also, ich schlage Folgendes vor: Während Daniel bei Conradi ist, legen wir hier in der Redaktion fest, wer die Anfragen beantwortet. Das müssen wir kanalisieren.«

»Und ich würde gerne deine Idee aufgreifen, Daniel, und eine ganz aktuelle Geschichte voranstellen«, fuhr Sabine fort und sah Deckstein an. »Mit allen aktuellen Vorfällen. Nur die augenblickliche Lage. Anschließend schieben wir gleich die Titelstory nach.«

»Das solltest du am besten in die Hand nehmen, Sabine«, warf Deckstein ein.

»Mit der Beantwortung der Anfragen würd ich gern den Kollegen Dahlkämper betrauen«, sagte Sabine. »Ist ein alter erfahrener Hase, wortgewandt und ...«

»Guter Vorschlag. Gute Wahl«, unterbrach sie Deckstein. »Hab ich eben gar nicht dran gedacht. Rainer und Gerd«, er sah beide an, »brauchen wir hier für unsere Story.«

Sabine klopfte plötzlich mit ihrem Kugelschreiber energisch auf den Tisch. »Schluss jetzt mit allen Debatten und Gesprächen, die nichts mit unserer Titelgeschichte zu tun haben.« Sie schob Daniel einen Stapel Blätter über den Tisch zu. »Wir müssen mit der Geschichte raus sein, bevor die Bombe hochgeht!«

Alle nickten zustimmend.

»Wie das klingt, ›bevor die Bombe hochgeht‹! Als gäbe es Krieg.« Vanessa schüttelte den Kopf. »Das ist alles nicht wahr, oder? Und draußen scheint so schön die Sonne ...«

»Es hilft nichts, Vanessa«, sagte Sabine bestimmt und stand auf. »Wir müssen jetzt anfangen. Mit dem, was hier auf dem Tisch liegt, haben wir ja schon fast so was wie eine vorläufige Endfassung. So könnten wir die Geschichte im Großen und Ganzen ablaufen lassen. Als ich das alles so hintereinander weg gelesen habe, ist mir richtig mulmig geworden!«

»Ich hab auch Angst bekommen«, sagte Vanessa. »Als Sie gestern Abend alle weg waren, war es hier in der Redaktion ziemlich ruhig. Da hab ich gedacht, jetzt liest du dir mal die Titelgeschichte in aller Ruhe durch. Sonst kommst du doch nicht dazu. Ich hab mir einen Tee gemacht ...« Sie brach ab, als sie die ungläubigen Gesichter von Mangold und Overdieck sah.

»Ja klar, Tee, was denken Sie denn? Wenn ich so eine große Geschichte vor der Nase habe, brauch ich einen klaren Kopf, sonst verlier ich den Überblick.«

»Aber abends schwarzen Tee zu trinken und dazu so eine Geschichte zu lesen ... Ist mir klar, dass Sie ...«, spöttelte Overdieck.

»Taps, nun lass sie doch mal!«, sagte Sabine, als sie sah, dass Vanessa rot wurde. »Sie hat ja nicht gesagt, dass sie sich schwarzen Tee gemacht hat.«

»Doch, Sabine. Ich wollte ja wach bleiben«, sagte Vanessa.

»Bei so einer Geschichte, von Rainer und mir geschrieben, bleibt man doch so schon wach, hoffe ich zumindest ... Und dann noch schwarzer Tee!« Overdieck winkte ab und schmunzelte. »Das ist die beste Garantie dafür, dass Sie die Nacht gerade sitzend im Bett verbringen. War's nicht so?«

Vanessa schüttelte den Kopf. »Ich wollte mir die ganze Geschichte reinziehen, um für unsere Besprechung heute vorbereitet zu sein. Aber«, fügte sie leise hinzu, »ehrlich gesagt, hab ich mich anschließend fast nicht mehr in die Tiefgarage runter getraut.«

»Warum haben Sie denn nicht bei mir geklopft«, fragte Overdieck ohne Spott. »Ich war doch noch da!«

»Wenn ich das nur gewusst hätte!«, sagte Vanessa und zwinkerte ihm zu. »Mit so einem starken Mann und vertrauenswürdigen Familienvater wäre ich natürlich gern da ins Dunkle gegangen.«

Alle lachten, und für einen Moment entspannte sich die Stimmung. Doch dann wurden die Gesichter wieder ernst.

»Wenn man sich die Geschichte in einem Rutsch reinzieht, kann einem wirklich angst und bange werden«, sagte Sabine. »Ich find's gut, Vanessa, dass Sie uns ganz offen und ungeschminkt Ihren Eindruck geschildert haben. Damit haben wir schon mal einen kleinen Eindruck, wie unsere Leser reagieren könnten.«

Vanessa fühlte sich durch Sabines Worte ganz offensichtlich ermuntert. »Die Story ist ja auch so dicht, so packend geschrieben!«, sagte sie und warf Mangold und Overdieck einen anerkennenden Blick zu. »Für einen Moment hab ich beim Lesen die Luft angehalten.«

Mangold und Overdieck sahen sich grinsend an.

»Hoppla, hab ich gedacht«, fuhr Vanessa fort, »da lebst du so ahnungslos vor dich hin und glaubst, alles sei in bester Ordnung. Und dann gehst du durch eine Tür, ich meine, du liest so eine Geschichte ... Ja, und dann befindest du dich plötzlich in einer ganz eigenen, unheimlichen Welt. Da hab ich mich gefragt: Ist das die wirkliche? Oder ist die, die ich bisher dafür gehalten habe, die Realität? Oder existieren beide nebeneinander? Ich war völlig durcheinander.«

Sie sah von einem zum anderen.

»Kann ich verstehen, Vanessa«, sagte Overdieck. »Aber Sie haben das gerade so schön geschildert ... Ich fände es richtig gut, wenn Sie Ihre Gedanken journalistisch fassen würden. Ich bin dafür, dass wir die, eingerahmt in einem Kasten, zusammen mit in unserer Story veröffentlichen.«

Am Tisch stimmten alle zu.

»Beschlossene Sache«, sagte Deckstein und wandte sich an Vanessa, deren Gesicht jetzt zu glühen schien. »Sie sollten sich nachher, heute noch, aus allem ausklinken und einen ersten Entwurf runterschreiben. Vielleicht hilft Ihnen einer der Kollegen.«

Mangold nickte, und Overdieck erklärte: »Also, Vanessa, es kommt zwar mitten in so einer engagierten Diskussion vielleicht ein wenig überraschend, aber ich hab selten eine so nette und begabte Kollegin getroffen. Ich würd Ihnen gern das Du anbie ...«

»Da schließ ich mich an, Vanessa«, fiel ihm Mangold ins Wort.

»Prima, ich auch«, sagte Deckstein lächelnd. »Mit dem Du und dem Sie hab ich mich, glaub ich, sowieso immer vertan. Aber ich würde das Angebot gerne noch ausweiten. Rainer und Gerd, wir schuften nun schon so lange, so klasse zusammen.« Er sah einen nach dem anderen an. »Ich finde, wir sollten nur noch denjenigen siezen, der gerade eine Spitzenstory geschrieben hat.«

»Ja, aber dann kommen wir aus dem Siezen gar nicht wieder raus!«, gab Mangold unter allgemeinem Gelächter zurück.

»Wenn wir's schaffen – und noch nicht zu verstrahlt sind –, trinken wir heute Abend noch ein Gläschen auf die neue Lage«, sagte Deckstein mit einer Spur Galgenhumor in der Stimme. »Aber jetzt prosten wir schon mal mit Kaffee, Wasser ...«

»Und du mit deinem Rotwein«, stichelte Sabine.

»... auf die neue Lage an.« Deckstein blickte Sabine mit einem um Nachsicht heischenden Blick an. »So vereint sieht die Welt dann ja schon nicht mehr ganz so düster aus«, setzte er hinzu und hob sein Rotweinglas.

»So ist es, Daniel«, sagte Overdieck und stieß mit Wasser an.

Während die Runde sich noch gegenseitig zuprostete und duzte, sagte Mangold: »Berauscht euch nicht an der Gemeinsamkeit. Wir müssen die Dinge so sehen, wie sie sind. Ich halte es zum Beispiel nicht mehr für vertretbar, dass Vanessa und auch unsere Damen hier«, er sah Sabine an, »du, Sabine, ja, Ulla und die anderen, so spät abends noch allein in die Tiefgarage gehen, ja überhaupt allein noch die Tiefgarage betreten. Das ist vielleicht sogar für uns alle nicht ganz ungefährlich. Vanessa hat es doch eben plastisch geschildert. Wir sitzen an einer hochbrisanten Titelgeschichte. Haben jede Menge

Warnungen erhalten: Wir sollten besser alles ruhen lassen, sonst ...«

»Er hat recht«, sagte Overdieck und sah Deckstein an. »Der Anruf von diesen Dunkeltypen während deines Interviews mit dem Gefängnisaufseher war ja schon mehr als ein Wink mit dem Zaunpfahl, eher mit einem dicken Eisenträger.«

Sabine verfolgte das Gespräch nur mit halbem Ohr. Ihr war eingefallen, dass sie General Wimmer vom NATO-Gefechtsstand in Uedem anrufen musste. Seine Karte mit der Bitte um Rückruf hatte vorhin bei ihr auf dem Schreibtisch gelegen. Sie spürte instinktiv, dass es sehr wichtig wäre, mit ihm zu sprechen, und stand abrupt auf.

»Entschuldige, Daniel, ich muss mal kurz einen ganz wichtigen Anruf erledigen«, sagte sie und verschwand eilig durch die Tür. Deckstein und die anderen am Tisch sahen ihr verblüfft nach.

20

Meckenheim, BKA-Dependance

»Was anderes, Bernd. Sag mal, dieser Deckstein, der Chefredakteur vom *Energy Report*. Du kennst den gut, hat Brandstetter heute Morgen behauptet.« Mayer warf ihm einen listigen Blick zu. »Wie gut wirklich?«

»Er ist ein guter Freund von mir. War früher auch mal mein Nachbar. Ich hab noch neulich abends mit ihm bei einem guten französischen Tropfen zusammengesessen. Warum fragst du?«

»Nur so, nur so«, antwortete Mayer in einem Tonfall, bei dem sich jede weitere Nachfrage erübrigte. »Können wir nachher noch mal drüber reden. Erzähl mir, was ihr an dem Abend besprochen habt, du und Deckstein.«

Conradi schwieg. Mayers gezielte Frage hatte ihn irritiert. Vor noch nicht mal einer Stunde hatte er von Deckstein erfahren, dass die Redaktion des *Energy Report* bedroht und beschattet wurde. Gab es da irgendeinen Zusammenhang mit dem BKA? Conradi konnte sich nicht so schnell von diesem Gedanken lösen und spulte wie abwesend mit monotoner Stimme das herunter, was er Walter Mayer hatte erzählen wollen.

»Nach ein zwei Gläsern Rotwein kommt man spätabends ja manchmal in so eine nachdenkliche Phase. Da tauchte bei uns plötzlich der Gedanke auf, dass wir Menschen so was wie einen Untergangstrieb in uns haben müssen.«

»Das passt ja jetzt so richtig. Der Gedanke muntert mich regelrecht auf«, sagte Mayer und stöhnte. »Du weißt gar nicht, wie recht du hast! Da gibt es nämlich Strategen unter uns, die plötzlich riskieren, dass im schlimmsten Fall große Teile der Welt, also nicht nur ein einzelner Mensch, über die Wupper geht. Wieso tun die das? Auf diese Frage brauchen wir dringend eine Antwort! Sonst gehen wir womöglich allesamt gemeinsam unter. Den Anfang davon erleben wir ja gerade mit der nuklearen Erpressung. Und welche Risiken ein paar sogenannte Topmanager trotz aller Warnungen einzugehen bereit sind, haben wir gerade bei den Atommeilern in Fukushima erlebt.«

»Haben wir beim BKA irgendjemanden übersehen?« Der BKA-Chef fuhr sich mit der Hand über die Stirn. »Du machst mir allmählich richtig Angst. An wen denkst du?«

»Zum Beispiel und vor allem an Sarko, mehr muss ich *dir* ja wohl nicht sagen ...«

»Ah ..., den.« Walter Mayer legte seine Stirn in Falten, wiegte den Kopf. »Spontan wär ich nicht drauf gekommen. Aber du hast recht! Dieser kleine Frauenflüsterer ist kein schlechtes Beispiel.«

Mayers Handy klingelte. Er zog es aus der Brusttasche, sah kurz auf das Display und drückte den roten Knopf.

»Entschuldige, aber ich musste wenigstens mal hören, wer da nach mir verlangt ...«

»Kein Problem.«

»War gar nicht das Telefon, sondern eine Mail von meinem Büroleiter. Der hält mich immer auf dem Laufenden. Hat mir mitgeteilt, dass die Überwachung der Gefährder im Land auf Hochtouren läuft.«

»Schon was erkennbar?«

»Nichts. Lautes Summen, wie wir zu sagen pflegen, wenn zwischen denen viel gequatscht wird. Sonst aber nichts Gravierendes. Ein paar von denen, die ganz schweren Jungs, laden wir ja zurzeit vor, um sie aus dem Verkehr zu ziehen. Aber zurück zu Sarkozy. Wir haben ja nicht mehr viel Zeit und die Sache will ich dir gleich noch erzählen. Ich gebe dir ja grundsätzlich recht. Solche Leute gibt es. Der Sarko scheint auch so einer zu sein. Dass der dem Gaddafi, nach all den Erfahrungen, die die westliche Welt mit dem in der Vergangenheit gemacht hat, noch 2010 Atomkraftwerke und damit das Handling für Atombomben verkauft hat, kann ich immer noch nicht glauben. Vermutlich spielst du darauf an.«

»Richtig«, sagte Conradi. »Dabei hatten die Amis Gaddafi zum Schurken Nummer eins gestempelt.«

»Allein die jüngsten Eskapaden dieses Mannes – bevor das Pulverfass Libyen explodiert ist – hätten Sarko doch zeigen müssen, in welches Desaster uns so ein Geschäft stürzen kann! Aber durch die Gräueltaten, die Gaddafi jetzt verübt hat, sind im Augenblick die Sachen von vorher in Vergessenheit geraten. Zum Beispiel, dass dieser Wüstenoberst dazu aufgefordert hat, der Schweiz den Dschihad zu erklären. Und das nur, weil die seinen Sohn Hannibal, diesen Lümmel, hätte ich fast gesagt, und seine Gattin verhaftet haben, weil der im Hotel eine Hausangestellte verprügelt hat. Denk dran, Bernd, jeder Idiot kann einen Weltkrieg auslösen, hat Chruschtschow seinerzeit gesagt.« BKA-Chef Mayer lachte freudlos.

»Du hast schon recht«, fuhr er nach einer Weile fort und tippte sich an die Stirn: »Ab und zu passiert hier oben vermutlich bei uns allen irgendwas. Das ist rational wohl nicht zu fassen. Da ist keiner ausgenommen, auch Präsidenten nicht. Warum? Ich kann es dir auch nicht erklären. Gestern haben die dem Gaddafi ein Atomkraftwerk verkauft, morgen verkaufen sie eins an einen anderen Schurken. Da bin ich ganz sicher. Es geht nur um's Geschäft. Und deshalb brauchen wir ganz dringend Antworten, Erklärungen! Welcher rationale Mensch kapiert das alles denn noch?«

»Und Gaddafi hatte dreiundzwanzig Tonnen Giftgas gebunkert«, sagte Conradi. »Die befinden sich jetzt in der Hand der Rebellen. Wie viel davon noch da ist, weiß keiner so genau. Während der Kämpfe in Libyen konnte sich ja quasi jeder bedienen. Einiges davon ist ja inzwischen schon verschwunden.«

»Wenn ich mir das alles so durch den Kopf gehen lasse«, sagte Mayer, »hab ich den Eindruck, dass den Terroristen das Werkzeug auf dem Silbertablett serviert wird. Da gibt's ein paar Leute, die unbedingt wollen, dass es irgendwo knallt. Dazu muss Grossmann uns nachher noch einiges sagen.«

»Und dann ist da ja noch der Konflikt mit Teheran. Putin hat den Irakern ja in dankenswerter Weise so einen russischen

Samowar, du weißt schon, so ein Atomei, in Buschehr praktisch vor die Haustür gestellt. Vermutlich, damit die mit dem Ding immer selbst genug Bombenstoff produzieren können. Und die Versorgung von Terroristen damit gesichert ist. Vielleicht stammt ja der Stoff für die nukleare Bombe, mit der wir gerade bedroht werden, auch daher.«

Mayer winkte hektisch ab.

»Mein größter Wunsch wäre es, dass wir nicht erfahren, woher das nukleare Bombenzeug kommt. Sonst geht das Ganze erst richtig los! Entweder schlagen dann die Amis in Teheran zu oder sogar die Israelis. Der ehemalige Mossad-Chef, Meir Dagan, hat seine Landsleute zwar davor gewarnt, so was zu tun, aber legst du die Hand dafür ins Feuer, dass die stillhalten würden? Netanjahu ist ja nach wie vor der Meinung, dass gegen die ›iranischen Bombenbastler‹ – ›Bombenbastler‹ hat er die geschimpft – alle Optionen auf den Tisch gehörten.« Er sah Conradi ernst an. »Wie auch immer, wenn so was passiert, dann bleibt's nicht bei einem regionalen Krieg. Dann läuft genau dieses Horrorszenario ab, das der Generalinspekteur uns heute Morgen in allen Einzelheiten und in den schrecklichsten Farben geschildert hat.«

»Und wir können vermutlich noch nicht mal was daran ändern. Wenn die Amis zuschlagen ...«

»Ja, dann können wir nur noch reagieren!« Der BKA-Chef schüttelte so heftig den Kopf, als wollte er diesen Gedanken hinausbefördern.

»Lass uns über Deckstein sprechen«, sagte er nach einer Weile. »Da du den ja so gut kennst, wäre ich dir dankbar, wenn du ihm ausrichten könntest, dass er mich unbedingt anrufen sollte. Ich hab da was für ihn. Vielleicht kann ich dir nachher auch noch ein paar Worte dazu sagen.« Mayer beugte sich in seinem Sessel vor und sah Conradi über seine randlose Brille an »Wäre wirklich gut, wenn du das machen könntest.«

»Ich hab auch noch was, Walter. Womöglich wage ich mich zu weit aus der Deckung, wenn ich dir das jetzt schon sage. Speicher das bitte erstmal unter ›persönlich vertraulich‹ und unternimm noch nichts. Obwohl ich grundsätzlich der Meinung bin, dass dringend was unternommen werden muss. Da trifft es sich gut, dass du Deckstein sprechen möchtest. Er hat mir nämlich erzählt, dass er und sein Team bedroht werden!«

»Er wird bedroht? Wie soll ich das verstehen?«

»Sein Blatt rollt doch den alten Hanauer Atomskandal neu auf. Dabei sind sie, wie er mir sagte, aufgrund der inzwischen bekannt gewordenen neuen Schmiergeldskandale und verschiedener Recherchen auf völlig neue, höchst brisante Zusammenhänge gestoßen.«

Conradi zögerte einen Moment. »So ganz am Rande spielt aus deren Sicht auch der mysteriöse Tod von Barschel eine Rolle. Weiß ich nicht so genau.«

»*Der* Barschel?«, fragte Mayer mit hochgezogenen Augenbrauen.

»Genau der«, erwiderte Conradi, »der damalige Ministerpräsident von Schleswig-Holstein. Der Lübecker Hafen gehörte damals zu seinem Zuständigkeitsbereich. Und just aus dem Hafen ist damals eine Menge atomarer Stoff verschwunden, der eigentlich zur Weiterbearbeitung nach Schweden gehen sollte. Die Gokal-Brüder mit ihrer Kokerei im Lübecker Hafen ...«

Der BKA-Chef hob die Hand. »Diese Zusammenhänge sind mir bekannt. Grossmann und unser Kollege vom Bundesverfassungsschutz wissen vermutlich noch mehr darüber. Erstens gehe ich davon aus, dass der BND sich diesen Gokal bei dem bekannten Hintergrund des Mannes näher angeschaut hat. Dann ist der für Proliferation von Atommaterial zuständig. Und beide Dienste, auch der BfV, waren damals vor Ort. Außerdem hat der BND ja damals nach der Wende aus dem Stasi-Schatzkästchen die entsprechenden Unterlagen erhalten. Alle Embargo-Geschäfte, also auch die im Atombereich, waren auf Disketten gespeichert. Grossmann hat die zwar, aber er lässt da im Augenblick nicht viel raus. Soviel ich weiß, liefen im Lübecker Hafen auch große Geschäfte mit Tritium, dem Stoff zum Bomben-Fitting. Angrenzend an den Hafen gab's ja ein Schlupfloch zur damaligen DDR.« Er machte eine Pause und zupfte sich mit nachdenklichem Gesicht am Ohrläppchen.»Mal sehen, vielleicht kriegen wir den Grossmann ja doch rum, und er gibt uns gegenüber ein bisschen mehr preis. Sag mal, Bernd, die *Energy-Report*-Leute hantieren da aber mit ganz heißen Eisen.« Er runzelte die Stirn.»Ich meine mich zu erinnern, dass damals Geheimdienste wie der Mossad und die CIA, aber auch Waffenhändler wie Monzer al Kassar, zugleich ein Drogendealer von Großformat, wie du weißt, die Hände im Spiel hatten.«

»Ja, und nun werden Deckstein und seine Leute wegen ihrer Story darüber massiv bedroht.«

»Am besten, du erzählst mir alles. So, wie sich das anhört, ist das ganz klar ein Fall für mein Haus. Unter Umständen müssen wir unsere Fühler auch in Richtung Bundesanwaltschaft ausstrecken. Aber wenn diese Kaliber da mitgespielt haben und im Hintergrund immer noch Fäden ziehen, dann muss das auf unserer Seite alles ganz schnell gehen. Nicht, dass den Jungs da noch was passiert.«

»Ich spreche mit Deckstein, Walter.«

»Sag ihm, dass er sich direkt an mich wenden soll. Er kann mich jederzeit anrufen. Wie schon gesagt, ich hab ja auch was, das ich gerne bei ihm loswerden würde.«

»Mach ich. Vielleicht kann ich ihn gleich kurz vom Hubschrauber aus anrufen. Noch bevor ich den Minister treffe. Aber noch mal kurz zu Sarkozy. Der Mann tanzt auf ganz dünnem Eis, sag ich dir.«

Mayer sah ihn fragend an. Conradi griff in seine Aktenmappe und zog eine farbige Grafik hervor.

»Bis jetzt haben wir immer nur über uns hier gesprochen«, sagte er.»Über das, was bei einem nuklearen Terroranschlag in Deutschland passieren kann. Aber denk mal an Paris! Die werden doch auch bedroht. Und im Sarko-Land laufen, schau mal«, er zeigte mit der Rechten auf einen großen roten Balken, »achtundfünfzig Atomkraftwerke, rund dreimal mehr als bei uns.«

Der BKA-Chef warf einen kurzen Blick auf die Grafik.

»Ich weiß noch, dass der damalige Verteidigungsminister mit Boden-Luft-Raketen die Wiederaufarbeitungsanlage mit dem vielen Plutonium und Uran darin, vor Angriffen aus der Luft schützen wollte. Ist aber nichts draus geworden.«

»Wenn die Terroristen uns linken und, statt irgendwo eine nukleare Bombe zu platzieren, wie schon bei *nine-eleven* eine Passagiermaschine kapern«, sagte Conradi, »und damit auf die mit Plutonium und Uran aus ganz Europa angefüllte Aufarbeitungsanlage in Cap la Hague zielen, dann ist das Ding weg! Die Folgen eines solchen Desasters kriegt keiner mehr in den Griff. Tschernobyl würde dagegen wie ein gemütliches Grillfeuer erscheinen. Das würde auch viel schlimmer als in Fukushima. Ganz Europa würde im wahrsten Sinne des Wortes strahlen!«

Der BKA-Chef starrte Conradi an. »Sag mal, sind wir eigentlich alle meschugge? Das kann doch theoretisch jeden Tag passieren! So, wie du das darstellst, haben wir dann doch überhaupt keine Chance!«

»Das ist es ja, Walter!«, rief Conradi. »In dem Plutoniumbunker der Anlage in La Hague, die nicht mal dem Aufprall eines Flugzeugs standhalten würde, lagern nach meinen letzten Informationen um die achtzig Tonnen von diesem hoch radioaktiven Stoff.«

»Jetzt kapier ich erst, worauf du rauswillst! Hat ein bisschen gedauert. Ich hab überlegt, achtundfünfzig Atomkraftwerke ... achtundfünfzig Atomkraftwerke ... was meint der?« Er beugte sich vor und zeigte mit dem Finger auf Conradis Grafik. »Du sagst, diese achtundfünfzig Atomkraftwerke würden achtzig Prozent des französischen Stroms produzieren. Wenn ich davon ausgehe, dass es Al-Kaida-Terroristen sind, die uns zurzeit atomar bedrohen ...«

Obwohl sich der BKA-Chef bemühte, sich seine Besorgnis nicht allzu sehr anmerken zu lassen, nahm Conradi ein untergründiges Zittern in seiner Stimme wahr. Wie er selbst ging Mayer offenbar davon aus, dass sie mit der größten Brutalität der Attentäter rechnen mussten.

»Wenn es die Al-Kaida-Leute oder welche Terroristen auch immer«, fuhr Mayer fort, »wenn die es schaffen, auch nur in einem dieser achtundfünfzig Atomkraftwerke eine Bombe zu zünden ...«

»Moment, Walter«, unterbrach ihn Conradi und kramte in seinen Unterlagen. »Das französische Atomkraftwerk Fessenheim liegt uns am nächsten und würde, genauso wie La Hague, keinen Flugzeugangriff überstehen. Ich hab hier die Antwort auf die Anfrage eines Journalisten, die der an das Reaktorsicherheitsministerium gerichtet hatte. Der hat mir das mal unter die Nase gehalten, weil er mich provozieren wollte«, sagte er und reichte Mayer das Blatt.

»Bundesministerium für Umwelt, Naturschutz und Reaktorsicherheit / Aktenzeichen RS II-X7023 II XX – Das Pariser Übereinkommen schafft die Grundlage für eine zivilrechtliche (Gefährdungs-) Haftung des Inhabers einer Kernanlage für nukleare Schäden ... Der Inhaber der Anlage haftet dabei auch für Schäden, die auf Störmaßnahmen oder sonstige Einwirkungen Dritter zurückzuführen sind.«

Conradi zeigte mit dem Finger auf die Stelle, die ihm wichtig erschien.

»Schau hier, ›Haftung des Inhabers einer Kernanlage‹. Das bedeutet nichts anderes, als dass zunächst der Eigentümer von Fessenheim – nämlich die EDF in Paris, das ist quasi der französische Staat, der mit fast 85 Prozent an der EDF beteiligt ist, für die Schäden aufkommen müssen. Selbst wenn also Terroristen in den Atommeiler reinfliegen, muss die EDF bis zum letzten Cent alles blechen. Und wenn die nicht mehr kann, bleibt es letztendlich natürlich wieder am Steuerzahler hängen. Denn laut dieser Unterlage steht nur ein zusätzlicher Entschädigungsbetrag durch einen Fonds von insgesamt eineinhalb Milliarden Euro zur Verfügung. Das reicht nicht mal, um Mercedes in Stuttgart zu entschädigen. Dabei würde da nicht mehr nur der Stern auf dem Kühler strahlen ... Paris müsste normalerweise nach solch einer Horrorattacke in die Knie gehen. Stell dir mal vor, Walter, wie die Rating-Riesen die

Franzosen dann abstrafen würden! Ein paar Pariser Großbanken haben doch jetzt schon Probleme.«

Der BKA-Chef schwieg.

»Mir dämmert da was«, fuhr Conradi fort. »Vielleicht müssen wir die Drohung dieser Terrorbande ja ganz anders verstehen. Ich glaube, in der Besprechung eben hatten wir alle Scheuklappen auf. Die behaupten ja, sie hätten schon irgendwo eine Bombe platziert. Wenn die aber mit einer Bombe gar nicht ihre eigenen, sondern unsere Atomkraftwerke meinen ...«

»Dann wären wir denen auf den Leim gegangen. Oder die hätten sich nicht deutlich ausgedrückt ...« Mayer verstummte mit entsetztem Blick.

»Oder sie haben sich bewusst nicht deutlich ausgedrückt, Walter! Die binden alle unsere Kräfte mit der Suche nach einer Bombe ...« Conradi zögerte. Er wagte kaum auszusprechen, was er dachte. »Ungeheuerlich, was da auf uns zukommen kann! Und dann steuert eine Al-Kaida-Mannschaft vom nahegelegenen Flugplatz Basel eine etwas schwerere Maschine, vielleicht haben sie trotzdem noch Plutonium an Bord, in den Atommeiler Fessenheim. Da nützt auch keine Einnebelungstechnik.«

»Du hättest mal Grossmann heute Morgen erleben sollen!«, fiel ihm der BKA-Chef ins Wort. »Der hat die Einnebelungstechnik für unsere Atommeiler in der Luft zerrissen! Wildhagen hält auch nichts davon. Läppisch und kontraproduktiv, hat der gesagt. Aber ich denke da noch an was ganz anderes, Bernd. Nehmen wir mal an, die Terroristen lassen zunächst eins der französischen Nuklearkraftwerke hochgehen – die Terroristen schlagen ja meistens an verschiedenen Stellen zu ...«

»So war das Muster jedenfalls bisher«, warf Conradi ein.

»Dann müssten die Franzosen, sobald sie der erste Schlag getroffen hat, aus Vorsicht auch die anderen Atomkraftwerke abschalten«, sagte Mayer, »oder zumindest runterfahren. Und dann würde es für sehr lange Zeit ziemlich dunkel in Paris.« Der Gedanke, dass das auch den Elysee-Palast betreffen würde, entlockte ihm ein Schmunzeln.

***

NATO-Gefechtsstand, Uedem

Das private Handy von General Bernd Wimmer bewegte sich vibrierend und klingelnd auf seinem Schreibtisch. Er kannte die Nummer – er hatte sie früher häufiger gewählt. Den ganzen Morgen über hatte er es im Gefühl gehabt, dass sie zurückrufen würde.

»Hallo, Sabine! Ich hab schon auf deinen Anruf gewartet.«

»Schön, nach so langer Zeit mal wieder deine Stimme zu hören. Ging leider nicht früher. Sieht fast so aus, als würden wir immer nur dann telefonieren, wenn was im Busch ist.«

»Da ist tatsächlich was im Busch, und zwar gewaltig! Aber wir sollten uns wirklich mal wieder treffen.«

Der letzte Satz war ihm herausgerutscht, und er räusperte sich verlegen.

»Sag mal, was hast du denn nun schon wieder Interessantes oder besser Brisantes auf Lager?«

»Als ich deine Karte mit der Bitte um Rückruf auf dem Schreibtisch gefunden habe, bin ich davon ausgegangen, dass du mich wegen dieser irren Sache da ...« Sie unterbrach sich, weil ihr gerade noch rechtzeitig eingefallen war, dass sie in der ganzen Hektik noch nicht mit Deckstein abgestimmt hatte, wie viel sie von Conradis Informationen überhaupt weitergeben durften. »Du weißt schon, Stichwort Berlin, sprechen willst, mein lieber Herr General.«

»Ich wollte dir jedenfalls aus alter Freundschaft einen kleinen Tipp geben«, sagte Wimmer. »Wir haben von der NATO-Zentrale in Brüssel eine völlig neue Übungslage aufs Auge gedrückt bekommen. So was hat's noch nie gegeben.«

»Das ist ja ein Ding!«, sagte Sabine überrascht. Von einer NATO-Übung hatten sie noch nichts gehört. Gab es da einen Zusammenhang zu Conradis Anruf?

»Siehst du, alles weißt du dann doch nicht«, sagte Wimmer triumphierend. »Also, wir überwachen ja mit unserem weit gespannten Netz von Radarstationen den europäischen Luftraum. Die übermitteln uns an normalen Tagen die exakten Flugdaten aller Maschinen im deutschen Luftraum. Aber seit heute Morgen ist nichts mehr normal und ...«

»Wieso?«, unterbrach ihn Sabine.

»Wir haben AWACS-Unterstützung erhalten.«

»Was? Das gibt's nicht!«

Sabine wusste, was das bedeutete. Es musste schon viel passiert sein, wenn sie die AWACS-Maschinen hoch schickten. Das waren quasi fliegende Vergrößerungsgläser, die, mit bloßem Auge unsichtbar, hoch am Himmel schwebten und auf ganz Deutschland hinunter sahen. Die Besatzungen der Flugzeuge operierten wie fliegende Einsatzleitzentralen. Sie würden den Männern und Frauen in dem Bunker am Boden umgehend alle verdächtigen Bewegungen melden. Selbst vierhundert Kilometer entfernte, tief fliegende Flugziele entgingen ihnen nicht.

»Die sind heute seit dem frühen Morgen ununterbrochen im Einsatz. Und das bleiben sie auch noch die nächsten Tage. Aber nicht nur die AWACS ...«

»Was denn noch?«

»Bevor ich dir das alles erzähle, würde ich aber auch gerne erfahren, was du weißt. Was haben dir die Nachtigallen geträllert? Oder darfst du mir nichts sagen?«

»Ein bisschen mehr könnte ich schon sagen. Aber ich muss erst noch mit meinem Chefredakteur Rücksprache halten«, sagte Sabine. »Du weißt ja, ich würde ungern mein gutes Verhältnis zu Herrn Deckstein aufs Spiel setzten.«

»Okay, sprich mit ihm, Sabine. Also, seit heute Morgen sind auch schon die Fliegerkollegen der Alarmrotte vom Fliegerhorst Wittmund in der Luft.«

»Die auch?«, fragte Sabine. »Die da oben in der Nähe von Aurich stationiert sind?«

»Genau. Die haben diese McDonnell Douglas F-4 Abfangjäger. Wendige Maschinen, mit denen sie Terroristen bei Flugzeugentführungen in Schach halten könnten. Sie würden die Flieger abdrängen oder im schlimmsten Fall auch abschießen.«

»Wenn ich jetzt mal eins und eins zusammenzähle«, sagte Sabine nachdenklich, »dann heißt das, dass die NATO mit Terroristen rechnet, die Flugzeuge kapern könnten. So ähnlich wie am 11. September. Und dass die vielleicht sogar, mit was auch immer, bewaffnet sein könnten, oder?«

»Du kombinierst nicht schlecht.«

»Also gut«, sagte Sabine. »Weil du mir so viele wertvolle Hinweise gegeben hast, deute ich jetzt schon mal was an.« Obwohl sie allein im Raum war, senkte sie die Stimme. »Wenn ich das, was du mir gerade erzählt hast, zusammenschreibe, und das dazu addiere, was uns die Buschtrommeln gemeldet haben, dann liegst du mit Terrorismus und aktueller Gefahr, vielleicht sogar einer nuklearen Bedrohung, gar nicht so falsch, denke ich.«

»Ach, du meine Güte!«, entfuhr es dem General. »Ich hab natürlich auch schon eins und eins zusammengezählt und bin zu einer ähnlichen Einschätzung gekommen. Aber nach dem, was du da andeutest, fühle ich mich in meinen schlimmsten Befürchtungen bestätigt.«

»Diese Information, das muss ich dir ja nicht extra sagen, hast du nicht von mir.«

»Wo denkst du hin, Sabine! Ich kenn dich doch gar nicht – und du kennst mich nicht. Mist, ich krieg hier schon wieder Zeichen, dass ich drüben im Lagezentrum erwartet werde. Aber ich hab noch was, das dich sehr interessieren dürfte. Wir sehen ja alle Flugzeugbewegungen in Deutschland hier als helle Punkte auf dem Bildschirm. Die sind mit Nummern versehen und haben hinten so einen kleinen Pfeil dran, der die Flugrichtung anzeigt. Und zwischen all diesen hellen Punkten gab es heute einen gelben, mit einem roten Kreis drum. Das war die Maschine der Kanzlerin ...«

»Nun mach's nicht so spannend!«

»Sie hat ihren Besuch beim französischen Präsidenten abgebrochen«, sagte Wimmer. »Und wenn ich mir den geplanten Zeitablauf ansehe, dann haben die in Paris bestimmt wegen irgendwas Gravierendem alles stehen und liegen gelassen und sind mit Speed nach Berlin zurückdüst. Jetzt wird mir das alles natürlich klarer ...«

»Ich spreche sofort mit Deckstein«, unterbrach ihn Sabine. »Dann meld ich mich wieder.« Sie legte auf und saß einen Moment wie erstarrt da. Ihr Herz klopfte bis zum Hals, und die Gedanken jagten nur so durch ihren Kopf.

21

Meckenheim, BKA-Dependance

»Wir wollten ja noch ein paar Worte über unseren verehrten Herrn Minister wechseln«, sagte Mayer. »Ich glaube, in dieser Situation ist Offenheit angesagt, Bernd. Wenn dir irgendwas von dem, was ich dir erzähle, nicht passt, heb einfach die Hand. Dann ist mein Mund verschlossen. Ich gehe dann davon aus, dass auch für dich das Gespräch nie stattgefunden hat.«

Conradi sah ihn erstaunt an. Er wusste nicht, was er von dieser merkwürdigen Ansprache halten sollte.

»Es ist so«, sagte Mayer, »dass wir im BKA – das sind außer mir ein bis zwei Leute – mehr Informationen über Lensbach haben.« Er holte tief Luft und prüfte mit einem kurzen Blick auf Conradi, welche Wirkung seine Worte bei diesem hinterließen. Als er Conradis skeptischen Blick sah, ließ er mit einem knappen Seufzer die Luft wieder aus seinem Mund entweichen. Er beschloss, sich langsam vorzutasten.

»Ist dir eigentlich, wenn wir im Kabinett dabei waren, noch nicht aufgefallen«, fragte er vorsichtig, »wie sehnsüchtig der Lensbach immer zum Kanzlerstuhl schielt, wenn die Chefin noch nicht im Ring ist?«

»Wem könnte das verborgen geblieben sein, Walter!«

Conradi fuhr sich mit der Rechten in sein dichtes Stoppelhaar und massierte seine Kopfhaut. Das machte er immer, wenn er hellwach bleiben wollte – er redete sich ein, dass sein Gehirn dann besser durchblutet würde. Ob das stimmte, wusste er nicht. Das Gefühl genügte ihm. Mayer beobachtete ihn mit einem gewissen Neid. Wo andere in seinem Alter einen glatt rasierten Hubschrauberlandeplatz auf dem Kopf mit sich herumtragen, dachte er, hat der eine Haarmatte wie ein gepflegter Golfrasen.

»Der Lensbach verzehrt sich vor lauter Ehrgeiz«, sagte er, als Conradi seine Kopfmassage beendet hatte. »Der will's unbedingt noch mal wissen.«

Conradi war irritiert. Was sollte er von Mayers Worten über Lensbach – eigentlich war es gar keine richtige Kritik – halten? Worauf wollte der BKA-Chef hinaus? Mayer müsste doch eigentlich ein Fan von Lensbach sein, überlegte Conradi. Der Minister baute das BKA schließlich immer weiter zu einer gigantischen Institution aus. Zu einer regelrechten Monsterbehörde. Das Bundesamt für Verfassungsschutz, der eigentliche Inlandsnachrichtendienst, geriet aus seiner Sicht dabei immer mehr ins Hintertreffen. Lensbach hatte Andreas Bensing, Grossmanns Vorgänger auf dem Stuhl des BND-Präsidenten, zum Staatssekretär im Bundesinnenministerium gemacht, um BKA und BND enger zu verbinden. Das hatte ihm Volker Homburger, der Chef des Verfassungsschutzes, gesteckt. Conradi hatte geschwant, dass da ein gigantisches Gebilde entstehen würde. Schon Altkanzler Helmut Kohl, so hatte ihm Lensbach während einer gemeinsamen Dienstreise anvertraut, war seinerzeit davon überzeugt gewesen, dass man auf Dauer nicht ohne ein Konstrukt wie das amerikanische FBI auskommen würde. Polizei und Geheimdienste müssten unbedingt enger miteinander verzahnt werden.

Lensbach hatte einen anderen Begriff für einen solchen Apparat parat. Er liebäugelte mit der amerikanischen Überwachungsversion, dem »Heimatschutzministerium«. Ein krakenhaftes Monstergebilde, bei dem vor allem dem Bundeskriminalamt mehr Befugnisse eingeräumt werden sollten. Dann würden die harten Burschen, die bösen Onkels, den rauen Ton angeben. Überwachung, Sicherheit, Zugriff, Wegsperren, Säubern wären angesagt.

Mit seinen letzten Bemerkungen hatte Mayer dem Gespräch eine Wendung gegeben, die Conradi nicht erwartet hatte. Den Krisenmanager überfiel eine innere Unruhe. Bevor der BKA-Chef ihn in etwas hineinzog, aus dem er nicht unbeschädigt wieder herauskäme, wollte er mehr wissen.

»Also, Walter, das sind für mich ungewohnte Töne von dir. Nach allem, was Lensbach für dein Haus – und damit für dich, denn du stehst ja an der Spitze – durchgesetzt hat, müsstest du dem doch eigentlich die Füße küssen! Ich denke da an Online-Durchsuchungen, Wohnraumausspähung und so weiter.«

»Wenn du wissen willst, wie ich wirklich zu dem Minister stehe, dann frag mich doch einfach. Ganz offen: Ich bin der Meinung, dass die Zeit zum Reden vorbei ist. Es ist Zeit zu handeln, höchste Zeit! Und darauf will ich dich vorbereiten. Und ich will wissen, ob du mit mir in einem Boot sitzt.«

Der BKA-Chef sah Conradi direkt in die Augen. »Mir geht's zunächst mal darum, festzuhalten, dass die übertriebene Sicherheitsphilosophie des Ministers nicht das Gelbe vom Ei ist. Außerdem steckt da, aus meiner Sicht, noch was ganz anderes dahinter.«

Conradi nickte. »Ich sehe, wir sind da einer Meinung.«

»Das zeigt doch die aktuelle Situation. Die Terroristen schlagen zwei Haken, und schon haben sie unsere Sicherheitslinie durchbrochen. Wir müssen unsere Politik gegenüber diesen Gruppen grundsätzlich ändern.«

»Dein Vorgänger im Amt, ein bemerkenswerter Mann, hat sich gefragt, ob der Terrorismus in seinen Erscheinungsformen in der ganzen Welt ein Produkt der Hirne der Täter ist, ein Produkt der kranken Hirne, wie man ja auch behauptet. Oder ob er gewisse gesellschaftliche Situationen in der westlichen, auch in der östlichen Welt widerspiegelt und damit nur die Probleme reflektiert, die objektiv bestehen.«

»Das hast du dir fast wörtlich gemerkt? Alle Achtung!«

»Hat mich damals auch mächtig beeindruckt.«

»Der hat die Antwort auf seine Frage, wer vorrangig den Terrorismus zu bekämpfen habe, die Polizei oder die Politik, gleich mitgeliefert: Die politischen Mächte müssten die Verhältnisse ändern. Deshalb nütze es nichts, auf die Köpfe der Terroristen einzuschlagen«, sagte Mayer.

»Na, du erinnerst dich ja auch noch sehr gut an ihn«, warf Conradi ein.

»Stattdessen«, fuhr der BKA-Chef fort, »hauen wir heute immer noch drauf und schlagen auch Köpfe ab. Und dann fesseln wir uns zusätzlich selbst noch mit diesen fast alles umspannenden Sicherheitsnetzen. Ich wage mir gar nicht erst vorzustellen, was passiert, wenn die Terroristen, von wem auch immer gesteuert, die Bombe tatsächlich irgendwo hochgehen lassen!«

»Das ist doch in etwa abzusehen, Walter«, sagte Conradi. »Es wird Tote geben. Dann schlagen wir in Afghanistan, Pakistan oder, wo auch immer, zu. Bomben, Drohnen, und wenn der US-Präsident bei seiner Ankündigung bleibt, gibt's sogar eine partielle nukleare Revanche.«

»Und dann haben wir hier das Chaos! Es wird noch schlimmer werden als in den USA nach dem 11. September. Schon jetzt vermehren sich ja unsere Überwachungseinheiten schneller als die Kaninchen. Die vielen Kürzel wie MAD, ZUB, GTAZ, BBK, FIZ oder GENICS, mit denen wir inzwischen in unseren Profiköpfen rumjonglieren, sprechen Bände.«

»So, wie du die runterratterst, klingt das ja alles noch ganz harmlos. Das hört sich schon ganz anders an«, erklärte Conradi, »wenn man mal richtig ausspricht, was dahinter steckt. Gemeinsames Terrorismusabwehrzentrum zum Beispiel klingt doch schon ganz anders als GTAZ. Oder das BBK, das Bundesamt für Bevölkerungsschutz und Katastrophenhilfe. Ka ... tas ... tro ... phen ... hil ... fe ...«

»Hör auf, Bernd, hör auf«, rief Mayer.

Conradi machte ein nachdenkliches Gesicht. »Mir fällt gerade ein, dass ich die militärischen Einrichtungen vergessen habe. Du hattest da eben noch den verlängerten Arm vom MAD und Grossmanns Truppe, die GENICS genannt. Die spionieren ja gemeinsam in Afghanistan den Islamisten hinterher. Sag mal, diese Intelligenztruppe da, die *German National Intelligence Cell*, wie das schon klingt!«

Conradi sah Mayer mit hochgezogenen Augenbrauen an. »Seit Hitlers Zeiten arbeiten da wohl zum ersten Mal wieder Geheimdienstleute, also Grossmanns Leute, und die Militärs zusammen. Ehrlich gesagt, Walter, von so einer Powertruppe hätte ich eigentlich erwartet, dass die den Terroristen, die uns jetzt bedrohen, längst auf den Fersen wären!«

»Und wir – mit wir meine ich die Polizei und die Geheimdienste – in unserem Terrorismusabwehrzentrum in Berlin sind auch schon ganz schön eng zusammengerückt. Aber das nur so nebenbei.« Mayer hatte vom vielen Reden einen trockenen Mund bekommen und sah sich nach einer Flasche Wasser um. Er fand keine und musste mit der letzten Pfütze kalten Kaffees aus seiner Tasse vorlieb nehmen.

Er schüttelte sich und wandte sich wieder an Conradi. »Du hast ja eingangs auf ganz was anderes angespielt. Ich müsste Lensbach dankbar sein«, in Mayers Stimme schwang freundlicher Spott mit, »weil mein BKA um mehrere Dimensionen gewachsen wäre. Da hast du völlig recht. Aber du hast was übersehen: Das wurde zwar alles mit der Terrorismusgefahr begründet, aber der eigentliche Zweck, den Lensbach damit verfolgt, ist ein anderer. Mit seinen ständigen Hinweisen auf die Terrorgefahr wird der Mann doch zur wichtigsten Figur im Kabinett.«

Conradi sah auf die Uhr. »Walter, glaub mir, das interessiert schon sehr. Nicht, dass du mich falsch verstehst. Aber werden wir eigentlich benachrichtigt oder haben wir eine Uhrzeit genannt bekommen, wann wir wieder im Lagezentrum sein sollten? Bei der Hektik vorhin im Lageraum hab ich das nicht richtig mitbekommen.«

»Wir werden benachrichtigt, mach dir keine Sorgen. Ich erzähl dir noch kurz, wie weit es der Lensbach schon gebracht hat. Da wirst du staunen! Meine Leute drücken ein paar Knöpfe, und schon kennen sie deinen Kontostand, deine Telefondaten, deinen Blutdruck. Deine bisherigen Krankheiten erfahren wir auf Anfrage von den Krankenversicherungen. Und nun, halt dich fest, ich könnte dir auch voraussagen, woran du künftig erkranken könntest, weil wir auch dein DNA-Profil erstellen lassen können. Inzwischen scannen wir dein Gehirn, ohne dass du's merkst. Wenn du geglaubt hast, alles über dich zu wissen, dann solltest du mal unsere Akte über dich lesen! Es dauert nicht mehr lang, Bernd, dann wissen wir über die meisten Bürger mehr als sie selbst. Alles gespeichert unter einer einzigen Nummer!« Walter Mayer sah, dass Conradis Augen immer größer wurden. »Wir kriegen da aus Lensbachs Richtung natürlich auch Aufträge ... Ich will nicht zu viel sagen, Bernd. Aber du kannst dir ja vorstellen, dass der Mann natürlich alles über seine Freunde und Feinde wissen will. Vor allem über seine Feinde. Und da gibt's ja einige – in der eigenen Partei, ja sogar im Kabinett und natürlich auch in der Opposition.«

Conradi hatte das alles schon geahnt, zum Teil auch gewusst, aber dass es ihm mit brutaler Offenheit nicht als Vision, sondern als pure Realität präsentiert wurde, ließ ihn schaudern.

»Du bist ja richtig entsetzt«, sagte Mayer lächelnd. »Bleib ruhig, mein Lieber, noch haben wir ja nicht jeden erfasst.«

Conradi starrte ihn ungläubig an.

»Wo denkst du hin, Bernd? Wir haben keine Akte über dich. Aber frag dich doch mal selbst.« Der BKA-Chef beugte sich vor und tippte Conradi auf die Brust. »Hilft uns dieses Wissen, helfen uns diese irren Datenfluten im konkreten Terrorfall weiter?«

Conradi wurde schlagartig bewusst, dass Mayer mit seinem Gespräch einen ganz bestimmten Zweck verfolgte.

»Ich hab dir ja eingangs erklärt«, sagte der BKA-Chef, »dass wir in der unmittelbaren Spitze des BKA mehr über Lensbach wissen.« Diese Worte gingen ihm mit einer Leichtigkeit über die Lippen, als wäre es das Selbstverständlichste der Welt. »Und ich habe natürlich deine Skepsis bemerkt. Ich will dich in nichts hineinziehen – du kannst selbst entscheiden. Noch mal, wenn du sagst, damit will ich nichts zu tun haben, hat für uns beide das Gespräch hier einfach nicht stattgefunden.«

Als Conradi nicht reagierte, fuhr er fort: »Ist doch fast naturgegeben, mein Lieber, dass wir, die wir an der Spitze dieser Überwachungsgebilde stehen, so ziemlich alles über alle wichtigen Akteure in Politik und Wirtschaft erfahren.«

»Mensch, Walter, aber ...«

»Durch unsere Berichte wissen natürlich Lensbach und sein Staatssekretär Bensing allerlei über ihre ›Freunde‹ in anderen Parteien. Oder auch über mögliche Konkurrenten in der eigenen Fraktion. Sie kriegen auf diese Weise schon einiges Material in die Finger, aber«, er zwinkerte Conradi zu, »eben doch nicht alles!«

Conradi schüttelte fassungslos den Kopf.

»Wir geben natürlich nicht alles weiter, was in unseren inzwischen engen Maschen über den eigenen Minister hängenbleibt.« Mayer sah Conradi mit undurchdringlichem Gesicht an. »Was wir da vom Geheimsten des Geheimen abschöpfen, liegt allerdings bei mir im Safe.«

Conradi riss den Mund auf. Langsam dämmerte es ihm.

»Kennedy wurde angeblich vom FBI-Boss J. Edgar Hoover mit irgendwelchen Erkenntnissen, die der auf ähnliche Weise abgeschöpft hatte, unter Druck gesetzt. Aber das ist nicht mein Stil.«

»So schätze ich dich auch nicht ein, Walter«, sagte Conradi. »Aber du hast mir das alles ja nicht nur einfach so erzählt. Habt ihr im BKA was Handfestes entdeckt, das die lang gepflegte Atomeuphorie des Ministers, natürlich auch der Kanzlerin erklärt? Habt ihr da wirklich schon was?«

»Eindeutig ja. Wir sind da auf etwas Hartes gestoßen. Zur Absicherung wollen wir aber noch tiefer reinhören …« Der BKA-Chef hielt die Hand hinter sein rechtes Ohr.

»Du kennst inzwischen meine Einstellung dazu. Du kannst auf mich zählen«, sagte Conradi.

Jetzt war es raus. Wenn Mayer will, dachte er, kann er den Faden aufgreifen und mit mir gemeinsam weiterspinnen. Conradi hatte inzwischen festgestellt, dass der BKA-Chef ihm in der Sache gedanklich näherstand, als er je vermutet hätte. Ja, es schien sogar so, als wisse Mayer bereits mehr über die Zusammenhänge als er selbst.

»Was wir hier besprechen, bleibt unter uns. Kein einziges Wort nach draußen. Hast du was dagegen, wenn ich mir eine anstecke?«, fragte Mayer.

Conradi schüttelte den Kopf. Er war einen Moment irritiert, als er sah, dass sein Kollege eine Zigarettenschachtel aus der Hosentasche zog. Er kannte Mayer nur als Pfeifenraucher.

»Ich mach mir schon lange Gedanken«, sagte Mayer, »warum gerade diese eine Partei der Atomenergie so wohlgesonnen ist. Diese Leute wissen ja über die Gefahren Bescheid, und dumm sind sie ja schon gar nicht. Es muss also einen anderen Grund ...«

»Sag ich ja die ganze Zeit«, warf Conradi ein und nickte heftig.

»Bei unseren Möglichkeiten sollte es doch wirklich nicht so schwer sein, den Grund rauszufinden. Da seh ich nicht das Problem. Einiges liegt uns da ja auch schon vor«, sagte Mayer. »Mir geht's darum zu überlegen, wie es dann weitergeht. Ohne, dass wir selbst uns bei der Aktion ans Messer liefern.«

Mayer fummelte sein Feuerzeug aus der Brusttasche seines Hemdes, zündete sich eine Zigarette an und nahm einen tiefen Zug. Seine grünlichen Augen verengten sich kurz zu schmalen Schlitzen, um nicht etwas von dem allmählich aufsteigenden blauen Dunst hineinzubekommen. »Mit dem immer filigraneren, bald alles umspannenden Netzwerk, über das wir inzwischen verfügen, können wir heutzutage das Innenleben der Demokratie auch an ganz anderen Stellen als bisher unter die Lupe nehmen. Nur, die, die das inszeniert haben, denken womöglich nicht daran, dass das auch und gerade sie betrifft. Die sitzen an den Schaltstellen der Macht und könnten, wer weiß, was anstellen.«

»Du meinst, du könntest das damit begründen, dass die Gefahr für unser Land, die nukleare Bedrohung, von innen, ich sag mal ganz allgemein, von Verantwortlichen ganz oben ausgelöst wurde? Dass man sogar im weitesten Sinne von Mittäterschaft sprechen könnte? Weil der Export von Bombenstoff und Atomtechnik ohne die notwendige Sorgfalt betrieben wurde? Nur um die Geschäfte der Atomindustrie zu befördern?«

Mayer zog wieder an seiner Zigarette und blies den Rauch aus Rücksicht auf Conradi in die Richtung des offenen Fensters.

»So ist es. Die Atomdealer auf dem Schwarzmarkt konnten in diesen Tagen ziemlich unbehelligt ihr fünfundzwanzigjähriges Jubiläum feiern. Noch Fragen? Da müssen erst die Pakistanis kommen, um uns zu zeigen, wie man so was macht! Die haben den Vater ihrer pakistanischen, ja der islamischen Atombombe, Abdul Quadeer Khan, den vormaligen Helden der Nation kurzerhand festgesetzt. Und warum? Weil der Atomgeschäfte mit dem Iran, Korea und weiß Gott wem, gemacht hat!«

»Gedanklich ein hochinteressanter Ansatz, Walter, aber für uns nicht ganz ungefährlich ...«, sagte Conradi. »Wenn die Sache hier vorbei ist, sollten wir unbedingt mal wieder in Berlin ein Bierchen zusammen trinken.« Er zwinkerte dem BKA-Chef zu. »Ich kenne da ganz gute Ecken. Da warst du bestimmt noch nicht!«

»Machen wir. Aber erst müssen wir das hier hinter uns bringen.« Walter Mayer beugte sich weit zu Conradi hinüber und fuhr mit gesenkter Stimme fort: »Ich garantiere dir, wenn wir mit unseren Lauschern ein bisschen tiefer in unsere Politszene hineinhorchen, haben wir ganz schnell ein paar schwarze Schafe am Kanthaken. Wenn wir einen von denen gegriffen haben, steht jedenfalls heute fest, dass wir den mit irgendwelchen Tricks vor den Kadi bringen.«

»Ich wüsste auch, wie«, sagte Conradi und sah sich suchend im Raum um. »Hin und wieder findet ein Journalist so einen Umschlag ohne Adresse und Absender in seinem Briefkasten ...«

»Keine Angst vorm Mithören, Bernd. Du bist hier bei uns, in unserer Außenstelle in Meckenheim, schon vergessen? Da werden wir uns doch vor fremden Lauschern zu schützen wissen!«, versicherte Mayer.

»Weiß ich doch. Aber bist du dir sicher, ob dir nicht möglicherweise der eine oder andere von deinen eigenen Leuten was besonders ›Gutes‹ tun will?«

»Da mach dir mal keine Sorgen! Du hast recht, grundsätzlich kann man nicht vorsichtig genug sein. Aber ich weiß schon, wo ich mich sicher bewegen kann. Aber zurück zu unseren schwarzen Schafen. Ich hatte auch schon daran gedacht, Journalisten etwas zukommen zu lassen. Ist neuerdings aber auch nicht ganz ohne. Wenn der Minister was riecht, fordert der von uns, vom BKA, dass wir selbst die Journalisten abschöpfen, überwachen.«

»Keine Sorge, das kriegen wir auch so hin. Wir haben doch eben über den Deckstein vom Magazin *Energy Report* gesprochen.«

»Gute Idee! Ich hab mal bei einer großen Sache die Sabine Blascheck erlebt.«

»Ich hab ja schon gesagt, dass ich ihren Chef, den Deckstein, näher kenne. Und du wolltest doch, dass er dich mal anruft.«

»Stimmt. Wir sollten das mit dem Deckstein selbst machen. Gib mir doch nachher, wenn du in Berlin bist, seine Nummer, die Durchwahl am besten. Ich ruf ihn dann an. Ich weiß schon, wie ich das mache, dass keiner der Spur folgen kann.«

»Ich schreib dir die Nummer gleich auf.« Conradi zog ein kleines Notizbuch aus der vor ihm liegenden Aktenmappe und riss einen Zettel heraus. Decksteins Nummer hatte er im Kopf. »Hier, seine Durchwahl.«

»Sag ihm, dass ich ihn anrufe. Erzähl ihm auch, dass du mich darüber informiert hast, dass er und die anderen vom *Energy Report* bedroht werden. Sonst ist er noch überrascht, wenn ich ihn darauf anspreche. Und macht vielleicht zu. Ich würde schon gerne Näheres darüber wissen. Vorher horche ich natürlich zur Sicherheit auch noch mal in unser Haus rein.«

»Jetzt lass mal die Hosen runter!«, sagte Conradi. »Der Minister – da hast du schon was in petto, stimmt's?«

»Stimmt. Aber bitte frag im Augenblick nicht weiter nach.«

Mayer sah Conradi ernst an.

»Erst sollten wir in den nächsten Tagen unser Bierchen zusammen trinken. Also sag dem Deckstein, er soll mit meinem Anruf rechnen. Ich hab ein paar interessante Sachen für ihn. Bin sicher, dass er die mit großer Freude veröffentlichen wird. Wenn diese Dinge dann im *Energy Report* erschienen sind, werden einige Leute in Berlin und auch so mancher Vorstand ganz schön kalte Füße kriegen!«

BKA-Chef Mayer drückte seine Zigarette im Aschenbecher aus und stand auf. »Gut, dass wir miteinander gesprochen haben, Bernd. Ab jetzt hast du einen Verbündeten an deiner Seite. Vielleicht finden wir ja auch noch weitere Mitstreiter. Gemeinsam können wir in Berlin bestimmt noch mehr ausrichten.«

»Sag mal, ich müsste eigentlich den Minister dringend über den aktuellen Stand der Dinge informieren ...« Conradi fuhr sich mit der Hand durchs Haar.

»Soll ich dir das abnehmen?«

»Das wär sicher nicht schlecht! Ich hab noch eine Stinkwut, und das würde Lensbach sofort spüren. Muss ja nicht unbedingt sein, dass er hellhörig wird. Außerdem hast du für ihn vermutlich noch mehr interessante Details aus deinem Bereich auf Lager.«

»Ich mach das schon. Wir sehen uns dann gleich!« Im Hinausgehen warf Mayer Conradi ein aufmunterndes Lächeln zu.

Conradi legte seine Beine wieder auf den Sessel. Eigentlich hatte er sich in diesen Raum zurückgezogen, um ein bisschen zu relaxen. Er hatte auch die Maßnahmen überdenken wollen, die in Berlin als Reaktion auf die Bedrohung durch die Terroristen eingeleitet werden mussten. Stattdessen hatte er mit dem BKA-Chef soeben die Keimzelle für ein mögliches Komplott gegen Regierungsmitglieder gebildet. Vielleicht sogar gegen seinen eigenen Minister.

Er spürte, dass ihn Mayers Hinweis, die BKA-Spitze hätte über Lensbach einiges in der Hinterhand, stärker beschäftigte, als er geglaubt hatte. Unwillkürlich musste er an Cécile Frieux denken, eine Kollegin aus dem Pariser Innenministerium.

Vor ungefähr einer Woche hatte er Innenminister Lensbach zu einer Konferenz mit seinem französischen Kollegen begleitet. Abends, nach Abschluss der offiziellen Gespräche, hatte er sich mit Cécile von der Delegation gelöst. In einem kleinen Bistro hatten mehrere Gläschen von einem guten, süffigen Roten ihr die Zunge gelockert.

Conradi war aus dem Staunen nicht mehr herausgekommen, als sie ihm ein paar äußerst brisante Geschichten über die Mitarbeiter der *Renseignements generaux*, der im Volk wenig beliebten Geheimen Staatspolizei Frankreichs, erzählte, die dem Innenminister unterstand. Cécile benutzte immer die Abkürzung *RG*.

»Der Präsident hat das Liebesleben verschiedener Kabinettsmitglieder ausspionieren lassen. Die Geheimpolizei war bestens darüber informiert, welche Maitressen welcher Minister abends besuchen würde«, hatte Cécile gesagt und ihm einen vielsagenden Blick zugeworfen. »Und er wollte natürlich auch alles über geheime Konten der Parteien wissen. Eben alles, was als Munition gegen die ›lieben Freunde‹ geeignet war.«

Während die kleinen und großen Geheimnisse über ihre verführerischen Lippen perlten, hatte Cécile ihn mit ihren großen, dunklen Augen immer wieder über den Rand ihres Rotweinglases angesehen. Er war das angenehme Gefühl nicht losgeworden, dass sie beim Plaudern intensiv darüber nachdachte, wie sie den Abend gemeinsam erquicklich abschließen könnten.

»Und abends haben die dann, egal ob Präsident oder Minister, all die amüsanten, amourösen Berichte der *RG* verschlungen«, hatte Cécile ihm mit einem verschwörerischen Blick anvertraut. »Eine anregende Bettlektüre, das kann ich Ihnen sagen, *mon cher ami*.« Jetzt bin ich schon zum »lieben Freund« avanciert, hatte er gedacht und in sich hineingeschmunzelt. Offensichtlich hatten die Geheime Staatspolizei die Telefongespräche verschiedener Regierungsmitglieder abgehört. Mit Sicherheit hatten sie auch mit Richtmikrofonen und Wanzen gearbeitet, sonst hätten sie keine detailgetreuen Berichte abliefern können. Ziemlich viel unkontrollierte Macht und Möglichkeiten, hatte Conradi gedacht.

Cécile hatte sich so weit zu seinem Ohr gebeugt, dass er ihren warmen Atem spüren konnte. »Durch so manchen Briefumschlag, der anonym in den richtigen Briefkasten gesteckt wurde, hat so manche steile Politikerkarriere ein jähes Ende gefunden.«

In Gedanken versunken sah Conradi aus dem Fenster. Ob den deutschen Politikern bei ihren Parisbesuchen wohl der Gedanke gekommen war, dass sie möglicherweise abgehört wurden? Roland Dumas, der frühere französische Außenminister, hatte kürzlich in einem Interview mit der *Süddeutschen Zeitung* Andeutungen über gewisse Pikanterien gemacht, sodass man wohl davon ausgehen musste. Waren solche Bespitzelungen inzwischen auch bei uns möglich?, überlegte er weiter. Vielleicht sogar an der Tagesordnung? Nutzte Mayer bereits seinen Apparat in ähnlicher Weise wie die *RG* in Paris?

22

Bonn, Redaktion des *Energy Report*

»Ist sonst zwar nicht üblich, aber den Einstieg in diese Story sollten wir gemeinsam genießen«, sagte Deckstein. »Lies uns doch bitte mal den Vorspann vor, Gerd.«

»Gerd hat sich nämlich für den Anfang einen Kunstgriff einfallen lassen«, erklärte Sabine, als sie Vanessas fragenden Blick sah. »Er lässt die Story mit dem dicken Ende beginnen, mit dem Blick durch die Brille des Richters. Am Schlusstag von einem dieser ganzen Prozesse nach dem Skandal hat der hammerstarke Sätze losgelassen!«

Overdieck setzte seine Lesebrille auf und zog seinen Laptop zu sich heran. »Ich bitte aber um absolute Ruhe, wenn ich schon bereit bin, den Vorspann von einer Geschichte vorzulesen, die die Welt oder zumindest Deutschland verändern wird.« Er schaute zu Deckstein hinüber. »Während Ihr alle diskutiert habt, hab ich mir erlaubt, noch einen Satz über die aktuelle Lage voranzustellen. Wenn sonst noch was fehlt, sollten wir anschließend darüber sprechen.«

Er begann mit der geplanten Headline. »Nukleares Inferno durch Islamisten.« Er sah kurz auf, um die Reaktionen seiner Kollegen zu prüfen. »Darunter steht – hab ich eben neu formuliert: Haben deutsche Unternehmen den Stoff für die Bombe geliefert?« Er sah Deckstein an: »Du kannst ja gleich mit Conradi klären, ob wir das alles so stehen lassen können.«

»Ich bespreche das mit ihm und melde mich dann.«

»Jetzt also der Vorspann«, sagte Overdieck.

»Terroristen drohen, eine nukleare Bombe zu zünden. In Berlin jagt eine Krisensitzung die andere. Wie *Energy Report* aus Regierungskreisen erfahren hat, besteht ein Zusammenhang zwischen der jetzigen Bedrohung und einem lange zurückliegenden Schmiergeldskandal in der Atomindustrie. Damals sind mehrere Atommanager und ein deutscher Ministerpräsident auf brutale und vor allem mysteriöse Art und Weise ums Leben gekommen. Inzwischen liegen uns Hinweise dafür vor, dass sich der Hauptbeschuldigte im Untersuchungsgefängnis nicht selbst umgebracht hat. Die Aufklärung der Todesumstände des Atommanagers Heinz Genske könnten einen weiteren Skandal aufdecken.

Die Untersuchungen der Staatsanwaltschaft und verschiedener parlamentarischer Untersuchungsausschüsse zum Schmiergeldskandal waren seinerzeit noch im Gange, als der Verdacht auftauchte, dass deutsche Unternehmen Plutonium nach Libyen und Pakistan verschoben hatten.

Ins Fadenkreuz der Staatsanwaltschaft gerieten rasch der Atommanager Heinz Genske und einige seiner Kollegen. Genske starb bald darauf im Untersuchungsgefängnis. Mord oder Selbstmord?

Ein paar von Genskes Managerkollegen kamen vor Gericht und wurden verurteilt. Am Schluss der langen Serie von Prozessen fragte sich der Richter, ob die richtigen Köpfe gerollt waren. Wer waren die eigentlichen Strippenzieher in diesem Skandal, der die Welt kopfstehen ließ?

Wir, die Redaktion des *Energy Report* sind dieser Frage nachgegangen, und auch anderen, die in diesem Zusammenhang gestellt werden müssen.

Wir blenden zurück. Ein Montag im Juni 1991: Zwei Topmanager der Atomfirma Transnuklear erleben den letzten Tag ihres Prozesses vor dem Hanauer Landgericht. Der Richter erklärt in seinen Schlussworten, der Prozess habe besonders die verbreitete Korruption in der deutschen Industrie gezeigt. ›Die Geldgier einiger Mitmenschen ist unberechenbar!‹ Mit diesen Worten fasst der Richter seine Erfahrungen zusammen. Sein vernichtendes Urteil über die Atomfirmen basiert auf Fakten, die die Hanauer Staatsanwälte zusammengetragen haben. Die bezeichnen die Zustände dort als ›sizilianisch-mafios‹. Und sie sagen eindeutig: ›Geld ging vor Sicherheit‹.«

Overdieck stoppte und schob den Laptop ein wenig zur Seite.
»Ich find den Einstieg gut«, sagte Deckstein.
»Mächtig gut, Gerd!« Vanessa klatschte Beifall. »Wenn ich das als Volontärin mal so sagen darf«, sagte sie, »dieser Satz von dem Richter ist ja genial. ›Die Geldgier einiger Mitmenschen ist unberechenbar.‹ Klingt in meinen Ohren, als hätte der Mann eine Menge Erfahrung. Als hätte er ein Resümee aus unzähligen Wirtschaftsprozessen und nun seinen ganzen Frust darüber rausgelassen, dass sich so gut wie nichts ändert.«

Deckstein schob mit einem lauten Ruck seinen Stuhl zurück, sprang auf und riss die Arme hoch. Sofort wurde es mucksmäuschenstill. Alle verharrten in ihrer Bewegung.

»Du hast all diesen Topmanagern und Kanzelpredigern aus der Atomriege den Marsch geblasen. Dafür danken wir dir, Richter!«, verkündete Deckstein in pathetischem Ton.

Sabine überlegte angestrengt, wieso er plötzlich rot wurde. War das durch seine abrupte Bewegung ausgelöst worden? Verlegen wurde er nach einem solchen Auftritt doch eigentlich nie. Wahrscheinlich die heftige Bewegung – und das nebenbei geleerte Glas Rotwein, dachte sie. Außerdem lässt er wohl seinen ganzen inneren Druck ab.

»Die Atomgurus«, fuhr Deckstein, der nichts von Sabines Gedanken ahnte, mit salbungsvoller Stimme fort, »stellen sich nicht mehr da oben hin und tönen laut von der Kanzel: ›Ihr da unten in der Gemeinde, die Ihr nichts wisset, seid nur ruhig, und vertrauet auf uns. Höret, wir haben alles im Griff!‹«

Dann wurde er plötzlich heftig. »Der Richter hat denen den selbst aufgesetzten Heiligenschein«, rief er, und seine Rechte kreiste über seinem Kopf, »schlichtweg vom Haupt geputzt.«

Mit einer heftigen Bewegung riss er sich den imaginären Heiligenschein vom Kopf und beendete seine Vorführung. So schnell, wie er aufgestanden war, setzte er sich wieder. Er schlug mit der Faust auf den Tisch und rief: »Weg mit diesen Kontrollillusionen!«

»Du solltest mal in der Kirche auftreten«, lästerte Sabine. »Dann hätten die immer ein volles Haus. Mir kommen im

Augenblick allerdings noch ganz andere, vor allem praktische Gedanken. Der Vorspann von Gerd, Vanessas Reaktion und deine eigene Predigt haben dich wohl so gepackt und benebelt, dass du ganz vergessen hast, dass wir gar nichts zu trinken haben. Du hast ja deinen Rotwein gesüppelt. Aber ich kenn dich doch! Ohne Kaffee geht's bei dir nach dem Weinchen doch auch nicht. Irgendwo wirst du hier doch auch einen Kaffee stehen haben, oder?«

Sabine, die sich vor Lachen kaum halten konnte, war bei ihren letzten Worten ebenfalls aufgestanden. Sie ahmte Deckstein nach und tänzelte mit hocherhobenen, weit ausgebreiteten Armen suchend durch das Büro. Auf einem der gläsernen Couchtische vor der italienischen Ledersitzgruppe sah sie die silberne Kaffeekanne und Kaffeetassen stehen. Ulla hat mal wieder an alles gedacht.

»Ha, da steht ja doch alles! Oder erwartest du noch Besuch?«, fragte sie Deckstein vorsichtshalber.

»Nein. Da siehst du mal wieder, was wir an Ulla haben! Die sorgt für alle und denkt an fast alles«, erwiderte Deckstein lachend.

»Sie ist wirklich ein Schatz«, sagte Sabine. »Möchtest du lieber Tee oder Wasser, Rainer? Vanessa, was ist mit dir? Was möchtest du?«

»Nehmt euch was zu trinken«, rief Deckstein dazwischen. »Ich lese inzwischen mal weiter. Ihr kennt die Geschichte ja schon.«

Während Sabine und Mangold sich einen Kaffee eingossen, holte Overdieck eine Flasche Wasser und zwei Gläser für Vanessa und sich selbst. Deckstein fischte eine Zigarette aus der vor ihm liegenden Packung, zündete sie an und tat einen tiefen Zug.

Kaum hatte Sabine den ersten Zigarettenrauch gerochen, schimpfte sie los: »Dir ist anscheinend völlig egal, wodurch wir umkommen, ob durch eine Al-Kaida-Bombe oder dieses Zeug da.«

»Wenn's dich allzu sehr stört, mach ich sie gleich wieder aus«, sagte Deckstein versöhnlich. Er nahm noch einen tiefen

Zug und sah Sabine an. Deren Protest war wohl nicht ganz ernst gemeint gewesen. Er beugte sich über die vor ihm liegenden Manuskriptseiten und las den Vorspann noch einmal durch.

»Ich sehe, Sie, ... eh, du schüttelst den Kopf.« Das Du kam Vanessa noch nicht so einfach über die Lippen. »Bist du da, wo die Staatsanwälte richtig zur Sache kommen?«, fragte sie leise.

»Nein, ich denk darüber nach, welche Rolle genau unser Freund Genske in diesem sizilianisch-mafiosen System gespielt hat. Wir müssen unbedingt den Staatsanwalt in Hanau anrufen. Erinner mich bitte nachher noch mal daran. Mich interessiert, wer Genske im Gefängnis besucht hat und wer die letzten Besucher waren. Und dann müssen wir uns noch um sein Todesermittlungsverfahren kümmern. Ich will endlich genau wissen, wie der gestorben ist. Da gibt es mir doch zu viele unterschiedliche Aussagen. Aus meiner Sicht deutet einiges darauf hin, dass da was vertuscht wird.«

»Todesermittlungsverfahren? Was ist das denn? Das hört sich ja richtig gruselig an!«, sagte Vanessa.

»Grob gesagt wird dabei geprüft, ob Anhaltspunkte für ein Fremdverschulden vorliegen, also, ob da jemand nachgeholfen hat«, erklärte ihr Deckstein. »Laut Gesetz ist das Verfahren vorgeschrieben, sobald der Arzt, der den Totenschein ausstellt, keinen natürlichen Tod feststellen kann. Dass einer an einer Krankheit oder so abgenippelt ist. Genske ist ja ganz offensichtlich keines natürlichen Todes gestorben. Normalerweise wird das Ganze ab dann blutig.«

»Lass gut sein! Du brauchst nicht weiterzuerzählen. Das reicht mir schon!«

»Nur kurz, Vanessa. Normalerweise gibt's dann eine Obduktion, um herauszufinden – wir sprechen hier ja über Genske –, unter welchen Umständen der Mann umgekommen ist. Jemand könnte ihn betäubt haben, bevor er ihn anschließend aufgehängt oder aufschlitzt hat oder was auch immer. Bei Genske hat es trotz der merkwürdigen Todesumstände keine Obduktion gegeben. Jetzt bin ich gespannt, wie das Todesermittlungsverf ...«

»Halt, hör auf!« Vanessa hielt sich die Ohren zu. »So genau wollte ich es gar nicht wissen. Wir können ja irgendwann noch mal darüber sprechen, aber jetzt ist mir nicht danach. Ich hatte eigentlich eine ganz andere Frage. Wenn ich das hier und alles andere, was ich sonst in unserer Story gelesen habe, Revue passieren lasse, dann wundert es mich doch, wieso die Branche das überhaupt überlebt hat. Kannst du mir das sagen?«

»Für die Atomindustrie gab es danach den ersten wirklich großen Einschnitt. Die meisten Hanauer Unternehmen haben den nicht überlebt. Die deutsche Atomindustrie wurde in aller Stille neu geordnet. Schon das hat viele gewundert – eigentlich hatte man mit starkem Widerspruch aus deren Lager gerechnet. Ich geh davon aus, dass der Druck von außen immer größer wurde. Den Plan für die Neuordnung hatte übrigens der damalige Vorstandschef der Deutschen Bank zusammen mit dem Reaktorsicherheitsminister Töpfer ausgeheckt. Kurz darauf kam dieser Banker bei einem bis heute unaufgeklärten Sprengstoffanschlag ums Leben, den man der Rote-Armee-Fraktion zugeschrieben hat. Die Sprengstoffexperten haben aber schon bald rausgefunden, dass die RAF nicht über die technische Perfektion verfügte, die für den gezielten Anschlag notwendig war. Aber zurück zu deiner Frage: Dass noch was von der Branche übriggeblieben ist, verdankt sie aus meiner Sicht vor allem den Machtgelüsten der Politik. Die hätte halt weiter gern den Zugriff auf alles, was den Bau einer Atombombe ermöglicht.«

Vanessa bekam immer größere Augen. »Ich ... ich, ich werd nicht mehr!«, stotterte sie. »In der kurzen Zeit, die ich hier bin, wird mein Weltbild fast täglich völlig umgekrempelt. Du meinst, die Deutschen arbeiten im Stillen«, sie zögerte einen Moment, »so ganz unbemerkt daran, eine A-Bombe zu bauen?«

Deckstein sah sie einen Moment lang an. »Das ist nicht dein Ernst! Glaubst du, die Maßnahmen hier im Land zum Bau von A-Bomben seien ganz unbemerkt geblieben? Wie auch immer, darum geht's ja jetzt nicht. So viel steht jedenfalls fest: Bei dem Hanauer Atomskandal sind so unglaubliche Sachen hochgekommen, dass die Branche nicht überlebt hätte, wenn es nicht auch um weiter gesteckte Ziele des Staates gehen würde. Präziser gesagt, die Ziele von bestimmten Machtpolitikern natürlich.«

»Ich kann's immer noch nicht glauben!«

»Die Atomfirmen haben nach dem Skandal damals zwar bluten müssen«, sagte Deckstein, »aber es traf ja keine Armen. Diese Strommonopolisten haben das über den Strompreis und satte Fördermillionen für Atomtechnikentwicklungen aus dem Forschungsetat des Bundes ganz schnell wieder reingeholt. Und die Regierung kann nach wie vor auf alles zugreifen, was für einen Bombenbau nötig ist.« Deckstein beugte sich vor. »Eine ganz andere Sache ist, dass Genske und ein Paar andere für die Dunkelgeschäfte der Branche mit ihrem Leben bezahlen mussten. Aber denen, die dafür verantwortlich sind, sind wir ja auf der Spur!«

»Wenn wir die Geschichte veröffentlicht haben, knalle ich die meinem Vater auf den Tisch. Ich bin mir sicher, der fällt in Ohnmacht!«, sagte Vanessa.

»Glaubst du wirklich, was du da sagst?«, fragte Deckstein und sah sie skeptisch an. »Lass uns mal lieber weiterlesen, sonst kriegen wir noch ernsthafte Probleme mit dem Veröffentlichen.« Er beugte sich wieder über das Manuskript.

»Der erste grüne Umweltminister Hessens, Joschka Fischer, war erst kurz im Amt. Aber lange genug, um bereits durchzublicken. Lange bevor die Staatsanwälte die Zustände in der Atomfirma als ›sizilianisch-mafios‹ kritisierten, hatte er bereits in seinem Tagebuch notiert: ›Was ist da eigentlich legal, was illegal?‹ Für ihn steht fest, ›dass der Hanauer Atomsumpf ... grundsätzlich aufgerollt werden muss‹.

Dieser ›Atomsumpf‹, bestehend aus sechs deutschen Unternehmen, liegt am Rande der Stadt Hanau, inmitten des großen idyllischen Bulau-Waldgebietes. Malt man sich die nationalen und internationalen Verflechtungen sowie die gegenseitigen Beteiligungen der dort angesiedelten Betriebe aufs Papier, ähnelt das

Ergebnis dem filigranen Netz einer Spinne. Berührt man einen Faden stärker, überträgt sich die Erschütterung auf das gesamte Netz. Wo hängt was und wie mit wem zusammen, ist hier selbst für Insider manchmal schwer zu durchschauen.

Eine der Firmen produziert den gesamten Brennstoff für alle deutschen und einige ausländischen Atommeiler. Stoppt die Produktion, aus welchen Gründen auch immer, kommt es zu ernsthaften Schwierigkeiten bei der Brennstoffversorgung der Atomkraftwerke.

Ein anderes Unternehmen aus diesem Hanauer Netzwerk ›entsorgt‹ für die meisten deutschen Atomkraftwerke die sogenannten harmlosen atomaren Abfälle. Das bedeutet konkret, dass es die ›Abfälle‹, die noch angereichertes Uran und Plutonium enthalten, das sind die Ausgangsstoffe für die Bombe, zur Weiterverarbeitung über den Lübecker Hafen nach Studsvik in Schweden transportiert. Dort kommt aber nicht immer an, was auf die Reise geschickt wurde. Das belegt ein Gutachten, erstellt im Auftrag der Hansestadt. Was mit den verschwundenen Atom-›Abfällen‹ passiert ist, beleuchten wir später.

Die eine Hälfte der jährlich anfallenden ›Abfall‹-Transporte geht zum Atomzentrum Mol in Belgien. Dort gibt das deutsche Unternehmen den Ton an. Diese weitgehend unkontrollierten Transporte laufen acht bis zehn Jahre in aller Stille ab. Damit wird beschrieben, dass bis dahin angeblich niemand bemerkt hat, welche dunklen Machenschaften dieses Unternehmen betreibt.

Der Grünen-Minister gibt den Auftrag, die Legalität dieser Firmen von Gutachtern untersuchen zu lassen. Das Ergebnis ist niederschmetternd. Er notiert erneut: Das ›Gutachten (kommt, d. Red.) in der Tat ... zu ebenso schlichten wie phantastischen Ergebnissen: Alle Hanauer Nuklearbetriebe ... sind die größten und gefährlichsten Schwarzbauten der Republik‹!«

Deckstein merkte, dass er einen furchtbar trockenen Mund bekommen hatte. Wohl noch eine Nachwehe nach dem gestrigen alkoholisierten Abend. Er sah auf die Uhr: schon Viertel nach Zwölf.

»Gerd, hast du für eine durstige Kehle vielleicht noch ein bisschen Wasser in deiner Flasche? Sonst muss ich mir extra eine holen.«

Overdieck reichte ihm die Wasserflasche. In der Rechten die Manuskriptseiten, in der Linken das gefüllte Wasserglas, lehnte sich Deckstein in seinem Schreibtischsessel zurück. Im nächsten Moment schnellte er wieder nach vorn. Die anderen sahen ihn erschrocken an.

»Entschuldigt bitte, aber mir ist da gerade was sehr Wichtiges eingefallen«, sagte er. »Haben unsere Verlagsjuristen und auch die Dokumentationsabteilung die Geschichte schon geprüft? Sonst brauch ich ja gar nicht weiterzulesen. Es geht hier um Firmenbelange, weißt du«, sagte er an Vanessa gewandt. »Wenn wir gegenüber unseren Juristen auf Nachfrage nicht jeden rechtsrelevanten Fakt dokumentieren können, kommen wir mit unserer Story nicht durch.«

»Du kannst ruhig weiterlesen«, warf Sabine ein. »Was du da in der Hand hast und noch ein paar weitere Teile, das ist alles schon durch. Und alles, was noch kommt«, erklärte sie der Volontärin, »lassen wir natürlich auch checken. Die Zitate aus Vernehmungsprotokollen und Vermerken der Landeskriminalämter, BKA- und BND-Vermerken und was weiß ich, das ist bisher alles abgesegnet worden.« Sie sah, wie es in Vanessa arbeitete.

»Ich hab da nur noch eine kurze Frage«, sagte Vanessa. »War das denn wirklich so? Dieser ganze Skandal ist nach bald zehn Jahren nur durch den Auftritt eines neuen Geschäftsführers aufgedeckt worden? Urplötzlich ist der da! Für mich kommt hinzu, dass ich da nirgendwo eine richtige Begründung finden kann, warum es diesen Dr. Hans-Joachim Fischer da überhaupt so plötzlich gibt.« Sie sah mit ratlosem Gesicht in die Runde. »Und dann avanciert er auf der Bühne dieser Atomskandal-Firma TNH«, fuhr sie fort, »quasi zum wirklich unbequemen Hauptdarsteller und nervt die anderen. Und die Vorstände der Mutterfirmen und, was weiß ich, wer da sonst noch was zu sagen hatte, die lassen den alle einfach so weitermachen?

Obwohl absehbar ist, dass der aus der Firma einen Scherbenhaufen macht? Kapier ich nicht. Und dann«, ihre Stimme wurde lauter, »sind da von unten bis ganz oben in der Hierarchie viele Leute in den Skandal verwickelt und nur einer aus dem Unternehmen springt später über die Klinge, nämlich Genske? Da muss doch was gedreht worden sein!«

»Scharf erkannt, Vanessa«, sagte Overdieck. Er lehnte sich wieder mal in dem schwarzen italienischen Ledersessel so weit zurück, dass die Lehne knarrte und sich verformte. Deckstein machte ein unglückliches Gesicht. »Du legst den Finger in die Wunde der Atomwirtschaft«, fuhr Overdieck fort. »Ein einziger Hansel räumt plötzlich den ganzen Atomladen auf. Wer das für Zufall hält, glaubt auch an den Klapperstorch. Es wird dich nicht überraschen, Vanessa, aber das hat sich schon damals ein Bundestagsabgeordneter gefragt. Er hat zwar verwundert getan, aber ich glaube, der wusste genau, was da gespielt wurde. Ich kann dir zeigen, wo du das nachlesen ...«

»Trotzdem, Gerd«, fiel ihm Vanessa ins Wort. »Dieser Typ hat im Januar seine Stelle da angetreten. Der Erste war ein Freitag – ich hab das nachgesehen. Dann hat der sich den Laden ein paar Tage angeschaut, die Post durchgeblättert – und schon soll er fündig geworden sein? Nachdem rund zehn Jahre lang keiner was gemerkt haben will?«

»Ich hab ja eben schon gesagt, wer das glaubt ...«

Mangold ließ seinen Kollegen nicht ausreden. »Der glaubt auch immer noch, dass die Erde eine Scheibe ist. Wir sollten Vanessa vielleicht erzählen, was wir während unserer Recherchen zum Fall Genske noch festgestellt haben: Man darf diesen Atomskandal nicht losgelöst betrachten, er ist natürlich in ein politisches Umfeld eingebettet. Während Genskes hessisches Atomunternehmen mit mehr als zwanzig Millionen Mark Schmiergeld – damals waren es noch D-Mark –, die Landschaft pflegte, hat eine christliche Partei desselben Landes fast zur gleichen Zeit Millionen am Fiskus vorbei in ausländische Steuerparadiese geschleust. Da fragt es sich doch, inwieweit die betroffenen Politiker auch im Fall Genske, also im großen

Atomskandal, mitgemischt haben. Haben sie die Atompolitik beeinflusst? Diese Fragen sind ja nicht ganz uninteressant, oder?« Er sah in die Runde und fuhr mit erhobener Stimme fort: »Und woher kam überhaupt das Geld, das die in die Steuerparadiese rein- und für Wahlkampfzwecke wieder rausgeschleust haben? Sind da auch Atomunternehmen dran beteiligt gewesen? Wir haben das untersucht und sind auf ganz interessante Sachen gestoßen. Steht ja alles in der Story drin. In der Schweiz, wo die Partei auch ihr Geld gebunkert hatte, sind wir plötzlich auf die Spuren des Thriller-Autors John le Carré gestoßen ...«

»Ist ja irre!«, unterbrach ihn Vanessa. »Da bunkert eine christliche Partei Millionen auf Schweizer Banken, und ein Teil stammt womöglich von Atomunternehmen. Die haben das Geld natürlich auch nicht umsonst investiert!«

Deckstein nickte und beugte sich wieder über den Text. Vanessa blätterte kopfschüttelnd in den Seiten ihres Exemplars. Die anderen waren bereits wieder ins Lesen vertieft.

Eine Weile herrschte konzentriertes Schweigen.

»Wenn du weiterliest, Vanessa, bekommst du schon andeutungsweise eine Antwort auf deine Frage, ob der ganze Hanauer Skandal wirklich nur von einem einzigen Mann ausgelöst wurde«, sagte Deckstein.

»Wir sind uns ziemlich sicher«, fügte Overdieck hinzu, »dass da irgendjemand im Hintergrund die Strippen gezogen hat. Den oder die findest du da noch nicht, aber wir sind ihnen auf der Spur.«

»Klingt ja alles sehr geheimnisvoll, Gerd«, sagte Vanessa und las weiter.

»An der Spitze der Atomfirma TNH gibt es einschneidende Veränderungen. Mit Dr. Hans-Joachim Fischer tritt ein neuer kaufmännischer Geschäftsführer seinen Dienst an. TNH heißt übrigens mit vollem Wortlaut Transnuklear. Der geläufigen Abkürzung TN wird gerne ein ›H‹ angehängt, um deutlich zu machen, dass TN in Hanau seinen Sitz hat.

Die auf den ersten Blick harmlos erscheinende Veränderung in der Geschäftsführung der Firma birgt Sprengstoff dessen Explosivkraft alles bisher Dagewesene in der Atomlandschaft überbietet. Der Neue entdeckt bei TNH sehr schnell kriminelle Machenschaften. Erst viel später stellt sich heraus, dass er zuvor bereits gut präpariert gewesen sein musste. Zwei Juristen der Transnuklear-Mutter NUKEM hatten zuvor das Unternehmen im Streit verlassen oder mussten gehen. Sie hatten den NUKEM-Boss immer wieder auf Unregelmäßigkeiten und Ungereimtheiten im Unternehmen hingewiesen.

Dass Hans-Joachim Fischer sich nun plötzlich so einen starken Auftritt erlauben kann, geht sicherlich zu erheblichen Teilen auf das Konto verschiedener Geheimdienste. Zum einen intervenierte die US-Regierung aufgrund der Ermittlungen der CIA immer wieder mit sogenannten Non-Papers gegen die laxe Atom-Exportpolitik der Bundesregierung. Non-Papers haben nicht den Charakter von offiziellen diplomatischen Noten zwischen Regierungen. Sie geben aber die Haltung der Regierung wieder.

Rund einen Monat vor dem Amtsantritt des Dr. Fischer war es mal wieder so weit. Die CIA übermittelte über das amerikanische Außenministerium dem jungen US-Botschafter in Bonn, Richard Burt, ein solches Non-Paper. Der hatte bis dahin bereits die deutschen Politiker mit seiner forschen, direkten und fast als imperial empfundenen Art immer wieder schockiert. Nun schickte Burt einen hochrangigen Botschaftsmitarbeiter mit einem in klarer Sprache und ohne jede Floskel aufgesetzten Non-Paper zum Bonner Auswärtigen Amt. ›Da Tritium direkt in Atomwaffen verwendbar ist‹, hieß es in dem Papier, ›möchten wir die Bundesregierung auffordern ... sicherzustellen, dass keine deutsche Firma Tritiumtechnologie nach Pakistan exportiert.‹ Das Non-Paper richtete sich zum einen gegen eine kleine deutsche Firma unweit von Transnuklear. Sie hatte solche Technologie an Pakistan geliefert. Und TNH hatte über verschiedene Wege das dazu benötigte Tritium geliefert.

Aber nicht nur Washington zeigte sich alarmiert. Die Berichte des Mossad hatten die israelische Regierung aufgeschreckt. Auch sie wurde in Bonn vorstellig. Die Israelis wollten verhindern, dass Pakistan zur Atommacht wurde. Darüber hinaus belegen die heute ausgewerteten Unterlagen der Stasi, dass auch sie voll im Bilde waren. Auf die Regierung in Bonn wurde von mehreren Seiten ein immer stärker werdender Druck ausgeübt. Die hat den Druck an die Atomunternehmen weitergegeben.

Hans-Joachim Fischer konnte jedenfalls aus heiterem Himmel ein solches Trommelsolo veranstalten, dass den Spitzen der Riesenatomkonzerne in den nächsten Monaten nicht nur das Trommelfell schmerzte. Staatsanwälte wurden tätig. Schon bald wurden immer mehr Einzelheiten bekannt. In Wiesbaden, Bonn und sogar in Brüssel tagten Untersuchungsausschüsse. Das Thema sprengte im Nu die Grenzen.

Der Vorsitzende des Bonner Atom-Untersuchungsausschusses, Hermann Bachmaier, fragte die geladenen Staatsanwälte mit scheinheiliger Miene: ›Ist er (der Neue, d. Red.) eventuell schon mit dem Behufe dort eingestellt worden, ... aus den Fugen geratene Dinge wieder ins Lot zu bringen?‹ Indirekt unterstellte er mit der Frage, dass die Anteilseigner von TNH vorher bereits mehr gewusst haben mussten. Aber auch, dass da mehr passiert sein konnte, als bisher öffentlich bekannt geworden war. Vor allen Dingen, was war da alles aus den Fugen geraten? Wurde Stoff für die Bombe verschoben? Wohin? Noch stocherten die Ausschüsse in Wiesbaden, Bonn und Brüssel im Nebel. Es konnte aber jeden Augenblick eine politische Bombe hochgehen, sollte sich das bestätigen.«

Alle schreckten hoch, als Ulla Brandt mit zwei Blättern in der Hand, ohne anzuklopfen, ins Zimmer stürzte. Deckstein sah sie fragend an. Blass und mit zitternden Händen reichte sie ihm einen der beiden Zettel.

23

Meckenheim, BKA-Dependance

Ein Blick auf seine Armbanduhr zeigte Conradi, dass ihm noch ein wenig Zeit blieb, bis er mit dem Hubschrauber zum Köln-Bonner Flughafen starten würde. Er streckte sich. Gleich würde er Daniel Deckstein treffen, doch die Freude auf das Wiedersehen mit dem Freund wurde getrübt durch das, was sie zu besprechen hatten. Conradi seufzte. Der Gedanke an den Rückflug mit dem Minister nach Berlin heiterte ihn auch nicht gerade auf.

Der glaubt womöglich immer noch, dass sich Al-Kaida, wenn überhaupt, nur eine *dirty bomb* beschaffen oder selbst eine basteln könnte, dachte Conradi. Dabei hatte er den Minister erst kürzlich mit einem drastisch formulierten Vermerk vor diesem Trugschluss gewarnt. Die Iraner, hatte er geschrieben, verfügten längst über handliche Atombomben. Wenn es ihnen nützte, würden sie auch Terrorgruppen wie Al-Kaida damit ausstatten und in die Lande schicken. Lensbach hatte prompt reagiert und ihn in sein Büro beordert.

»Gehen Sie bloß schnell rein, Herr Conradi!« Mit diesen Worten hatte ihn Rita Helmes, die Sekretärin des Ministers empfangen. »So aufgeregt hab ich den Chef selten erlebt. Hoffentlich reißt er Ihnen nicht den Kopf ab, so wie der im Augenblick drauf ist!«

»Tag, Conradi.« Lensbach war in der Tür seines Büros erschienen und hatte Conradi hektisch hereingewinkt.

Die ganze innere Erregung des Ministers drohte sich über Conradi zu ergießen. Außer der heiklen politischen Lage gab es persönliche Probleme, die Lensbach belasteten. Nach einem schweren Fahrradunfall hatte er sich einer Hüftgelenksoperation unterziehen müssen und war über Wochen an den

Rollstuhl gefesselt gewesen. Auch jetzt noch konnte er sich nur mit Mühe, auf Krücken gestützt, bewegen. Ein furchtbarer Zustand für den schlanken, mittelgroßen Mann, der so viel Wert auf eine elegante Erscheinung legte und stets im dunklen, meist nadelgestreiften Anzug mit obligatorischem, zur Krawatte passendem Einstecktuch erschien.

Seine wulstigen Lippen waren weit vorgeschoben. Ein Zeichen der inneren Erregung und der Abwehr, wie Conradi wusste. Jetzt hieß es, in den ersten Minuten vorsichtig zu taktieren, damit Lensbach sich ein wenig beruhigte. Dann könnte es vielleicht noch zu einem vernünftigen Gespräch kommen.

Conradi erkundigte sich, wie die Hüftoperation verlaufen sei.

»Geht schon«, knurrte der Minister. Er bewegte sich mit seinen Krücken zu seinem Schreibtisch und fuhr Conradi über die Schulter an: »Woher wollen Sie denn wissen, dass die Iraner schon lange über unser Karlsruher Nassveraschungsverfahren verfügen? Sie wollen mir doch wohl nicht einreden, dass die Atombomben auf Plutoniumbasis bauen könnten!«

Mit einem Stöhnen ließ sich Lensbach in seinen Schreibtischsessel fallen. Seine mittelblonden Haare saßen straff geordnet und gerade gescheitelt auf seinem, für seine übrige Körpergröße, zu langen, eierförmigen Kopf. Einzig eine angedeutete Tolle vorne im Haar, sorgte für eine kleine aufgelockerte Note.

»Setzen Sie sich, und erzählen Sie mir alles, was Sie über das Bomben-Plutonium wissen!«, sagte er.

Conradi nahm auf dem Stuhl vor dem Schreibtisch Platz und wiederholte, was er bereits in seinem Vermerk geschrieben hatte. Teheran habe das Plutonium durch das deutsche, im belgischen Mol erfolgreich erprobte Nassveraschungsverfahren, gewonnen. Die Pläne für die Anlage hätten die Iraner von pakistanischen Atomwissenschaftlern bekommen, die damals auf Einladung der belgischen Regierung in Mol ihr Wissen gesammelt hätten.

Lensbach brauchte eine ganze Weile, um das Gehörte zu verdauen.

»Trinken wir erst mal einen Kaffee«, sagte er dann zu Conradis Überraschung, drückte auf die Sprechtaste seines Telefons und bat seine Sekretärin, Kaffee zu bringen.

»Kommen Sie, lassen Sie uns drüben Platz nehmen.« Lensbach wies auf die große Fensterfront, vor der sich eine regelrechte Couch-Landschaft aus zwei dreisitzigen dunkelbraunen Ledersofas und mehreren dazugehörigen wuchtigen Sesseln entfaltete.

»Vorher müssen Sie mich aber bitte einen Augenblick entschuldigen. Ich muss ein dringendes Telefonat führen«, fügte er hinzu und verließ, auf seine Krücken gestützt, den Raum.

Conradi schlenderte zur Fensterfront hinüber und genoss die Aussicht auf das Regierungsviertel, die nur von einem großen Gesteck dunkelroter Gladiolen unterbrochen wurde, das auf einer hellen Marmorkonsole vor einem der vielen hohen Fenster stand. Lensbachs Büro lag im dreizehnten Stock des gläsernen Turmes. Von hier aus hatte man einen weiten Blick bis hinüber zum Reichstag und über die Spree bis zum neu erbauten Regierungsviertel im Tiergarten.

Rechts von der Fensterfront standen in riesigen anthrazitfarbenen metallenen Kübeln die in den Leitungsetagen der Ministerien und Konzernen wohl unverzichtbaren Birkenfeigen. Conradi hatte einmal mit einem Gärtner darüber spekuliert, ob in den Büros dieser Welt inzwischen mehr Exemplare der Gattung *ficus benjamini* stünden, als in der Natur zu finden seien.

Die Sekretärin brachte den Kaffee, stellte die goldumrandeten Tassen aus Meißner Porzellan auf den Couchtisch und eine Schale Kekse dazu.

»Schwarz oder Milch und Zucker, Herr Conradi?«, fragte sie und lächelte ihn an.

Noch bevor er antworten konnte, kam der Minister wieder ins Zimmer gehumpelt und ließ sich ächzend auf einem der Ledersessel nieder.

»Sie wissen doch besser als ich, Herr Minister«, sagte Conradi, »dass die Einschätzungen der amerikanischen Regierung, die auf den Analysen der CIA beruhen, meist so wenig mit der Realität zu tun haben wie eine Fotomontage. Hinzu kommt, dass Washington uns auch ohnehin nur das Lagebild zeigt, das ihren Vorstellungen und Interessen entspricht. Viele Puzzlestücke dieser Bilder stammen dazu noch, wie Sie wissen, vom Mossad. Und die Israelis haben ja auch wieder ihre eigene Sicht auf den Nahen Osten.«

Lensbach nickte.

»Als Bush Junior es über Bagdad Bomben regnen ließ, haben im Mossad-Hauptquartier mit Sicherheit die Sektkorken geknallt. Der Mossad hatte Washington wissen lassen, dass Saddam Hussein, einer der ärgsten Feinde der Israelis, an der Atombombe arbeiten würde und auch sonst der größte Halunke sei, der Terroristen unterstütze. Oder nehmen Sie Pakistan. Pakistan ist doch immer noch das beste Beispiel.«

»Wieso?«, fiel ihm Lensbach ins Wort. »Was wollen Sie jetzt schon wieder mit Pakistan?«

»Neuere Information bestätigen, dass US-Präsident Reagan seinerzeit den amerikanischen Kongress bewusst belogen hat.«

»Wie bitte?«, fragte Lensbach ungläubig.

»Reagan hat dem Kongress erklärt, vierundachtzig war das, glaub ich, Pakistan hätte keine Atombombe. Da hat er den Kongress wider besseres Wissen belogen.«

»Sie wollen doch wohl nicht wirklich behaupten, dass der Präsident dem US-Kongress keinen reinen Wein eingeschenkt hat?«

»Das haben Sie aber jetzt freundlich umschrieben, Herr Lensbach. Doch, es war eine dicke Lüge! Reagan hat gesagt, die Pakistanis hätten die Bombe noch nicht. Obwohl er es besser wusste. Aber er brauchte Pakistan im Kampf gegen die Sowjets in Afghanistan, und wenn er mit der Wahrheit rausgerückt wäre, hätte der Kongress laut Gesetz keine Mittel mehr für die massiven Finanzspritzen an die Freunde in Islamabad freigeben können.«

»Nun kapier ich des langsam scho.« Wie immer, wenn er unter Stress stand, verfiel der Minister ins Schwäbeln. »Wollen

Sie mir quasi durch die Bruscht ins Auge, mitteilen, dass die Iraner A-Bomben auf Plutoniumbasis fix und fertig im Keller liegen haben und dass die in Washington das längst wissen?«

»Anders wird für mich kein Schuh draus, Herr Lensbach«, hatte Conradi gesagt. »Alle Welt will den Iranern die Urananreicherung verbieten. Dabei sind die längst erfolgreich den Plutoniumweg zur Atombombe gegangen. Die Amis wissen das und schlagen deshalb auch nicht mehr massiv zu.«

Conradi stieß einen Seufzer aus, als ihm die Bilder und Eindrücke des Gesprächs hochkamen. Mit einem Ruck sprang er vom Sessel auf und ging hinüber zum Fenster. Gedankenverloren betrachtete er den sonnenbeschienenen Herbstwald hinter der großen Wiese, während ihm die düstere Prophezeiung des Ministers durch den Kopf ging.

»Ich bin sicher«, hatte Lensbach gesagt, »dass sich Washington diesen Affentanz der Teheraner Mullahs nicht auf Dauer bieten lassen wird. Mal erklären sie, sie seien verhandlungsbereit, dann drehen sie im nächsten Moment wieder an der Schraube und blasen ihr atomares Feuer wieder richtig an.« Er hatte Conradi mit seinen eisgrauen Augen direkt angesehen und mit kaum verhohlener Wut herausgepresst: »Irgendwer, und wenn es die Israelis sind, irgendwer wird den Iranern einen ganz gewaltigen Schlag verpassen! Und dann werden die in ihren Moscheen verzweifelt auf den Knien liegen und sich wünschen, sie hätten nie so einen atomaren Mist verzapft!« Er schnaubte, griff nach einer der Krücken, die an seinem Sessel lehnten, und schwang sie in der Luft. »Aber mal im Ernst, halten Sie die Iraner überhaupt für fähig, eine Atombombe auf Plutoniumbasis zu bauen? Immerhin reden wir hier über eine komplizierte Implosionsbombe.«

»Über meine Kontakte habe ich erfahren«, hatte Conradi dem Minister genüsslich geantwortet, »dass sich im Iran inzwischen eine internationale Wissenschaftler-Crew versammelt hat. Vor allem tummeln sich da Russen, Chinesen und natürlich auch Nordkoreaner. Aber auch Spitzenleute aus Südafrika. Mit denen hatten wir ja eine innige, atomare Kooperation.«

»Ich glaub es nicht!«

»Es kommt noch dicker, Herr Minister. Meine Quellen haben mir berichtet, dass die Iraner all die Jahre mit einem hoch spezialisierten russischen Atomtechniker zusammengearbeitet haben. Sein Name ist ja inzwischen bekannt: Wjatscheslaw Danilenko. Nach Erkenntnissen der Geheimdienste hat der den Iranern den komplizierten Implosionsmechanismus für die exakte Zündung der Pu-Bombe, der Plutoniumbombe, gebaut.«

Auf dem Gesicht des Ministers breitete sich Entsetzen aus.

»Ja, dann ... dann«, hatte er gestottert, »dann müssten doch die Russen jetzt ...«

»Richtig, Herr Minister, die Russen sind sich der Dramatik bewusst. Auch die sind aus meiner Sicht über die Entwicklung der iranischen Bombentechnik auf Plutoniumbasis informiert.«

Seit diesem Gespräch hatte sich die Lage im Nahen Osten gefährlich zugespitzt. Jeden Tag wurde damit gerechnet, dass die Israelis einen Präventivschlag gegen Teheran führen würden. Washington rüstete seine Verbündeten mit Bunker brechenden Waffen auf. Während Conradi weiter gedankenverloren aus dem Fenster starrte, gab er Lensbach innerlich recht. Es stand zu befürchten, dass irgendwer sehr bald zuschlagen würde.

Dabei hat es doch seinerzeit in Zusammenhang mit dem mysteriösen Tod von Barschel immer wieder eindeutige Hinweise auf die atomaren Ziele des Iran gegeben, dachte Conradi. Vor allem ein südafrikanischer Waffenhändler hatte sich klar geäußert.

Es gab auch genügend Indizien dafür, dass der Iran über den Lübecker Hafen und von dort über das angrenzende Gebiet der DDR mit Wissen und mit Unterstützung der dortigen Politikspitzen zumindest mit uran- und plutoniumhaltigem ›Abfall‹ versorgt worden war. Auch der BND wusste mehr – er war ja wie die CIA, der Mossad und die Stasi in dieser heißen Ecke permanent präsent.

Barschel habe von diesen Geschäften gewusst, hatte es geheißen. Conradi glaubte inzwischen, dass da was Wahres dran war. Grossmann müsste darüber mehr wissen, überlegte er. Immerhin hatte der BND die Grenzübergänge in den Osten scharf beobachtet. Aber auch der Kollege vom Bundesverfassungsschutz musste da Näheres wissen. Von BKA-Chef Mayer wusste Conradi, dass Barschel damals von mehreren Geheimdiensten unter die Lupe genommen worden war. Er beschloss, nachher mit Deckstein darüber zu sprechen. Der hatte vermutlich weitere Informationen darüber, denn der *Energy Report* hatte damals groß über die ominösen Atomtransporte berichtet, bei denen immer mal wieder etwas verschwunden war, und, wie er wusste, auch mit den Diensten Kontakt aufgenommen. Was die wohl auf die Fragen der Journalisten geantwortet hatten?

Conradi nahm sich vor, überall mal auf den Busch zu klopfen. Noch ganz in Gedanken sah er sich in dem verlassenen Büro um. Vor ihm auf dem Couchtisch stand seine noch halb volle Kaffeetasse. Er trank sie mit zwei großen Schlucken aus, stand auf, zog sich sein Jackett über und sah wieder auf die Uhr. Merkwürdig, dachte er, dass sie mich noch nicht wieder zur Besprechung geholt haben. Die Experten des BKA und BND wollten ihnen doch noch eine ausführliche Zusammenfassung ihrer Analysen zu den Forderungen der Terroristen vortragen. Conradi überlegte, ob ihm danach noch Zeit bliebe, Teile der Unterlagen, die sie bereits erhalten hatten, für seinen Freund Deckstein irgendwo unauffällig zu kopieren. Er wusste, dass Deckstein, wenn er darüber schrieb, auch nicht den leisesten Hinweis darauf geben würde, von wem er die Unterlagen hatte.

Conradi ging hinüber zum Schreibtisch und suchte auf der weißen Telefonanlage unter den vielen Knöpfen die Zwei, die ihm eine BKA-Sekretärin beim Hereinkommen gekennzeichnet hatte, damit er mit einem kurzen Tastendruck problemlos sein Berliner Vorzimmer erreichen konnte.

In diesem Moment wurde die Tür aufgerissen, und der BKA-Chef stürzte herein. In der Rechten hielt er ein Blatt, mit dem er hektisch herumwedelte. Conradi war so erschrocken, dass es ihm die Sprache verschlug. Mayer war völlig außer Atem, und sein Gesicht war rot angelaufen. Er musste wie der Teufel gerannt sein.

»Ich hab hier ...«, keuchte Mayer, »hier hab ich eine neue Botschaft.«

Er ging auf Conradi zu und erklärte mit etwas ruhigerem Ton: »Entschuldige, dass ich so reingeplatzt bin. Aber uns bleibt nur noch wenig Zeit. Wir haben eine neue Botschaft von den Terroristen erhalten. Komm mit ins Konferenzzimmer. Da erfährst du alles.« Er fasste Conradi an der Schulter.

»Wir müssen das jetzt erst mal einordnen. Und dann präsentieren uns unsere Spezialisten ihre Erkenntnisse. Gleich danach fliegen Grossmann und ich in unserem Hubschrauber direkt nach Berlin. Du wirst parallel von meinen Leuten mit einem Hubschrauber von uns nach Köln geflogen. Von da fliegst du dann ja mit Lensbach weiter nach Berlin.«

Conradi griff rasch nach der roten Aktenmappe, die auf dem Schreibtisch lag. Darauf stand: »Verschlusssache Nukleare Bedrohung«. Die beiden Männer stürzten zur Tür. Mayer riss sie auf, und Conradi warf sie hinter sich zu.

***

Köln Bonn Airport

Nicht nur der dumpfe Lärm der Rotoren hielt Conradi wach, während sich der Hubschrauber langsam dem Köln-Bonner Flughafen näherte. Die Lage hatte sich dramatisch zugespitzt. Nachdem er die neue Botschaft der Terroristen in der Übersetzung aus dem Arabischen gelesen hatte, konnte er nachvollziehen, weshalb der BKA-Chef so aufgelöst bei ihm erschienen war.

Die Terroristen hatten ihre Drohung wiederholt, dass sie in einem der genannten Staaten eine nukleare Bombe hochgehen lassen würden, sollten nicht alle bestätigten, dass sie innerhalb der gesetzten Frist ihre Truppen aus Afghanistan abziehen würden. Außerdem hatten sie nicht nur gedroht, Geiseln zu nehmen, sondern auch angekündigt, an jedem Tag, der nach dem Ultimatum verstrich, eine von ihnen zu enthaupten.

Während im Konferenzzimmer in Meckenheim noch über die Folgen der Botschaft debattiert wurde, war die Nachricht gekommen, dass die Franzosen zwei ihrer Agenten in Nordafrika vermissten.

24

Moskau, Flughafen Domodedowo

Dicke nasse Schneeflocken fielen dicht aus dem eisgrauen Himmel auf den über Nacht hart gefrorenen Boden. In kürzester Zeit hatte sich Moskau in ein Objekt des Verpackungskünstlers Christo verwandelt.

»*Jobaniwrot* – verdammte Scheiße!«, murmelte der Chauffeur des Generals unentwegt vor sich hin. Die Schnellstraße Kaschirskoje Schossé, die zu dem kleinen Städtchen Domodedowo südlich von Moskau führte, neben dem Russlands größter Flughafen lag, war weder geräumt worden, noch war gestreut – und dabei war es schon später Nachmittag.

Gennadij saß neben dem General auf der Rückbank in dessen Dienstwagen Marke Wolga, in dem es laut Prospekt im Fond eine Sitzbank gab, »gefedert wie ein Sofa«. Er sah seinen Freund von der Seite an.

»Victor«, sagte er und wippte mit gequältem Gesichtsausdruck hoch und runter, »bei diesem Sofa hier müssten mal die Sprungfedern ausgewechselt werden. Pass auf, wenn du nachher zurückfährst, dass dir nicht so ein Ding im Hinterteil stecken bleibt.«

In Kenntnis der Sofaqualität hatte der General vorsorglich mehrere Kissen mitgenommen. Eines davon schob er Gennadij zu, der es sich unter den Po stopfte.

»Mann, ist das heiß hier drin!«, stöhnte Gennadij. Er sah, dass dem General dicke Schweißtropfen den Nacken hinunterliefen, die in seinem weit offenstehenden Hemdenkragen verschwanden.

Der General hatte schon kurz nach Beginn der Fahrt sein Uniformjackett ausgezogen und zusammengerollt auf die Heckablage gelegt. Seine Dienstkrawatte wippte bei jedem Schlagloch, das der schlecht gefederte Wagen mit spürbarem Widerwillen bewältigte, auf seinem prallen Bauch auf und ab. Gerade genehmigte sich der General seinen dritten Wodka aus der eigens für ihn eingebauten Bordbar. Bei der holprigen Fahrt schwappten hin und wieder Tropfen über den Rand des Glases und hinterließen dunkle, nasse Flecken auf dem grünen Halsbinder, der schon von Rändern älterer, bereits ausgetrockneter Tropfen übersät war.

»Anders als mit einem ordentlichen Wodka ist das nicht auszuhalten, Gennadij! Die Heizung meines sogenannten russischen Luxusschlittens funktioniert schon lange nicht mehr richtig«, grunzte er. »Überall diese verfluchte Schlamperei!« Er beugte sich vor und schob die beigefarbene Gardine, die den Blick in den Fond des Wagens versperren sollte, beiseite. »Warum, zum Teufel, räumen die die Straßen nicht, warum streuen sie nicht? Nicht mal hier?« Sie hatten die Abflughalle des Flughafens erreicht. »Was für ein Bild sollen die Touristen von uns, von dem einst so großen Russland, bekommen, wenn die das sehen? Jetzt haben wir für die lächerlichen vierzig Kilometer von Moskau bis Domodedowo rund anderthalb Stunden gebraucht ...«

»Genauso eine Schlamperei ist es«, fiel ihm Gennadij ins Wort, »dass die Armee dich noch mit Sommerreifen fahren lässt.«

»Wart's ab, mein lieber Freund, bis ich erst meinen Chrysler habe. Der Minister hat im Werk Nischni Nowgorod Dampf gemacht. Spätestens in einem Monat haben die gesagt. Nachdem wir in Russland von den Amis die Lizenz gekauft haben den zu bauen, sind wir in der Armee die Ersten, die welche kriegen.« Der General konnte nicht verhehlen, dass er stolz darauf war.

»Und jetzt raus, mein lieber Gennadij! *Dawei, dawei*, los, los, ran an deine taktischen Aufgaben! Dein Flugzeug wartet. Um deinen Koffer und alles andere, du weißt schon, haben wir uns bereits gekümmert. Alles ist bestens geregelt.« Der General untermalte seine Worte mit einer Geste des Geldzählens und umarmte Gennadij zum Abschied.

Kurz darauf stand Gennadij mit erhobenen Armen vor einem Wachmann in Uniform, der die Brusttaschen seines Anzuges abtastete. Ein leises Knistern war zu hören. Gennadij erstarrte. Würde der Wachmann fühlen, dass etwas darunter versteckt war? Gennadij wurde blass. Seine Nerven waren zum Zerreißen gespannt. Er hielt die Luft an und wartete darauf, dass der Kontrolleur ihn im nächsten Moment auffordern würde, alles herauszunehmen, was er in den Taschen hatte. Dann wäre er wahrscheinlich schon jetzt erledigt. Doch der Uniformierte verzog keine Miene.
»Gehen Sie bitte weiter zur Gepäckkontrolle.«
Gennadij begannen die Knie zu schlottern. Er konnte sich kaum bewegen.
»Sie müssen jetzt ihren Koffer kontrollieren lassen«, sagte der Wachmann und schob ihn weiter.
Gennadij nahm die Arme herunter und bewegte sich vorsichtig in Richtung der Tische, auf denen die Koffer ausgebreitet waren. Er war völlig durcheinander. Warum gab es jetzt noch mal eine Kofferkontrolle? Das war völlig unüblich. Die Koffer wurden doch elektronisch gecheckt.
Bisher hatte alles reibungslos funktioniert. Der Nacktscanner war ausgefallen. Die Planung von Victors Leuten war aufgegangen. Kurz bevor Gennadij an der Reihe gewesen wäre, hatte es eine »unerklärliche« Störung gegeben, die nicht sofort behoben werden konnte. Gennadij war daraufhin von einer hübschen Kontrolleurin einfach durchgewunken worden. Beim Abtasten hatte dann der Wachmann keine Miene verzogen, obwohl er gespürt hatte, dass er unter dem Anzug etwas am Körper versteckt hatte. Da war sich Gennadij sicher.
Warum also sollte sein Gepäck nun durchsucht werden? Bereits von weitem sah er seinen großen dunkelblauen Lederkoffer. Dahinter stand ein Zöllner, mindestens eins neunzig groß, breit wie ein Schrank. Sein Gesicht zierte ein riesiger Stalin-Bart, der fast seinen ganzen Mund verdeckte.
Gennadij überlegte fieberhaft, wie und warum sein Koffer mit dem brisanten Inhalt überhaupt dorthin gekommen war.

Der General und sein Fahrer hatten ihn doch vor einer Stunde Wladimir übergeben, nachdem sie ihn, Gennadij, vor der Abflughalle abgesetzt hatten.

Wladimir arbeitete in der Gepäckabfertigung des Flughafens Domodedowo. Er wurde dafür bezahlt, die Koffer der Kuriere des Generals in Moskau an den Kontrollen vorbei ins Flugzeug zu schmuggeln. In Berlin würde auf Gennadijs gekennzeichneten Koffer ein anderer Flughafenmitarbeiter warten und ihn dort wiederum an der Gepäckkontrolle vorbei aus dem Flughafen schmuggeln. Auch dieser Mitarbeiter gehörte zum konspirativen Netz des Generals, das er für die große Sache des Vaterlandes geknüpft hat – und natürlich auch für sich selbst, um ein gutes Leben zu führen.

Als Gennadij endlich vor dem Zöllner stand und ihn fragend ansah, forderte der ihn auf, den Koffer zu öffnen. Gennadij erschrak.

»Sie wissen, dass vor gar nicht langer Zeit zwei Passagiermaschinen wegen eines Terroranschlags abgestürzt sind. Neuerdings gibt's deshalb noch eine persönliche Kofferkontrolle, wenn beim elektronischen Durchchecken Fragen auftauchen. Also«, sagte der Hüne und machte eine herrische Handbewegung, »öffnen Sie schon Ihren Koffer. *Dawei, dawei.*«

»Sehe ich aus wie ein Terrorist?«, empörte sich Gennadij.

»Die zwei, die das damals gemacht haben, sahen auch nicht so aus. Wir müssen alle kontrollieren. Und nun machen Sie endlich den Koffer auf!«, sagte der Zöllner barsch.

Gennadij sah sich Hilfe suchend um. Sein Blick fiel auf einen großen Spiegel, der schräg hinter dem Mann an der Wand hing. Er musste genauer hinschauen, um festzustellen, dass er es war, der ihn daraus ansah. War er schon tot, oder kam ihm das nur so vor? Sein Gesicht leuchtete ihm kalkweiß entgegen. Während er sein Spiegelbild betrachtete, spürte er, wie ihm der Angstschweiß den Rücken hinunterlief. Wilde Gedanken schossen ihm durch den Kopf. Im Geiste sah er sich bereits in einem der berüchtigten Moskauer Gefängnisse verschwinden – der lange Arm seiner Auftraggeber reichte auch bis dorthin. Im Gefängnis würden sie ihn, ohne mit der Wimper zu zucken, kalt machen lassen, damit er nichts ausplaudern konnte.

Vor wenigen Stunden erst hatte er dem General prophezeit, dass sie in einem solchen Fall, wie es jetzt einer zu werden schien, alle miteinander dran wären. Doch als er jetzt vor Stalin-Bart stand, wurde ihm schlagartig klar, dass er sich geirrt hatte: Nicht Victor und all die anderen, die mit ihm unter einer Decke steckten, wären dran – nein, er, Gennadij, allein würde auffliegen!

Wie aus dem Nichts tauchte plötzlich hinter dem unfreundlichen Hünen eine dralle kleine Frau in Zöllneruniform auf. Gennadij, der in eine Art Schockstarre gefallen war, hatte sie nicht kommen sehen. Ihr pechschwarzes Haar war straff nach hinten gekämmt und zu einem strengen Knoten gebunden.

Wie in Trance nahm Gennadij wahr, dass sie Stalin-Bart an der Schulter fasste und zu sich herumzog. Während sie mit ihm sprach, tippte sie ihm mit dem Zeigefinger mehrfach vor die Brust und wies nach oben. Gennadij glaubte, den Gesten der Frau entnehmen zu können, dass Stalin-Bart dringend im Büro erwartet würde.

Es dauerte dann auch nicht lange, da verschwand er hinter einem roten Vorhang. Im letzten Moment wandte er sich noch einmal um und wies auf Gennadijs Koffer. Seine Kollegin gab ihm zu verstehen, dass er sich – *dawei, dawei* – davonmachen solle. Dann winkte sie Gennadij zu seiner Überraschung durch. Sie nahm den Koffer vom Tisch und stellte ihn mit Schwung auf das Laufband.

Ohne weiter nachzudenken, griff Gennadij nach seinem Handgepäck und nickte der Frau freundlich zu.

Es war ihm im Augenblick völlig gleichgültig, warum sich die Frau ganz anders verhielt als ihr bärbeißiger Kollege. Vermutlich gehörte auch sie zu Victors Netzwerk und war in alles eingeweiht. Oder man hatte sie spontan irgendwie davon überzeugt, dass es besser für sie wäre, Gennadij einfach durchzuwinken. Der General und seine Leute hatten da schon ihre Methoden, wie Gennadij wusste.

Er war erst wenige Schritte gegangen, als er plötzlich spürte, dass ihm die Beine wegzuknicken drohten. Der Schock wirkte noch nach. Die Zöllnerin schaute ihn an.

»Kann ich Ihnen helfen? Was haben Sie denn?«

»Danke, es geht schon wieder«, rief er ihr über die Schulter zu. Das Blut hämmerte an seinen Schläfen, und ihm wurde schwindelig. Reiß dich zusammen!, befahl er sich. Mach jetzt bloß nicht schlapp, sonst bist du geliefert. Mit unsicheren Schritten strebte er dem Ausgang zu.

Nach einem kurzen Fußweg, der ihm wie der Marsch in die Unendlichkeit vorkam, erreichte er das Innere der Lufthansa-Maschine, die in wenigen Minuten von Moskau nach Berlin starten würde. Das Flugzeug war schon gut besetzt. Während sich Gennadij durch den engen Mittelgang schob, kam es ihm vor, als starrten ihn seine Mitreisenden an.

Mit schnellen Blicken suchte er 10 A, die Sitzreihe mit dem für ihn reservierten Fensterplatz. In der Mitte der drei Sitze, auf 10 B, saß eine hübsche junge Frau. Ihr Anblick stimmte ihn wieder ein wenig fröhlicher. Er bemühte sich, seine Reisetasche an der jungen Frau vorbeizubugsieren, ohne sie anzustoßen. Dazu musste er sich tief bücken, wobei sein Blick ihre schönen Beine streifte.

»*Sspassiba*, danke«, sagte er leise, als er endlich saß. Doch die Frau, die wieder ihren Platz eingenommen hatte, beugte sich in die entgegensetzte Richtung und kramte in ihrer Reisetasche, die neben ihr auf dem Sitz am Gang lag. So sah er nur ihren Rücken. Er zog am Sitzhebel und drückte die rote Rückenlehne nach hinten.

Er ließ sich zurücksinken und versuchte, ein wenig zu entspannen. Sein nachtblaues Jackett mit den ganz feinen, dunkelroten Streifen hatte er aufgeknöpft. Von seiner Nachbarin sah er in dieser Stellung nur noch die Spitzen ihres hochgesteckten, schwarzen Haares über die Rückenlehne ragen.

Unvermittelt wandte sie sich um und sah ihn mit einem entspannten Lächeln an. Große, bernsteinfarbene Augen, registrierte Gennadij.

»Entschuldigung, ich war eben so beschäftigt, als Sie sich an mir vorbeiquetschen mussten, dass ich gar nicht richtig mitbekommen habe, was Sie zu mir gesagt haben.«

»*Sspassiba,* das heißt auf russisch danke. Weil Sie mich so nett vorbeigelassen haben.«

»Kein Problem!«

»Ich weiß nicht, warum, aber ich hatte angenommen, dass Sie Russin wären.« Er betrachtete ihr leicht gebräuntes, schmales Gesicht. Ihr Mund hatte etwas Verschmitztes. Sie ist höchstens Ende zwanzig, dachte Gennadij.

»Nein, ich bin Deutsche«, sagte sie. »Ich studiere Kunst an der Akademie in Berlin. Da wir während der nächsten paar Stunden direkt nebeneinandersitzen, darf ich mich vielleicht kurz vorstellen.« Sie reichte ihm die Hand. »Mein Name ist Corinna Deckstein.«

Gennadij schluckte und starrte sie entgeistert an.

»Nervös, weil es gleich losgeht?«, fragte sie lächelnd und deutete auf seine Hände.

Gennadij merkte, dass sie zitterten. Der Schock über den Vorfall bei der Kofferkontrolle saß ihm immer noch in den Gliedern. Und als seine Sitznachbarin sich als Corinna Deckstein vorstellte, hatte es ihm innerlich einen Stich versetzt. Er glaubte zwar nicht an Gott, aber irgendein überirdisches Wesen musste hier wohl Regie geführt haben.

In dem gemeinsamen Bericht von GRU und FSB, den der General ihm zum Lesen gegeben hatte, hatte er ein älteres und zudem etwas unscharfes Bild von Daniel Decksteins Tochter gesehen. Und ein paar Stunden, nachdem er mit Victor über Deckstein gesprochen hatte, saß dessen Tochter neben ihm! Es gab bestimmt mehrere Decksteins in Deutschland, und der eine oder andere hatte sicher auch eine Tochter. Aber Corinna Deckstein, Vater Journalist? Dann hätte alles zusammengepasst. Gennadij beschloss, den richtigen Augenblick abzuwarten, um sie danach zu fragen. Erst dann, wenn er sich wirklich sicher wäre, würde er sich zu erkennen geben. Wenn sie es aber wäre, dann kam sie allerdings wie gerufen! Krampfhaft bemühte er sich, seine Hände ruhig zu halten, indem er sie flach auf seine Oberschenkel presste.

»Ich bin vor dem Start auch immer ganz aufgeregt! Beten Sie auch manchmal, dass alles gut geht?« Sie sprach immer weiter. »Ich rede dann zu viel. Ist ein Versuch, locker zu bleiben. Gelingt mir aber auch nicht immer.«

»Ich bin nicht aufgeregt«, sagte Gennadij, der spürte, wie er sich langsam wieder entspannte.

Die junge Frau ließ sich in ihrem Redefluss überhaupt nicht stören, sondern plapperte unverdrossen weiter. »Ich hab in Moskau unter anderem in Ihrem schönen Tretjakow-Museum die Bilder der russischen Maler bestaunt. Was führt Sie denn nach Berlin?«, fragte sie. Da er nicht gleich antwortete, fügte sie hinzu: »Wenn ich fragen darf.«

»Oh, ja, natürlich, natürlich dürfen Sie fragen.« Gennadij bediente den Sitzhebel und stellte die Sitzlehne wieder gerade. »Damit Sie nicht immer so auf mich heruntersehen müssen«, sagte er lächelnd. Dabei kam er ihrem Gesicht plötzlich so nahe, dass sie schnell ihren Kopf zurückzog. Sie schien aber keineswegs verwirrt zu sein.

»Vor allem freue ich mich, mal wieder mit jemandem richtig Deutsch sprechen zu können. Und dass dieser Jemand zudem eine so hübsche Frau ist!«

»Sie sind ja ein richtiger Charmeur!«

»Es war ein ernst gemeintes Kompliment.«

»Danke, danke! Ich hab schon in Moskau festgestellt, dass es viele charmante Russen gibt. Da muss man aufpassen!«

»Haben Sie etwas anderes erwartet?«

»Ehrlich gesagt, ja. Ich war jetzt zum ersten Mal in Russland, und in allem, was ich vorher über Land und Leute gelesen hatte, waren die charmanten Russen wohl ausgespart.«

»Da sieht man's wieder! Bücherlesen allein bringt's auch nicht immer und ...«, sagte Gennadij und grinste.

»Mir ist eben schon aufgefallen«, unterbrach sie ihn, »dass Sie hervorragend deutsch sprechen. Das haben Sie bestimmt auch nicht nur aus Büchern!«

»Nein. Wie gesagt, Bücherlesen allein ...«

»Ihr Präsident Putin hat, soviel ich weiß, sein gutes Deutsch bei seiner Stationierung als Geheimdienstmann in Berlin gelernt. Und Sie?«, fragte sie. »War das bei Ihnen auch so?«

»So ganz verkehrt liegen Sie mit Ihrer Einschätzung nicht«, antwortete er ein wenig verblüfft über ihre direkte Frage. »Allerdings war Putin meines Wissens nicht in Berlin, sondern in Dresden stationiert. Und Deutsch hatte er schon in der Schule gelernt. Aber nicht nur da.«

»Ach so, in Dresden«, sagte sie und legte die Hand an den Mund. »Auwei, da hab ich wohl was durcheinandergebracht.«

»Ist ja nicht schlimm.« Gennadij schmunzelte. »Unser jetziger Premier, vorheriger Präsident und was weiß ich, vermutlich auch wieder künftiger Präsident, hat übrigens schon während seiner Schulzeit davon geträumt, einmal für den damaligen KGB zu arbeiten. Da können Sie mal sehen, was es für Kinderträume gibt! Ja, und beim KGB war, wie er sagt, schon früh klar, dass er nach Deutschland, in die DDR, gehen würde. Dafür musste er natürlich sein Schuldeutsch verbessern. Und in Dresden hat sein Deutsch dann erst den richtigen Schliff bekommen. Aber lassen Sie uns über was anderes reden.«

»Was sie alles über den Putin wissen«, sagte sie und beugte sich ein wenig näher zu ihm. »Kennen Sie ihn vielleicht persönlich?«

»Nein, aber mir ist vor ein paar Tagen ein kleines Buch wieder in die Hände gefallen, in dem jede Menge persönlicher Dinge über Putin stehen. Und das hab ich noch mal durchgeblättert. Gibt's inzwischen wohl auch in Deutschland zu kaufen. Wenn Sie wollen, schreib ich Ihnen den Titel auf.«

»Gerne, sehr gerne«, sagte sie.

»Ob das alles stimmt, was da drinsteht, weiß allerdings nur unser Geheimdienst. Vielleicht nicht mal der ...«, sagte Gennadij mit einem spöttischen Lächeln. »Aber Sie haben mich gefragt, ob ich mein Deutsch auch in Deutschland gelernt hätte. Also, ich war kein Geheimdienstmann, sondern russischer Militärarzt. Ein bisschen Deutsch hab ich schon in Moskau gelernt, aber in den langen Jahren, die ich in Berlin stationiert war, habe ich das Meiste mitbekommen. Vierundneunzig bin ich mit den letzten russischen Truppen wieder zurück nach Moskau gezogen.«

»Und nun wollen Sie mal sehen, wie sich unser Berlin inzwischen entwickelt hat? Oder haben Sie dienstlich dort zu tun?«

In diesem Augenblick rollte das Flugzeug langsam auf die Startbahn zu.

»Oh, ich hab ganz vergessen, mich anzuschnallen«, rief sie. »Wir können uns ja gleich weiter unterhalten, wenn wir oben sind. Beim Start bin ich immer so nervös und kann mich gar nicht richtig konzentrieren.«

»Aber sicher doch, bleiben Sie ganz ruhig, runter kommt man immer«, sagte Gennadij lächelnd.

Sie sah ihn kurz von der Seite an, presste dann ihren Kopf fest an die Sitzlehne und blickte starr geradeaus.

Als die Maschine mit einem Ruck von der Startbahn abhob, schoss Gennadij ein makabrer Gedanke durch den Kopf. Er dachte an den hochbrisanten Stoff, der in seinem Koffer im Bauch des Flugzeugs lag. Runter kämen sie zwar immer, aber was passieren würde, wenn sie unten aufprallten ... Das machte in diesem Fall einen erheblichen Unterschied.

Das Gespräch mit seiner hübschen Sitznachbarin hatte Gennadij gut getan. Er war ruhiger geworden. Vorsichtig tastete er mit beiden Händen seine Brusttaschen ab. Dabei hörte er, wie das Papier leicht knisterte. In seinen Anzuginnentaschen steckte jeweils rechts und links eine Zeitung.

Darunter, mit einer Bandage direkt auf den Körper gebunden, trug er einen Teil seines Lohnes, den er dafür erhalten hatte, dass er Victors »taktische Aufgaben« erledigte. Das würde sein erster Baustein für ein neues Leben mit seiner Familie in einem anderen Staat sein. Der General hatte ihm versichert, er werde in Moskau, aber auch bei seiner Ankunft in Berlin alle Kontrollen problemlos passieren. Dafür hätte er Sorge getragen. In Moskau würde der Nacktscanner ausfallen, wenn er an der

Reihe sei. In Berlin seien bestimmte Leute am Flughafen entsprechend informiert.

Das Flugzeug hatte beim Steigflug durch die Wolken ein wenig zu ruckeln angefangen. Gennadij lehnte sich in seinem Sitz zurück und warf einen Blick aus dem Fenster. Sein Unterhemd klebte ihm immer noch schweißnass auf der Haut. Er beschloss, es gleich auf der Flugzeugtoilette zu wechseln.

Seine Gedanken kehrten zurück zu dem Mann mit dem Stalin-Bart. Viel hatte nicht gefehlt, und er wäre bereits zu Beginn einer der letzten Reisen als Kurier aufgeflogen. Was war schief gelaufen? Hatte Wladimir – seinen Nachnamen kannte Gennadij nicht – versagt? Warum hatte er den Koffer nicht wie geplant an den Kontrollen vorbei ins Flugzeug schmuggeln können? Er würde doch von Victor dafür bezahlt.

Der General hatte Gennadij stolz erklärt, dass er und seine Leute immer mit einer doppelten Absicherung arbeiteten. Falls das stimmte, hätte Stalin-Bart allerdings anders reagieren müssen. Gennadij kam ein unerfreulicher Gedanke. Hatte der furchterregende Zöllner ihm im Auftrag von Victors Hintermännern Angst einjagen sollen? Hatten sie den ganzen Auftritt inszeniert? Vielleicht wollten sie ihm, obwohl alle seine Kurierflüge problemlos verlaufen waren, eine deutliche Warnung zukommen lassen: »Gennadij, fühl dich nicht zu sicher, wir haben dich immer in der Hand, egal, wo du bist!«

25

Bonn, Redaktion des *Energy Report*

Deckstein griff mechanisch in seine Jackentasche und holte sein Feuerzeug und ein neues Päckchen Gitanes heraus. Er riss es auf und steckte sich eine Zigarette an.
»Entschuldigung, Rainer, stört's dich?«
Mangold schüttelte den Kopf.
»Und dich, Gerd?«
»Sabine hat's ja schon gesagt, eigentlich ist es egal, was uns umbringt ...«, sagte Overdieck und grinste.
»Du Fatalist«, spottete Mangold.
Deckstein zog an seiner Gitanes und inhalierte tief.
»Ich mache auch nur ein paar Züge«, sagte er und spürte, wie er langsam wieder ruhiger wurde. Er blies kleine Rauchwölkchen in die Luft und sah ihnen nach, wie sie durch den Raum schwebten und sich dann auflösten. Schließlich beugte er sich wieder über das Manuskript und fand nach einigem Blättern das Kreuz, das er mit Bleistift an die Stelle gemacht hatte, wo er aufgehört hatte, und las weiter.

»Am Samstag, den 14. März, kontaktierte Dr. Fischer telefonisch weitere Spitzenmanager der NUKEM, der Mutter von TNH. Sie alle waren daran interessiert, dass vor der Landtagswahl möglichst nichts an die Öffentlichkeit drang. Denn das hätte, wie sie zu Recht befürchteten, die Siegeschancen der CDU – ihres Hoffnungsträgers und Zukunftsgaranten nach fast vierzig Jahren SPD-Regierung – vermutlich vollends zunichtegemacht. Einflussreiche Manager wie der NUKEM-Boss Stephany und andere aus den betroffenen Unternehmen haben später bei der Vernehmung keinen Hehl daraus gemacht, dass sie am liebsten die Christdemokraten an der Regierung gesehen hätten. Walter Wallmann, der damalige CDU-

Spitzenkandidat – und heutiger Umwelt- und Reaktorsicherheitsminister im Kabinett Kohl – hatte sich schließlich eindeutig für die Erhaltung der Atomindustrie ausgesprochen: »Ich halte nichts davon, heute einen Flughafen zuzumachen und morgen aus der Chemie herauszugehen, und übermorgen die Hanauer Nuklearbetriebe zuzumachen ... dahinter steht ja ein strategisches Ziel.«

Deckstein zuckte zusammen, als sein Handy klingelte. Er suchte danach und fand es schließlich in seinem Aktenkoffer. Gerade noch rechtzeitig, bevor die Mailbox ansprang, ging er dran.
»Weißhaupt hier, Tag, Herr Deckstein.«
Sebastian Weißhaupt war der Wiesbadener Korrespondent des *Energy Report*.
»Hallo, mein Lieber, schön, dass Sie anrufen!«, sagte Deckstein. »Rainer, Gerd und ich lesen hier gerade den Entwurf für die neue Titelgeschichte. Wir sind jetzt bei der Landtagswahl siebenundachtzig angekommen. Ich stell mal auf laut.«
Overdieck und Mangold horchten auf.
»Wie sich die Dinge doch immer wiederholen!«, sagte Weißhaupt. »Damals Tschernobyl und heute Fukushima.«
»Stimmt«, sagte Mangold. »Den schwarzgelben Atomlobbyisten in Hessen war damals klar, dass die Wahlchancen der CDU auf null sinken würden, wenn in dem Moment in Deutschland, und dann noch direkt vor der Haustür in Hessen, ein Atomskandal hochgekocht wäre.«
»Hallo, Rainer, schön, dich Schnüffeltier auch mal wieder zu hören, ohne dass du gerade einen Keks mümmelst«, spöttelte Weißhaupt.
»Spuck nicht so große Töne, du hessischer Äppelwoi-Schlucker«, gab Mangold grinsend zurück.
»Ich hab in den letzten Tagen mal rumgeblättert«, fuhr Weißhaupt fort, »und eine nette kleine Geschichte gefunden. Deswegen rufe ich eigentlich an. Wenn wir mal wieder was zu Fukushima schreiben, sollten wir die mit verarbeiten.«
»Bin gespannt, was du uns wieder für ein Märchen auf die Nase binden willst«, sagte Overdieck und lachte glucksend.

»Wir sprechen uns noch, Grizzly«, sagte Weißhaupt und fuhr ein wenig gönnerhaft fort: »Also, ich schätze mal, dass sich kaum einer daran erinnert, dass der Kohl damals, genau an dem Tag des Tschernobyl-Unglücks, zu einer Asienreise gestartet ist, genauer gesagt, zum Weltwirtschaftsgipfel in Tokyo. Er selbst habe dafür gesorgt, behauptet er heute, dass der Reaktorunfall, ›der ukrainische GAU‹, wie er es nannte, dort kurzfristig auf die Tagesordnung gesetzt wurde. Fazit: Es wurden strengere Sicherheitsanforderungen für die Atommeiler gefordert.«

»Getreu dem Motto: So was kann bei uns nicht passieren, haben die Japaner gedacht«, sagte Mangold. »Und dann ist es zweihundert Kilometer von Tokyo entfernt doch passiert. Weil sie, wie inzwischen bekannt ist, einfach mit ihrem Schlendrian weitergemacht haben.«

»Wo wir davon sprechen, da fällt mir wieder was ein«, sagte Deckstein. »Von Tokyo aus hat sich Kanzler Kohl auch mächtig bemüht, hier in Deutschland gut Wetter zu machen. So nach dem Motto: Die deutschen Reaktoren haben den höchsten Sicherheitsstandard. So was wie in Tschernobyl kann bei uns nicht passieren. Und gleichzeitig hat er von Japan aus gegen die Kernkraftgegner gewettert.«

»Aber er ist ja doch noch zur Vernunft gekommen.« In Weißhaupts Stimme schwang ein süffisanter Unterton mit. »In seinen Memoiren schreibt er wörtlich: ›Wie viele von uns begriffen schon die Grundlagen und Abläufe der modernen Nukleartechnik?‹ Na, wie hört sich das an? Ich finde dieses Eingeständnis schon sehr bemerkenswert.«

»Bei solchen Sätzen muss ich immer an die Prognosen der sogenannten Experten denken, die behauptet haben, dass eine Kernschmelze nur einmal in hunderttausend Jahren vorkommt. Jetzt ist das in fünfundzwanzig Jahren schon viermal passiert: einmal in Tschernobyl und gleich dreimal in Fukushima.« Deckstein schüttelte den Kopf und streckte sich ausgiebig.

»Peinlich, peinlich«, sagte Weißhaupts Stimme durch den Raum. »Ich hab da allerdings auch noch was ganz anderes entdeckt …«

Overdieck fiel ihm ins Wort. »Sag mal, hast du nichts Besseres zu tun, als nach Geschichtchen zu suchen?«

»Du solltest mal einen Moment still sein, Taps, und dem Onkel lauschen.« Man konnte förmlich hören, wie Weißhaupt grinste. »Im Gegensatz zu dir erzähle ich keine Märchen, sondern wahre Geschichten. Rund acht Tage vor dem Gipfel in Tokyo hat US-Präsident Reagan die Residenz von Gaddafi in Tripolis bombardieren lassen. Fünfundzwanzig Jahre später hatten wir mit Fukushima drei weitere Supergaus auf dem Ticket und zur selben Zeit einen richtigen Krieg in Libyen. Da bombten nicht nur wieder die Amis. Auch die NATO hat es Bomben auf den inzwischen toten Zauselkopf regnen lassen.«

»Ich muss Sie unterbrechen, Herr Weißhaupt«, sagte Deckstein. »Es ist nämlich so, dass es hier bei uns sehr bald vielleicht noch viel dicker kommt. Könnte sogar uns selbst erwischen. Fragen Sie mich bitte nicht, worum es da im Einzelnen geht. Wir reden später drüber. Sehr wahrscheinlich noch heute.«

»Klingt ziemlich beunruhigend, Herr Deckstein«, sagte Weißhaupt. Er klang plötzlich sehr besorgt. »Sie müssen verstehen, dass ich ...«

»Ich weiß schon, was Sie sagen wollen«, unterbrach ihn Deckstein. »Ich verspreche Ihnen, dass wir uns sofort bei Ihnen melden, sobald wir klarer sehen. Aber jetzt müssen wir Gas geben, damit unsere Story schnellstens erscheint. Sonst werden wir womöglich noch von der Realität überholt ...«

»Jetzt machen Sie mich aber wirklich neugierig!«

»Im Moment ist das alles, was ich Ihnen sagen kann. Ich treffe gleich meinen alten Freund Bernd Conradi, den Krisenmanager der Bundesregierung. Danach werde ich mehr wissen.«

»Also, Herr Deckstein, erst machen Sie mich ganz heiß, und dann kommt nur heiße Luft!«

Overdieck holte Luft, um etwas Spöttisches zu erwidern.

Deckstein bedeutete ihm mit einer Handbewegung, seine Bemerkung hinunterzuschlucken. »Wie gesagt, wir melden uns heute noch bei Ihnen. Noch mal zu unserer Story. Wir brauchen noch ein paar Vernehmungsprotokolle zum Komplex Genske. Und Unterlagen vom LKA Hessen. Frau Blascheck hat mir gesagt, dass es noch ein paar brisante Ungereimtheiten gibt. Vielleicht telefonieren Sie gleich mal mit ihr. Und ich fände es wirklich gut, mein Lieber, wenn Sie diese Geschichtchen, wie Gerd es ausgedrückt hat, für einen kleinen Kasten zusammenschreiben könnten. Den stellen wir dann mittenrein in unsere Geschichte. Ich kann das Ganze noch nicht richtig einordnen. Aber ich finde das doch sehr bemerkenswert und interessant, was Sie da gefunden haben.«

Nachdem er sich von Weißhaupt verabschiedet und aufgelegt hatte, vertiefte sich Deckstein ebenso wie die beiden anderen wieder in die Titelgeschichte.

»Dass die geplante Koalition aus CDU und FDP die Wahl gewinnt, war also zu dem Zeitpunkt, in dem die Herren in den Atomfirmen ihre Strategie festlegten, wann und wie sie der Öffentlichkeit den Skandal verkaufen sollten, noch keineswegs ausgemacht. Alles stand auf Messers Schneide. Dies war den Strategen aus den Atomfirmen ebenso bewusst wie den Politikern der beiden ihnen nahe stehenden Parteien. Hessens CDU-Generalsekretär Manfred Kanther, und Spitzenkandidat Walter Wallmann, noch Atomminister im Kabinett Kohl, waren sich sicher, dass die ›historische Wende‹ nur im Fotofinish gelingen könnte. Ein hauchdünner Wahlgewinn würde über ihre Zukunft entscheiden. Der eine wollte Ministerpräsident, der andere sollte Finanzminister werden. Wenn nun, so kurz vor der Wahl, der Hanau-Skandal aufflog, wären die Chancen der beiden Herren gleich null gewesen.

Schon seit langem hatte der kantige Kanther die Partei auf die entscheidende Schlacht mit der ›linken Speerspitze‹ im Land – er meinte die Grünen und die Roten, und vor allem die Atomgegner in beiden Parteien – finanzstrategisch vorbereitet. Dabei wandelte er, wie sich später zeigen sollte, auf äußerst dünnem Eis.

Es lohnt ein genauerer Blick auf diesen Finanzminister, damals in spe. Im Alltag, der realen Welt also, begegnet uns dieser Menschentyp beinahe täglich. Als Lehrer, Postchef, als Beamter, als Richter, Investmentbanker, Staatsanwalt oder als Manager einer Atomfirma. Er hätte sogar Reaktorsicherheitsminister werden können. Dann wäre er zuständig gewesen für die Sicherheit der Atomanlagen in Hessen. Vielleicht entdecken wir beim genaueren Hinsehen auch den einen oder anderen Zug an ihm, den wir an uns selbst schon wahrgenommen haben.

Kanther, Jurist mit erstem und zweitem Staatsexamen, trug sein weißes Haar scharf gescheitelt. In seinem tadellosen Anzug und den blank geputzten Schuhen wirkte der Mann mit seinen etwas über einsachtzig wie der Inbegriff des gesetzestreuen, vertrauenswürdigen, zuverlässigen Bürgers vom Scheitel bis zur Sohle. Eine tadellose Erscheinung. Der ›schwarze Scherif‹ – diesen Spitznamen hatte er sich inzwischen redlich verdient –, forderte auch verbesserte Regelungen gegen Geldwäsche. Korruption war für ihn eine Krankheit, die von Anfang an behandelt werden musste, ›bevor sie sich als zersetzendes Gift im gesellschaftlichen Körper festgesetzt hat‹. Kanther galt im Lande inzwischen als Inbegriff des *Law-and-Order*-Mannes schlechthin.

Doch manchmal zerbirst plötzlich das Bild eines Menschen, den wir zu kennen glauben, und dahinter kommt eine andere, bisher nicht gekannte Wirklichkeit zum Vorschein. Nichts stimmt dann mehr mit dem alten, uns vertrauten Bild überein. Das Unvorstellbare ist in der Wirklichkeit angekommen. Das sind die Momente, in denen uns das Grauen anschleicht, wenn wir einen Thriller lesen.

Mithilfe einiger, ebenfalls so tadellos erscheinender Mannsbilder – darunter ein wahrhaftiger Prinz – hatte Kanther mehr als zwanzig Millionen Mark beiseitegeschafft. Am Fiskus vorbei parkten sie das Geld auf schwarzen Konten in der Schweiz. Für Wahlkampfzwecke wurden jeweils Millionen zurückgeschleust.

Gefragt, ob es illegal erworbene Kohle sei – es hätten ja auch Gelder der Atomindustrie sein können, winkten Kanther und der Prinz eifrig ab. Was für eine Frage! Es seien jüdische Vermächtnisse gewesen, behauptete der Prinz später – bis sich auch dies als eine unvorstellbar schäbige Lüge entpuppte. Aber das dauerte.

Wäre das alles noch vor der Wahl bekannt geworden, hätte die hessische CDU nie die historische Wende geschafft, und Kanther wäre nicht ihr Finanzminister geworden. Unter Kanther tankte die schwarze Bruderschaft bei anstehenden Wahlen für die Partei weiter am Schweizer Bankenplatz Schwarzgeld auf. Die ganze Zeit über nutzten er, der Finanzminister und spätere Bundesinnenminister, und seine Kumpane das Schweizer Steuergeheimnis.

Hinter der Maske des *Law and Order*-Mannes werden mafiotische Züge sichtbar. Angesichts einer solchen Persönlichkeitsoffenbarung drängt sich, in Abwandlung eines Buchtitels, die Frage auf: Wer sind wir, und wenn ja, wie viele?

Die Topleute der Hanauer Atomunternehmen nahmen den gleichen Weg und hatten das gleiche Ziel wie die Emissäre der hessischen CDU. Spitzenmanager von NUKEM und von TNH flogen gemeinsam nach Zürich und richteten dort, zum Teil sogar in denselben Banken, Schwarzgeld- und Scheinkonten ein. Diese Gelder, die für TNH-Manager dort eingezahlt wurden, liefen am deutschen Fiskus vorbei. Sie tauchten in keiner Bilanz auf. Über diese Schwarzgeldkonten wurden in der Folgezeit zahlreiche Dunkelgeschäfte abgewickelt.

Am Dienstag, den 24. März, verfasste Eberhard Mayer-Wegelin, der Leiter der Degussa-Steuerabteilung – Degussa ist mit über dreißig Prozent an der NUKEM, der Mutter von TNH, beteiligt –, einen Aktenvermerk, der Furore machen sollte:

›Nunmehr steht die strafrechtliche Seite im Vordergrund; Herr Dr. Stephany (damals Chef der NUKEM und quasi Aufsichtsratsvorsitzender bei TNH, d. Red.) wird Strafanzeige bei der Staatsanwaltschaft erstatten, wegen einer nicht auszuschließenden Öffentlichkeitswirkung jedoch erst kurz vor der Hessenwahl.‹

Am Sonntag, den 29. März, drei Tage vor der Wahl, wurde die Anzeige in Anwesenheit des renommierten Frankfurter Anwalts Professor Dr. Laule formuliert.«

Deckstein sah hoch und tippte Rainer Mangold kurz an. Der zuckte zusammen, nahm die Brille ab und rieb sich mit beiden Händen die Augen.

»Entschuldige, Rainer, aber ich erinnere mich, dass die Deutschland AG Leute wie diesen Dr. Fischer doch ganz trickreich ins Leere laufen gelassen hätten. Die Staatsanwälte sind da bei ihren Ermittlungen auf so einen typischen Fachbegriff gestoßen ...«

Mangold war jetzt hellwach. »Du denkst an die ›abfindungsbedingte Amnesie‹? Wer das Schmiergeldsystem nicht mitmachte, hat ja angeblich eine Abfindung bekommen und alles vergessen, was er wusste.«

»Genau das mein ich.« Deckstein beugte sich wieder über den Text. »Du hast hier geschrieben:

›Ein paar Milliönchen sind irgendwo hin verschwunden. Der Schaden, den sich die Branche dagegen mit ihrem tatenlosen Zusehen beim ›Amoklauf‹ eines um seine Ehre kämpfenden Geschäftsführers zufügt, ist dagegen grenzenlos. Gegenwärtig kaum zu überblicken.‹

Die Deutschland AG war doch damals hochprozentig an den unmittelbaren Nachbarunternehmen von Transnuklear und der Mutter von TNH, NUKEM, beteiligt. Und die saßen allesamt da auf einem kleinen überschaubaren Fleckchen Erde in Hanau dicht beisammen.«

»Ich kapier langsam, worauf du rauswillst«, sagte Mangold. »Die Unternehmen waren so stark miteinander verbandelt, dass es, wenn eine Firma was aufs Haupt kriegte, auch den anderen richtig wehtat.«

»Eben. Aber das ist nur das eine. Außerdem lief ja bei denen zur gleichen Zeit diese große Schmiergeldoper«, sagte Deckstein. »Die Deutschland AG hat doch in demselben Jahr noch mal über sechzig Millionen Mark Schmiergeld an einen persischen Mittelsmann bezahlt oder sollte sie zumindest bezahlen. Der Perser klage seine Restzahlung ein, hieß es. Die AG soll ihm vorher schon mehrere Hundert Millionen Mark über den Tisch geschoben haben, damit sie den Zuschlag zum Bau des Atomkraftwerks Buschehr im Iran bekam.«

»Ja, richtig!« Mangold wiegte den Kopf hin und her. »Sehr merkwürdig, das alles. Bei der Deutschland AG in München – übrigens Hersteller fast aller deutschen Atommeiler – wurde auf Teufel komm raus geschmiert. Die Staatsanwaltschaft hat später im Rahmen von Korruptions- und Schmiergeldverfahren bei denen nach fast eineinhalb Milliarden Euro gefahndet. Da wurden systematisch schwarze Kassen angelegt.«

»Eine regelrechte Schattenwirtschaft sei da entstanden, hat der Birnbaum, der aktuelle Vorstandschef der AG gesagt«, fügte Deckstein hinzu.

»Unglaublich!« Overdieck, der das Gespräch gespannt verfolgt hatte, schüttelt fassungslos den Kopf. »Andere waren da weniger pingelig und haben gleich von mafiosen Strukturen gesprochen. Womit wir wieder bei dem Prozess gegen die TNH-Manager sind. Der Richter hat ja fast dieselben Worte benutzt.«

»Du hast recht, Gerd. Wenn ich mir den ganzen Ablauf vor Augen halte, erstaunt es mich umso mehr, dass der Fischer, kaum war er zum neuen Geschäftsführer bei TNH geworden, wegen der vom Unternehmen verschobenen paar Milliönchen, so einen Krach schlagen durfte. Meiner Meinung nach muss da eine ganz andere Seite Druck gemacht haben.«

Er sah auf die Uhr. »Kinder, ich muss los. Conradi wartet am Flughafen. Betet, dass während meiner Fahrt nichts passiert.« Als er die erstaunten Blicke seiner Mitarbeiter sah, fügte er hinzu: »Dass die Bombe nicht hochgeht ...«

Mangold und Overdieck standen auf und verließen den Raum.

Deckstein wollte gerade gehen, als Sabine in sein Büro stürmte. »Sag mal, hast du vergessen, dass du dich auf den Weg machen musst? Du kommst zu spät zu Conradi.«

»Bin eben, als ich auf die Uhr gesehen habe, wie von der Tarantel gestochen hochgeschossen«, sagte Deckstein. »Gerd und Rainer waren richtig erschrocken und haben fluchtartig den Raum verlassen. Ich pack jetzt alles zusammen und verschwinde. Aber ruf mich bitte sofort an, sobald du General Wimmer erreicht hast. Vor allem, wenn's was Neues gibt.« Er sah sie an. »Ich lasse das Handy die ganze Zeit eingeschaltet. Ruf mich an«, wiederholte er. »Der Wimmer hat bestimmt was

Wichtiges auf der Pfanne, wenn er dich so dringend sprechen will.«

»Versprochen. Ich hab da aber noch was anderes. Mir ist eben eingefallen, dass du den Conradi gleich mal fragen könntest, ob er uns eine Tür beim Landeskriminalamt in Wiesbaden öffnen kann. Vielleicht haben die ja noch eine Akte zum Todesermittlungsverfahren im Fall Genske. Bei der Staatsanwaltschaft zeigen sie sich zwar willig und suchen nach der Akte. Ich schließe aber nicht aus, dass sie die gar nicht finden ... Wer weiß, wer weiß ... Es kann ja schon mal was wegkommen. Aber es fällt zumindest auf, dass alle anderen Todesermittlungsverfahren aus der Zeit vorliegen. Das haben wir aus dem Archiv dort erfahren. Nur das von Genske nicht!«

»Ich hab's ja immer gesagt, Bine, da ist was oberfaul! Ich spreche Bernd darauf an und ...«

Sabine ließ ihn nicht ausreden. »Da ist noch was, das uns hellhörig gemacht hat, Danny. Schnüffel hat nämlich erfahren, dass bei Genskes Vernehmungen immer BND-Leute dabei waren!«

»Was?«, fragte Deckstein verblüfft.

»Rainer mit seiner bekannt charmanten Art, so nach dem Motto: Könnten Sie mir vielleicht helfen?, hat das einer nicht mehr ganz jungen Dame beim LKA aus den Rippen geleiert. So ganz im Vertrauen natürlich und mit einer Verabredung zu einem perspektivenreichen Abendessen.«

Deckstein schmunzelte: »Unglaublich, der Kerl! Sabine, der Fall hat noch viel größere Dimensionen, als wir geglaubt haben. Erstens ist der Genske nicht obduziert worden. Zweitens fehlt die Todesermittlungsakte. Und drittens gibt's die widersprüchlichsten Aussagen dazu, wie er umgekommen ist. Und das alles bei dem bisher größten deutschen Atomskandal. Wenn das nicht stinkt! Ich bin sicher, die Fäden, an denen damals gezogen wurde, reichten mindestens bis zum Geheimdienstkoordinator im Kanzleramt.«

»In den Unterlagen der Staatsanwaltschaft haben wir außerdem ein Schreiben gefunden«, sagte Sabine, »in dem steht, dass sich der Verdacht, TNH habe waffentaugliches Plutonium von einem Atomkraftwerk aus der Schweiz verschoben, konkretisiert hat. Liegt drüben bei Mangold.«

»Das muss ich sehen, Bine. Bin gleich zurück!« Deckstein verschwand mit schnellen Schritten durch die Tür.

26

Moskau – Berlin

Die Maschine hatte ihre Reiseflughöhe erreicht, und die Anschnallzeichen über den Sitzen erloschen mit einem kurzen »Pling«. Gennadij nahm ein frisches Unterhemd aus seiner Tasche und warf einen Blick nach vorn. Das WC war frei.

»Würden Sie mich bitte mal vorbeilassen?«, fragte er und lächelte Corinna an, die immer noch ein wenig blass um die Nase war.

»Natürlich, gern«, sagte sie, öffnete ihren Gurt und stand auf.

Gennadij nickte ihr dankend zu und ging nach vorn. Als er die Tür zu dem engen, klinisch hellen WC hinter sich verriegelt hatte, setzte er sich auf den geschlossenen Toilettendeckel und vergrub den Kopf in den Händen.

Victor war sein Freund, ja, dachte er. Aber er musste in Zukunft noch viel wachsamer sein. Er musste versuchen, alles, was um ihn und seine Familie herum passierte, aufmerksam im Auge zu behalten. Nur einmal noch!, sagte er sich und schlug sich mit der Faust auf den Schenkel. Nach seiner Rückkehr nach Moskau würde er die große Summe für diese Reise nach Berlin kassieren. Aber es wäre das letzte Mal gewesen, dass er für den General die schmutzigen Aufträge erledigte.

Gennadij straffte sich, knöpfte sein Hemd auf und zog es aus. Dann streifte er das klamme Unterhemd ab, trocknete seinen Körper, so gut es ging, mit dem Papier aus dem Spender und zog das frische Unterhemd an. Er musste versuchen, dachte er, einen glatten Ausstieg aus dem Geschäft mit Victor zu schaffen. Wenn irgendwas schiefging, wäre er ein toter Mann. Aus der Sicht von Victor und seinen Hintermännern, die er an der Spitze des Verteidigungsministeriums vermutete, wusste er inzwischen einfach zu viel.

Es klopfte.

»Alles in Ordnung?« Das war wohl die Flugbegleiterin.

»Ja, ja«, sagte Gennadij. »Ich bin gleich fertig.«

Er streifte rasch sein Hemd über, betätigte die Spülung und öffnete die Tür. Die korpulente Dame, die davor wartete, warf ihm einen vorwurfsvollen Blick zu.

Corinna sah ihn kommen und stand auf, damit er seinen Platz einnehmen konnte. Gennadij lächelte ihr wieder zu, setzte sich und lehnte sich zurück. Für einen Moment schloss er die Augen. Als er sie wieder öffnete, schaute er Corinna an. Sie hatte die Augen geschlossen und schien ein bisschen schlafen zu wollen. Gennadij war erleichtert. Ihm war gerade nicht nach Konversation. Er musste erst noch mit seinen Gedanken über Victor klarkommen.

Wie gefährlich das Terrain war, auf dem sie sich bewegten, war Gennadij bewusst geworden, als sein Freund ihn immer wieder ermahnt hatte: »Zu niemandem, aber auch wirklich zu niemandem ein Wort über das, was ich dir an jenem Abend gesagt habe. Kein Sterbenswörtchen!«

An jenem bewussten Abend hatten sie wieder einmal gemütlich bei Gennadij zu Hause zusammengesessen. Nach vielen Gläsern Wodka hatte Victor ihn plötzlich mit glasigen Augen angestarrt, den Zeigefinger vor seine gespitzten Lippen gehalten und gemurmelt: »Pst, Gennadij, pst!« Und dann hatte er sich im Wohnzimmer umgesehen, ob auch niemand mithören konnte, was er Gennadij mitzuteilen hatte. Swetlana, Gennadijs Frau, war schon lange zu Bett gegangen. Mitternacht war vorbei. Während sich der General in seinem Sessel nach allen Seiten umdrehte, um sicher zu sein, dass sie wirklich allein waren, schwankte er plötzlich heftig zur Seite.

Gennadij hatte ihn an der Schulter gestützt. Victors Gesicht war hochrot angelaufen.

»Guter Freund, dein Kontaktmann in Berlin ist ein GRU-Mann von unserer Botschaft. Du weißt das längst, oder?«, hatte er hinter seinem Zeigefinger geflüstert, der vor seinem Gesicht wie in einem müden Wind hin und herschwankte. »Die atomaren

Bombenstoffe, die du in deinem Koffer transportierst, gibt der an arabische Kunden des GRU weiter.«

Dann hatte er Gennadij bruchstückhaft berichtet, was weiter damit passierte, und war, kaum dass er geendet hatte, schnarchend in seinem Sessel zusammengesunken.

Gennadij, der ebenfalls einigen Wodka intus hatte, war nach Victors Bericht stocknüchtern geworden. Sein Freund hatte ihn zum Mitwisser eines Geheimvorhabens einiger russischer Generäle gemacht! Ja, er war jetzt zum Mitwisser einer Verschwörung innerhalb des russischen Militärs und Teilen der Regierung geworden! Falls sie ihr Vorhaben in die Tat umsetzen könnten, würde es vielleicht einen neuen Weltkrieg auslösen. Würde ihr Plan vorher bekannt, drohten allen Beteiligten andererseits die schlimmsten Strafen. So nüchtern sich Gennadij auch fühlte – der Alkohol hatte seine Spuren hinterlassen. Die Gedanken überschlugen sich in seinem Kopf, er konnte sie nicht bremsen, geschweige denn ordnen.

Unvermittelt musste er daran denken, dass er irgendwo gelesen hatte, er wusste nicht mehr genau wo, dass der KGB in der Vergangenheit mit solchen Leuten kurzen Prozess gemacht hätte. Tief unter der Erde, im siebten Kellergeschoss des KGB - Gebäudes, seien Leute, die nicht gestehen wollten, Ratten zum Fraß vorgeworfen worden. Gennadij war hin und hergerissen gewesen. Eine Stimme in ihm hatte gefordert: »Leg den Artikel weg!« Eine andere hatte ihn gedrängt weiterzulesen. Er hatte innerlich gespürt, wie ihn plötzlich das Böse faszinierte, ja fesselte. Er hatte damals weitergelesen. Danach hatten sich Bilder in seinem Kopf festgesetzt, die er nie wieder losgeworden war. Und an jenem Abend waren sie wieder aufgetaucht. Bilder von unbequemen Bürgern, Intellektuellen, aber auch in Ungnade gefallenen Generälen oder Politikern, die tief unten im KGB-Gefängnis durch die Hölle gegangen waren.

Er sah den Glaskäfig vor sich, von dem er gelesen hatte. Darin saßen sie festgebunden auf einem Stuhl. Sie wurden von perversen Folterknechten mit lüsternen Blicken beobachtet, die nur darauf warteten, dass sich ihre Opfer – ein General vielleicht oder auch ein Oberst – als standhaft erwiesen. Dass sie nicht gestehen wollten, mit der angeblichen, nun aber aufgedeckten Verschwörung etwas zu tun gehabt zu haben. Die Folterknechte fackelten nicht lange. Sie scheuchten die erste Ratte, die tagelang nichts zu fressen bekommen hatte, in die Glasarena.

Vor Gennadijs Augen tauchte ein alter General auf, der schon viel blutiges Gemetzel auf den Schlachtfeldern erlebt hatte. Nun aber sah er sich dem gierigen Glitzern in den kleinen Augen des Nagetiers gegenüber. Er war festgebunden auf dem Stuhl und konnte nicht in Deckung gehen. Die Ratte kam näher. Vor Hunger schier wahnsinnig geworden, rannte sie mit wildem Quieken durch eine der vielen Glasröhren, die zum Käfig führten, direkt auf ihn zu.

Manche Folteropfer hatten diese Tortur nicht überlebt. Ein Prominenter unter ihnen, wusste Gennadij aus unzähligen Berichten, die er gelesen hatte, war schließlich wahnsinnig geworden und verunstaltet aus diesem Glaskäfig abtransportiert worden. Gennadij schüttelte angewidert den Kopf. Aber er konnte die Gedanken nicht verdrängen.

Es war noch nicht lange her, dass er etwas über diese grässlichen Methoden gelesen hatte, in einem Buch über den Oberst im Generalstab, Oleg Penkowskij. Mit ihm, dem wohl höchsten sowjetischen Offizier, der jemals als Spion für den Westen gearbeitet hatte, war man, aus welchem Grund auch immer, ›gnädiger‹ verfahren. Nachdem man ihn während eines Schauprozesses zum Tode verurteilt hatte, wurde er angeblich erschossen. Gennadij wusste nicht, ob das der Wahrheit entsprach. Er hatte auch gelesen, dass man den Oberst nur angeschossen und ihn dann lebendig ins Krematorium transportiert habe. Dort habe man ihn, mit den Beinen voran, in den Ofen geschoben und ihn gleich wieder mit den übelsten Verbrennungen zurückgezogen.

Gennadij rutschte tiefer in seinen Flugzeugsitz. Er wackelte mit dem Kopf hin und her, als wollte er sagen, ich will nicht mehr. Ich will nicht mehr!

Nach einer Weile beruhigte er sich ein wenig. Je länger er über den Oberst nachdachte, desto mehr bewunderte er ihn. Was hatte Penkowskij angetrieben, als Spion für den Westen zu arbeiten? Eine Mischung aus schier wahnwitzigem Mut, der Hass auf bestimmte sowjetische Methoden und ein fast missionarischer Eifer, gepaart mit ungeheurem Selbstbewusstsein. Aus Gennadijs Sicht hatte er maßgeblich dazu beigetragen, den dritten Weltkrieg zu verhindern. Ost und West sollten ihm längst ein Denkmal gesetzt haben, schoss es ihm durch den Kopf. Die Welt brauchte solche Menschen. Sonst gäbe es diese Welt überhaupt nicht mehr!

Wäre er, Gennadij, bereit, die Pläne von Victor und seiner Verschwörergruppe zu verraten? Er ahnte, was ihn dann erwarten würde.

Vor ein paar Wochen war er per Zufall auf die Internetseite der russischen Journalisten Andrei Soldatov und Irina Borogan gestoßen. Sie nahmen den Geheimdienst kritisch unter die Lupe und stellten fest, dass sich der FSB zu einem mächtigeren und furchteinflößenderen Monster entwickelt hatte, als es der KGB je gewesen war. Der Inlandsgeheimdienst hatte, so berichteten sie, einen krakenhaften Überwachungsapparat aufgebaut. Wie durch ein Vergrößerungsglas konnte das gesamte Land genau betrachtet und fast alles entdeckt werden. Von mehr als siebzig Millionen der hundertfünfundvierzig Millionen Menschen in Russland hatte der Geheimdienst die Fingerabdrücke, konnte also zahllose Spuren entdecken und verfolgen. Medien, Universitäten und auch Banken waren mit V-Leuten des FSB durchsetzt.

Noch mächtiger, noch furchteinflößender als der KGB? Gennadijs Magen krampfte sich zusammen. Mit einem Gefühl der Scham gestand er sich ein, dass er bisher nicht den Mut eines Oberst Penkowskij aufgebracht und versucht hatte, die Welt zu retten. Aus Eigennutz hatte er eher dazu beigetragen, sie zu vernichten. Das Material, das er und andere russische Agenten den Islamisten geliefert hatten, würde schon bald irgendwo in der westlichen Welt zu gewaltigen Explosionen führen. Wenn er das verhindern wollte, musste er etwas unternehmen, und zwar bald.

Gennadij zwang sich, seine aufsteigende Panik zu unterdrücken und kühl nachzudenken. Was wäre, wenn er seinen Kontaktleuten im Westen alles berichtete, was er im Lauf der letzten Jahre aus bestimmten Kreisen der Regierung und der Militärs erfahren hatte? Könnte er mit seiner Familie irgendwo außerhalb Russlands ein neues Leben beginnen? Penkowskij hatte das auch gewollt – aber sie hatten ihn vorher geschnappt.

Ein Ruckeln des Flugzeugs riss Gennadij kurz aus seinen Gedanken. Wie lange waren sie schon geflogen? Er wusste es nicht. Er lehnte den Kopf wieder zurück und hielt die Augen geschlossen. Bis zur Landung in Berlin konnte eigentlich nicht mehr viel passieren. Oder doch? Gennadij durchfuhr es heiß. Vielleicht ließen die die Maschine ja abstürzen! Plötzlich traute er dem FSB und dem GRU alles zu. Die Pläne, die ihm der General offenbart hatte, sahen zwar anders aus, aber sie konnten sich geändert haben. Wenn sie nun das Inferno, das ihnen vorschwebte, über Berlin anrichten wollten? Dann wäre er selbst aller Sorgen enthoben, dachte er zynisch. Im gleichen Moment krümmte er sich bei der Vorstellung, was die todbringende Fracht in seinem Koffer für andere Menschen bedeuten würde, innerlich zusammen.

Darin lag, aufgeteilt in zwei flachen, mit Packpapier umwickelten Kunststoffbeuteln, ein Kilogramm Plutonium 239 in Pulverform. Gennadij wusste, dass Plutonium nur eine schwache Strahlung aussendet, die schon mit Papier abgeschirmt werden kann. Ihm selbst konnte der Stoff nichts anhaben – Victors Handlanger hatten das Zeug professionell verstaut. Sonst hätte er sich trotz der fürstlichen Bezahlung gar nicht erst auf den Job eingelassen.

Die Horrorvision des Absturzes nahm in seinen Gedanken immer konkretere Form an. Ohne, dass er sich dagegen wehren konnte, malte sich sein Gehirn die schrecklichen Folgen aus. Vor seinem inneren Auge sah er, wie dieser Riesenvogel mit mehr als zweihundert Menschen an Bord auf dem Boden aufschlug.

Die Spitze des Rumpfes bohrte sich in den Grund. Die Maschine brach in der Mitte auseinander. Grelle Blitze schossen aus den Resten der Tragflächen empor und Flammen schlugen aus dem Rumpf des Flugzeugs. Sekunden später explodierte es mit einem ohrenbetäubenden Knall und wurde in tausend Stücke gerissen.

Wenn er und die anderen Passagiere nicht bereits bei dem Absturz alle umgekommen wären, das wusste Gennadij, würden sie dennoch den Tod in sich tragen. Sie hätten keine Chance davonzukommen. Die heißen, schnell aufsteigenden grauschwarzen Rauchwolken würden einen stillen, langsam sich anschleichenden, qualvollen Tod bringen. Sie wären so stark mit Plutonium vermischt, dass ein einziger Atemzug genügte, um dem sicheren Ende entgegenzugehen. Das Gleiche würde die Feuerwehrleute erwarten, die Rettung bringen wollten und ohne, dass sie auch nur die leiseste Ahnung hätten, den Tod einatmen würden. Alle, die sich der Absturzstelle näherten, würden auf grauenvolle Weise sterben!

Ein Zittern durchlief Gennadijs Körper. Er öffnete die Augen, um die schrecklichen Bilder zu verscheuchen. Es war zwar Victors Plutonium, dachte er, das diesen qualvollen Tod brachte, aber er selbst hatte sich durch Geld korrumpieren lassen und die schmutzige Arbeit übernommen, im Auftrag des Generals und seiner Verschwörer den wohl giftigsten Stoff der Erde für ein großes Schurkenstück nach Berlin zu transportieren. Ganz offensichtlich sollten islamistische Terrorkrieger anschließend mit einem nuklearen Anschlag die Gasversorgung Europas blockieren – immerhin kontrollierte das russische Unternehmen Gazprom ein Sechstel der weltweiten Gasversorgung.

Der Vorstandsvorsitzende des Unternehmens, Alexej Miller, hatte vor kurzem gesagt: »Wenn in Europa die Preise nicht stimmen, liefern wir eben nach Asien.« Er und die anderen Mitglieder seiner Verschwörergruppe, durchweg Generäle, hätten sich daraufhin die Hände gerieben, hatte Victor Gennadij erzählt. Moskau ist langsam wieder wer, hatten sie sich gegenseitig versichert. Millers Haltung ging ihnen allerdings noch nicht weit genug. Sie wussten, dass die Energiezufuhr von Russland nach Deutschland, das beim Gas zu vierzig Prozent am Tropf russischer Lieferungen hing, binnen Minuten gekappt werden konnte. Und wenn es erst so weit wäre, würden sie eine viel härtere Gangart gegenüber Europa, vor allem gegenüber Deutschland, einschlagen können. Sie würden astronomische Summen fordern können. Das war das Ziel ihrer geheimen Pläne: Ungeheuer viel Geld würde in Moskaus und damit auch in ihre eigenen Kassen sprudeln. Und der Westen würde von da an nach ihrer Pfeife tanzen müssen.

Gennadijs Gehirn arbeitete auf Hochtouren. Er ging in rasender Geschwindigkeit die Möglichkeiten von Victors Verschwörergruppe durch, um Deutschland vom Gas abzuhängen. Sie konnten die Maschine über Berlin abstürzen lassen, um den Kopf des Landes, die Regierungszentrale Berlin, außer Gefecht zu setzen. Gleichzeitig oder stattdessen konnten sie aber auch mit einer der *dirty bombs* im bayerischen Waidhaus zuschlagen, wo die große russische Gasleitung ankam. Das konnten die islamistischen Fanatiker für sie erledigen, denen sie die atomaren Stoffe für einen Anschlag geliefert hatten. Dabei würde nicht nur die Gasleitung zerstört, die ganze Gegend wäre für immer verstrahlt. Gennadij mochte nicht weiter nachdenken.

Aus den Augenwinkeln nahm er wahr, dass ihn seine Nachbarin mit großen Augen über den Rand ihrer Zeitung hinweg ansah.

»Konnten Sie nicht richtig schlafen?«, fragte sie. »Sie waren so unruhig. Schlecht geträumt? Oder doch ein kleines bisschen Flugangst?«

»Ich habe zwar die Augen zugemacht, aber nicht geschlafen. Hab ich Sie gestört, laut gesprochen?«

»Sie waren sehr unruhig und haben ab und zu irgendwas vor sich hingemurmelt. Hat aber außer mir keiner mitbekommen.« Sie drehte sich kurz um. »Direkt hinter uns und vor uns sitzt ja niemand. Zu Ihrer Beruhigung, ich hab nichts verstanden. Falls

Sie's noch nicht wussten, im Schlaf, oder wenn Sie so tief in Gedanken sind, wie Sie gerade gesagt haben, sprechen Sie in Ihrer Muttersprache.«

Sie sah ihn mit einem nachdenklichen Lächeln an. Irgendetwas an ihrem Blick beunruhigte ihn.

»Möchten Sie etwas trinken?« Die Stimme der Stewardess, die mit ihrem Wagen in Reihe zehn angekommen war, riss ihn aus seinen Überlegungen.

Gennadij beugte sich ein wenig im Sitz vor und sagte: »Eine Cola bitte.«

Die Flugbegleiterin, eine ausgesprochen hübsche junge Frau, wie er fand, legte den Kopf auf die Seite und sah ihn an. Gennadij durchfuhr es heiß. Warum musterte sie ihn so genau? Hatte die Flugzeugbesatzung etwas bemerkt? Hatten sie seinen Koffer überprüft, in dem neben dem anderen Stoff auch noch das Lithium versteckt war, der Verstärker für eine Fusionsbombe? Hatte der Wachmann vielleicht doch eine Nachricht in die Maschine funken lassen? Er spürte, wie sich sein Magen immer mehr verkrampfte. Schweißperlen erschienen auf seiner Stirn.

»Ist es Ihnen zu warm?«, fragte die Stewardess mit besorgtem Gesichtsausdruck. »Sie können doch die Luftdüse anstellen.« Sie zeigte auf die Knöpfe oberhalb von Gennadijs Kopf.

»Danke für den Hinweis«, antwortete Gennadij erleichtert, aber immer noch mit starkem Herzklopfen.

Die Stewardess füllte einen Kunststoffbecher mit Cola und reichte ihn Gennadij samt einer kleinen Serviette.

»Danke …, danke …, sehr nett, eh … sehr nett«, stotterte er.

Corinna Deckstein nahm ein Wasser, und dann ging die Stewardess weiter den Gang hinauf. Gennadij wurde erst jetzt bewusst, dass er sie die ganze Zeit fasziniert angestarrt hatte. Allmählich setzte sich das, was er gesehen hatte, zu einem schönen Bild zusammen. Die junge Frau hatte ein gebräuntes, ebenmäßiges Gesicht, das von einer Flut gelockter, pechschwarzer Haare umrahmt wurde. Rote Lippen, aus denen blendend weiße Zahnreihen blitzten, hatten ihn angelächelt.

Schlagartig wurde ihm klar, wie sehr sie ihn an seine Frau Swetlana erinnert hatte. Und ja, er hatte wohl irgendwie auch Hilfe von ihr erwartet. Er hatte sich nicht vorstellen können, dass gerade sie ihm eine schlechte Nachricht überbringen könnte.

»Ich bringe Ihnen gern auch noch Taschentücher.«

Gennadij schrak zusammen. Die Stewardess stand wieder neben der Sitzreihe.

»Nein, danke, ich hab welche«, sagte Gennadij lächelnd, griff in seine Hosentasche und holte ein Paket Taschentücher hervor.

Gennadij reckte den Kopf, um einen Blick auf sie zu erhaschen, als sie den Gang nach vorn hinunterging. Er sah eine gute Figur und einen wohlgeformten Po, der sich unter ihrem eng anliegenden dunkelblauen Rock abzeichnete. Sie verschwand hinter dem dunkelroten Vorhang, der den Blick in die kleine Kabinenküche versperrte.

»Ich bestell mir gleich noch einen Rotwein zur Beruhigung«, sagte Corinna. »Damit können wir auf Berlin anstoßen. Sie waren eben so in Gedanken versunken, dass ich Sie nicht stören wollte. Haben Sie über Ihre Berliner Zeit nachgedacht und was Sie jetzt wohl erwartet?«

»Irgendwie schon«, sagte Gennadij, was nicht ganz gelogen war.

»Meinen Namen kennen Sie ja, aber ich weiß nicht, wie ich Sie ansprechen soll. Verraten Sie mir, wie Sie heißen?«

»Nennen Sie mich einfach Gennadij. Meinen Familiennamen auszusprechen, ist für Sie viel zu schwer.«

»Also gut, dann bin ich die Corinna. Ich hab übrigens gar nicht gewusst, dass in Berlin noch so lange russische Truppen stationiert waren.«

»Das waren auch keine russischen, sondern damals noch sowjetische ...«

»Ach, ja, richtig! Ist schon so lange her!«

»Damals hatten wir sogar noch Atomwaffen«, sagte Gennadij mit einer Heftigkeit, die ihn selbst überraschte.

Corinna sah ihn erstaunt an. »Sowjetische Atomwaffen, vierundneunzig noch in Berlin?«

»In und um Berlin«, sagte er in einem etwas ruhigeren Tonfall. »Wir hatten Atomraketen unter anderem im Sonderwaffenlager Himmelpfort in Brandenburg ...«

»Na, da haben Sie sich ja den richtigen Ort ausgesucht«, unterbrach ihn Corinna. »Him ... mel ... pfort!« Sie ließ sich den Namen auf der Zunge zergehen und nickte ihm bei jeder Silbe zu.

Als die Stewardess vorbeikam, bestellte Corinna einen Rotwein, der ihr kurz darauf serviert wurde. Sie stellte die kleine Flasche und das mit einem Stiel versehene Kunststoffglas auf den Tisch, den sie vor sich heruntergeklappt hatte.

»Ich habe da noch ein paar Knabbersachen«, sagte Corinna. Sie langte in ihre Handtasche und hielt Gennadij eine Tüte mit gemischten Nüssen hin. Dann streckte sie ihm ihr Weinglas entgegen. »Lassen Sie uns auf einen guten Flug nach Berlin anstoßen, Gennadij!«

Der stieß mit seinem Cola-Glas kurz an. »*Tak, na sdarowje*, heißt das bei uns. Bei Ihnen, wie ich nicht vergessen habe: Na, dann Prost. Auf einen guten Flug!« Er nahm einen großen Schluck und stellte das Glas wieder auf sein Klapptischchen.

»Sagen Sie, Gennadij, da wir gerade bei Atomraketen sind, ich hab da mal eine Frage. Kommt Ihnen vielleicht komisch vor, aber ich bin eben nicht nur Kunststudentin, sondern auch Journalistentochter. In den Neunzigern, als noch sowjetische Truppen in Berlin waren, hat sich da doch ein regelrechter Krimi abgespielt, hat mir mein Vater mal erzählt ...«

Gennadij fiel ihr ins Wort und winkte ab. »Ach, das ist lange her!« Er wusste sofort, was sie meinte, aber er wollte aus vielerlei Gründen nicht darüber sprechen.

»Auf deutscher Seite waren vermutlich der BND und auch das Kanzleramt dran beteiligt«, fuhr Corinna unbeeindruckt fort. »Der Hauptakteur hatte sich irgendwo russisches Plutonium besorgt. Übrigens ein Arzt, genau wie Sie. Deshalb ist mir die Sache wohl eingefallen.«

»Ich war nicht der Arzt in diesem Krimi!« Gennadij machte eine heftige Handbewegung. »Ich hab später mal davon gehört, aber ich hatte nichts mit diesen Plutonium-Schiebereien zu tun.«

»Schade«, sagte Corinna und lächelte ihn an. »Sonst hätten Sie mir das Ganze ja mal hautnah schildern können. Aber Spaß beiseite. Ich bin nicht davon ausgegangen, dass Sie das waren. Ich hab nur gedacht, Sie hätten vielleicht damals etwas mehr mitbekommen.«

Gennadij schüttelte den Kopf und hob beide Hände, aber Corinna war einfach nicht zu bremsen.

»Dieser Arzt, ein Kolumbianer, glaub ich, hatte lange in Moskau gelebt. Angeblich wollte er sich von den sowjetischen Truppen in Berlin oder in Brandenburg Plutonium ...« Sie hielt inne. »Da haben wir's doch, Gennadij! Himmelpfort in Brandenburg, das haben Sie eben selbst als Atomwaffen-Stützpunkt genannt!«

Sie sah ihn abwartend von der Seite an. Gennadij schwieg.

»Also, dieser Arzt wollte sich jedenfalls Plutonium besorgen und an irgendwelche Leute verkaufen. Er hat allerdings nicht allein agiert, sondern hatte irgendwelche dubiosen Freunde in München und, was weiß ich, wo. Als das Ganze aufgeflogen ist, hat das doch einen Riesenwirbel gegeben!«

Gennadij sah sie an. Er konnte keinen Hintersinn in ihren Augen erkennen – sie war wohl einfach nur neugierig.

»Ich weiß wirklich nicht mehr darüber«, log Gennadij mit einer Stimme, als interessiere ihn das alles nur wenig. Er fand, dass er sich recht gut verstellte. »Das mit Himmelpfort habe ich nur gesagt, weil mir der Name noch in Erinnerung war.«

»Wirklich schade, dass Sie nichts davon wissen«, sagte Corinna. »Macht nichts, aber hätte ja sein können.«

»Wenn ich was wüsste, hätte ich es Ihnen gern erzählt«, sagte Gennadij mit einem treuherzigen Blick. »Interessant, wofür sich junge Künstlerinnen so alles interessieren.«

»Ich sagte ja, mein Vater ist Journalist. Ich weiß, dass er sich immer noch brennend für diese Sache interessiert, und hätte ihm natürlich furchtbar gern ein paar Details geliefert.«

»Ihr Vater ist Journalist, sagen Sie?«

Gennadij betrachtete sie verstohlen von der Seite. Sie *war* Daniel Decksteins Tochter! Je länger er sie ansah, umso mehr Ähnlichkeiten mit Danie entdeckte er. Auch ihre Art sich zu geben, erinnerte ihn jetzt immer mehr an ihn. Offen, gesprächig, direkt und selbstbewusst.

»Entschuldigen Sie, Gennadij, aber ich muss mal kurz verschwinden«, sagte Corinna und stand auf.

Gennadij schaute ihr nach. Noch hatte er nicht entschieden, ob er sich ihr zu erkennen geben sollte. Bis sie wiederkam, wollte er kurz seine Notizen für das Gespräch mit Watscheslaw durchgehen, seinem Kontaktmann, den er in Berlin am Flughafen treffen würde. Aus einigen Andeutungen des Generals hatte Gennadij geschlossen, dass Watscheslaw wohl in Berlin oder London bei der russischen Botschaft beschäftigt war. Seine Koffer wurden als diplomatisches Gepäck befördert, sodass er sie im Gegensatz zu Gennadij nicht zu öffnen brauchte.

Am vergangenen Abend hatte er Watscheslaw noch spät angerufen und ihn mithilfe der verabredeten Codes wissen lassen, dass er ein Kilogramm »Stör« und eine Dose mit einem Kilogramm »Sardinen« mitbrächte. »Stör« stand für Plutonium 239 in Pulverform und »Sardinen« für Lithium 6. Sie hatten diesen Code bewusst gewählt: Kein Geheimdienst käme wohl auf den Gedanken, dass jemand den Code, den der aufgeflogene kolumbianische Arzt in den Neunzigern gewählt hatte, ein zweites Mal einsetzen würde.

Natürlich kannte er die Geschichte, nach der Corinna ihn gefragt hatte. Victor hatte ihm auch einiges über die Hintergründe berichtet. Demnach hatte ein Bonner Kanzleramtsminister darin eine der Hauptrollen gespielt. Wegen dieser und einigen anderen geheimdienstlichen Unternehmungen hieß er in Bonner Kreisen nur noch Null-Null-Acht. Später hatte dieser deutsche James Bond einem Untersuchungsausschuss des Deutschen Bundestages hinter geschlossenen Türen berichtet, der Hauptakteur sei Agent der russischen Auslandsaufklärung gewesen, der für das damals noch sowjetische »Illegalen Direktorat S« gearbeitet habe. Gennadij wusste inzwischen, dass damit wohl eine Spezialabteilung des Auslandgeheimdienstes SWR, die Nachfolgeorganisation des KGB, gemeint gewesen war. Hohe Offiziere der Abteilung »S« hätten das ganz große Geschäft mit atomaren Stoffen machen wollen, hatte Victor gesagt. Deutsche Zeitungen hätten dagegen spekuliert, der Kanzleramtsminister habe lediglich von Aktionen deutscher Nachrichtendienste ablenken wollen, an denen er nicht unmaßgeblich beteiligt gewesen sei.

Wie auch immer, dachte Gennadij, irgendjemand hatte den Arzt und seine Mittelsmänner, die meisten wohl Spanier, verraten. Sie waren später verurteilt und noch viel später abgeschoben worden. Gennadij lehnte sich zurück und schloss die Augen. Wenn bei ihm etwas schief liefe, würde das Ganze nicht so glimpflich abgehen. Victors Leute würden ihn blitzschnell mundtot machen. Sie würden schon einen Weg finden. Es wäre egal, wo man ihn versteckt hielte. Sie würden verhindern, dass er etwas ausplaudern könnte. Dazu war das Rad zu groß, das die Männer um und hinter Victor, dem vermutlichen GRU-General, drehten. Dessen Stimme hallte in Gennadijs Kopf wider: »Es geht um höhere Interessen, Gennadij. Es geht um die Größe Moskaus!«

Gennadij ballte die Fäuste. Er ahnte, dass er trotz seiner gewissenhaften Vorbereitungen noch lange nicht auf sicherem Boden gelandet war.

27

Bonn, Redaktion des *Energy Report*

Als Deckstein in sein Büro zurückkam, war Sabine noch da.

»Oh, Bine«, rief er. »Der Mangold hat mich jetzt doch ein bisschen länger aufgehalten. Wir haben über das waffentaugliche Plutonium diskutiert, dass die TNH verschoben haben soll. Da habe ich ganz vergessen, dass du ja auf mich wartest. Tut mir leid!«

»Ist schon gut, Danny. Wir sind ja alle ein bisschen durch den Wind. Ich hab mir inzwischen überlegt, dass wir die Unterlagen der Staatsanwaltschaft veröffentlichen sollten. Was meinst du?«

Deckstein dachte einen Moment lang nach. »Das machen wir«, sagte er dann. »Müssen wir sogar! Die Leser wollen nachlesen können, ob das stimmt.«

»Gut, ich spreche das mit Mangold durch«, sagte Sabine. »Ich hab auch auf dich gewartet, weil ich dich nicht so einfach ziehen lassen wollte. Wer weiß, was noch passiert. Vielleich triffst du unterwegs wieder deine Schöne!« Sie schmiegte sich an ihn und lächelte. »Eigentlich wollten wir uns nachher ja noch in der Stadt treffen ...«

Deckstein schob ihr Haar zur Seite und küsste sie in den Nacken. »Egal, was kommt, meine Süße, wir sollten uns den letzten schönen Sonnentag nicht nehmen lassen«, murmelte er. »Morgen soll's ja regnen, also lass uns den Tag heute richtig genießen! Und wer weiß, wann wir und ob wir überhaupt noch mal die Gelegenheit dazu bekommen.«

Sabine nahm den Kopf zurück und nickte. »Bevor ich's vergesse, ich geb dir gleich noch einen Teil der Story mit. Rainer hat da ein paar Stellen markiert, zu denen er Conradi noch befragen wollte. Ich halt's aber für besser, wenn du das persönlich machst.«

»Okay«, sagte Deckstein, »ich spreche ihn darauf an.«

»Pass auf dich auf! Vergiss nicht diese miesen Dunkeltypen«, sagte Sabine und legte ihm die Arme um den Hals. »Wir müssen damit rechnen, dass wir ständig beobachtet werden. Wenn die nicht doch noch mehr mit uns vorhaben ... Ich mag mir gar nicht vorstellen, wie die reagieren, wenn wir den ersten Teil der Story online veröffentlicht haben ...« Sie sah ihn an. »Mir ist das Ganze inzwischen selbst am helllichten Tag richtig unheimlich geworden. Und du, dich lässt das wohl alles kalt? Jedenfalls tust du so.«

»Du hast recht, Bine«, flüsterte er, legte die Arme um sie und zog sie noch fester an sich. »Das ist wirklich eine Scheißsituation. Lässt mich natürlich überhaupt nicht kalt. Aber Kopf hoch, mein Liebes, wir packen das. Bleib ruhig. Uns wird schon was einfallen. Wir müssen es schaffen, den Spieß umzudrehen. Wir müssen in die Lage kommen, die vor uns herzujagen. Ich hoffe da auf Bernd. Ich ruf dich sofort nach dem Gespräch an. Und dann sage ich dir, ob es heute Nachmittag dabei bleibt.« Er nahm ihren Kopf in beide Hände und küsste sie zärtlich auf die Lippen.

Sie genoss den Augenblick mit geschlossenen Augen. »Wir treffen uns bei Miebach's am Markt«, sagte sie dann, gab ihm einen Kuss auf die Wange und löste sich sanft aus der Umarmung.

»Fahr vorsichtig, hörst du?«, sagte sie und wandte sich zum Gehen.

»Halt, warte mal, nicht so schnell. Einen Moment noch ...«

»Du kannst dich wohl nicht losreißen!«, sagte Sabine lächelnd. »Aber wenn du jetzt nicht fährst, kommst du zu spät.«

Er zog sie wieder an sich. »Ich wollte dir noch sagen, dass ich gestern Nacht noch lange über uns nachgedacht habe. Und weil die Gedanken so schön waren, hatte ich gar keine Lust, ins Bett ...«

»Du meinst, allein hat es dir keinen Spaß gemacht«, unterbrach sie ihn schmunzelnd und strich ihm über die Wange. »Ich fand es auch sehr schön. Du warst sehr lieb und ...«

Er drückte sie mit einem Ruck so fest an sich, dass ihr die Luft wegblieb. Dann lockerte er seine Umarmung ein wenig und sah ihr direkt in die Augen.

»Bis später«, flüsterte er. »Du hast recht, wenn ich jetzt nicht gehe, kann ich mich überhaupt nicht mehr losreißen!«

Sabine zog ihren Pullover, der bei der heftigen Umarmung ein wenig hochgerutscht war, wieder glatt. »Ulla wird noch eifersüchtig, wenn sie uns beide mal so erwischt«, sagte sie leise und warf ihm einen schelmischen Blick zu. »Bis gleich. Ich leg dir die Sachen für Conradi vorne ins Sekretariat. Vergiss sie nicht!«

Sie war schon an der Tür, als er ihr nachrief: »Bine, halt, ... halt, ... halt. Ganz wichtig!«

»Was denn noch, Danny? Mit deinem Hin und Her machst du mich noch ganz verrückt!«, sagte sie und lachte.

»Ist leider nicht lustig, was ich dir noch sagen wollte.«

»Nicht? Dann will ich's jetzt auch gar nicht wissen. Vermiest mir sonst nur die Stimmung.«

»Tut mir leid, Bine. Es geht um die Bilder und Botschaften von gestern Abend.«

»Ja und? Gibt's da was Neues?«, sagte Sabine und machte auf dem Absatz kehrt. »Hast du was gehört, was ich noch nicht weiß? Sag schon!«

Deckstein legte schweigend den Arm um sie und zog sie zu sich heran.

»Eben ging's mir noch so einigermaßen. Aber jetzt krieg ich's langsam doch mit der Angst zu tun!«, sagte Sabine und löste sich mit einer leichten Bewegung von ihm. Sie schlang die Arme eng um ihren Körper, als müsse sie sich vor irgendetwas schützen, und schüttelte sich.

»Ich verspreche dir, ich werde mit dem Verleger die nötigen Sicherheitsmaßnahmen durchgehen. Das wird ihn zwar eine Kleinigkeit kosten, aber irgendwie kriegen wir das schon alles hin«, sagte Deckstein.

»Denke ich auch, Danny. Aber jetzt musst du unbedingt losfahren, sonst kommst du wirklich zu spät!« Sie hauchte ihm einen Kuss auf den Mund, packte ihre Unterlagen zusammen und ging hinaus.

Deckstein eilte zum Wandschrank und holte sein dunkelblaues Jeansjackett heraus. Daneben hing einsam eine Krawatte. Die zog er nur bei besonderen Gelegenheiten an – er war kein Krawattentyp.

Während er sein Jackett überstreifte, blickte er mit einem Auge in den Spiegel, der an der Innenseite der Schranktür hing. Ein nicht gerade gut rasierter Mann sah ihn aus müden grünbraunen Augen an. Der rote Franzose!, schoss es ihm durch den Kopf. Lass ihn in der Flasche, sonst wirst du eines Tages zur Flasche, hatte ein befreundeter Psychotherapeut mal zu ihm gesagt.

Deckstein sah auf die Wanduhr, die über der Tür hing. Höchste Zeit! Mit einem hastigen Griff nahm er das Päckchen Gitanes und das Feuerzeug vom Schreibtisch und steckte beides in seine Jackentasche und stürzte aus seinem Büro.

Im Vorzimmer warf Ulla ihm einen prüfenden Blick zu. »Sag mal, Daniel, der Conradi klang eben am Telefon total aufgeregt. Da ist doch irgendwas nicht ganz koscher. Kannst du mir immer noch nichts sagen?«

»Ganz große Geschichte, Ulla. Näheres später, wenn ich mehr weiß. Und sag bitte alle Termine für heute Nachmittag ab. War da was Wichtiges dabei?«

»Da war dieser General noch zweimal am Telefon. Der hat doch noch nie angerufen!« Ulla warf ihm einen fragenden Blick zu und wandte sich dann um zu ihrem Monitor. In einem der Bildschirmfenster hatte sie immer den Terminkalender von Deckstein geöffnet.

»Nee, was wirklich Wichtiges liegt im Moment nicht an. Du wolltest dich nur bei einigen Leuten telefonisch zurückmelden.«

»Mach ich später. Ich bin jetzt erstmal weg.«

»Moment, Daniel. Sabine hat dir was hierhin gelegt. Sie hat gesagt, das müsstest du unbedingt mitnehmen.«

Sie reichte Deckstein das Manuskript, und er klemmte es sich unter den Arm.

»Jetzt muss ich aber wirklich«, rief er und verschwand mit schnellen Schritten durch die Tür.

Statt den Fahrstuhl zu nehmen, ging er zu der Treppe, die zur Tiefgarage hinunterführte. Ein bisschen Bewegung würde ihm guttun. Vielleicht konnte er dabei auch ein wenig entspannen.

In der grell ausgeleuchteten Tiefgarage klickte er schon von der Tür aus auf die Fernbedienung. Als ein paar Meter weiter die Begrenzungslichter seines Jaguars in der Halle aufblinkten, sah er, dass hinter einem der beiden Scheibenwischer ein größeres Kuvert steckte. An einer Stelle zeigte es eine Ausbuchtung. Während er noch dastand und auf das Kuvert starrte, hörte er weiter hinten schnelle Schritte. Hohe Absätze, dachte er, eine Frau, die es eilig hat. Dann fiel plötzlich mit einem lauten Knall eine Tür ins Schloss. Er zuckte zusammen und ließ vor Schreck die Wagenschlüssel fallen.

Deckstein schaute sich nervös um. Vielleicht hielt sich derjenige, der das Kuvert an seinen Wagen gesteckt hatte, noch irgendwo versteckt. Die Betonpfeiler der Tiefgarage warfen im Neonlicht lange dunkle, Schatten. Ein perfekter Schutz für jemanden, der nicht gesehen werden wollte. Deckstein überkam ein mulmiges Gefühl.

Vor nicht einmal einer Stunde hatten sie oben in der Redaktion beschlossen, dass niemand mehr allein in die Tiefgarage gehen sollte. Er selbst hatte das wegen der massiven Warnungen richtiggehend angeordnet. Und nun stand er hier mutterseelenallein in der großen Halle. Seine Nerven waren aufs Äußerste angespannt. Er presste sich tiefer in den Türrahmen hinein, der von den Neonlampen nicht voll erfasst wurde. Mit einem Auge spähte er hinter dem Vorsprung des Rahmens hervor und suchte jeden der Pfeiler ab, die so gespenstische Schatten warfen. Erst allmählich gewöhnten sich seine Augen an die unterschiedlichen Lichtverhältnisse. Er konnte nichts Verdächtiges sehen. Vorsichtig ging er in die Hocke und hob seinen Schlüsselbund auf. Als er ihn in der Hand hatte, löste er einen kleineren Ring, an dem seine Wohnungsschlüssel hingen, davon ab und warf sie mit Wucht gegen einen Feuerlöscher, der wenige Meter von ihm entfernt an der Wand befestigt war.

Mit diesem Lärm, hoffte er, könnte er jemanden, der hinter irgendeinem Pfeiler versteckt auf ihn wartete, zu einer Reaktion verleiten. Der Krach hallte in der großen Halle, in der zu dieser Zeit zu seiner Überraschung nur wenige Autos standen, länger nach. Aber nichts regte sich.

Deckstein wartete noch einen Moment. Dann näherte er sich langsam seinem Wagen. Dabei schaute er sich immer wieder nach allen Seiten um. Nichts rührte sich. Er hob seinen Wohnungsschlüssel auf, ging zu seinem Auto. Rasch zog er das Kuvert hinter dem Scheibenwischer hervor, stieg ein und zog die Tür des Jaguars zu.

Auf dem Umschlag stand nichts – weder Absender noch Anschrift. Wieder sah er sich nach allen Seiten um. Auch jetzt konnte er nichts Verdächtiges entdecken. Vielleicht sind das Unterlagen von einem Informanten, der anonym bleiben will, überlegte er und entspannte sich ein bisschen. Als er das Kuvert aufreißen wollte, stellte er fest, dass es nicht zugeklebt war. Er sah hinein und erstarrte.

Ein abgerissener, blutiger Finger! Deckstein fuhr zurück und schleuderte das Kuvert auf den Beifahrersitz. Er atmete heftig, während er überlegte, ob er noch mal hineinsehen sollte. Er hatte da noch ein Briefchen in dem Kuvert gesehen. Das könnte wichtige Hinweise enthalten.

Schließlich gewann die Neugier in ihm die Oberhand. Mit der Linken hielt er das Kuvert da, wo sich die Wölbung mit dem Finger abzeichnete, unten zu. Dann schob er die rechte Hand vorsichtig so weit in den Umschlag, bis er das Briefchen zwischen den Fingern spürte, und zog es heraus. Auch hier fand er weder Anschrift noch Absender. Wieder sah er sich nach allen Seiten um, bevor er die Klappe des Briefumschlags hochschob und ein zusammengefaltetes hellrotes Blatt hervorzog. Deckstein faltete es auseinander und las die mit blauem Filzstift geschriebene Nachricht:

»Das war der Finger eines Schreiberlings. Auch er konnte es nicht lassen, seine Nase in die Geschichten anderer Leute zu stecken. Denken Sie an Ihre Kinder. Die Geschichte, die Sie aufrollen und veröffentlichen wollen, hat Genske und einige andere das Leben gekostet.«

Decksteins Adrenalinpegel schoss ungebremst nach oben. Diese Warnung war mehr als eindeutig. Und sie war brutal. Sein Gehirn arbeitete unter Hochdruck. Was genau wollten die verhindern, die ihnen diese Warnungen zukommen ließen? Dass er und sein Team den Atomskandal neu aufrollten und vielleicht entdeckten, dass Genske im Untersuchungsgefängnis sterben musste, weil er sonst in der bevorstehenden Hauptverhandlung ausgepackt hätte? Was wäre dann bekannt geworden? Dass Deutschland tatsächlich den Atomwaffensperrvertrag gebrochen hatte? Oder die brutalen Dunkelmänner wollten auch weiterhin vertuschen, dass sie selbst oder noch ganze Andere, Gewichtigere in dieser heißen Atomgeschichte eine zentrale Rolle gespielt hatten. Oder steckten ganz andere Mächte dahinter?

Der oder die können aber plötzlich richtig deutsch schreiben, dachte Deckstein. Waren es doch andere als die, die ihnen am Morgen die Warnung mit dem blutigen Finger aufs Handy geschickt hatten? Stammte diese Nachricht etwa vom BKA oder gar vom BND? Die würden zwar kaum selbst solch makabre Drohungen versenden, aber sie könnten dafür Typen aus der Unterwelt, ihre V-Leute, in Bewegung gesetzt haben. Beispiele dafür gab es ja genug.

Wurde er jetzt und hier überwacht? Das elektronische Auge einer versteckten Kamera konnte alle seine Bewegungen verfolgen und an irgendeine Zentrale übertragen. Wo Menschen an Bildschirmen saßen und jede seiner Bewegungen verfolgten? Und diejenigen, die ihn erledigen wollten, konnten sich dann hier, über Funk mit der Zentrale verbunden, in aller Seelenruhe den richtigen Moment dafür aussuchen.

Mit Schwung warf er das Kuvert auf den Boden im Fond des Wagens. Er wollte es im Moment nicht mehr vor Augen haben.

Während er den Motor startete und langsam anfuhr, sah er nach allen Seiten aus den Fenstern und schaute hinter jeden Stützpfeiler. An der Auffahrt angekommen, sah er, dass die Straße frei war. Er gab Gas. Mit einem Blitzstart, bei dem die Reifen quietschten und fast durch drehten, startete er in Richtung Flughafenautobahn.

28

Köln Bonn Airport

Schneller als erwartet erreichte Deckstein den Flughafen. Auf der für Rechtsabbieger reservierten Spur war er hinter einem Taxi zügig an dem Stau vorbeigefahren, der sich in Richtung Köln-Zentrum gebildet hatte.

Als er nach der Ausfahrt auf den Zubringer zum Flughafen einfädelte, sah er schon von weitem die Sperre, die die Bundespolizisten auf der Zufahrt zur Ankunftsebene des Flughafens aufgebaut hatten. Ein kurzer Blick nach rechts zeigte ihm, dass auch die Straße zur Abflughalle blockiert war.

An der Sperre musste er sich ausweisen, und sein Wagen wurde untersucht. Deckstein stellte den Beamten keine Fragen – er würde ja gleich von Conradi hoffentlich Näheres erfahren.

Auch im Parkhaus 1 wimmelte es von Bundespolizisten in dunkelblauen Overalls und Mützen, die Deckstein an amerikanische Baseballkappen erinnerten. Dazwischen tauchten Männer in Schutzanzügen auf, die mit Messgeräten an den geparkten Fahrzeugen entlanggingen. Vermutlich hatten sie in den Bussen gesessen, die am Morgen in Richtung Flughafen an ihm vorbeigefahren waren.

Er parkte den Jaguar und sah auf die Uhr. Bis zum Treffen mit Conradi blieb ihm noch Zeit für einen Espresso. Dabei konnte er sich die Stellen in dem Manuskript der Titelstory ansehen, die Mangold markiert hatte.

Vor dem Terminalgebäude blieb er stehen und zündete sich eine Gitanes an. Er nahm sein Handy aus seiner schwarzen Aktenmappe und drückte Sabines Nummer, die er eingespeichert hatte.

»Blascheck«, meldete sie sich mit ihrer dunklen Stimme.

»Hallo, Bine.«

»Warum rufst du noch mal an? Hast du Conradi schon getroffen?«

»Nein, noch nicht. Aber hier ist der Teufel los! Es wimmelt von Polizisten!«

»Ich hab eben im Radio gehört, dass an den Flughäfen schärfer kontrolliert wird«, sagte Sabine.

»Ja, sogar die Parkdecks suchen die mit Spürgeräten ab. Das wollte ich dir nur kurz sagen. Vielleicht kannst du das alles noch eben in deine Vorabgeschichte zu unserer Story einbauen, bevor du die abschickst.«

»Klasse, danke! Mach ich, Daniel. Und pass auf dich auf!«

Deckstein klappte sein Handy zu, verstaute es wieder in seiner Aktenmappe und ging hinein in das Terminalgebäude. In der Cafeteria, in der er sich mit Bernd Conradi verabredet hatte, waren noch genügend Plätze frei. Er steuerte auf einen Tisch hinten am Fenster zu, von dem aus man einen Blick auf die abgestellten Flugzeuge hatte. Die Kellnerin folgte ihm auf dem Fuße. Er bestellte einen Espresso und fragte sie, ob es möglich sei, den Tisch für etwa eine halbe Stunde zu reservieren. Er müsse gleich noch jemanden von der Bundesregierung abholen, der mit dem Hubschrauber käme. Die Kellnerin nickte, ging zu einem kleinen Schrank und kehrte mit einem »Reserviert«-Schildchen zurück.

»Ich hätte gern noch ein Stück Kuchen«, sagte Deckstein. »Haben Sie vielleicht Herrentorte? Oder irgendwas anderes mit Schokolade und Marzipan?«

Die Kellnerin lachte. »Sie sind ja wohl ein richtiger Süßer, was? Ich bring Ihnen den Kuchen gleich zusammen mit dem Espresso.«

Ich bin schon wie Rainer, dachte Deckstein. Der braucht ja auch immer was Süßes als Nervennahrung. Er beugte sich hinunter und lehnte seine Aktentasche auf dem Boden gegen ein Stuhlbein. Als er sich wieder aufrichtete, fiel sein Blick auf eine attraktive Frau, die gerade hereingekommen war. Seine Augen blieben an ihren schlanken braunen Beinen hängen. Für diese Jahreszeit trug sie einen auffallend kurzen Rock. Sein

Blick wanderte langsam nach oben. Die Frau kam ihm bekannt vor. Sie hatte ein ebenmäßiges Gesicht mit hoch stehenden Wangenknochen und einem dunkleren Teint. Ihre langen schwarzen Haare trug sie offen. War das die Frau, die er vor nicht mal zwei Stunden unten vor dem Verlagsgebäude gesehen und für Elenas Schwester gehalten hatte?

Deckstein drehte sich um. Alle Tische waren inzwischen besetzt. Der einzige freie Tisch stand direkt neben seinem. Wenn diese schöne Frau sich da niederließe, würde er sich schwerlich auf seine Story konzentrieren können.

Die grazile Dunkelhaarige hatte wohl bemerkt, dass er sie anstarrte, und sah ihn unverwandt an. Sie ließ keine Verlegenheit erkennen. Mit eleganten, tänzelnden Schritten kam sie langsam auf ihn zu. Ihr ohnehin kurzer Rock war seitlich ein wenig geschlitzt und gab bei jedem Schritt den Blick auf ihre nicht enden wollenden Beine frei.

Als sie ihn fast erreicht hatte, merkte er, dass seine Hände schweißnass waren. Plötzlich und ohne einen vernünftigen Grund nennen zu können, brachte er diese Frau mit den anonymen Warnungen in Verbindung. Instinktiv witterte er Gefahr. Die Ereignisse des Tages hatten sicherlich dazu beigetragen, dass seine Nerven vibrierten. Gedankenfetzen, Namen und Bilder rasten ihm durch den Kopf: Elena, FSB, ein abgerissener Finger, GRU, Tod ... Das alles vermischte sich zu einem Gefühl der Bedrohung, ja zu Angst.

War diese Frau die schöne, aber todbringende Schlange und er das Kaninchen, das sie, fasziniert von ihrem Blick und Anblick, zu lange gebannt angestarrt hatte? Würde sie nun zubeißen und ihn endgültig erledigen? Sollte er aufspringen und weglaufen? Konnte er das überhaupt noch? Deckstein holte tief Luft. War er überreizt? Er konnte doch nicht jedes Mal so reagieren, wenn sich ihm eine milchkaffeebraune, dunkelhaarige Schönheit näherte, sonst würde er allmählich zur Witzfigur!

Zum Weglaufen war es jetzt ohnehin zu spät, denn sie stand bereits direkt neben ihm. Der Duft eines Parfüms stieg ihm in die Nase. Vermutlich teuer, dachte er, aber er kannte sich in diesen Dingen nicht aus. Es roch jedenfalls nicht aufdringlich, sondern ganz zart nach Aprikosen.

Die Frau sah ihn nun nicht mehr an. Ihr Blick wanderte über die Tische in der Cafeteria, als suche sie etwas. In der Linken hielt sie, dicht an ihre vollen Brüste gepresst, ihre Louis-Vouitton-Handtasche. Ihre Rechte steckte in der Tasche, als hätte sie etwas darin verborgen. Deckstein saß wie angenagelt auf seinem Stuhl. Würde sie gleich eine Pistole herausziehen, sich umdrehen und ihn hier vor aller Augen erschießen?

Plötzlich drehte sie sich, sah ihn an und fragte: »Sind Sie Mister Deckstin?«

»Oui, Madame, je suis ...«, erwiderte Deckstein, der glaubte, einen französischen Akzent herausgehört zu haben. Er hatte wohl mehr gestottert, als flüssig geantwortet, aber durch das Sprechen hatte sich seine Anspannung gelöst.

Bevor er seinen Satz zu Ende bringen konnte, zog die Frau ihre Hand aus der Tasche. Deckstein duckte sich. Er hörte aber nicht den Knall eines Pistolenschusses. Er spürte nur warme Lippen auf seiner rechten Wange und einen sehr sanft hingehauchten Kuss. Ein heißer Gedanke durchfuhr ihn: Was wollte dieser Vamp von ihm?

Er schnellte wieder hoch. Während er sich hektisch nach der Frau umschaute, nahm er mit einem Auge die mit Computer geschriebenen Zeilen auf hellrotem Briefpapier vor sich auf dem Tisch wahr. Mit dem anderen Auge sah er die Unbekannte mit schnellen Schritten in Richtung Ausgang davongehen. Erschöpft lehnte er sich in seinem Stuhl zurück und stellte fest, dass einige Leute, vor allem Männer, an den Nebentischen erstaunt zu ihm herübersahen. Sie stupsten einander an und zeigten in seine Richtung. Offensichtlich sprachen sie über ihn. Es war ihm gleichgültig. Er lebte. Nur das war wichtig.

Deckstein konnte das, was passiert war, noch nicht einordnen. Er beugte sich über das Blatt und musste sich stark konzentrieren, um die gedruckten Zeilen zu lesen:

»Wir warnen Sie noch einmal. Lassen Sie die Geschichte von damals ruhen. Denken Sie an Litwinenko ...«

Darunter stand, ganz klein und mit Kugelschreiber geschrieben:
»*Meine liebe Schwester überbringt dir diese Zeilen. Sie wird beobachtet. Ich auch. Der GRU ist überall dabei. Ich muss dich unbedingt allein treffen. Logiere im ›Sternhotel‹ am Bonner Markt. Komm heute Abend um 22 Uhr zur Rezeption. Auf dem Platz ist eine große Musikveranstaltung. Wir schütteln den GRU-Spitzel ab. Dein Myschka.*«

Nur einen Moment verweilten seine Gedanken bei Elena. Dann spürte er, wie Entsetzen in ihm aufstieg. Litwinenko war unter unsäglichen Qualen aufgrund einer tödlichen Dosis des radioaktiven Schwermetalls Polonium 210 umgekommen. Drohte ihm, Deckstein, ein ähnliches Schicksal, wenn er sich nicht einschüchtern ließ? Ihn überlief es kalt. Und was war mit Elena? War auch sie in Gefahr? Was würde der GRU mit ihr machen, wenn sein Spitzel merkte, dass sie ihn abgeschüttelt hatte?

Je länger Deckstein darüber nachdachte, desto ruhiger wurde er. Nun, da er wusste, dass diese geheimnisvolle Frau Elenas Schwester gewesen war, konnte er ihrem überfallartigen Auftritt sogar etwas Positives abgewinnen. Zum einen spürte er immer noch den warmen Kuss, den sie ihm auf die Wange gehaucht hatte. Zum anderen zeichnete sich jetzt endlich deutlicher ab, aus welcher Ecke die Gefahr drohte.

Deckstein steckte das Blatt in seine Aktenmappe. Er würde die ganze Sache gleich mit Bernd besprechen. Der konnte ihm bestimmt mehr dazu sagen. Als er den Stapel Papier, den Sabine ihm mitgegeben hatte, aus seiner Aktenmappe holen wollte, merkte er, dass seine Hände zitterten.

Im gleichen Moment vernahm er ein leichtes Klirren. Die Kellnerin brachte seine Bestellung.

»Entschuldigen Sie bitte, hat ein bisschen länger gedauert, wir mussten die Espressomaschine erst wieder neu auffüllen«, sagte sie und lächelte ihn an. Während sie den Kuchen und den Espresso vor ihm abstellte, fragte sie: »Das war aber eben nicht der von Ihnen erwartete Gast, oder? War Ihre Frau, nicht? Sie haben aber eine sehr hübsche Frau. Die hatte es ja richtig eilig. Kommt sie noch mal wieder? Soll ich noch was bringen?«

Deckstein war von diesem Redefluss überwältigt und einen Moment sprachlos. Die Kellnerin schaute ihn skeptisch von der Seite an und wandte sich zum Gehen. Er rief ihr nach, dass sein Gast noch käme und alles beim Alten bliebe. Dann machte er sich mit Heißhunger über den Kuchen her. Nach dem ersten Bissen schaute er auf die Uhr. Ein paar Minuten hatte er noch, bis er Conradi abholen musste. Während er mit der Gabel große Stücke vom Kuchen abstach, las er weiter.

»Am Donnerstag, den 2. April 1987, drei Tage vor der Landtagswahl, betrat TNH-Anwalt Laule den schmucklosen Baukomplex der Staatsanwaltschaft Frankfurt am Main. Das Gebäude in der Konrad-Adenauer-Straße lag genau gegenüber dem mit Stacheldraht gesicherten Gefängnis. Mit diesem Gang leitete Laule unwissentlich quasi das Ende der atomaren Zukunft in Deutschland ein.

Nach den üblichen Überprüfungsformalitäten im Foyer strebte er zur Wirtschaftsabteilung. Dort traf er auf Oberstaatsanwalt Scheu. Laule wollte von ihm wissen, ob die Bearbeitung einer von der Firma Transnuklear beabsichtigten Strafanzeige durch die Staatsanwaltschaft Frankfurt erfolgen könne, obwohl die Staatsanwaltschaft Hanau eigentlich zuständig sei. Dabei listete er Scheu gegenüber auch die ganze Latte möglicher Straftatbestände auf, die in der Strafanzeige aufgeführt würden, und erklärte, dass es noch um einiges mehr gehen könne.

Scheu zeigte sich von Laules Wunsch überrascht. Er hielt sich nicht für den richtigen Ansprechpartner und schickte ihn deshalb zu Oberstaatsanwalt Pfeiffer. Dort angekommen erwartete Laule neben Pfeiffer der zuständige Dezernent der Generalstaatsanwaltschaft, Oberstaatsanwalt Reißfelder. Auch diesen beiden Oberstaatsanwälten teilte Laule mit, bei der Firma Transnuklear seien bei einer internen Überprüfung Umstände bekannt geworden, die den Verdacht strafbarer Handlungen, Unterschlagung, Untreue, Bestechung und Steuerhinterziehung begründeten.

Er betete die ganze Litanei strafbarer Handlungen herunter und setzte hinzu, möglicherweise seien auch noch andere Delikte verübt worden. Mitarbeiter seien zudem verdächtig, Schmiergelder an Personen in Atomkraftwerken und Energieunternehmen gezahlt zu haben. Auch diesen beiden Oberstaatsanwälten trug Laule die Frage vor, ob es eventuell möglich sei, eine andere Staatsanwaltschaft als die eigentlich zuständige in Hanau, nämlich die Staatsanwaltschaft Frankfurt, einzuschalten. Die beiden erfahrenen Staatsanwälte waren bisher in ihrem Berufsleben noch nicht mit einem derartigen Wunsch konfrontiert worden. Sie lehnten Laules Ansinnen ab und verwiesen auf Hanau. Pfeiffer griff nach dem Gespräch umgehend zum Telefon und rief Oberstaatsanwalt Farwick in Hanau an. In allen Einzelheiten informierte er ihn über Laules Anliegen und teilte ihm mit, dass sie die Sache nicht übernehmen könnten. Er bat Farwick, Professor Laule alsbald einen Termin zu geben. Nun waren bereits vier Oberstaatsanwälte mündlich detailliert über den Verdacht strafbarer Handlungen und – ›möglicher anderer Delikte‹ – in mindestens einer Atomfirma unterrichtet. Der vierte, nämlich Oberstaatsanwalt Farwick, war telefonisch davon in Kenntnis gesetzt worden und erwartete den Anwalt der Atomfirma.«

Deckstein hörte ein leises Brummen. Noch in Gedanken und die Augen weiter auf das Manuskript geheftet, tastete seine Rechte die Tischplatte nach seinem Handy ab. Wie in Trance drückte er den grünen Knopf und führte es zum Ohr. Er hörte nichts. Jetzt erst sah er vom Manuskript auf. Ein kurzer, irritierter Blick auf das Display zeigte ihm, dass er eine SMS von Sabine erhalten hatte. Sie teilte ihm mit, dass sie ihre Vorabstory losgeschickt hatte. Und dass er mit Anrufen von Kollegen oder Reaktionen von Politikern und Vorständen rechnen müsse.

Er sah auf die Uhr und sprang auf. Um keine Zeit mit dem Zahlen zu verlieren, ging er der Kellnerin bis zum Tresen entgegen.

»Lassen Sie doch bitte das Reserviert-Schild auf dem Tisch stehen«, bat er sie. »Ich bin in wenigen Minuten mit meinem Gast zurück.«

Was würde Bernd ihm berichten?, fragte er sich, unruhig und neugierig zugleich, als er in den Bereich des Flughafens ging, von dem aus man einen Blick auf die kleineren Maschinen hatte, die vor der Halle abgestellt waren. Vor seinen Augen schwebte mit lautem Getöse ein Hubschrauber heran. Deckstein erkannte ihn sofort an seiner Beschriftung. Was machte der denn hier? Der Hubschrauber war doch sonst ganz in der Nähe von Bonn, in Hangelar, stationiert. Über die Truppe der Bundespolizeifliegerstaffel West, die die Spezialisten des Bundeskriminalamtes im Auftrag der »Zentralen Unterstützungsgruppe des Bundes« bei inneren Krisen und großen Katastrophen zu ihren Einsatzorten transportierte, hatte der *Energy Report* erst kürzlich eine große Reportage gemacht.

Deckstein ging rasch näher auf das nicht besonders große Fenster zu. Von dort aus konnte er gerade noch sehen, wo der Hubschrauber landete. Hinter und neben diesem tauchten in einigem Abstand plötzlich die blau-weißen Wagen der Bundespolizei auf.

Noch während sich die Rotoren drehten, wurde eine Tür des Hubschraubers aufgerissen. Dann rauschte eine dunkle Limousine heran. Ein schwerer, gepanzerter Mercedes mit getönten Scheiben hielt direkt an der Treppe des Hubschraubers, die inzwischen ausgeklappt worden war. Mit Maschinenpistolen bewaffnete Beamte sprangen aus den Fahrzeugen der Bundespolizei. Sie sicherten das Fahrzeug und den Hubschrauber nach allen Seiten ab. Einer der Männer sah hoch und suchte das Gelände nach möglichen Attentätern ab. Hatte er Deckstein entdeckt? Er hob jedenfalls seine Waffe und verharrte in dieser Position.

Mit einer reflexartigen Bewegung nahm Deckstein seine Brille ab, steckte sie in seine Jackentasche und setzte seine Sonnenbrille auf. Als er sich die Szene später in Erinnerung rief, wusste er nicht, warum er das getan hatte. Vielleicht, weil er sich hinter der Sonnenbrille geschützter vorkam, unentdeckt. Durch die dunklen Gläser gewann das gesamte Bild etwas Gespenstisches. Es erinnerte Deckstein an Agentenfilme, in denen Staatschefs oder Konzernbosse ständig von Bodyguards umgeben waren. Das suggerierte dem Zuschauer eine latent lauernde Gefahr. Drehten die da unten einen Film, oder war es Realität? Deckstein war sich einen Moment lang nicht mehr sicher.

Er beobachtete, wie ein groß gewachsener, eleganter Mann die Treppe des Hubschraubers förmlich hinuntersprang. Seine Bewegungen drückten Entschlossenheit aus. Unterstützt wurde der Eindruck durch das kantige Gesicht und den dichten Stoppelhaarschnitt des Mannes.

Deckstein erkannte seinen Freund Bernd Conradi sofort. Er lächelte. Conradi war über sechzig, aber jeder würde ihm abnehmen, wenn er sich für zehn Jahre jünger ausgäbe. Seine Krawatte flatterte im Wind der Rotoren wie eine zu klein geratene Fahne und verfing sich hinter seiner dunkelbraunen Aktentasche, die er eng unter die linke Achsel geklemmt hatte. In der rechten Hand hielt er eine zusammen gefaltete Zeitung. Damit winkte er jemandem am Boden zu.

Unmittelbar nach Conradi stieg ein eher kleiner Mann aus dem Hubschrauber, der seinen beachtlichen Bauch wie eine Trophäe vor sich herbalancierte. Sein dunkles, leicht angegrautes, schütteres Haar flatterte um seinen Kopf. Er trug einen hellen Nadelstreifenanzug.

War das der Botschafter, von dem Conradi am Telefon gesprochen hatte? Deckstein kannte ihn nicht.

Die beiden Männer tauschten kurz ein paar Worte aus. Deckstein schien es, als warteten sie auf jemanden. Dann schob sich ein Mann, der ein Handy am rechten Ohr balancierte, mühsam aus dem Fond des gepanzerten Mercedes. Es war unverkennbar Meinolf Gundermann, der Sprecher des Auswärtigen Amtes. Deckstein kannte ihn aus vielen Pressekonferenzen.

Gundermann war hoch aufgeschossen, fast dürr. Dann war der Herr mit dem beachtlichen Bauch, wie Deckstein vermutet hatte, sicherlich der deutsche Botschafter aus Saudi-Arabien. Gundermann würde ihn wohl während seines Berlinaufenthaltes betreuen.

Aber konnte die Ankunft dieser Herren der Grund sein für die umfangreichen Sicherungsmaßnahmen mit so vielen mit Maschinenpistolen bewaffneten Bundespolizisten? Bodyguards in Zivil für die Dienste-Chefs, das konnte sich Deckstein vorstellen. Aber das hier?

Er wandte sich um und ging zurück zu der Cafeteria, in der er sich mit Bernd verabredet hatte. Ihr Zusammentreffen sollte unbedingt nach außen hin zufällig wirken, hatte Conradi bei seinem Anruf am Morgen gesagt. Niemand durfte später nachvollziehen können, dass er Deckstein wichtige Informationen gesteckt hatte. Auch deshalb hatte er einen Tisch zwar im Fensterbereich, aber etwas weiter hinten im Bistro, reserviert. Er wollte sichergehen, dass sie sich ungestört und möglichst unbeobachtet unterhalten konnten.

In Schlangenlinien bahnte er sich den Weg durch die Reisenden, die mit ihren Koffern vor den An- und Abflugtafeln standen. Ab und zu sah er sich aufmerksam um. Er wurde das Gefühl nicht los, dass sich Elenas Schwester hier noch irgendwo versteckt hielt. Wenn sie ihm folgte, wäre auch der GRU vermutlich nicht weit ...

Vor ihm ging eine Stewardess in dem dunkelroten Kostüm ihrer Fluggesellschaft, mit schnellen Schritten in Richtung Flugsteig C. Von dort starteten die Flieger nach Berlin. Wäre schön, jetzt mitfliegen zu können, dachte Deckstein. Corinna würde sich sicher sehr freuen.

Plötzlich blieb er wie angewurzelt stehen und schlug sich vor die Stirn. »Ich bin ein Depp«, murmelte er vor sich hin. Er hatte sie doch anrufen wollen. War ihr Flug aus Moskau überhaupt schon gelandet? Während er weiterging, suchte er in seinen Hosentaschen nach dem Zettel, auf dem er die Flugzeiten notiert hatte.

Als er ihn nicht fand, sah er auf die Uhr. Corinna müsste gleich irgendwann ankommen. Oder war sie schon gelandet? Plötzlich war er sich nicht mehr sicher. Während des Gesprächs mit Conradi würde er sein Handy eingeschaltet lassen, damit sie ihn erreichen konnte.

»Hoffentlich klappt alles«, sagte er so laut vor sich hin, dass sich zwei Stewardessen, die vor ihm gingen, nach ihm umschauten. Er sah in zwei hübsche Gesichter. Stewardessen, immer wieder Stewardessen. Seine Exfrau hatte auch mal Stewardess werden wollen.

In einer anderen Situation hätte er ihnen gern ein paar Worte zugerufen. Hätte sie gefragt, ob sie nicht zufällig die Landezeiten der Moskauflüge in Berlin wüssten. Vielleicht hätte sich daraus ein nettes Gespräch ergeben. Und so. Aber jetzt ...

Die Zeit drängte. Conradi wäre in wenigen Minuten in der Cafeteria. Bis dahin waren es nur noch wenige Meter. Er drehte sich um. Da, in der Menge, rund fünfzig Meter zurück, sah er den Freund kommen.

Er stutzte. Wer waren die drei Herren, die Conradi in ihre Mitte genommen hatten? Mit ihren dunklen Sonnenbrillen und den langen Regenmänteln sahen sie aus wie das Begleitkommando eines Vollstreckers in einem Kinothriller. Jeder machte ihnen Platz, alle sahen sich nach ihnen um.

Deckstein hastete zurück in die Cafeteria und bestellte unterwegs bei der Kellnerin für sich schon mal einen Kaffee. Dann setzte er sich an das kleine braune Tischchen. Darauf stand immer noch das Schildchen »Reserviert«.

Irgendetwas irritierte ihn. Plötzlich wusste er, was es war. Er nahm das Schild vom Tisch und gab es vorne an der Bar ab. Konnte doch Verdacht erregen. Ein zufälliges Zusammentreffen, und dann hatte er reserviert, das passte nicht zusammen. Aber eine Zeitung und eine Tasse Kaffee dazu, das würde sich gut machen. Das sähe entspannt aus, so als wäre er schon länger da.

Er nahm eine Tageszeitung vom Tresen, setzte sich an den Tisch und schlug die zweite Seite auf.

In diesem Moment kam Conradi herein, flankiert von seinen Beschützern. Deckstein schaute von seiner Lektüre auf.

»Hallo, Daniel! Was machst du denn hier?«, rief Conradi überrascht.

Deckstein konnte nicht umhin, das schauspielerische Talent seines Freundes zu bewundern, und grinste. Die Herren mit den

Sonnenbrillen reckten ihren Kopf in Decksteins Richtung und blieben unschlüssig stehen, als Conradi auf ihn zuging. Die beiden Freunde umarmten einander.

»Schön, dich mal wieder zu sehen und nicht nur am Telefon zu hören!«, sagte Deckstein und klopfte Bernd Conradi auf die Schulter.

»Warte mal ganz kurz.« Conradi sah den Freund an und strahlte über das ganze Gesicht. »Ich muss meinen Bewachern nur schnell sagen, dass ich mich hier zu dir setze. Bin gleich zurück«, sagte er. Sein Gesichtsausdruck wurde ernster. »Wir haben leider nicht viel Zeit. Aber für das, was ich dir sagen will und kann, wird's reichen.«

Er besprach sich kurz mit seinen Begleitern, die sich daraufhin an zwei weiter entfernt stehenden Tischen niederließen. Conradi nahm Deckstein gegenüber an dem Fenstertisch Platz.

»Lass uns das Wichtige zuerst besprechen«, sagte er. »Ich brauch dann noch ein paar Minuten für was Privates. Ich hab da was, über das ich gerne kurz mit dir reden möchte.«

29

Berlin, Bundeskanzleramt

»Wir müssen uns auf das Allerschlimmste vorbereiten, also das volle Programm abspulen, Herr Brandstetter!«

BND-Chef Grossmann wartete nicht ab, bis alle wieder am Tisch im Besprechungsraum im Kanzleramt Platz genommen hatten.

BKA-Chef Mayer und er waren mit dem Hubschrauber von der Beratung der Dienste-Chefs in der Dependance des BKA in Meckenheim nach Berlin zurückgekehrt. Auch Generalinspekteur Wildhagen war aus dem Verteidigungsministerium wieder dazugestoßen.

»Wir sind uns inzwischen sicher, dass wir es nicht nur mit einer Al-Kaida-Gruppe zu tun haben«, fuhr Grossmann fort. »Alles deutet darauf hin, dass da im Hintergrund noch irgendeiner der uns bekannten Freunde mitfingert. Meine Leute tippen auf die Russen. Wenn die es sind, gehen wir jedenfalls von einer hochrangigen Gruppe aus. Leute, die leicht an solches Zeug kommen. Unzufriedene Offiziere zum Beispiel, was weiß ich. Da ist ja alles möglich. Genaues haben wir auch noch nicht.«

Der Krisenmanager geriet ins Stottern. »Also, Herr Gross ...« Er räusperte sich und setzte noch einmal an: »Ich verstehe Sie wahrscheinlich nicht richtig ... Sie gehen erstens davon aus, dass das Erpresservideo und die Schreiben dieser Terrorbande echt sind. Und dann diese Drohung mit der Geiselnahme ... Dazu kommen noch möglicherweise die Russen ...«

Er brach ab und sah Grossmann mit einem Blick an, in dem sich Erschrecken und ungläubiges Staunen mischten. »Gibt's auch wirklich kein Vertun? Wie passt das denn überhaupt alles zusammen?«, fragte er an Mayer gewandt.

»Nein, Herr Brandstetter, da gibt's kein Vertun. Passt auch alles zusammen«, erwiderte Mayer. »Unsere Spezialisten aus beiden Bereichen – BND und BKA – haben zwar unter Hochdruck, aber reibungslos und gut zusammengearbeitet«, fuhr er fort und nickte Grossmann zu. »Und sie sind sich zu fast hundert Prozent sicher, dass das alles authentisch ist, was wir da gekriegt haben. Alle bisher überprüften Daten und Angaben stimmen. Das Video trägt auch das originale Logo von Al-Sahab.« Mayer sprach den Namen aus, als sei es bereits ein bekanntes Label, eine international bekannte Marke.

»Das ist, wie Sie wissen, das Logo der offiziellen Medienabteilung von Al-Kaida. Wenn man sich vor Augen hält, über welche finanziellen und technischen Möglichkeiten diese Terroristen inzwischen verfügen, dann kann man schon mit Fug und Recht von einem Terrorkonzern sprechen. Und wenn dann noch, wie Herr Grossmann ja schon sagte, die Russen ihre Finger mit drin haben sollten, ist technisch sowieso alles möglich.« Mit einem Anflug von Zynismus fügte er hinzu: »Al-Kaida hat ja inzwischen fast alles, selbst eine eigene Medienabteilung.«

»Und ein ganzes Firmengeflecht, in das noch Osama bin Laden investiert hat, an dem er beteiligt war oder das ihm gehörte«, sagte Grossmann. »Darunter sind auch ein paar hochinteressante technische Betriebe. Also, wir sind uns nach Abwägung aller Informationen zu weit über neunzig Prozent sicher, dass die nukleare Bombendrohung einen echten Hintergrund hat.«

»Wir wollen aber ganz sichergehen und auch die kleinste Unsicherheit ausschließen«, erklärte Mayer. »Deshalb überprüfen wir die Stimmtests immer wieder. Außerdem untersuchen wir das Videoband noch mal, um zu sehen, ob da vielleicht irgendwas manipuliert ist, was zusammengeschnitten oder ähnliche Sachen. Außerdem sind natürlich noch weitere Abteilungen und Referate von unserer Dependance in Meckenheim eingeschaltet.«

»Und welche sind das genau?«, erkundigte sich Brandstetter.

»Das Referat für politische motivierte Waffenkriminalität und vor allem das Referat für Proliferation. Aus der Gruppe drei die Mitarbeiter für internationale Rechtshilfe und Personenfahndung und der zentrale Sprachen- und Dolmetscherdienst«, zählte Mayer bereitwillig auf. Er war jetzt in seinem Element. »Weiter die Berater und Verhandlungsgruppe für Erpressungen. Spezialisten der verschiedenen Referate analysieren zurzeit auch das neue Video und das beiliegende Schreiben der Terroristen mit der angedrohten Geiselnahme. Dabei wird die Ausdrucksweise in dem Schreiben, aber auch der Text, der im Video vorgetragen wird, gecheckt. Was für Persönlichkeiten oder Gruppierungen stehen dahinter? Gibt es irgendwelche Sprachbesonderheiten? Lassen Aussprache oder bestimmte Ausdrücke Rückschlüsse auf besondere Regionen oder Volksgruppen zu? Wir hoffen sehr, dass wir die Personen, die sich auf dem Video zu erkennen geben, identifizieren und Gruppierungen zuordnen können ...«

»Der Außenminister hat die gefährdeten Botschaften in den betreffenden Ländern bereits wegen der Drohung der Geiselnahme informiert«, unterbrach ihn Brandstetter. »Natürlich wurde auch eine Warnung vor Reisen in diese Länder herausgegeben.« Dann wandte er sich an den BND-Chef. »Irgendwo müssen wir dieser Bande doch das Handwerk legen können, Herr Grossmann! Nukleare Bombendrohung, Geiselnahmen ... dann stecken da noch die Russen dahinter oder wer auch immer. Am Ende stellt sich vielleicht noch heraus, dass der Geheimdienst eines befreundeten Staates da sein Spielchen spielt! Und dem sind dann beim Pokern die Karten aus der Hand genommen worden.« Er schüttelte den Kopf. »Ich sage Ihnen, wenn wir jetzt nicht irgendeinen von denen am Wickel packen, und zwar richtig, dann gerät alles aus den Fugen ...« Brandstetter sah einen nach dem anderen an. Alle blieben stumm.

»Dass die Russen möglicherweise hinter allem stecken, muss ich Mombauer mitteilen«, sagte der Geheimdienstkoordinator und stand auf. »Der muss sofort die Kanzlerin informieren. Die sollen sich Gedanken machen, ob wir nicht besser mit den USA Kontakt aufnehmen. Sonst kriegen die Amerikaner womöglich auf anderen Wegen spitz, dass die Russen da nicht nur mit drinstecken, sondern den Terroristen vielleicht auch den Stoff für die Bombe geliefert haben. Und dann könnte das ganze Drama, wie Sie, Herr Wildhagen, ja ausgeführt haben – Stichwort Berlin- und Kubakrise – völlig aus dem Ruder laufen. Das müssen wir unbedingt verhindern!« Brandstetter legte die Hände auf die Rückenlehne seines Stuhls. »Sobald Sie was Fassbares von Ihren Leuten kriegen, Herr Grossmann, bitte sofort kurzen Vermerk an mich.«

Der BND-Chef nickte und erwiderte: »Trotz des Krieges, den die Russen gegen Afghanistan geführt haben, hat der GRU immer noch Verbindungen ins Land. Und irgendwer in Moskau zieht die Fäden, um uns energiestrategisch an den Haken zu bekommen. Das Ganze ist äußerst verschleiert konstruiert und aufgebaut. Die wollen verhindern, dass man die Strukturen und handelnden Personen dahinter erkennt.«

Brandstetter schritt auf die Tür zu. »Wir haben zwar in der Einschätzung der Lage große Fortschritte gemacht, aber ich werde den Eindruck nicht los, dass uns die Zeit davonläuft.« Bevor er den Raum verließ, fügte er hinzu: »Nutzen Sie die Unterbrechung, meine Herren! Es gibt Kaffee, Wasser und Gebäck – bitte bedienen Sie sich. Wer weiß, ob Ihnen noch genügend Zeit bleibt, Ihren Kaffee genüsslich auszutrinken ...«

Generalinspekteur Wildhagen stand auf. »Meine Herren, ich verschwinde auch mal schnell. Sie wissen schon«, sagte er.

Grossmann schüttelte den Kopf: »Sagen Sie mal, Herr Mayer, was soll das alles noch geben! Der Chef der Armee hat eine Sextanerblase und der andere ist nervös wie eine Jungfrau!«

Der BKA-Chef schmunzelte, ging aber nicht weiter auf Grossmanns Bemerkung ein. Er hatte einen kleinen Zeitungsausschnitt aus seinen Unterlagen hervorgezogen und ihn kurz überflogen.

»Hier, lesen Sie mal«, sagte er und schob Grossmann den Zeitungsausschnitt zu. »Bestätigt alle unsere Befürchtungen.

Haben mir die Mitarbeiter, die bei uns den Ausschnittdienst machen, heute Morgen noch draufgelegt, als ich gerade losmarschieren wollte.«

Grossmann zog sich das Blatt heran.

»USA am Super-GAU vorbeigeschrammt
Hamburg, 12. Oktober ... Zu einer weit größeren Katastrophe als der vom 11. September 2001, bei der dreitausend Menschen umkamen, hätten die ursprünglichen Pläne des Al-Kaida-Terroristen Mohammed Atta geführt. Wenn es ihm denn gelungen wäre, seine Terrorkollegen von seinen Attentatsplänen zu überzeugen.

Vor dem New Yorker Attentat war Atta mit einer kleinen Propellermaschine über den nur etwa fünfunddreißig Meilen nördlich von New York liegenden Atommeiler Indian Point geflogen. Da war ihm eine Idee gekommen. Als er sich in Madrid mit Ramzi Binalshibh traf, einem weiteren führenden Kopf der Hamburger Terrorzelle und zugleich Verbindungsmann zu Osama bin Laden, erklärte er ihm, dass der Atommeiler ein viel lohnenderes Attentatsziel sei als das World Trade Center. *Binalshibh konnte er überzeugen, aber als sie den neuen Attentatsplan auch den anderen Mitgliedern der Terrorzelle vortrugen, die in das Attentat auf das World Trade Center eingebunden waren, winkten diese ab. Das sei viel zu gefährlich, sagten sie, da sie davon ausgingen, dann sofort mit Raketen abgeschossen zu werden. Hätten sie gewusst, dass der Atommeiler diesen Schutz gar nicht genoss, und hätten sie weiter gewusst, dass der Meiler vermutlich sogar den Aufprall eines Kleinflugzeugs, geschweige denn den einer Passagiermaschine, nicht überstanden hätte, hätten sie mit Sicherheit als Ziel nicht das World Trade Center sondern den Meiler gewählt.*

So schrecklich der Anschlag auf das World Trade Center auch war – die USA sind damit einer noch weit größeren Katastrophe entgangen. Bei ungünstigem Wind wäre nach einem Flug einer voll besetzten Passagiermaschine in den Atommeiler Indian Point und einem vermutlich folgenden Super-GAU die Acht-Millionen-Stadt New York nicht mehr bewohnbar gewesen.«

Grossmann hatte den Artikel kaum zu Ende gelesen, als Werner Brandstetter schon wieder im Türrahmen stand. Hinter ihm erschien Wildhagen.

»Wie Sie wissen, Herr Kollege«, sagte der Geheimdienstkoordinator und ging schnurstracks auf Grossmann zu«, habe ich soeben dem Chef BK auf der Basis unseres Gesprächs Bericht erstattet. Mombauer will jetzt von Ihnen wissen, ob bei der ganzen Technik, die Sie einsetzen, und den sonstigen üblichen Beobachtungen nicht eventuell schon was Konkreteres vorliegt, als Sie mir mitgeteilt haben. Der Chef BK traut dem Braten nicht ganz, hab ich das Gefühl.«

Er rollte die Augen und sah einen nach dem anderen am Tisch an.

Grossmann ließ sich von Brandstetters Vortrag nicht aus dem Konzept bringen.

»Hier, lesen Sie das auch mal. Passt genau zu unserer Besprechung. Da bekommen Sie schon mal den richtigen Eindruck von dem, was uns bevor besteht. Und auch, was von der ganzen Vernebbelungstechnik zu halten ist.« Er reichte Brandstetter den Artikel hinüber, aber der winkte ab.

»Später, Herr Grossmann, später. Jetzt möchte ich erst mal wissen, was mit unseren Leuten von GENIC in Kabul ist. Können die uns keinen Hinweis geben? Aus den afghanischen Ausbildungslagern kommen doch die meisten Terrorbefehle.«

Bei der *German National Intelligence Cell*, kurz GENIC, handelte es sich um die nachrichtendienstliche Abteilung der deutschen Truppe in Afghanistan. Bundeswehrsoldaten und Geheimdienstler des BND arbeiteten dort schon länger Hand in Hand.

Einmal, um die eigenen Soldaten vor Terroranschlägen zu schützen. Aber die Männer und Frauen der Armee und des Bundesnachrichtendienstes hatten die gesamte dortige Terrorszene auch deshalb genauestens im Visier, weil in den afghanischen Terrorcamps häufiger Bundesbürger entdeckt wurden, die zum Islam konvertiert waren. Sie waren gewaltbereit und für Anschläge bestens vorbereitet. Wann immer die deutsche

Geheimdienstlertruppe in Kabul von deren Rückkehr erfuhr, machte sie Grossmann sofort Meldung. »Der Terrorismus kommt nach Hause«, hatte ein Kanzleramtsmitarbeiter die Lage einmal beschrieben. Die GENICs, wie Brandstetter sie immer nannte, sammelten natürlich auch alle wichtigen Informationen zur Einschätzung der Lage im Land. Der Geheimdienstkoordinator hoffte wohl, dass die nachrichtendienstliche Abteilung der deutschen Truppe wenigstens einen winzigen Ansatzpunkt liefern könnte.

»Natürlich habe ich auch Kabul kontaktiert, Herr Brandstetter«, sagte Grossmann.

»Mensch, Kollege, nach dem Angriff auf das *World Trade Center* konnten Sie den Amerikanern, dem FBI, doch auch gleich sagen, dass das noch nicht alles war«, sagte Brandstetter. »Die wussten ja damals gar nicht, dass noch elf Terroristen irgendwo unterwegs waren. Das war doch eine glänzende Leistung von Ihren Lauschern im Äther! Ich weiß, dass ihre CIA-Kollegen in Langley und auch der Präsidentenstab in Washington völlig verblüfft waren über die Leistung des Zwerges BND gegenüber den gigantischen Geheimdiensten der USA. Und jetzt haben wir gar nichts in der Hand?«

»Es tut gut, so etwas auch mal von Ihrer Seite zu hören, Herr Brandstetter«, erwiderte Grossmann mit einem schiefen Lächeln. »Aber dass wir gar nichts in der Hand haben, ist nicht ganz richtig. Wir hatten eben noch eine Videoschaltung nach Kabul. Meine Mitarbeiter hören und sehen da viel. Aber außer dem üblichen Summen und Rauschen im Äther, dem Glühen der Telefondrähte haben wir von dort noch nichts Konkretes. Aber ich hab ja eben unsere Analyse ...«

»Gar nichts?«, hakte Brandstetter noch einmal nach.

»Wenn ich sage, wir haben nichts Konkretes, dann heißt das auch, dass wir immer noch zu wenig Übersetzer haben. Unsere Spracherkennungsprogramme, die den Äther abhören, sind zwar gut, schaffen aber nicht alles. Unsere Arabisch-Translators kommen leider nicht nach. Noch immer bleiben Meldungen liegen. Da könnte natürlich was Wichtiges drunter sein.«

»Da müssen wir ran, Herr Grossmann! Der richtige Zeitpunkt, das nachher im Kabinett vorzutragen.«

»Es gibt ungeheuer viel zu tun. Wir haben wieder Entführungen im Irak. Wir beobachten weiter die nukleare Aufrüstung im Iran, den grauen Atommarkt, auf dem sich, wie Sie wissen, viele Araber und Pakistanis tummeln. Ja, und dann noch die atomare Lage in Nordkorea.«

»Ein irres Programm«, sagte Brandstetter kopfschüttelnd. »Da muss dringend was passieren! Und was ist mit Ihnen?«, fragte er an den BKA-Chef gewandt. »Haben Sie was?«

»Außer den üblichen Dingen, die Ihnen ja bereits vorliegen, haben wir nichts Neues«, antwortete Mayer und drehte dabei sein inzwischen leeres Wasserglas mit seiner Rechten hin und her, dass es quietschende Geräusche auf dem Tisch gab.

»Was ist mit diesem Al-Kaida-Netz da in der Pfalz? Oder in Ulm und um Ulm herum, Neu-Ulm, meine ich? Brummen da nicht die Handys? Keine Botschaften? Keine Kontakte? Nichts, was uns weiterhelfen könnte? Sie schütteln den Kopf, Herr Mayer?«

»Die Leute, die wir als Gefährder erkannt haben, haben wir im Griff. Um die mache ich mir keine großen Sorgen«, erklärte der BKA-Chef. »Da haben wir schon das ganz große Programm abgespult, alles, was das Strafgesetzbuch hergibt. Bis zur Wohnraumüberwachung alles. Meine Leute haben Fernsehen live. Die bekannten Gefährder machen mir im Augenblick die geringsten Sorgen. Aber um die anderen, die wir noch nicht kennen, bereiten mir Kopfschmerzen. Aus diesem Umfeld müssen doch jetzt welche zugeschlagen haben, sonst hätten wir sie ja bereits vorher gepackt!«

»Wir können ja auch nicht alle Verdächtigen gleich unter die Lupe nehmen«, ergänzte BND-Chef Grossmann.

»Obwohl, wir tun ja schon einiges«, sagte Mayer. »Aber dafür habe ich auch gar nicht genug Leute.«

»Wie sollten wir das alles überhaupt schaffen?«, stöhnte Grossmann. »Sie haben doch die Akte über diesen Deutsch-Pakistani aus der Szene gelesen, Herr Brandstetter. Lange Zeit ein ehrenwerter Mann. Und dann stellen unsere Freunde aus Übersee plötzlich fest, was der wirklich treibt.«

»Sagen Sie mal, Herr Mayer, dieser Mensch, über den wir da gerade sprechen, hatte der nicht auch Kontakt zu diesem Marokkaner aus Bad Godesberg, der uns vor ein paar Tagen freundlicherweise dieses Drohvideo hat zukommen lassen?«

»Richtig«, antwortete der BKA-Chef.

»Darin hat dieser Mann doch Anschläge in Bremen, Köln und München angekündigt. Gibt es da keine Zusammenhänge?«, fragte Brandstetter. »Keine Hinweise, die uns zu diesen Terroristen führen könnten, die hier bei uns jetzt eine nukleare Bombe hochgehen lassen wollen? Wenn die sich vorher noch Geiseln schnappen, um uns damit zu erpressen! Stellen Sie sich das mal vor: Wir gehen nicht auf deren Forderung ein, unsere Truppen schon in den nächsten Tagen aus Afghanistan abzuziehen. Was ich sowieso für wahrscheinlich halte. Und dann enthaupten die eine Geisel nach der anderen. Schon wenn die erste enthauptet wird und diese grässlichen Bilder, wie gehabt, ins Netz gestellt werden ...« Er schüttelte sich.

»Unsere Leute prüfen jede Kleinigkeit, Herr Brandstetter. Davon können sie ausgehen«, sagte Grossmann ruhig. »Für uns steht jedenfalls inzwischen fest, dass der Mann auch Kontakte zu der pakistanischen Terrororganisation Lashkar-e-Taiba geknüpft hat.«

»Wie bitte? Das ist doch die ...«, sagte Brandstetter.

»Genau die. Die Organisation, der auch Spitzenleute der pakistanischen Atomindustrie angehören ... sollen, sage ich mal vorsichtig. Böse Zungen behaupten, auch der Atompapst des Landes, Abdul Quadeer Khan, würde dazugehören.«

»Das muss man sich mal vorstellen!« Der Geheimdienstkoordinator war blass geworden. »Ich begreife das alles nicht mehr!«

»Vielleicht sollte ich zunächst einfach mal weiter berichten«, sagte Grossmann. »Wir sind auch in Kontakt mit unseren verschiedenen Partnerdiensten. Da gibt es vielleicht doch einen ernst zu nehmenden Hinweis. Den hab ich vorhin bekommen, als Sie bei Mombauer waren. Ich will keine verfrühten Hoffnungen wecken, aber unsere Londoner Kollegen glauben, zwischen Moskau und einem Handy hier in Berlin interessante Gespräche aufgefangen zu haben. Ist aber noch nichts Genaues. Ich hätte es eigentlich nicht vorgetragen, aber ...«

»Moskau?« fragte Brandstetter. »Sie haben zwar vorhin Ihr Szenario ausführlich aufgeblättert, Herr Grossmann. Trotzdem, ich gebe zu, mir ist immer noch nicht so ganz klar, was denn Moskau mit dieser ganzen Terrorlage hier zu tun haben soll.«

»Herr Brandstetter, ich habe von Grossmann gelernt«, sagte Mayer, »dass in Russland eine ganze Menge Muslime zu Hause sind.«

»Nicht zu vergessen die Tschetschenen und, wie vorhin schon ausführlich vorgetragen, ziehen womöglich hochrangige Offiziere die Fäden«, ergänzte Grossmann. »Da in Moskau, das wird meinen Leuten und mir immer klarer, spielt jemand ein teuflisches Spiel. Ich sagte ja vorhin, dass es die Amis und der Mossad nicht anders machen. Da wird eine Terrorgruppe – Freiheitskämpfer oder Revolutionäre, aus welchem Blickwinkel Sie das auch immer sehen wollen – in Gang gesetzt. Die glauben, sie kämpften für ihre Sache ...«

»... und merken gar nicht, dass sie von einer großen Organisation im Hintergrund gesteuert werden«, ergänzte BKA-Chef Mayer.

In diesem Augenblick klingelte eines der beiden Telefone, die neben Brandstetter auf dem eigens dafür angefertigten Beistelltischchen standen. Mit einer hastigen Bewegung hob er den Hörer des abhörsicheren Telefons ab. Mayer und Grossmann konnten ohne Mühe mithören, was die aufgeregte Person am anderen Ende der Leitung dem Geheimdienstkoordinator mit lauter Stimme mitteilte. Brandstetter hielt den Hörer immer weiter von seinem Ohr weg. Schließlich, als die Stimme verstummte, legte er den Hörer mit einer betont bedächtigen Bewegung zurück.

»Meine Herren, Sie konnten ja alles mithören. Dann wissen Sie auch, es ist so weit. Wir sollen gleich rüberkommen zum

Sicherheitskabinett.« Er schob seinen Sessel zurück, stand auf und sagte: »Das war übrigens die Büroleiterin von Mombauer. Nur mal so. Nun wissen Sie auch, wer da im Vorzimmer kommandiert. Ich muss schnell noch mal an der Person vorbei zu Mombauer rein. Sie gehen am besten schon rüber. Die Kanzlerin will uns, wie Sie ja mitbekommen haben, alle am Tisch haben.«

30

Köln Bonn Airport

»Du hast ja heute Morgen am Telefon total aufgeregt geklungen. Kenn ich überhaupt nicht an dir, Bernd!«, sagte Deckstein und beugte sich näher zu Conradi hinüber.

»War ich auch. Unser Botschafter in Saudi-Arabien hat uns eine Nachricht überbracht, die mich wie der Blitz getroffen hat. Passiert mir selten. Aber bevor ich dir im Einzelnen erkläre, um was es geht, ein paar Sätze vorweg.«

»Jetzt spann mich doch nicht so auf die Folter!«

»Zunächst zu dir: Du kriegst von mir alle Informationen, die du brauchst. Aber ich muss dich warnen! Du musst dir darüber im Klaren sein, dass du damit im Fadenkreuz der Regierung bist. Auch deine Kollegen von der Presse werden nicht stillhalten. So ein kleiner Verlag und so eine Riesengeschichte? Du wirst eine Menge Stehvermögen brauchen. Ich weiß, dass du das hast. Eure Story damals, dass Bonn möglicherweise den Atomwaffensperrvertrag gebrochen hatte, hätte andere als dich vermutlich den Kopf gekostet. ›Et hät noch immer jut jejange‹, wie der Kölsche sagt. Aber was uns jetzt bevorsteht, ist eine andere Liga. Andererseits, wenn du einsteigst, wird es für dich die größte Geschichte deines Lebens. Hab ich dir ja schon am Telefon gesagt, und dazu steh ich auch.«

Conradi lehnte sich in seinem Stuhl zurück und sah Deckstein abwartend an.

»Bevor ich mich für irgendwas entscheiden kann, muss ich doch erst mal wissen, was überhaupt los ist!«, sagte Deckstein. »Du hast mir ja noch gar nichts erzählt.«

Conradi beugte sich so weit zu ihm hinüber, wie es möglich war, ohne Aufsehen zu erregen, und sagte leise: »Wir werden von Terroristen erpresst. Vermutlich sind es Al-Kaida-Leute. Wir haben nicht mal mehr drei Tage, dann sollen unsere Truppen Afghanistan verlassen. Vorher müssen wir öffentlich bekannt geben, dass wir das Ultimatum erfüllen. Wenn nicht, geht in Deutschland oder in einem der befreundeten Länder eine nukleare Bombe hoch. Bedroht werden Frankreich, Spanien, England, Russland, die USA und, wie schon gesagt, wir. Das Perfide daran ist, dass die mit Geiselnahmen und Enthauptungen der Geiseln drohen, falls wir die gesetzte Frist nicht einhalten.«

Deckstein sah ihn an, als hätte ihm ein fieser Onkel eine noch fiesere Science-Fiction-Story erzählt.

»Es kommt noch was hinzu«, sagte Conradi. »Wir sind uns leider ziemlich sicher, dass dahinter ein teuflischer Plan steckt. Wir haben große Zweifel, dass die Russen wirklich bedroht werden. Das kann auch nur zum Schein so arrangiert sein.«

Deckstein blickte Conradi unverwandt an. Seine Hände tasteten über den Tisch. Als er den Henkel seiner Kaffeetasse spürte, umklammerte er ihn fest und führte die fast leere Tasse zum Mund.

»Das ist aber immer noch nicht alles.«

Bevor er weitersprach, warf Conradi einen kurzen Blick zu seinen Bewachern hinüber.

»Wildhagen, der Generalinspekteur, du kennst ihn?« Deckstein nickte. »Also, der General hat heute Morgen bei der ND-Lage im Kanzleramt die wirkliche Dimension geschildert, die diese nukleare Bedrohung annehmen kann. BKA-Chef Mayer hat mir nach seiner Rückkehr zu unserer Tagung in der BKA-Dependance in Meckenheim alles erzählt. Der Brandstetter hat ja in seinem Job schon so allerhand erlebt, aber das muss ihn sichtlich an seine Grenzen geführt haben.«

Conradi beschrieb Deckstein kurz das Horrorszenario, das Wildhagen in den frühen Morgenstunden vor den Dienste-Chefs im Konferenzraum im Bundeskanzleramt ausgebreitet hatte.

»Ich hab meiner Sekretärin von Meckenheim aus aufgetragen, dich zu informieren und dir meinen Anruf anzukündigen. Bevor ich's vergesse: Du sollst unbedingt den Walter

Mayer anrufen, am besten gleich, wenn du wieder nach Bonn fährst. Ach, nein, umgekehrt! Er wird dich anrufen. Ich komm schon ganz durcheinander! Ich hab ihm deine Nummer gegeben. Er hat was Hochinteressantes für dich. Und er will mit dir darüber sprechen, dass ihr bedroht werdet. Ich hab ihm davon erzählt.« Er sah auf die Uhr. »Die Zeit rast«, sagte er und schüttelte den Kopf.

Deckstein schwieg. Er war zu keiner Stellungnahme fähig. Das heftige Verlangen nach einer Zigarette überkam ihn, aber dafür war jetzt keine Zeit. Er nahm einen Schluck Kaffee, verschluckte sich und musste so heftig husten, dass die Männer mit den Sonnenbrillen, die sie allerdings in der Zwischenzeit abgenommen hatten, herüberschauten.

»Entschuldige«, sagte er, als er sich wieder beruhigt hatte.

»Brauchst dich nicht zu entschuldigen. Ich verstehe deine Reaktion nur zu gut. Es ist einfach unvorstellbar, in was wir da, allerdings mit langer Vorankündigung, reingeraten sind. Als mein Minister mir die Nachricht von der nuklearen Bedrohung mitten in der Nacht am Telefon wie einen nassen Lappen um die Ohren gehauen hat, hab ich erst mal kerzengerade im Bett gesessen.«

»Allein?«, fragte Deckstein und versuchte ein Grinsen.

»Sag mal, eh ... später ... müssen wir ... wir sollten ... ich wollte doch noch was Privates mit dir ...«, stotterte Conradi. »Da hast du mich ganz schön aus dem Konzept gebracht«, fügte er hinzu und schmunzelte. »Reden wir später drüber.«

»Ja, und nun?«, fragte ihn Deckstein. »Was macht ihr jetzt? Zieht Ihr die Truppen ab? Was sagt denn die Kanzlerin?«

Conradi legte ihm die Hand auf den Arm. »Wir müssen davon ausgehen, dass die Kanzlerin heute noch an die Öffentlichkeit geht.«

Deckstein schüttelte den Kopf. Er kam sich immer noch vor wie im Film. Die nächsten Worte seines Freundes hörte er wie durch einen Nebel.

»Mit dem, was ich dir gesagt habe, Daniel, und mit den Unterlagen, die ich dir mitgeben werde, kannst du die größte Story deines Lebens schreiben und ...« Er unterbrach sich, weil

Deckstein ihm mit dem Kopf ein Zeichen gegeben hatte. Die Kellnerin stand neben ihnen am Tisch.

»Was kann ich Ihnen zu trinken bringen? Möchten Sie etwas essen? Dann bringe ich die Karte. Wir haben auch leckeren Kuchen.«

»Bringen Sie mir bitte nur eine Tasse Kaffee und eine kleine Flasche Sprudelwasser«, sagte Conradi mit einem freundlichen Lächeln. »Das hier, und was die drei Herren da drüben bestellen, geht auf meine Rechnung.«

»Lassen Sie mal, ich regele das, wenn die Herren weg sind«, sagte Deckstein und fügte an Conradi gewandt hinzu: »Das geht ja alles von unserer knappen Zeit ab. Erklär mir lieber mal, wie ihr die Forderungen der Terrorbande erfüllen wollt. Das schafft ihr niemals in drei Tagen, selbst in ein, zwei Wochen ist das doch nicht hinzukriegen, oder?« Deckstein schüttelte sich. »Stell dir mal vor, ihr schafft das nicht, und die nehmen tatsächlich Geiseln. Und dann köpfen die ... darf ich gar nicht drüber nachdenken!«

»Da hast du was durcheinandergebracht, Daniel. Wir erfüllen ja die Forderung bereits, wenn wir innerhalb des Ultimatums bestätigen, dass wir abziehen werden. So, wie wir das bis jetzt verstanden haben, passiert dann nichts. Wir müssen natürlich konkrete Vorbereitungen für den Abzug treffen, sonst halten die vermutlich nicht mehr still. Das müsste alles erst noch mal verhandelt werden, aber ich befürchte, dass es gar nicht dazu kommt. Und was dann los wäre, wenn nicht nur eine Bombe explodiert, sondern auch noch Köpfe rollen ...«

»Beinahe hätte ich's vergessen«, sagte Deckstein und klopfte mit seinem Feuerzeug auf den Tisch. »Ihr habt doch dieses Video von dem Deutsch-Marokkaner aus Bonn, der inzwischen in Afghanistan eine große Nummer bei Al-Kaida sein soll. Der hat in dem Video ja auch mit Anschlägen gedroht, unter anderem in Köln. Habt ihr Hinweise, dass der was mit der aktuellen Sache zu tun hat?«

»Die können im Köln-Bonner-Raum zuschlagen, aber auch überall woanders. Ob dieser Marokkaner da mitmischt, wissen wir noch nicht. Wenn du was darüber schreibst, lässt du das am besten offen. Sobald ich mehr weiß, geb ich dir Bescheid«, versprach Conradi.

»Danke. Aber wir sollten noch mal ganz konkret besprechen, was ich schreibe, Bernd. Um was geht es denn in dem Terrorvideo? Um eine ›schmutzige‹ oder eine echt nukleare Bombe?«, fragte Deckstein.

»In der schriftlichen Botschaft heißt es klipp und klar: nukleare Bombe. Das wird auch im Video betont, wurde mir berichtet. Was immer die Terroristen darunter verstehen.«

»Spaltstoff können die sich ja heute genug besorgen. Und Bombentechniker finden die auch«, sagte Deckstein.

»Die Bestätigung dafür bekommen wir ja gerade geliefert. Aber mir macht noch was anderes große Sorgen, Daniel. Spätestens, wenn die Kanzlerin heute in die Tagesschau geht, werde ich wohl die volle Besetzung für unser Lagezentrum anfordern müssen. Dann werden auch die Bundesländer informiert. Dann ist die allgemeine Panik wohl kaum noch aufzuhalten. Und ich hab weiter schlaflose Nächte vor mir ...«

Deckstein schlug sich vor die Stirn. »Wahnsinn, der helle Wahnsinn. Was meinst du, wie die Leute durchdrehen. Die kennen nur noch eins: einkaufen, Leute, einkaufen, wir haben Krieg! Du wirst sehen, viele steigen auch in ihre Autos und gehen stiften. Staus ohne Ende. Das totale Chaos! Sag mal, hast du eigentlich eine ABC-Schutzmaske?«

»Nein, brauch ich nicht. Aber ich weiß, was du meinst. Auch da wird es Panikkäufe geben.«

»Und wenn nicht genug da sind ...«

»Daniel, mach mich nicht vorher schon verrückt! Ich will gar nicht so weit denken!«

»Was tue ich jetzt?«, fragte Deckstein. »Welche Rolle hast du mir im jetzigen Stadium zugedacht?«

»Du wirst laufend über den Sachstand informiert. Das übernimmt am besten Margaretha Müller, habe ich mir überlegt, die Pressechefin unseres Hauses. Du kennst sie ja. Ich kann ihr vertrauen. Meinst du, ihr kriegt noch eine Sonderausgabe oder eine

Vorabgeschichte für euren Onlinedienst gleich nach der Tagesschau hin? Darin könntet ihr eure gesamten Informationen verbraten, samt der Dinge, die ich dir gesagt habe und noch sagen werde. Dann habt ihr im wahrsten Sinne des Wortes eine Bombengeschichte – inklusive Themenführerschaft! Wenn das zeitlich überhaupt noch drin ist. Aber ihr seid ja eine schnelle Truppe, wie ich weiß.« Conradi klopfte Deckstein leicht auf die Schulter. »Auf jeden Fall würde ich an deiner Stelle heute schon ein paar Eilmeldungen rauspusten.«

»Hab ich eben auch schon dran gedacht«, sagte Deckstein. »Ich wollte aber erst von dir hören, was wir bringen können, ohne dich in die Pfanne zu hauen. Oder, was in dieser aufgeladenen Situation genau so schlimm wäre, umgehend ins Fadenkreuz von BKA und Verfassungsschutz zu geraten. Das mit der NATO-Übung hat Sabine übrigens schon online gesendet. Da werden wir hier sicher gleich noch das Echo mitkriegen.«

Conradi sah ihn erstaunt an.

»Was sag ich schnelle Truppe. Pfeilschnell seid ihr! Da wird sich der Brandstetter sicher gleich bei mir melden. Der hat sich schon, wie ich von Mayer gehört habe, über eure Recherchen zum Hanauer Atomskandal gewundert. Grossmann soll gesagt haben, wir sollten möglichst versuchen, die Story irgendwie zu verhindern, damit es in der Bevölkerung nicht zu einer Panik kommt, die kaum noch zu stoppen wäre. Ich bin da anderer Meinung. Und keine Sorge wegen Mayer und dem BKA. Das hab ich im Griff. Außerdem wirst du ja kurzfristig von ihm hören.«

»Dennoch, Bernd, ich bin sicher, die in Berlin werden ganz schön hellhörig, wenn wir uns so weitreichend informiert zeigen.«

»Macht nichts! Als Lensbach mit großem Trommelwirbel in der Öffentlichkeit Stimmung für seine Sicherheitsgesetze zu machen versuchte, hat Staatssekretär Sandleben das als ›pädagogische Heranführung‹ an die Realität bezeichnet. Jetzt reicht die Zeit eben nur noch zum Schnellkurs!« Conradi beugte sich vor. »Ihr bringt am besten auch eine Reportage über die möglichen Folgen, wenn die Bombe gezündet würde. Vielleicht nehmt ihr Bonn als Beispiel. Passt mir zwar nicht ganz, ist ja meine Heimatstadt. Trotzdem, so werden die Leute aufgerüttelt, und es wird ihnen klar, dass so was nicht immer nur woanders passiert. Nicht nur in Tschernobyl, Harrisburg oder Fukushima, nein, jetzt passiert es womöglich sogar in Bonn, wo vor gar nicht so langer Zeit die Bundesregierung ihren Sitz hatte. Ihr solltet genau beschreiben, was passiert, wenn so eine nukleare oder schmutzige Bombe hochgeht. Hiroshima ist dafür leider ja ein gutes Beispiel.«

»Komisch, Bernd, es ist, als hätte ich gewusst, was du mir sagen wirst. Als hätten wir die nukleare Erpressung vorausgeahnt. Heute Abend noch startet bei uns im Onlinedienst die neue Titelgeschichte mit dem achtundachtziger Atomskandal. Wenn wir die aktuelle nukleare Bedrohung schon mit reinnehmen könnten, wäre das im wahrsten Sinne des Wortes eine Bombengeschichte!«

»Könnt ihr«, sagte Conradi knapp.

31

Bonn, Miebach's am Markt

»Kollegin, ich brauche mehr. Das reicht meinem Chef nicht, was Sie mir da erzählen!«, stöhnte Jerry Lipsky in Sabines Ohr.

Seit ihr Vorabartikel zu der Titelstory online nachzulesen war, stand bei ihr das Telefon bei ihr nicht mehr still. Die Kollegen von den Nachrichtenagenturen wollten Näheres wissen. Als Erste hatte sich zu Sabines Überraschung die charmante Kollegin Tamara Kurkarow von der russischen Agentur TASS gemeldet.

Dann war Klaus Birkenkötter von der Deutschen Presseagentur am Apparat. »Die Story, die ihr da aufgerissen habt, ist ja größer als Watergate! Das wird einige Spitzenleute den Kopf kosten!«

Als Sabine die Anfragen zu viel wurden, bat sie ihren Kollegen Dahlkämper, sie abzulösen. Schon seit Daniel zum Flughafen aufgebrochen war, hatte sie eine tiefe Unruhe erfasst. Sie beschloss, auf dem Bonner Marktplatz zu Mittag zu essen.

Sie verließ das Verlagsgebäude, setzte sich in ihren Mini und fuhr die Adenauerallee entlang. Dann bog sie halb links in die Stockenstraße ab. Im Hofgarten saßen Studenten auf den Bänken und genossen die herbstliche Sonne. Durch das Stockentor des Universitätsgebäudes fuhr sie in die Markt-Tiefgarage. Die Ampel für das erste Geschoss blinkte grün, und gleich neben dem Ausgang war etwas frei. Ein Frauenparkplatz. Sabine grinste in sich hinein. Ganz so übel war dieser Tag dann doch nicht. Als sie die Treppe aus der Tiefgarage hinaufgestiegen war, erfreute sie sich wie immer an dem bunten Treiben auf dem Markt. Sie warf einen Blick nach links auf die Auslagen der Obstverkäufer und nahm sich vor, nachher noch etwas Gesundes, Vitaminreiches einzukaufen.

Nun saß sie unter einem der großen weinroten Sonnenschirme vor dem Miebach's mit Blick auf das rosafarbene Rathaus. Sie schaute in die Speisekarte, die vor ihr auf dem Tisch lag. Als der Kellner kam, bestellte sie einen Kaffee und einen Salat. Der Kaffee kam zügig.

Während sie gedankenverloren in ihrer Tasse rührte, dachte sie darüber nach, dass sich die Flut der Anrufe wohl noch gewaltig steigern würde, wenn sie am späten Nachmittag oder am frühen Abend – das müssten sie in der Redaktion erst noch gemeinsam entscheiden –, den ersten Teil der großen Titelstory veröffentlicht hätten.

Bei dem Gedanken daran wurde sie gleich wieder nervös und ängstlich. War wohl eine Illusion, dass ich hier ein bisschen Ruhe finde, dachte sie, und schaute sich um. Sie konnte sich einfach nicht von dem Gedanken lösen, dass sie ständig aus irgendeiner Ecke von diesen Dunkeltypen, die sie seit gestern bedrohten und bespitzelten, beobachtet wurde. Für alle Fälle hatte sie auf Daniels Drängen hin im Verlag noch ihre Pfefferspray-Pistole eingesteckt. Daniel hatte bestimmt nichts zu seinem Schutz bei sich.

»Männer!«, seufzte sie laut und sah sich erschrocken um, ob irgendjemand das gehört hatte. Die Männer halten sich immer für stärker als sie sind, dachte sie. Marc zum Beispiel, ihr verstorbener Mann, der bei einem Flug zu den südafrikanischen Atomanlagen abgestürzt war. Oder wie sie es immer sprachlich unkorrekt formulierte, abgestürzt worden war. Auch er war zu leichtsinnig gewesen. Hatte aus ihrer Sicht zu viel gewagt.

Ihr hektischer Blick wanderte wieder zwischen den Menschen hin und her, die an den Tischen unter den Sonnenschirmen saßen. Mit der linken Hand umklammerte sie die Pfefferspray-Pistole in ihrer Hosentasche. Sie setzte ihre Carrera-Sonnenbrille auf. So was kaufte sie nicht selbst. Die hatte ihr am Anfang des Sommers ein Neffe geschenkt. Er war Student und besserte sein Einkommen auf, indem er in einer Brillenfabrik in der Versandabteilung arbeitete. Dabei fiel erfreulicherweise die eine oder andere Brille für sie ab.

Aus der großen Umhängetasche, die sie auf dem Stuhl neben sich abgestellt hatte, holte sie das Manuskript der Titelgeschichte heraus. Bis der Kellner auftauchte und sie ihr Essen bestellen konnte, wollte sie schon mal weiter lesen. Sie blätterte die Seiten durch bis zu der Stelle, an der der Anwalt von Transnuklear in der Frankfurter Staatsanwaltschaft erschienen war. Dort hatte er schon drei Oberstaatsanwälte darüber informiert, was in der Atomfirma, die ihn geschickt hatte, bisher alles an kriminellen Dingen belegbar war. Einer von ihnen hatte dann den vierten Staatsanwalt in Hanau informiert. Mit einem schnellen Blick suchte sie wieder ihre Umgebung nach irgendetwas Verdächtigem ab. Der Kellner ließ auf sich warten. Sie sah sich noch einmal nach ihm um. Als sie ihn nicht entdeckte, beugte sie sich über die Geschichte und las weiter.

»Laule war ein erfahrener Rechtsprofessor, Anwalt einer großen Frankfurter Kanzlei. Er wusste, dass das, was er gerade hinter sich gebracht hatte, zwar legal war, aber doch eine spektakuläre Aktion. Der Chef der Frankfurter Oberstaatsanwälte, Generalstaatsanwalt Kulenkampff, bestätigte später, dass ihm in seiner langen Laufbahn solch ein Wunsch, eine andere Staatsanwaltschaft als die eigentlich zuständige mit einem Verfahren zu betrauen, noch nie vorgetragen wurde.

Doch alle drei von Laule voll informierten Staatsanwälte wurden zunächst nicht tätig. Sie warteten in aller Seelenruhe ab, dass Laule bei dem vierten Oberstaatsanwalt, bei Farwick, erschien.«

Sabine hob den Kopf und ließ ihren Blick wieder über die Tische schweifen. Inzwischen hatte sie richtig Hunger bekommen. Während sie nach dem Kellner suchte, fiel ihr die Diskussion in der Redaktion wieder ein.

»Irgendwie unglaublich das Ganze!«, hatte Rainer Mayer plötzlich gesagt. Aus ihrer konzentrierten Lektüre des Manuskripts aufgeschreckt, hatten ihn alle erstaunt angesehen.

»Du kommst mit der Untätigkeit der Staatsanwälte nicht klar, stimmt's?«, hatte Overdieck gefragt.

»Ja, das ist doch unfassbar, findest du nicht?«

»Man kommt sehr schnell auf den Gedanken, dass auch die Staatsanwaltschaft vor der Wahl nichts in die Öffentlichkeit durchsickern lassen wollte«, hatte Overdieck erwidert. »Vermutlich wollten die verhindern, dass sie zwischen die politischen Fronten geraten.«

Ein leises Summen holte Sabine in die Gegenwart zurück. Ihr Handy vibrierte. Sie sah auf das Display und erkannte die Nummer. Die Vorwahl und die ersten Ziffern hatte sie oft genug gewählt. Das konnte nur jemand von der Deutschland AG in München sein.

Sie drückte auf den grünen Knopf und hörte eine markige Stimme: »Birnbaum hier, guten Tag, Frau Blascheck. Ich hatte eigentlich schon länger vor, mich mal bei Ihnen zu melden. Aber nachdem ich vorhin Ihren aktuellen Artikel gelesen habe, habe ich hier keine ruhige Minute mehr. Da hab ich mir gedacht, bevor wir hier alle weiter nur Vermutungen darüber anstellen, was an der Sache wirklich dran ist, rufe ich Frau Blascheck doch einfach an. Schön, dass ich Sie gleich erreicht habe!«

Sabine war überrascht. Der neue Vorstandsvorsitzende der Deutschland AG persönlich. Bevor sie etwas erwidern konnte, fuhr Birnbaum fort: »Ihr Artikel ist hier bei uns wie eine Bombe eingeschlagen. Mein ganzer Vorstand ist inzwischen auf Trapp. Weil alle wissen, dass ich Sie kenne, wollten die von mir erfahren, ob da eine Journalistin nur wieder so eine Reißergeschichte verfasst hat, um für ihr Blatt Auflage zu schinden. Aber ich hab denen gesagt: Ich kenne Frau Blascheck. Für so was gibt die sich nicht her.«

Birnbaum schien wirklich überrascht und irritiert, vielleicht sogar entsetzt.

»Aber mal im Ernst, Frau Blascheck«, sagte Birnbaum heftig, »Phantom-Abfangjäger zum Schutz unserer Atomkraftwerke und von Passagierflugzeugen am Himmel! AWACS-Maschinen, unsere fliegenden Einsatzzentralen in Aktion, schreiben Sie da. Und dann deuten Sie auch noch an, dass es um eine nukleare Bedrohung gehen könnte! Sie müssen zugeben, das ist schon starker Tobak, den Sie da verbreiten. Woher haben Sie denn das alles?«

»Hallo, Herr Birnbaum, bin eben gar nicht dazu gekommen, Sie zu begrüßen. Sie hatten's so eilig«, erwiderte Sabine leise. Sie hielt sich die linke Hand vor den Mund, um zu verhindern, dass jemand an den Nachbartischen von ihrem Gespräch etwas mitbekam.

»Ich sitze gerade auf dem Bonner Marktplatz. Hab gleich ein Gespräch. Entschuldigen Sie bitte, wenn ich ein bisschen leiser spreche. Müssen ja nicht gleich alle mithören. Sie haben schon ganz richtig getippt, ich würde nicht so laut trommeln, wenn an der Sache nichts dran wäre. Aber mehr, als ich in dem Artikel geschrieben habe, kann ich Ihnen im Moment noch nicht sagen.«

Birnbaum räusperte sich. »Noch mal meine Frage: Von wem haben Sie ...?« Er unterbrach sich und fuhr nach einer kleinen Pause mit gepresster Stimme fort: »Wenn das, was Sie da schreiben, Realität wird ...« Er räusperte sich wieder. »Moment, meine Sekretärin steckt gerade den Kopf durch die Tür. Ja, gleich, Frau Brandenberg«, hörte Sabine ihn rufen. »Entschuldigen Sie, ich wurde gerade gestört. Eigentlich wollte ich Sie die ganze Zeit mal angerufen haben, Frau Blascheck, um Ihre Meinung zum Atomausstieg in Deutschland zu hören. Schweden und Finnland bauen dagegen aus, von London ganz zu schweigen.«

»Keine Frage, nach Fukushima hat mich das schon ein bisschen überrascht, Herr Doktor Birnbaum«, sagte Sabine, als der Vorstandsvorsitzende der Deutschland AG kurz Atem holte.

»Ganz Europa geht in die richtige Richtung!«, sagte Birnbaum, der bei seinem Schwärmen über den europäischen Kernkraftwerksausbau Sabines Artikel vergessen zu haben schien. Doch dann wurde seine Stimme hart. »Und wir hier in Deutschland, Frau Blascheck, steigen aus. Kaum zu fassen! Dann können wir den Strom künftig ja aus Moskau oder Paris beziehen. Das scheint ja wohl das Ziel Berlins zu sein. Aber ob das alles noch Sinn hat, hätte ich gerne mal mit Ihnen besprochen. Ja, und nun, wenn ich Ihrem Artikel Glauben schenken darf, scheint sich da was anzubahnen, mit dem wir, wenn es wirklich so kommt, alle nicht gerechnet haben.«

»Ich spreche immer gern mit Ihnen, Herr Birnbaum. Aber meine Meinung dazu kennen Sie ja schon länger«, unterbrach Sabine den Redefluss des Topmanagers. »Aber irgendwann, um auf Ihre letzte Bemerkung einzugehen, musste es ja so kommen. Jedenfalls laut der Prognosen von ernst zu nehmenden Experten. Aber da wir schon bei Prognosen sind: Wenn bei dieser aktuellen nuklearen Bedrohung irgendwo in Europa auch nur eine *dirty bomb* explodiert, das sage ich Ihnen jetzt und hier, dann geht Ihr Konzern an der Börse den Bach runter!«

In der Leitung blieb es einen Augenblick lang still. Sabine dachte schon, Birnbaum habe aufgelegt. Aber dann meldete er sich wieder.

»Entschuldigung, Frau Blascheck, ich habe gerade auf den Zettel gesehen, den mir meine Sekretärin eben auf den Schreibtisch gelegt hat. Ich glaube ... Moment, ich bekomme den nächsten Zettel reingereicht. Ich werfe gerade mal einen Blick drauf.« Sabine hörte ein leises Rascheln durch die Leitung. »Frau Blascheck, in Berlin scheint es große Aufregung zu geben. Vielleicht ist an Ihrem Artikel doch was dran. Wir müssen das Gespräch ein anderes Mal fortsetzen. Auf der anderen Leitung ist das Kanzleramt dran. Meine Sekretärin winkt mir schon ganz aufgeregt durch die Tür zu. Moment, ich muss mal in die andere Leitung. Melde mich später noch mal.« Dann war die Leitung tot.

Sabine knallte ihr Handy auf den Tisch und fluchte innerlich: Du Lackaffe, du wolltest nur nicht antworten! Aber dann überlegte sie, was Birnbaum gesagt hatte. ›In Berlin scheint es große Aufregung zu geben‹. Und plötzlich ist das Kanzleramt dran. Verdammt, ich Idiot, dachte sie, natürlich, da ist natürlich gewaltig was los!

Sabine schreckte hoch. Neben ihr stand endlich der Kellner. Sie hatte ihn weder kommen sehen, noch gehört, dass die Gläser auf seinem Tablett klirrten. Nachdem er den Salatteller vor ihr auf den Tisch gestellt hatte, zahlte sie gleich. Konnte ja sein, dass Daniel sie anrufen und kurzfristig einen anderen Treffpunkt vorschlagen würde. Dann wäre es gut, wenn sie nicht erst auf den Kellner warten musste.

Sie legte das Manuskript neben ihren Teller. Während sie las, stocherte sie mit der Gabel aus ihrem Salatteller einzelne Blättchen heraus.

»Am Sonntag, den 5. April, war die Landtagswahl in Hessen gelaufen. Rot-Grün wird abgelöst. Schwarz-Gelb, CDU und FDP, gewann hauchdünn die Landtagswahl. Nach rund vierzigjähriger SPD-Regentschaft in Hessen, zuletzt im Verbund mit den Grünen, mussten sich die Beamten in den Ministerien auf einen neuen Regierungsstil umstellen. Das zeigte sich schneller als erwartet.«

Sabine hob den Kopf und ließ den Blick über den Marktplatz schweifen. Sie fühlte sich beobachtet. Aber wonach sollte sie suchen? Bisher hatte sich niemand zu erkennen gegeben, der hinter diesen Warnungen stand. Eigentlich waren es schon mehr Drohungen als Warnungen, gestand sie sich ein. Bei ihrem Rundblick konnte sie nichts Verdächtiges entdecken. Jeder hier, an den Nachbartischen oder weiter entfernt, konnte sie beobachten, ohne, dass sie etwas bemerkte. Doch, halt, da drüben am Tisch! Der Mann da mit der superdunklen Sonnenbrille sah sie unverwandt an. Er stand plötzlich auf und ging einige Schritte in ihre Richtung. Sie wurde unsicher. Wollte der was von ihr? Sie glaubte, niemanden zu kennen, der so aussah. Aber sie wusste auch, Sonnenbrillen, vor allem mit so dunklen Gläsern, können ein Gesicht vollkommen verändern.

Während der Mann weiter auf Sabine zuging, nickte er jemandem zu, der einige Tische weiter entfernt saß. Sie konnte so schnell nicht erkennen, wem er möglicherweise ein Zeichen gegeben hatte. Er war nur noch ein paar Schritte von ihrem Tisch entfernt.

Er lächelte sie an. »So lässt sich's aushalten, nicht?«, rief er ihr über die Tische zu. »Azurblauer Himmel, ein gutes Buch und ein guter Kaffee dazu. So lässt sich's leben. Schönen Tag noch«, sagte er und ging in Richtung der Marktstände davon.

Sabine war zu verwirrt, um etwas zu erwidern. Der Mann wollte vermutlich nur ein bisschen flirten. Andererseits war ihr bewusst, dass ihre Verfolger sich den günstigsten Zeitpunkt aussuchen konnten, um ihre Drohungen in die Tat umzusetzen.

Sie beugte sich über ihren Salatteller und merkte, dass sie sich gar nicht auf das Essen konzentrieren konnte. Einerseits hing sie noch ihren Gedanken an die Drohungen nach. Andererseits ging ihr weiter die gestrige Diskussion über die Titelgeschichte durch den Kopf, in der Mayer sich über die Staatsanwälte empört hatte.

»Wenn du dir überlegst, was der Laule den drei Oberstaatsanwälten am zweiten April, also drei Tage vor der Landtagswahl, da für eine Krimigeschichte aufgetischt hat, dann denkst du doch, die springen gleich von ihren Stühlen auf und sausen mit einer Mannschaft in die Atomfirmen. Aber Pustekuchen! Weit gefehlt! Die warten doch tatsächlich seelenruhig ab, bis der Laule beim zuständigen Staatsanwalt Farwick erscheint. Fast eine ganze Woche sitzen die allesamt auf ihrem Hintern!«

Sabine sah auf die Uhr. Daniels Treffen mit Conradi müsste bald vorbei sein. Aber für einen Kaffee, den sie dann auch gleich bezahlen würde, würde es sicher noch reichen. Wenn Daniel sich bis dahin nicht gemeldet hätte, würde sie vielleicht doch mal bei ihm anklingeln.

Bis dahin würde sie die Geschichte weiter lesen. Sie schaute sich nach dem Kellner um und hörte ihn plötzlich hinter sich. Er konnte nicht weit sein, vermutete sie und drehte sich noch mal zur anderen Seite um. Zwei Tische weiter entdeckte sie ihn.

Quer über die Tische bat sie ihn, ihr noch eine Tasse Kaffee zu bringen. Und dann rutschte ihr doch noch heraus.

»... Ha ... haben Sie auch noch schönen Kuchen?«

»Klar doch, Gedeckten Apfel, Herrentorte und Obstkuchen.«

Sie bestellte einen Apfelkuchen mit Sahne. Wenn schon, denn schon. Immer diese Sprühsahne zu Hause war auch nicht das Richtige. Während sie auf Kaffee und Kuchen wartete, nahm sie das Manuskript und las weiter.

»Am Mittwoch, den 8. April, überbrachte Anwalt Professor Laule mit TNH-Geschäftsführer Fischer und dem Hausjustiziar der NUKEM Oberstaatsanwalt Farwick eine auf den 7. April datierte, bereits fertig formulierte Strafanzeige.

Inhalt: ›... bei internen Überprüfungen ab Mitte Februar 1987 sind wir in den Geschäftsunterlagen auf Unstimmigkeiten und Fehler gestoßen, die den Verdacht aufkommen ließen, dass strafbare Handlungen ... vorliegen könnten. Soweit gegenwärtig erkennbar, könnte es sich um Betrügereien, um Untreue, Urkundenfälschung und möglicherweise noch andere Delikte handeln. –

Wir erstatten Strafanzeige. Die Strafanzeige wird zugleich im Interesse unserer Gesellschafter NUKEM GmbH, Hanau, sowie Transnucleaire S.A., Paris, vorgelegt.‹

Für Farwick wurde aus den Anlagen der Strafanzeige sofort deutlich, dass außer der TNH bereits eine zweite Atomfirma, die NUKEM, die auch mit hoch angereichertem Uran umging und gegen die sie bereits wegen anderer strafrechtlicher Vorwürfe ermittelten, in den Fall verwickelt war. Mitarbeiter aus dem Finanzbereich der (TNH-Mutter, d. Red) NUKEM, heißt es in dem angehängten Text der Anzeige, hatten zum Beispiel Zugriff auf ein geheimes Konto, eine ›schwarze Kasse‹ bei der Commerzbank Hanau.«

Sabine schüttelte ungläubig den Kopf. Sie konnte es einfach nicht fassen!

32

Köln Bonn Airport

Conradi sah aus dem Fenster, wo die Bundeswehrmaschine stand, die ihn und den Minister zurück nach Berlin bringen würde.

»Aber jetzt schnell noch mal zu euch und der Bedrohung. Was ist denn da dran?«, fragte er.

Deckstein gab ihm einen kurzen Abriss über die Vorfälle, die es seit dem Interview mit dem Gefängnisaufseher in Hanau gegeben hatte. Conradi hörte ihm konzentriert zu und sah ihn unentwegt an. Dann nahm er mit einer unbenutzten Papierserviette die beiden Kuverts, die Deckstein vor ihn auf den Tisch gelegt hatte, und schob sie zwischen die Akten in seiner kleinen schwarzen Tasche.

»Den Finger seh ich mir nicht an. Das muss ich mir jetzt nicht antun! Aber vielleicht haben wir ja Glück, und die Fingerabdrücke auf den Briefen und den Kuverts, aber auch die des Fingers, sind beim BKA gespeichert. Wenn du nichts dagegen hast, nehme ich die Beweisstücke hier mit. Müssen wir untersuchen. Nachher in Berlin spreche ich sofort mit Walter Mayer darüber und übergebe ihm alles.« Conradi schaute sich um. »Möglicherweise beobachten die uns. Du hast beim Losfahren eine Nachricht bekommen und eine ganz deutliche Warnung hier auf dem Flughafen. Für mich ist das ein klarer Hinweis darauf, dass die dich überwachen. Wir müssen das Ganze sehr ernst nehmen. Diese Leute verstehen keinen Spaß! Wer so auftritt, schreckt meiner Meinung nach auch nicht vor Mord zurück!«

»Glaubst du wirklich?« Deckstein war zusammengezuckt. »Auch Mord, meinst du?«

»Auch Mord! Da mach dir mal besser nichts vor. Da bin ich mir aber ganz sicher«, sagte Conradi. »Aber mir fällt gerade ein, hier gibt's doch inzwischen überall Überwachungskameras, beim Abflug, in der Ankunftshalle und auch an den Schaltern. Heute wird ja alles gecheckt. Vielleicht haben wir ja Glück, und die Dame, dein schönes Biest, Elenas Schwester, ist da drauf zu sehen. Möglicherweise ist auch aufgezeichnet, wohin sie aus der Cafeteria gegangen ist. Mit wem sie sich getroffen hat, nachdem sie dir die Nachricht überbracht hat. Vielleicht hat irgendwo jemand auf sie gewartet. Mayer könnte da das Nötige veranlassen. Ich spreche mit ihm.«

Conradi lehnte sich in seinem Sitz zurück, schaute hoch und suchte die Decke des Flughafenkaffees nach eventuell vorhandenen Kameras ab. Dann beugte er sich wieder vor.

»Ich befürchte, dass künftig noch ganz andere atomare Kaliber auf uns zukommen«, sagte er nachdenklich. »Vor allem, wenn ich daran denke, dass die Iraner, so viel ich weiß, ein paar Plutoniumbomben im Keller liegen haben.«

»Was sagst du? Iran und Plutoniumbomben? Hast du da etwa Hinweise?«, sagte Deckstein und starrte Conradi an.

»Denk doch mal an unser Nassveraschungsverfahren, das damals in Mol eine Rolle gespielt hat. Das muss dir doch noch was sagen.«

»Und ob! Nach unseren Informationen ist das damals auch in Pakistan gelandet. Dass die das aber an den Iran weiterverkauft haben ... Ich glaub's nicht!«

»Das Glauben hab ich mir längst abgewöhnt, Daniel. Ich bin mir da sehr sicher. Man kann über die in Teheran sagen, was man will, aber dämlich sind die nicht. Dass der Iran über Plutoniumbomben verfügt, kannst du übrigens mit den üblichen Hinweisen auf die guten Informanten schreiben. Glaub mir, damit liegst du goldrichtig!«

Er fasste Deckstein an der Schulter und zog ihn ein wenig zu sich herüber.

»Beug dich mal ein bisschen vor«, sagte er, »damit meine Aufpasser da drüben nicht mitbekommen, dass ich dir die Unterlagen dalasse. Ich schieb sie unter deine Zeitung. Dann merkt keiner was.«

Aus der kleinen Aktenmappe, die neben ihm auf dem Stuhl lag, zog er einen dünnen Hefter und einen kleinen Stapel loser Unterlagen hervor und schob alles mit einer kaum wahrnehmbaren Bewegung unter Daniels Zeitung, die noch immer auf dem Tisch lag.

»Kopier dir die Seiten. Frau Müller wird dich morgen früh besuchen und die Unterlagen wieder mitnehmen. Du verpackst sie einfach als kleines Geschenk für mich. Dann ist das schon in Ordnung. Außerdem kann ich Margaretha vertrauen.«

»Danke, Bernd«, sagte Deckstein leise und fragte sich, weshalb Conradi der Pressechefin des Bundesinnenministeriums absolut zu vertrauen schien.

»In der nächsten Zeit werde ich voraussichtlich rund um die Uhr in Berlin festgehalten und kaum an was anderes denken können. Könntet ihr, Sabine und du, euch mal bei Anna melden? Ihr tätet mir einen großen Gefallen. Vielleicht könntet ihr Anna mal ganz, ganz vorsichtig andeuten, was gegenwärtig hier so abläuft ...«

»Okay, ich versteh schon. Nichts Konkretes, aber ... Am besten zu Hause bleiben und so weiter. Machen wir doch gern. Deine Frau wird sich aber bestimmt vor allem Sorgen um dich machen.«

»Ich weiß. Das ist es ja eben. Ich muss dir sagen, es steht nicht so gut um unsere Ehe.«

»Anna hat eine Bemerkung fallen lassen, dass du immer weniger zu Hause wärst. Was ist denn los?«

»Kurz gesagt, es hat sich was in Berlin entwickelt. Die Berlin-Krankheit, du weißt, was ich meine. Vielleicht liegt es auch daran, dass wir keine Kinder haben. Ich weiß es nicht. Lass uns ein anderes Mal drüber reden. Aber kümmert euch bitte um Anna. Ich weiß, dass sie Sabine sehr mag.«

»Kannst dich drauf verlassen.«

»Jetzt muss ich aber los«, sagte Conradi und stand auf.

Sofort erhoben sich auch die Sicherheitsleute einige Tische weiter von ihren Stühlen und setzten wie auf Kommando ihre Sonnenbrillen wieder auf.

»Guten Flug wünsch ich dir, Bernd!«, sagte Deckstein herzlich und umarmte den Freund.

Conradi winkte im Weggehen noch einmal in Decksteins Richtung und sagte: »Schön, sich mal wieder getroffen zu haben!« Dann war er mit den anderen Männern verschwunden.

Deckstein sank wieder auf seinen Stuhl. Irgendwie fühlte er sich immer noch wie im Film. Er beschloss, sich eine weitere Tasse Kaffee zu bestellen und dazu in aller Ruhe die Reste seines Kuchens zu genießen, ein letztes Mal noch, bevor vielleicht der große Schrecken käme. Er gab seine Bestellung auf und sagte der Kellnerin, dass er einen Moment hinausginge, um zu rauchen.

Kurz darauf stand er draußen vor dem Terminalgebäude und steckte sich eine Gitanes an. Er nahm einen tiefen Zug und seufzte zufrieden. Aus der Mappe, in der nun auch Conradis Unterlagen verstaut waren, holte er sein Handy hervor. Dann klemmte er sich die Mappe wieder fest unter den Arm und rief Sabine an. Sie meldete sich sofort. Aufgeregt berichtete er ihr, was er erfahren hatte. Von wem die Informationen stammten, erwähnte er nicht. Falls sie abgehört wurden, sollte Conradi nicht ins Spiel kommen.

»Und dann hab ich hier noch Unterlagen dazu und zu den geheimen Übungen des BKA in Bonn«, sagte Deckstein weiter. »Vielleicht könnt ihr einiges von dem, was ich dir erzählt habe, in den ersten Teil der Hauptstory reinbringen. Und, wenn's geht, noch in den Vorspann. Der erste Teil muss vor der Tagesschau raus sein. Die Kanzlerin wird in letzter Minute noch ihre Ansprache ändern müssen. Vermutlich wird sie sich auf unsere Story beziehen. Dann sind wir ganz vorn!«, rief Deckstein in sein Handy. Bei allen Ängsten und Befürchtungen spürte er ein belebendes Kribbeln. »Und passt gut auf euch auf!«, sagte er.

»Von wegen aufpassen!«, sagte Sabine. »Du hast deine Pfefferspray-Pistole bestimmt nicht dabei. Und tschüss!« Sie hatte aufgelegt.

Ein Punkt für Sabine, dachte Deckstein. Recht hatte sie. Auf dem Weg zurück in die Cafeteria überkam ihn wieder die Unruhe, und er sah sich rasch nach allen Seiten um. An seinem Platz stand der frische Kaffee neben dem Kuchenteller. Er setzte sich und holte das Manuskript der Titelgeschichte aus seiner kleinen Aktentasche. Noch einmal sah er sich um, konnte aber nichts Verdächtiges entdecken. Er nahm einen Schluck Kaffee und schlug das Manuskript auf. Er wollte noch ein Stück lesen, damit er weitere Teile der Story freigeben konnte.

»Am Donnerstag, den 9. April, einen Tag, nachdem bei Oberstaatsanwalt Farwick die von Anwalt Laule formulierte Strafanzeige auf dem Tisch lag, wurde auch die steuerliche Selbstanzeige der Firma TNH noch nachts in den Briefkasten des Finanzamts Offenbach-Stadt geworfen. Damit war die Angelegenheit nun im künftigen Revier von Manfred Kanther gelandet, der vierzehn Tage später von Ministerpräsident Walter Wallmann zum Finanzminister gekürt wurde. Von nun an war Kanther der Regent über alle hessischen Finanzämter, also auch über das von Offenbach.

Mit Manfred Kanther wurde ein Mann Finanzminister, der zuvor mit seinen Kumpanen, dem Schatzmeister der Hessen-CDU, Prinz Wittgenstein, und dem Finanzberater der Partei, Horst Weyrauch, rund zwanzig Millionen Mark Schwarzgeld, den Schatz der eigenen Landespartei, am Fiskus vorbei ins Ausland geschleust hatte. Während sich TNH-Geschäftsführer Fischer mit einer Selbstanzeige des Unternehmens beim Finanzamt für nicht erklärte Einnahmen zu schützen versuchte, saß Schwarzgeldschieber Kanther auf dem Thron des Finanzministeriums und ging seelenruhig seinen Geschäften nach.

Dazu gehörte auch, schwarze Schafe unter den Steuerzahlern zu jagen. Später sollte er als Bundesinnenminister erklären: ›Verbesserte Regelungen gegen Geldwäsche und zur Korruptionsbekämpfung sind unverzichtbar.‹

Kanther war damals ein Mann mit tadellosem Ruf. Krumme Touren erwartete man von ihm nicht. Als er und seine Kumpane aufflogen, wurde auf brutale Weise die Vorstellung widerlegt, es gäbe absolut zuverlässige Menschen, denen man die Regelung der Finanzen oder der Atomenergie vertrauensvoll überlassen könnte.

Am Montag, den 13. April, begann die Staatsanwaltschaft mit ihren Ermittlungen. Wegen der Brisanz des Falles erklärt Oberstaatsanwalt Farwick: ›... ist es mir gelungen, sofort zwei erfahrene Beamte aus dem Bereich der Bekämpfung der Wirtschaftskriminalität des hessischen Landeskriminalamtes zur Verfügung gestellt zu bekommen. Ich hätte gern etwas mehr an Beamten ... gehabt. Aber man konnte mich davon überzeugen, dass es beim besten Willen nicht geht.‹«

»*Zwei* erfahrene Beamte?« Deckstein stutzte. Bei einer angeblichen Korruptionsaffäre in Düsseldorf, über die er vor einigen Tagen gelesen hatte, war es um einen Ministerialbeamten gegangen, der etwas mehr als vier Millionen Euro umgeleitet haben sollte. Da hatten rund zweihundertachtzig Beamte an einem Tag fast fünfzig Objekte durchsucht. Und hier im sensibelsten Bereich der Wirtschaft, in der Atombranche, hatten gerade einmal zwei Beamte zur Verfügung gestanden. Unglaublich!

Ihm fiel ein, dass ein beteiligter Anwalt, als die Ermittlungswut der Staatsanwälte in dem laufenden Schmiergeldverfahren der Deutschland AG zu schwinden drohte, den Hinweis gegeben hatte, dass sich Ergebnisse der Ermittler auch über den Personaleinsatz steuern ließen. Deckstein beschloss, nachzusehen, wo er das gelesen hatte. Das sollten sie unbedingt in der Story unterbringen.

Er holte einen kleinen Post-it-Block aus seiner Aktenmappe, machte sich einige Notizen und klebte den gelben Zettel auf das Blatt. Bevor Farwick mit seinen Ermittlungen bei Transnuklear begonnen hatte, war dem Unternehmen fast ein Monat Zeit geblieben, um alles so zu ordnen, dass der Staatsanwaltschaft anschließend ein »sauberes« Haus angeboten wurde, in dem sie nach Herzenslust die Aktenschränke filzen konnte. Gefunden wurde mit Sicherheit nur das, was gefunden werden sollte, dachte Deckstein. Bei der Deutschland AG war das so gelaufen. Die Ermittlungen hatten inzwischen ergeben, dass da verräterische Akten vorher aussortiert worden waren.

Deckstein beugte sich wieder über die Geschichte.

»Am Donnerstag, dem 23. April, wurde Walter Wallmann zum hessischen Ministerpräsidenten gewählt. Der Abgeordnete Karlheinz Weimar, von Haus aus Anwalt, wurde neuer Umweltminister. Er war somit zuständig für die Sicherheit der Atomkraftwerke im Land. Von diesem Tag an erhielt die neue CDU-Landesregierung auch Zuständigkeiten für die Hanauer Atombetriebe, das Herzstück der deutschen Atomwirtschaft. Und das drohte aufgrund schwerster Belastungen jeden Moment einem schweren Infarkt zu erliegen.«

Deckstein sah auf die Uhr. Er pickte mit der Gabel das letzte Stück Kuchen auf und schob es in den Mund. Dann konzentrierte er sich wieder auf die Geschichte.

»In der Nacht zu Montag, den 27. April, durchschnitt das grelle Licht von Hubschrauberscheinwerfern den dunklen Himmel über Hannover. Ein Mann wurde vermisst. Morgens gegen 3.25 Uhr war seine Frau aufgelöst bei der Polizei erschienen und hatte erklärt, ihr Mann habe nachts, ohne irgendetwas zu sagen, das Haus verlassen und sei nicht zurückgekehrt. Sie mache sich große Sorgen. Die Polizei leitete sofort eine Suchaktion ein.
   Knapp drei Stunden später: Es dämmerte schon. Der Güterzug DG 40494 hatte bereits den Bahnhof Hannover-Linden passiert und beschleunigte wieder. Da sah der Lokführer einen menschlichen Körper zwischen den Schienen liegen. Er informierte den Fahrdienstleiter in der Zentrale. Kein Zug fährt ohne die Zustimmung des Fahrdienstleiters.
   Wenig später war die Kriminalpolizei zur Stelle. Der Tote im Jogginganzug war Manfred Metzler (Name geändert, d. Red.). Er wohnte rund zweihundert Meter vom Unglücksort entfernt. Metzler hatte in der Zentralverwaltung eines norddeutschen Energieunternehmens die Entsorgung des atomaren ›Abfalls‹ von fünf Atomkraftwerken organisiert, die zum Konzern gehören. Er hatte die Voraussetzungen dafür geschaffen, dass TNH reichlich Aufträge zum Abtransport von sogenanntem atomarem ›Abfall‹ erhielt. Dafür soll Metzler bis zu achthunderttausend D-Mark Schmiergeld er-

halten haben, erklärten Genske und andere Führungskräfte von TNH. Bewiesen wurde das nicht. Außerdem hatte er zusammen mit Genske Bordelle aufgesucht. Das stand nicht in Zweifel. War Manfred Metzler erpressbar geworden?

Sein Tod warf viele Fragen auf. Eine davon lautete: War es Mord oder Selbstmord? Diese Frage stellte sich auch Heinz Genske, wie wir erfahren haben. Er war zum Zeitpunkt von Metzlers Tod noch am Leben.

Die Staatsanwaltschaft schloss einen Mord schon bald aus. Sie war sich ziemlich schnell sicher, dass nur ein Unglück oder der Freitod in Betracht kamen. Für die letztere Version spricht, dass Metzler einen Abschiedsbrief hinterließ. Außerdem sei eine Obduktion aussichtslos bei Menschen, die vor den Zug springen, erklärte Oberstaatsanwalt Farwick vor dem Untersuchungsausschuss, ›weil die Leiche völlig zerstückelt und ausgeblutet ist und nichts mehr hergibt‹.

Trifft das zu? Nein! Die Redaktion hat Fälle recherchiert, in denen Menschen von einem Zug erfasst, fast zwanzig Kilometer mitgeschleift und ebenfalls erst später gefunden wurden. Sie waren grässlich entstellt und ebenfalls total ausgeblutet. Dennoch wurden sie obduziert.

Um Näheres zu erfahren, haben wir bei der Hannoveraner Staatsanwaltschaft nach dem Todesermittlungsverfahren gefragt. Dort sei nichts zu finden, erklärte der zuständige Oberstaatsanwalt. Mindestens weitere fünf Jahre müssten die Unterlagen eigentlich vorliegen.

Die Nachfrage des Staatsanwalts bei der Polizeidirektion ergab nicht viel mehr. In den alten, handschriftlich geführten Registern, fand sich eine Tagebuchnummer mit Namen und Geburtsdatum, versehen mit dem Hinweis: Suicid. Sonst gibt es dort keine schriftlichen Unterlagen mehr. Es existiert auch kein Hinweis auf ein staatsanwaltschaftliches Aktenzeichen.

Freitag, den 15. Mai: Auch an diesem Tag war die neue hessische Landesregierung weiter bemüht, den Skandal in den Griff zu bekommen. Was das genau bedeutete, erklärte der gerade ins Amt gehievte Reaktorsicherheitsminister Karlheinz Weimar vor dem

Untersuchungsausschuss des Landtags. ›Auf unsere Anregung hin‹, so berichtete der Minister den Abgeordneten, ›fand in Wiesbaden eine Besprechung statt, an der außer mir persönlich noch Staatssekretär Dr. Popp (ebenfalls Reaktorsicherheitsministerium, d. Red.), Staatssekretär Volker Bouffier (Justizministerium, Minister ist zu der Zeit Karl-Heinz Koch, Vater des späteren Ministerpräsidenten Roland Koch; Bouffier ist heute Ministerpräsident des Landes, d. Red.), Leitender Oberstaatsanwalt Farwick und Oberstaatsanwalt Kramer teilnahmen.‹

Am Tisch saßen außerdem noch Ministerialbeamte aus Bonn und Wiesbaden. Die Beamten hatten so etwas während der fast fünfundvierzigjährigen Regentschaft der SPD, zuletzt im Verbund mit den Grünen, noch nicht erlebt.

›Dies war aus meiner Sicht ein völlig neues Stilmittel in Hessen‹, sagte Karlheinz Weimar später. Vielleicht vom Machtgefühl der ersten CDU-Regierung Hessens nach 1945 ein wenig berauscht und davon erfüllt, ein neues Stilgefühl im Umgang mit den Strafverfolgern einzuführen, erklärt er: ›Es folgte ... in einer sehr angenehmen Art und Weise eine umfängliche Erörterung des damaligen Kenntnisstandes aller Beteiligten.‹ Der Staatsminister, ganz Gentleman, betont, dass die Staatsanwaltschaft ›von uns ausdrücklich am Tisch darum gebeten wurde, trotz der damals vorhandenen, ich sage einmal, Spannungen, in diese Diskussion mit einzutreten‹.

Ein Ergebnis dieses ›in einer sehr angenehmen Art und Weise‹ geführten Gesprächs mit den Staatsanwälten war laut Weimar, dass die Staatsanwaltschaft ›Sachverhaltsfeststellungen vor abschließender strafrechtlicher Würdigung und Bewertung an die Atombehörden mitteilen‹ werde.

Waren die Staatsanwälte wirklich freiwillig gekommen, oder war es eine ›Anregung‹, die sie gar nicht missverstehen konnten? Klar formuliert: Hatte die neue Regierung sie einbestellt, um ihnen für diesen Skandalfall, der schon bald weltweit Aufsehen erregen sollte, die generelle, von der Regierung gewollte Ermittlungslinie zu vermitteln? Staatsanwaltschaften sind einerseits ein selbstständiges Organ der Strafverfolgung, andererseits sind sie der Aufsicht und Weisung des Justizministers unterstellt und unterliegen somit seinem Weisungsrecht.

Heinrich Wille, der als Leitender Oberstaatsanwalt in Lübeck die Sonderkommission zum mysteriösen Tod des schleswig-holsteinischen Ministerpräsidenten Barschel führte, berichtet dazu Bemerkenswertes aus dem Innenleben von Staatsanwaltschaften. In seinem Buch ›Ein Mord, der keiner sein durfte‹, das er zu dem Barschel-Fall geschrieben hat, erklärt er, in solchen Gesprächen gebe es in aller Regel keine Weisungen. Vielmehr werde ganz nebenbei erwähnt, was erwartet werde.

Die Hanauer Staatsanwälte haben im Justizministerium in Wiesbaden zwar mit am Tisch gesessen, aber auch zwischen allen Stühlen. In einer solchen Runde genügt vermutlich eine Bemerkung, vom Minister oder Staatssekretär zum Beispiel, dass es ja wohl nicht Sinn und Zweck der Ermittlungen sein könne, die deutsche Atomwirtschaft, das Herzstück der Nuklearwirtschaft ›kaputt zu ermitteln‹, um allen deutlich zu machen, in welche Richtung es zu gehen habe. Bei Verfahren von politischer Bedeutung werde allerdings schon durch die Einteilung von Staatsanwältinnen und Staatsanwälten dafür gesorgt, betont Wille in seinem Buch, ›dass karrierebewusste Juristen die richtigen Signale verstehen‹.

Wolfgang Schaupensteiner leitete in dieser Zeit in Frankfurt die erste Schwerpunktstaatsanwaltschaft für Korruptionsbekämpfung in Deutschland. Später fasste er seine Erfahrungen in einem Buch zusammen. Tenor: Wenn ein Staatsanwalt in den achtziger Jahren die Korruption in Wirtschaft und Verwaltung auch nur in die Nähe von Wirtschaftskriminalität gebracht hätte? Ach, du liebe Güte! Er hätte sich mit Sicherheit eine Dienstaufsichtsbeschwerde eingehandelt und wäre mit eben solcher Sicherheit zum Rapport bestellt worden.«

Deckstein hörte einen vertrauten Ton. Einen Moment lang sah er sich suchend um, bis ihm klar wurde, dass sein Handy den Empfang einer SMS signalisiert hatte. Sabine fragte an, wann mit ihm zu rechnen sei. Sie warte bei Miebach's auf ihn. Deckstein klappte das Manuskript zu und steckte es zu den Unterlagen von Conradi in seine Mappe. Er winkte der Kellnerin, die weiter vorne einen Tisch abkassierte, und zahlte. Auf dem Weg zu seinem Wagen wurde ihm bewusst, dass sich sein Leben von nun an komplett ändern würde.

33

Bonn – Berlin

Die Bundeswehrmaschine hatte ihre Flughöhe erreicht. Der Minister rollte aus seinem Abteil den Gang entlang. Seit seiner Hüftoperation benutzte er im Flugzeug noch einen Rollstuhl, weil er sich auf Krücken hier nicht sicher genug fühlte. Gegenüber von Conradi und Botschafter Steiner hielt er an.

Die beiden Männer hatten es sich im Mittelteil der Maschine in einer Clubgarnitur, vor der ein kleiner Tisch stand, bequem gemacht und waren in eine angeregte Diskussion vertieft. Plötzlich blitzte es vor dem Fenster einen Moment lang grell auf.

»Meine Herren, haben Sie schon gesehen?« Lensbach zeigte nach draußen.

Eine F-4 donnerte in geringem Abstand an ihnen vorbei. Die Tragflächen glänzten im Sonnenlicht. Die Maschine legte sich in die Kurve und kam zurück.

»Unsere Eskorte! Da hat der Verteidigungsminister wirklich schnell reagiert«, sagte Lensbach nicht ohne Stolz.

»Ich habe Herrn Steiner gerade erklärt, Herr Minister«, sagte Conradi, »dass ich bereits den ‹Gemeinsamen Führungsstab› einberufen und höchste Alarmstufe angeordnet habe. Ich hab ihn auch schon ein bisschen über die Zusammenhänge in der ZUB informiert, damit er nachher in der Sitzung des Sicherheitskabinetts nicht ganz ohne Vorwissen ist. Auch zu Ihrer Information, Herr Minister, mein Pendant im Atomministerium, Kollege Alfred Gerner, und seine zuständigen Fachreferate stehen in Bonn alle Gewehr bei Fuß.«

»Bestens, dann haben wir ja alles parat!«, sagte Lensbach und rieb sich die Hände. »Fast hätte ich gesagt, dann sollen sich diese Paten des Schreckens ruhig mal zeigen!«

»Stimmt, das wäre für uns das Beste. Aber den Gefallen werden die uns nicht tun«, wandte Conradi ein. »Die werden sich nicht sehen lassen. Die Spezialisten des Reaktorsicherheitsministeriums in Bonn haben sich mit dem Leiter, Störung Innere Sicherheit, Referat P II 4, aus unserem Haus, in Verbindung gesetzt. Die Videokonferenz-Schaltung steht schon. Bei Fachfragen schließen die sich im Bedarfsfall kurz«, fügte er an Steiner gewandt hinzu. »Ich weiß, dass Ihnen der Ablauf der Maschinerie, die wir jetzt in Gang setzen, präsent ist, Herr Minister, aber so bekommt Herr Steiner es gleich mit, und wir sind alle auf dem aktuellen Stand. Das habe ich vom BKA in Meckenheim aus organisiert. Das Amt für Katastrophenhilfe ist inzwischen ebenfalls im Einsatz, und Bromski, der Chef der THW-Zentrale in Bonn, hat alle Landesverbände alarmiert.«

»Dann ist ja so weit alles okay. Viel mehr können wir im Augenblick vermutlich nicht tun«, sagte der Minister. »Das bedeutet, Herr Steiner, dass in kürzester Zeit rund achtzigtausend Männer und Frauen des THWs in ganz Deutschland einsetzbar sind. Einerseits gut zu wissen. Aber wenn die alle auf einmal ausrücken würden, gäbe es ein heilloses Chaos. Und die Kosten erst, Mann, o Mann, da machen Sie sich gar keine Vorstellungen! Nach diesem elenden Anschlag in den USA haben wir die THW-Einheiten mit neuen Techniken, Rettungsfahrzeugen, ABC-Abwehrtechniken und, und, und ausgestattet. Was meinen Sie, was das alles gekostet hat? Dabei ist das noch nicht alles. Und dann haben wir das Amt für Bevölkerungsschutz eingerichtet. Kostet auch einen Batzen Geld. Aber ob das alles in dieser Situation ausreicht? Ich hab da meine Zweifel.«

»Ich darf Herrn Steiner mal kurz erläutern, was Sie damit meinen, Herr Minister«, sagte Conradi. »Beim Elbe-Hochwasser vor ein paar Jahren, Sie erinnern sich?«

»Klar.« Steiner nickte. »Zweitausendsechs, da war ich hier.«

»Also, da waren die Bonner Bevölkerungsschützer, bei uns heißen die immer nur die BBKler, frustriert, weil das Zusammenspiel mit den verschiedenen Institutionen auch in den Ländern nicht richtig funktioniert hat«, fuhr er fort. »Kleines

Problem, große Wirkung. Da fehlten zum Beispiel Sandsäcke. Plötzlich war es ein Problem, die zu beschaffen, weil die Abstimmung mit den Ländern mit dem THW nicht klappte. Wo lagerten die Säcke, wer schaffte sie ran und so weiter. Wenn Sie das mal auf die aktuelle nukleare Bedrohungslage übertragen, können Sie sich vorstellen, dass sich der Minister deswegen Sorgen macht.«

»Und uns bleibt nicht viel Zeit«, sagte Lensbach. »Wie ich die Kanzlerin kenne, wird sie noch heute an die Öffentlichkeit gehen. Schließlich hat der Wahlkampf schon begonnen, und da sind alle sehr sensibel ...«

Nach einer Pause fuhr er an Steiner gewandt fort: »Im Fall Litwinenko ist die ZUB zum ersten Mal ernsthaft in Erscheinung getreten. Das war dieser ehemalige russische Geheimagent, der mit Polonium vergiftet wurde. Kurz vorher hatte er sich unter anderem mit seinem Kontaktmann Kowtun in London getroffen. Die Spezialisten der ZUB haben danach in der Nähe von Kowtuns Wohnung in Hamburg mit ihren Geräten eine radioaktive Strahlung festgestellt. Das Land Hamburg hatte kein Gerät dafür. Sie haben uns allerdings nicht angefordert, wir haben das einfach so gemacht. Das geht aber in diesem Fall nicht. Wir können nicht in allen Bundesländern mit den Spezialisten, Hubschraubern, Spürpanzern und Robotern nach der Bombe suchen, ohne das mit den Ländern vorher abzustimmen. Die erklären uns für verrückt. Wir müssen einen anderen Weg finden!«

»Das wird eine ganz schwere Geburt«, stöhnte Conradi.

»Wenn unser europäisches Überwachungssystem EUROSUR bereits im Einsatz wäre, dann wäre uns das sicherlich alles erspart geblieben«, sagte Lensbach.

Steiner sah ihn fragend an.

»Bei EUROSUR werden alle Radarschirme, Infrarot-Kameras und Satellitensysteme technisch kompatibel und organisatorisch zusammengeführt«, erklärte der Minister. »Dann gibt es keinen Flughafen oder Grenzkontrollpunkt mehr ohne diese modernen Techniken. Damit hätten wir dann endlich ein elektronisches System zur Überwachung aller europäischen Außengrenzen. Denken Sie mal an die neuen Staaten, die im Osten dazu gekommen sind. Die Grenzen sind da ja heute noch so löchrig wie Schweizer Käse!«

»Ja, Herr Minister, löchrig, das ist das Stichwort«, sagte Conradi. »Dann müssten Sie aber auch noch alle diese kleinen Regionalflughäfen dichtmachen. Die Sportflieger können heute hinfliegen, wohin sie wollen. Die brauchen doch einfach nur ihren Transponder ausschalten, mit dem sie vom Radar erfasst werden.«

»Ja, und dann, Conradi? Was soll dann sein?« Der Minister lehnte sich in seinem Rollstuhl zurück.

»Stellen Sie sich mal vor, da kommt einer aus Antwerpen angeflogen. Dort hat er vor seinem Start natürlich ordnungsgemäß seinen Flugplan abgegeben. Dann landet er auf einem Regionalflughafen, zum Beispiel in Sankt Augustin-Hangelar. Der liegt nicht weit vom militärischen Teil des Flughafens Köln-Bonn, wo wir ja eben gestartet sind. Der Typ aus Antwerpen ist also in Hangelar gelandet. Damit ist sein Flugplan abgearbeitet.«

»Ich versteh nicht, worauf Sie hinaus wollen, Conradi.«

»Moment, Herr Minister, Moment. Diese Sache haben wir aus anderen Gründen früher schon mal im Lagezentrum genau durchgespielt. Jetzt ist das ein Böser. Der hat was vor, das er schon vor seinem Flug geplant und mit einem guten Kumpel in Köln abgesprochen hat. Der bringt ihm dann so ein niedliches kleines Kistchen ...«

»Herr Conradi, geht's nicht kürzer?« Der Minister wurde ungeduldig.

»Gut, Herr Lensbach. Ich halt's zwar für wichtig, aber ganz kurz: Der Mann aus Antwerpen steigt mit dem Kistchen wieder schnell in seine Maschine. Winkt seinem Komplizen zu und ...«

»Herr Conradi!«, stöhnte der Minister.

»Dann startet er und schaltet seinen Transponder aus. Er bleibt unterhalb von dreihundert Meter Flughöhe. Er hört das Ticken in der Kiste, die er an Bord genommen hat. Er weiß, dass das die Zeitschaltuhr ist. Die steht vielleicht auf fünf Minuten. So lange hat er Zeit, sich zu entscheiden: Flieg ich nach Bonn oder zum Kölner Dom?«

»Ich ahne ich, was Sie meinen!«

Das Stöhnen des Ministers klang inzwischen eher gequält als genervt.

»Der Mann hat sein Ziel vor Augen und weiß, gleich explodiert direkt hinter mir ein Kilo Sprengstoff zusammen mit einem Kilo Plutonium. Was sag ich, ein Pfund reicht ja schon bei weitem. Übrigens haben die Amerikaner vor kurzem, zehn Jahre nach dem 11. September, eine Warnung rausgegeben, dass sich Terroristen kleine private Flugzeuge mieten, mit Sprengstoff beladen und Anschläge verüben könnten.«

»Hören Sie auf, Conradi! Darum müssen wir uns sofort kümmern, sobald wir die gegenwärtige Situation entschärft haben«, sagte Lensbach und sah auf seine Uhr. »Noch knapp zehn Minuten, dann sollte der Landeanflug beginnen.«

Er drehte seinen Rollstuhl von der Sitzgruppe weg und sagte über die Schulter: »Sobald wir gelandet sind, fahren wir gemeinsam in meinem Wagen zum Kanzleramt. Ich habe vorhin mit der Kanzlerin telefoniert und erfahren, dass sie das Sicherheitskabinett schon informiert hat. Sie wünscht, dass auch Sie beide an der Sitzung teilnehmen. Was Sie mir noch zu berichten haben, Herr Conradi, sollten wir dann gleich im Wagen besprechen. Und machen Sie mir doch mal eine Vorlage für diese Sache mit den Sportfliegern.«

Bei den letzten Worten rollte der Minister bereits nach vorn den Gang entlang. Conradi vermutete, dass Lensbach mit seinem Büroleiter noch die weitere Terminplanung für den Nachmittag und Abend durchsprechen wollte.

»Herr Steiner«, sagte Conradi, »ich würde gerne noch etwas lesen, bevor wir landen. Wenn Sie sonst noch etwas über die ZUB wissen wollen oder andere Fragen haben, können wir die nachher im Auto besprechen. Ich kenne das schon. Der Minister wird die ganze Fahrt über telefonieren.«

»Ist mir sehr recht. Ich habe auch ein paar Unterlagen durchzusehen.«

Conradi legte seine Aktentasche auf seinen Schoß und zog einen Stapel Papiere hervor. Er suchte die Blätter heraus, die Deckstein ihm während des Gesprächs über den Tisch geschoben hatte. Offensichtlich die Hanauer Geschichte. Er las die Notiz auf dem Deckblatt.

»*Lieber Bernd, hier, mit besten Grüßen von Sabine, ein Teil unserer nächsten Titelstory. Wenn Du die liest, erkennst Du, wo Du uns mit den Vernehmungsprotokollen und den anderen Unterlagen behilflich sein könntest. Ich habe dort Kreuzchen gemacht, wo Du schnell mal in die Geschichte reinlesen kannst, bevor Du von deinem Alltag aufgefressen wirst. Melde Dich dann doch bitte mal! Mit den besten Grüßen und Wünschen, vor allem für die nächsten Tage, Daniel.*«

Deckstein hatte ein noch längeres P.S. angehängt:

»*Damit Du nicht lange überlegen musst, bevor du die Geschichte an der Stelle weiterliest, hier noch ein paar Hinweise auf das, was vorher beschrieben wird: Im Kapitel davor weisen wir daraufhin, dass Minister Weimar lange, lange zögert, bevor er überhaupt daran denkt, die Zuverlässigkeit dieser Atommanager zu überprüfen. Dabei belegen immer mehr Einzelheiten, die bekannt werden, dass von Zuverlässigkeit der TNH-Leute gar keine Rede sein kann. Es sollen da Vernehmungsprotokolle vorliegen, die weitere Details zu Plutoniumschiebereien enthalten. Vielleicht kannst du uns an diesem Punkt helfen.*«

Conradi blätterte die Seiten durch und fand die Stelle, die Deckstein angekreuzt hatte. Er begann zu lesen.

»Das belgische Atomzentrum Mol brauchte dringend Geld. Es war ausgesprochen klamm. Der Staat zahlte nur wenig. Die verantwortlichen Atommanager mussten sich selbst um einträgliche Geschäfte bemühen.

Wer wirtschaftlich unter Druck steht, macht vieles mit, um an Geld zu kommen. Der schaut oft auch nicht so genau hin. Die Belgier hatten inzwischen enge, rentable Kontakte zur Creme der pakistanischen Atomwirtschaft geknüpft. Einige der künftig wichtigsten Köpfe der pakistanischen Nuklearwirtschaft wurden in Mol ausgebildet. Kaum ein Geheimnis blieb ihnen verborgen. Später kehrten diese Atompraktikanten wieder nach Pakistan zurück. Sie waren inzwischen bestens vorbereitet, um den Aufbau der pakistanischen Atomindustrie weiter voranzutreiben.

Aber noch waren sie in Mol. Sie hatten längst festgestellt, dass die TNH-Manager mit den Belgiern ein großes Atommüllgeschäft aufgezogen hatten. Sie wussten auch, dass die Deutschen dort ein Verfahren testeten, mit dem Plutonium aus atomarem ›Abfall‹ geholt werden kann. Ein simples Verfahren, mit dem schnell an Bombenstoff zu kommen ist. Ein weiterer Vorteil besteht darin, dass die ganze Apparatur in einen kleinen Kellerraum passt und leicht zu transportieren ist.

Zu Hause in Pakistan bereiteten zeitgleich andere Atomwissenschaftler den Weg zur Uranbombe vor. Das ist ein äußerst komplizierter, zeitaufwendiger und kostspieliger Vorgang. Viel schneller und einfacher hätten sie mit dem deutschen Verfahren an den Bombenstoff Plutonium gelangen können. Allerdings gab es bisher in Pakistan noch keinen Abfall, aus dem sie Plutonium herausholen könnten.

Wie gut, dass Mol nur einen Katzensprung vom zweitgrößten Hafen Europas, Antwerpen, entfernt lag. Von da konnte der ›Müll‹, dieser strahlende ›Atomabfall‹, leicht nach Pakistan verschifft werden. Wurden deshalb die Mitarbeiter, die für die Entsorgung des atomaren ›Abfalls‹ zuständig waren, in nahezu jedem deutschen Atomkraftwerk und auch die im Atomzentrum Mol kräftig geschmiert?

Die TNH-Akquisiteure wussten, dass man mit kleinen Geschenken bei diesen Leuten nicht landen konnte. Sie brauchten deshalb sehr viel Geld.

Dafür gründeten sie Scheinfirmen. Zum Beispiel die Firma ›Kastinger‹ in der Schweiz. Die ›Inhaber‹, Vater und Sohn, lebten nur virtuell. Real gab es sie gar nicht. Dafür gab es jede Menge Buchungsbelege der Firma mit Firmenkopf, Anschrift, Konten, eben mit allem, was für eine echte Firma notwendig ist. Nur, dass dies eine Scheinfirma war. Sie stellte Rechnungen an TNH, die auch prompt bezahlt wurden.

Es wurden weitere Scheinfirmen gegründet. Das viele Geld – es waren schließlich etwas mehr als zwanzig Millionen D-Mark, die auf diesen dunklen Wegen aus der Hauptkasse der Hanauer TN abgezweigt wurde – wanderte auf weitere schwarze Konten und Kassen bei Züricher Banken. Die Manager drehen am großen Geldrad.«

34

Köln – Bonn

Deckstein ging zum Parkhaus, bezahlte und entriegelte aus einiger Entfernung mit der Fernbedienung die Türen seines Wagens. Die Lampen leuchteten auf. Er stieg ein und warf seine Aktenmappe auf den Rücksitz. Er startete den Motor und fuhr los. Als er den Zubringer zur Flughafenautobahn erreicht hatte, summte sein Autotelefon. Aus der Freisprechanlage hörte er die Stimme von Ulla, seiner Sekretärin.

»Wann kommst du denn zurück?«, fragte sie.

»Hab ich was Wichtiges verpasst? Oder ist sonst was gewesen ...«

»Nein«, rief Ulla dazwischen, »aber Sabine hat eben angerufen und mir gesagt, dass ihr euch wahrscheinlich noch auf dem Bonner Markt vorm Miebach's draußen treffen wollt. Ich war mir nicht sicher, ob du das vielleicht vergessen hast, denn du hast mir nichts davon gesagt. Ich stand bei Sabines Anruf in diesem Punkt leider im Nebel.«

»Entschuldige, Ulla, im Augenblick geht mir einiges durch. Ich muss mit Sabine noch was durchsprechen. Dauert nicht lang. Wir kommen dann ganz schnell in den Verlag.«

»Das wäre gut! Hier rufen dauernd Leute für euch an. Ich geb das im Moment alles an Dahlkämper weiter.«

Deckstein registrierte den vorwurfsvollen Unterton in der Stimme seiner Sekretärin.

Während er noch darüber nachdachte, setzte sie hinzu: »Außerdem würd ich ja auch mal gerne was mehr über die Geschichte erfahren, die ihr da rausgejagt habt. So, wie ich das sehe, geht mich das ja wohl auch was an!«

»Ich gelobe Besserung, Ulla. Aber so einen Tag wie heute hab ich auch lange nicht erlebt. Wäre gut, wenn du heute Abend ein wenig länger bleiben könntest. Ginge das? Dann erzähl ich dir auch die Einzelheiten.«

»Ihr bringt mein Leben ganz schön durcheinander. Aber wenn du drauf bestehst, geh ich eben erst morgen shoppen. Ich brauch unbedingt einen Ersatz für meine olle Winterjacke.«

»Ulla, du siehst doch immer aus, wie aus dem Ei gepellt.«

»Du charmierst schon wieder, Daniel!«

»Nein, meine ich im Ernst. Außerdem hast du dann noch länger was von deinem Geld! Also tschüss, bis gleich. Ich muss hier aufpassen«, sagte Deckstein lachend und legte auf.

Während des Telefonats war er auf der rechten Spur gefahren und hatte das Tempo ein wenig gedrosselt. Er gab wieder Gas und scherte nach links aus. Hundertzwanzig waren hier erlaubt, und er blieb ein bisschen darüber. Auf der Höhe der Ausfahrt Porz-Lind überholte er ein paar Autos und fuhr dann wieder auf die rechte Spur.

Was hatte Conradi ihm da erzählt? Eine von Terroristen unglaublich raffiniert eingefädelte, nukleare Erpressung, verbunden mit möglichen Geiselnahmen. Das allein war schon ein echter Hammer! Deckstein fuhr über die Sieg. Da müsste man auch mal wieder spazieren gehen, dachte er.

Conradi hatte ihm aber auch klargemacht, dass das Redaktionsteam und er selbst wegen der neuen Titelgeschichte in größter Gefahr schwebten. Erst jetzt wurde ihm bewusst, wie besorgt der Freund gewesen war, wie ernst er diese Drohungen nahm. Plötzlich kam er sich leichtsinnig vor, wie er hier allein durch die Landschaft fuhr. Inzwischen war er sich nicht mehr sicher, ob das gut war. Würden sie ihn auch hier verfolgen? Er sah in den Rückspiegel.

In einigem Abstand hinter ihm fuhr ein schwerer dunkelblauer Mercedes. War der nicht eben schon mal hinter ihm gewesen? Deckstein drückte das Gaspedal durch und wechselte von der rechten Fahrbahn auf die Überholspur. Er wollte sehen, ob der Wagen reagierte. Vor sich sah er zwar das Schild mit der Geschwindigkeitsbegrenzung auf hundert Kilometer, nahm es aber in seiner plötzlichen Aufregung gar nicht richtig war. Sein nächster Blick in den Rückspiegel zeigte ihm, dass auch der Mercedes schneller fuhr, aber immer noch ziemlich Abstand hielt.

Deckstein dachte darüber nach, dass er wohl kaum eine Chance hätte, wenn sie vorhätten, ihn jetzt zu erledigen. Wie einfach das war, hatte er schon oft in Filmen gesehen: Der Verfolger holte auf, war schon bald auf gleicher Höhe. Die Scheibe senkte sich auf der Beifahrerseite, und eine Pistole kam zum Vorschein. Das Opfer sah vor Schreck gar nicht mehr hin, starrte nur noch in panischer Angst auf die Fahrbahn. Dann hörte es vielleicht nur noch einen Knall. Ein Wagen stürzte eine Böschung hinunter und explodierte. Eine Stichflamme schoss aus dem Wrack. Der Wagen brannte aus. Nur Bond hatte sich immer vor so einem Ende bewahren können.

Aber er war nicht James Bond. Er musste sich möglichst schnell irgendwie in Sicherheit bringen. Aber wie? Er gab noch mehr Gas. Auf jeden Fall musste er auf der linken Spur bleiben. Der Mercedes durfte ihn nicht überholen. Bloß nicht in Panik geraten, beschwor er sich. Sonst verlor er womöglich noch die Kontrolle über den Wagen. Wieder sah er in den Rückspiegel. Der Mercedes war näher herangekommen. Ein Mann saß am Steuer. Neben ihm saß eine Frau. War es Elenas Schwester? Deckstein konnte es nicht erkennen. Saß im Fond des Wagens noch jemand?

Sollte er versuchen, Conradi über Handy zu erreichen? Nein, entschied er. Wie sollte der ihm jetzt helfen? Plötzlich hatte er eine Idee. Er könnte mit der Videokamera in seinem Handy einen kurzen Film von seinen »Verfolgern« drehen und Conradi mit einem Klick zusenden. Das würde ihm zwar im Moment nichts nutzen, aber vielleicht konnte Conradi durch BKA-Chef Mayer die Nummer des Wagens überprüfen lassen. Wenn er mit seinem Filmchen einen Volltreffer gelandet hatte, könnte Mayer den Fall weiterverfolgen. Das Bundeskriminalamt verfügte ja inzwischen über fast unbegrenzte Möglichkeiten, hatte Conradi angedeutet. Vielleicht reicht ja auch ein Foto, dachte Deckstein. Egal, ob Video oder Foto, er wusste ja nicht, ob der Mercedes ihn wirklich verfolgte. Vielleicht sah er schon Gespenster, und die Menschen in dem Wagen hinter ihm hatten es nur genauso eilig wie er selbst.

Er konnte doch nicht jedes Mal, wenn er sich verfolgt fühlte, Fotos machen und sie Conradi oder Mayer schicken! Andererseits hatte der Freund ihn gewarnt: »Nimm die Sache ernst. Die fackeln nicht lange!« Vorsichtig zog Deckstein mit der Rechten sein Handy aus der Aktentasche, die auf dem Beifahrersitz lag. Er klappte es auf und schaltete es ein. Er wollte etwas in der Hand haben, für alle Fälle.

Beim nächsten Blick in den Rückspiegel stellte er fest, dass der Wagen noch näher gekommen war. Jetzt konnte er auch sehen, dass zwei weitere Personen auf dem Rücksitz saßen. Waren es Männer oder Frauen? Selbst auf die kürzere Entfernung konnte er das nicht mit Sicherheit erkennen. Blitzschnell hob er das Handy mit der Kamera hoch und hielt es einige Sekunden so, dass er sich sicher war, den Wagen der »Verfolger« im Bild zu haben. Danach warf er das Handy auf den Beifahrersitz. Jetzt konnte er immer noch überlegen, was er damit machte. Aber er hatte zum ersten Mal etwas in der Hand.

»Die nächste Ausfahrt nimmst du, du fährst plötzlich einfach raus. Ohne Blinker, nichts«, murmelte er vor sich hin. Mal sehen, was die dann machen. Er blieb auf der linken Spur und drückte das Gaspedal weiter durch.

Vor ihm tauchten die Schilder »Trier – Altenahr – Koblenz« auf. Er scherte nach rechts auf die mittlere Spur. Noch rund fünfhundert Meter. Er sah nach rechts. Ein Opel schoss mit hoher Geschwindigkeit heran. Deckstein war entsetzt. Warum hatte er den vorher beim Blick in den Rückspiegel nicht gesehen? Inzwischen fuhr der Wagen auf gleicher Höhe. Gehörte er zu den vermeintlichen Verfolgern? Sein Herz raste. Das alles nahm sein Gehirn in den Bruchteilen einer Sekunde war.

Instinktiv griff er wieder nach dem Handy. Sollte jetzt drüben die Scheibe heruntergehen und die Mündung einer Pistole sichtbar werden, würde er sein Handy wie eine Pistole auf den Fahrer richten. Er wollte sich nicht wie im Film einfach so abknallen lassen. Peng, und das war's. Das nächste leichte Opfer, bitte. Er schaute hinüber, und der Wagen schoss rechts an ihm vorbei.

In letzter Sekunde bog er auf die zweite Abbiegespur Richung Bonn ab. Der Mercedes fuhr weiter geradeaus. Deckstein meinte, an die Seitenfenster gepresste Gesichter erkannt zu haben, die ihm nachblickten. Er war sich immer noch nicht sicher, ob sie ihn wirklich verfolgt hatten, oder ob nur sein riskantes Fahrmanöver sie in Erstaunen versetzt hatte.

Sein Herz setzte kurz aus, jedenfalls hatte er das Gefühl. Er deutete das immer, wenn das passierte, als eine Art Zwischensystole. Und es passierte häufiger in letzter Zeit. Er hatte dann so ein Gefühl, als käme das Herz ins Stolpern. Das musst du endlich mal nachsehen lassen, sagte er sich. Der denkende Teil seines Gehirns schien doch langsam wieder die Oberhand zu gewinnen. Er legte das Handy auf den Beifahrersitz zurück und verließ die Autobahn an der Ausfahrt Mondorf.

Gleich links war da ein Parkplatz. Bevor er den Zündschlüssel umdrehte, um den Motor abzustellen, warf er einen Blick nach rechts und links aus den Fenstern, um zu sehen, ob ihm jemand gefolgt war. Er konnte nichts entdecken. Er lehnte sich zurück und schloss einen Moment die Augen. Langsam wurde er wieder ruhiger und ärgerte sich darüber, dass er so panisch reagiert hatte.

Im nächsten Moment wurde ihm bewusst, dass er Angst hatte, echte Angst. Wieder schaute er sich misstrauisch um. Vielleicht tauchte der dunkle Mercedes ja doch noch von irgendeiner Seite wieder auf. Aber er sah ihn nicht. Der Parkplatz war leer. Er beschloss, die letzten Kilometer nur noch Schleichwege zu fahren.

Vom Parkplatz aus bog er rechts ab und fuhr auf der Niederkasseler Straße unter der Autobahn hindurch in Richtung Beuel. Während er mit der Linken den Wagen steuerte, drückte er mit rechts eine Taste auf seinem eingebauten Telefon. Die Handynummer von Sabine war eingespeichert. Über die Freisprechanlage hörte er es tuten. Jetzt geh schon ran, Bine, flehte er im

Stillen. Dann hörte er die beruhigende Stimme seiner Stellvertreterin.

»Sag mal! Wo bleibst du denn?«, fragte Sabine »Ich warte hier schon eine ganze Weile auf dich. Um mich herum sitzen lauter flotte Herren. Ich weiß nur nicht, ob sie alle so harmlos sind, wie sie aussehen.«

Deckstein empfand das Skurrile an der Situation. Er wusste nicht, warum, aber er konnte nicht an sich halten und fing plötzlich an, aus vollem Hals zu lachen. Er spürte, wie sich seine Anspannung löste. Er lachte und lachte.

»Dir geht's richtig gut was?«, fragte Sabine. »Ich mache mir hier die größten Sorgen, dass der Weltuntergang droht. Und du ...«

»Sei mir nicht böse, meine Süße, aber ich musste auf einmal so lachen. Deine Stimme, deine Worte ... das war wie eine fröhliche Nachricht aus einer anderen Welt! Vermutlich hat sich da bei mir die ganze Anspannung von vorhin gelöst.«

»War's doch so schrecklich?«

Er hörte den besorgten Unterton in ihrer Stimme. Eigentlich wollte er sie nicht beunruhigen. Doch gegen seinen Willen hörte er sich sagen: »Schrecklich ist gar kein Ausdruck, Bine, schlimmer, noch viel schlimmer als schlimm. Einzelheiten gleich, wenn ich bei dir bin.«

»Du machst mir ja richtig Angst! Komm bloß schnell, sonst wage ich mich hier nicht mehr vom Fleck. Aber rasch noch eine Frage: Haben wir diese Iran-News, dass die die Plutoniumbombe bereits im Keller liegen haben, für uns allein? Das kann ich ja fast nicht glauben! Das haut mich richtig um. Wenn nur wir diese Info haben, ist das natürlich der Hammer! Bist du dir wirklich sicher, dass Bernd das sonst nirgendwo rausgelassen hat?«

»Absolut sicher.«

»Dann zieren wir morgen die Titelseiten der Weltpresse. Im Verlag ist jetzt schon der Teufel los! Dem Dahlkämper glühen bereits die Öhrchen. Alle Welt ruft wegen unserer Vorabstory an. Wo bist du denn überhaupt?«

»In Beuel. Bin gleich da. Bis gleich!«, sagte Deckstein und legte auf. Irgendwie fühlte er sich jetzt ein bisschen sicherer. Sabines Stimme hatte ihn beruhigt. Vielleicht lag es an ihrer fröhlichen, unbekümmerten Art. Sie ging die Dinge immer ganz pragmatisch an. Stand mit beiden Beinen auf der Erde und verfügte über starke Nerven.

Nach einigen Ampeln bog Deckstein rechts in die Sankt Augustiner Straße ab und überquerte den Rhein auf der Kennedybrücke. Hinter der Brücke bog er wieder rechts ab und fuhr ein Stück am Rhein entlang. Am Ernst-Moritz-Arndt-Haus fuhr er rechts auf die Adenauerallee und bog nach wenigen hundert Metern zum ›Hotel Königshof‹ ab, das direkt am Rhein und am Bonner Hofgarten lag. Ganz früher, als es noch Grandhotel Royal hieß, war es der Treffpunkt der Töchter und Söhne des deutschen Spitzenadels gewesen. Heute hielten hier die Busse mit Reisegesellschaften aus aller Welt, die sicherlich die schöne Rheinlandschaft kennenlernen, aber auch wohl dem Geist der vergangenen Zeit, als Bonn noch Bundeshauptstadt war, nachspüren wollten. Deckstein fand eine Parklücke und setzte seinen Jaguar hinein.

Als er ausgestiegen war, stellte er fest, dass er sein Jackett nicht brauchte. Es war warm. Mit seinem Cordhemd und dem über die Schultern geworfenen Pullover fand er sich gut bedient. Er bückte sich noch einmal in den Wagen, nahm den Laptop vom Beifahrersitz und klickte auf die Fernbedienung. Die Blinker seines Jaguar-Kombis leuchteten kurz auf, ein Zeichen, dass die Zentralverriegelung funktioniert hatte. Schnell überzeugte er sich noch einmal, dass er auf dem Parkplatz auch stehen durfte, kein besonderes Hinweisschild dies untersagte. Man würde wohl nicht erkennen können, dass er kein Hotelgast war. Froh darüber, in unmittelbarer Nähe zum Stadtzentrum einen so preiswerten Parkplatz gefunden zu haben, schlenderte er, mit dem Laptop in der Linken, zur Parkanlage des Hofgartens hinüber.

Die lang gestreckten Gebäude des ehemaligen kurfürstlichen Schlosses, die den Park vor dem hektischen Treiben der Innenstadt ein wenig schützten, beherbergten heute einige Fakultäten der Universität. 1818 hatte sie der preußische König gegründet, und berühmte Köpfe wie August Wilhelm Schlegel, Heinrich Heine, Ernst Moritz Arndt und Heinrich Hertz hatten in Bonn studiert.

Vor langer Zeit waren sie ebenso hier entlang gewandert wie er, dachte Deckstein mit Blick auf die alten Gemäuer und stellte überrascht fest, dass er ganz in Gedanken schon zu weit gegangen war – er hätte sich schon früher Richtung Markt wenden müssen. Er ging schneller, um Sabine nicht länger warten zu lassen. Am Ende des Unigebäudes bog er in die Straße Am Neutor ein und sah den Münsterplatz mit der Beethoven-Statue vor dem Postgebäude vor sich. Von dort war es nicht mehr weit bis zum Markt und dem »Sternhotel«. Dort würde er am Abend Elena treffen. Ein beklemmendes Gefühl überkam ihn. Sollte er wirklich hingehen? Wie würde Sabine reagieren?

Kurz bevor er sich nach rechts auf die Straße Am Hof wandte, warf Deckstein noch einen Blick auf den Münsterplatz. Die Vorarbeiten für die »Bonner Klangwellen« liefen auf vollen Touren. Ein grandioses Ereignis, ein Publikumsmagnet. Abends, wenn die Dunkelheit eingesetzt hätte, würden farblich angestrahlte Wasserfontänen im Rhythmus mitreißender Musik tanzen. Jäh schoss ihm der Gedanke durch den Kopf, dass das ganze Spektakel möglicherweise abgesagt würde, nachdem die Kanzlerin in der Tagesschau die nukleare Bedrohung bekannt gegeben hätte.

Endlich auf dem Marktplatz angekommen, sah Deckstein Sabine sofort. Sie saß unter einem der bordeauxroten Sonnenschirme mit dem hellen Karree in der Mitte vor Miebach's Bistro. Vor ihr auf dem Tisch standen Tassen und ein Teller. Sie las irgendetwas. Auch die übrigen Tische waren besetzt.

Sabine hatte ihre hellblonde, sonst schulterlange Haarmähne hochgesteckt. Ihm fiel auf, dass sie sich umgezogen hatte. Statt des anthrazitfarbenen Jacketts und dem hellblauen Cashmerepulli trug sie nun einen sandfarbenen Pulli zur dunklen Jeans.

Deckstein blieb vor Foto Brell stehen. Sabine hatte ihn noch nicht gesehen. Er inspizierte den Platz auf irgendetwas Verdächtiges hin. Eigentlich war es fast zu riskant, dachte er, dass Sabine hier allein, ohne jeden Schutz, zwischen all den Menschen saß. Er zuckte zusammen. War es schon so weit, dass sie sich nicht mehr frei bewegen konnten, ohne Angst haben zu müssen?

Als könne er sich von der realen Bedrohung befreien, die er selbst gerade am Flugplatz erlebt hatte, knurrte er vor sich hin: »Kommt nur!«

Während er auf Sabine zuging, bemerkte er, dass eine ältere Frau ihn ansah und laut vor sich hinmurmelte: »Nicht zu fassen! Schon am helllichten Tag betrunken.« Plötzlich musste er innerlich über sich selbst lachen.

Vorne an den ersten Tischen angekommen, sah er den Kellner beim Abkassieren. Er rief ihm zu, dass er gern eine Apfelschorle hätte, und zeigte auf Sabines Tisch. Der Kellner nickte.

Sabine hatte Decksteins Stimme gehört und wandte sich zu ihm um.

»Hallo, Bine, dir geht's nicht schlecht hier, hab ich den Eindruck«, sagte er. Er beugte sich zu ihr hinunter und drückte einen sanften Kuss auf ihre zartrosa Lippen. Sie nahm die Sonnenbrille ab. »Das kannst du laut sagen! So lässt sich's aushalten. Und was ist mit dir?«

»Sehr gemischt, Bine, sehr gemischt, um es mal vorsichtig auszudrücken. Eben gerade hab ich darüber nachgedacht, ob es nicht viel zu gefährlich ist, hier so allein herumzusitzen.« Deckstein zog sich einen Stuhl heran und setzte sich. Seinen Laptop legte er vorsichtig auf den Tisch.

»Was hat Conradi denn gesagt? Nun erzähl doch schon! Du redest doch sonst immer so viel. Dein Schweigen ist mir richtig unheimlich!«

»Jetzt lass mich doch erstmal ankommen, Bine! Bin noch ziemlich geschafft. Ich dachte, hier in der Sonne, neben dir, würde ich wieder ein Mensch.« Er warf ihr einen verständnisheischenden Blick zu.

»Eigentlich nicht zu fassen«, sagte er nach einer Weile. »Hier pulsiert das normale Leben, und dabei tickt irgendwo eine nukleare Zeitbombe!« Wieder sah er sich um.

Die Tische und Stühle vor den gegenüberliegenden Restaurants waren gut besetzt. Regelrechte Touristenpulks drängten sich auf beiden Treppen zum Eingang des historischen Rathauses mit der wunderschönen Rokokofassade. Sie schossen Bilder von dem Markt mit seinen vielen farbenfrohen Ständen. Kameraobjektive blitzten im Sonnenlicht. Deckstein fiel auf, dass drüben vor dem Chinarestaurant die Mitglieder einer Touristengruppe in Reih und Glied aufgestellt waren. Vor fast jedem Bauch baumelte eine Kameratasche. Ihre Besitzer richteten ihre Kameras, wie choreographiert, auf das Rathaus. Eine fast surreale Bildkomposition. Deckstein kam das alles absurd vor.

»Sag mal, wo bist du denn jetzt mit deinen Gedanken?«, fragte Sabine. »Du wolltest mir gerade noch was erzählen, und dann hast du auf einmal aufgehört, als hätte jemand den Stecker rausgezogen.«

»Beim Anblick der friedlichen Atmosphäre hier und der Fotografierorgie da drüben bin ich kurz in eine andere Gedankenwelt eingetaucht«, sagte Deckstein entschuldigend. Plötzlich sah er sie mit starrem Blick an. »Kneif mich doch mal in den Arm«, sagte er. »Ich muss merken, dass ich hier bin, hier sitze. Sonst glaub ich einfach nicht, dass das hier alles wirklich so ist.«

»Daniel, sieh einfach mich an. Ich bin die Realität.« Sabine beugte sich zu ihm hinüber und küsste ihn zärtlich.

Deckstein lächelte sie an. »Diese Realität liebe ich. Davon kann ich nie genug kriegen, wie du weißt. Trotzdem, Bine, ich werd das Gefühl nicht los, dass das, was wir hier als friedliche, schöne Welt sehen, schon bald in einer ganz anderen nuklear zerstörten Wirklichkeit untergehen könnte.«

»Ich kenn dich ja«, sagte Sabine und klopfte ihm auf die Schulter. »Große Ereignisse wecken immer deine philosophische Ader. Kannst du aber auch einfacher haben. Wenn die tatsächlich im Umkreis von ein paar Kilometern hier die Bombe zünden sollten, kannst du mindestens die nächsten fünfzig Jahre deinen Hintern auf keinen Stuhl hier mehr setzen.«

»Du hast es wieder mal auf den Punkt gebracht«, sagte er und lächelte sie an. »Mich fasziniert aber auch der Gedanke, dass dann wahrscheinlich alles genau so aussieht wie jetzt. Vielleicht scheint auch die Sonne. Die Stühle, die Tische, die Sonnenschirme – alles steht noch da. Nur sitzen nirgendwo mehr Menschen. Die sind geflüchtet. Kommen nie wieder. Und alles, was du hier an Gebäuden siehst – das Rathaus, aber auch die anderen Häuser, alle Geschäfte, das alles ist heute noch Millionen wert – und dann, von jetzt auf gleich ist alles null und nichtig. Die ganze Innenstadt wäre betroffen. Drüben«, er zeigte in Richtung Münsterplatz, »da steht die Post und davor das Beethoven-Denkmal. Das Münster aus dem elften Jahrhundert, das alles kannst du dann vergessen.« Er nahm Sabines Hand behutsam in die seine, als müsse er sie beschützen.

»Ich kann mir das einfach nicht vorstellen, Daniel.«

»Damit müssen wir aber rechnen«, sagte er. »Aber was ganz anderes, Bine. Irgendwie hab ich das Gefühl, als säßen wir für diese Dunkeltypen, die es auf uns abgesehen haben, hier so richtig auf dem Präsentierteller. Komm, wir setzen uns da drüben hin. Da, direkt vor der Wand, ist ein Tisch frei. Dann haben wir wenigstens Schutz von hinten. Conradi ist übrigens der Meinung, wir bräuchten Personenschutz.« Er stand auf.

Sabine nahm ihre Wasserflasche und das Glas und folgte ihm hinüber zu einem Tisch an der Hausfassade, der eben frei geworden war.

»Mir fällt ein«, sagte sie, als sie beide Platz genommen hatten, »wir müssen gleich noch in die Betriebsversammlung und den anderen den ganzen Mist so verklickern, dass die noch bei der Stange bleiben und sich nicht gleich alle dünnemachen. Sonst kriegen wir womöglich noch Probleme mit dem Druck.«

»Ich muss dir noch was anderes erzählen«, sagte Deckstein und räusperte sich. Dann berichtete er Sabine von dem seltsamen Auftritt von Elenas Schwester und der schriftlichen Drohung. Dass in dem Kuvert dieses Mal tatsächlich ein abgerissener noch blutiger Finger gesteckt hatte, brachte er ihr so schonend wie möglich bei.

»Bernd hat das alles mitgenommen. Das BKA soll es auf Fingerabdrücke prüfen.«

»Ich glaub's nicht. Ich glaub's einfach nicht!«, stammelte Sabine und schlug die Hände vors Gesicht.

»Bine, noch was.« Er hielt es für das Beste, ihr gleich alles zu sagen. »Elena hat auf dem Kuvert handschriftlich vermerkt, dass sie mich heute Abend um zehn hier erwartet. « Er wies auf das »Sternhotel«.

»Da gehst du aber nicht allein hin!«, erklärte Sabine mit einer Bestimmtheit, die ihn überraschte. »Ich komme mit! Abgesehen davon sollten wir hier jetzt mal das Feld räumen und in den Verlag zurückkehren.« Sie nahm ihre Tasche und stand auf. »Das wird mir hier alles zu unheimlich.«

Sie ließ ihren Blick über den Marktplatz schweifen und sah dann auf die Uhr. »Außerdem ist es nicht mehr lange bis zur Betriebsversammlung.«

Sie beschlossen, dass Sabine ihren Wagen in der Markt-Tiefgarage stehen lassen solle. Sie würden ihn abends gemeinsam holen, um von dort nach Köln zu ihren Wohnungen zurückzufahren. Deckstein winkte dem Kellner und bezahlte die Rechnung. Dann gingen sie durch das Michaelstor in Richtung Hofgarten und zum Hotel Königshof, wo Deckstein seinen Wagen geparkt hatte. Auf dem Weg dorthin kamen ihnen immer wieder Streifenpolizisten entgegen.

»Immer wieder diese Scheißübungen!«, hörte Sabine einen von ihnen sagen. »Meine Frau ist stinksauer ...«

»Eigentlich hätt ich heute freigehabt!«, fiel ihm der andere ins Wort.

Dann waren sie schon an ihr vorbei.

»Wenn die wüssten!«, raunte Sabine Deckstein zu. Der nickte und zeigte in Richtung U-Bahn-Station am Hofgarten.

»Sag mal, jetzt geht's aber wirklich los! Siehst du das? Die haben doch da tatsächlich schon ein Rot-Kreuz-Zelt aufgebaut.«

»Und dahinter steht ein Wagen vom THW«, sagte Sabine nervös. »Lass uns voranmachen, damit wir in den Verlag kommen. Sonst wissen die Kollegen schon mehr, bevor wir in der Konferenz den Mund aufgemacht haben.«

»Dahinten an der Adenauerallee sieht's genau so aus«, sagte Deckstein. »Und da vorn kommen schon wieder Polizisten. Sag mal, seh ich richtig? Die haben ja eine MP-umgeschnallt.«

»Bist du sicher? Doch, du hast recht. Jetzt seh ich's auch. Nichts wie weg hier, Danny!«

35

Bonn – Berlin

Conradi legte Decksteins Manuskript zur Seite und sah aus dem Fenster. Er stellte fest, dass die Maschine bereits im Sinkflug war. Entspannt lehnte er den Kopf zurück und dachte darüber nach, was er gerade gelesen hatte.

Viele Fakten waren ihm noch in Erinnerung gewesen, obwohl das Ganze ja nun schon bald über zwanzig Jahre zurücklag. Einige davon hatten allerdings durch die Aufdeckung neuer Skandale ein anderes Gewicht bekommen. Der in dieser Dimension bisher nicht für möglich gehaltene Schmiergeldskandal der Deutschland AG und ihrer Kraftwerkstochter, warf ein völlig neues Licht auf die damaligen Ereignisse. Auch die Kraftwerkstochter, die fast alle deutschen Atomkraftwerke gebaut hatte, war kräftig an den Schmiergeldzahlungen beteiligt gewesen.

Während sich Conradi die verschiedenen Aktionen in Erinnerung rief, fragte er sich, ob die Schmiergeldlawine der Atomwirtschaft, deren ganze Dimension immer noch nicht richtig ausgeleuchtet war, die kleinen, hoffnungsvollen Pflänzchen der alternativen Energien damals einfach platt gewalzt hatten. Mit Geld zugeschissen, dachte er.

Conradi sah hinüber zu Steiner, der offensichtlich auch in seinen Unterlagen las. Er beschloss, die kurze Zeit bis zur Landung zu nutzen, um die Geschichte, die Deckstein ihm mitgegeben hatte, zu lesen. Vielleicht schaffte er es ja bis zum Ende. In den nächsten Tagen würde er wohl nicht mehr dazu kommen. Er nahm das Manuskript wieder zur Hand.

»Die TNH-Manager, aber auch die Schwarzgeld-Jongleure der CDU, hätten sich in dem ›Weltdorf‹ am Zürichsee in den Schalterräumen der Banken am Paradeplatz jederzeit über den Weg laufen können.

Nahezu wöchentlich erschien dort der Finanzberater der Partei, Horst Weyrauch. Er reiste mit seinem Geldkoffer entweder im Auftrag der Hessen- oder auch der Bundes-CDU. Allein die Hessen-CDU hatte Anfang der Achtziger bereits mehr als zwanzig Millionen D-Mark in einem Rutsch am deutschen Fiskus vorbei auf Schwarzgeldkonten in Zürich versteckt.

Wann immer Gelder für den Wahlkampf benötigt wurden, holte Horst Weyrauch die benötigte Summe aus dem Schweizer Bankschatz genau so heimlich zurück, wie sie dorthin gekommen war. Zu Hause genoss er bei seinen Auftraggebern, zu denen auch Kanzler Helmut Kohl gehörte, die größte Hochachtung als Meister des diskreten Umgangs mit Schwarzgeld. In Wiesbaden konstruierte er für Kohl wie für Kanther und Co. eine Geldwaschmaschine, die er äußerst virtuos bediente. Weißer konnte Schwarzgeld kaum gewaschen werden. Weyrauchs penible Aufzeichnungen und Abrechnungen sollten sich später als unerschöpfliche Fundgrube für die Staatsanwaltschaft erweisen. Das, was später von den Dunkelgeschäften Kohls, Kanthers und auch Weyrauchs bekannt wurde, führte dazu, dass Schwarzgeld zum satirischen Begriff für die Finanzierung einer bestimmten Partei wurde.

Die TNH-Manager parkten ihre Schwarzgeldkonten in den gleichen Zürcher Banken wie die hessische CDU. Dort konnten sich ihre Geldkuriere also über den Weg laufen. Weniger auf der Züricher Rotlichtmeile in der Langstrasse, einem beliebten Ausflugsziel der Atommanager. Zwischen dem Logis der TNH-Manager und dem der CDU-Finanzjongleure lagen Welten. Die Schwarzgeldjongleure der CDU residierten in den Märchenschlössern, den absoluten Luxushotels, zum Beispiel im ›Grand Hotel Baur au Lac‹, am Ufer des Zürichsees. Die erste Adresse im Stadtzentrum.

Im ›Baur au Lac‹ logierte früher der alte Adel – Könige, Prinzen und solche, die sich dafür ausgaben. Als Thomas Mann in diesem Hotel seine Flitterwochen mit seiner Frau verbrachte, notierte er: ›auf größtem Fuße lebend, ... abends Smoking und Livree-Kellner, die vor einem herlaufen und die Thueren öffnen‹. Daran hatte sich nicht viel geändert, nur die Gäste waren andere. Die *nouveaux riches*, die Neureichen, gaben jetzt den Ton an. Wirtschaftsbosse,

Investmentbanker, Scheichs oder eben auch Finanzschieber der Parteien. Und die immer noch livrierten Kellner servierten ihnen den Champagner nun zu klassisch französischen Gerichten oder zu jeder passenden oder auch unpassenden Gelegenheit. Märchenhaft.

War es nur ein Märchen, oder war es wahr? Der Finanzbevollmächtigte der CDU, Uwe Lüthje, schwor Stein und Bein, es sei wahr, was er im ›Baur au Lac‹ erlebt‹ habe. Hier habe er eine Million D-Mark, abgepackt im Köfferchen, von einem Manager der Deutschland AG in Empfang genommen, gab er bei der Bonner Staatsanwaltschaft zu Protokoll. (Noch einmal zur Erinnerung: Die Deutschland AG ist die Mutter jener Tochter, die alle deutschen Atomkraftwerke baute. Für eine andere Tochter transportierte TNH den Atom-›Müll‹ nach Mol oder Studsvik in Schweden. Dazu später mehr.)

Der Geldonkel der AG musste mit seinem Köfferchen nicht weit laufen. Sein Konzern unterhielt bei einer Bank in der Bleicherstrasse, nur wenige hundert Meter vom ›Baur au Lac‹ entfernt, ein Nummernkonto. Ein Schweizer Untersuchungsrichter bezeichnete dieses Konto später als ›Kriegskasse‹ der AG und als ›Korruptionskonto‹.

Nachdem Lüthje das Bare freudig in Empfang genommen hatte, konnte er anschließend dann ganz lässig vom ›Baur au Lac‹ die Talstrasse hinunterschlendern und stand, nur wenige Minuten später mit seinem Köfferchen am Schalter der Schweizerischen Bankgesellschaft Ecke Bahnhofstrasse und Paradeplatz.

Der Bankkassierer fragte nicht lange. Er drückte auf den Startknopf der Geldzählmaschine. Das länger anhaltende Rascheln beruhigte beide. Die vielen Moneten verschwanden auf einem der bis dahin geheim gehaltenen Konten der CDU, zum Beispiel dem ›Norfolk‹-Konto. Vielleicht auch auf einem Konto der Stiftung ›Zaunkönig‹ beim Schweizerischen Bankverein. In Fabeln geht dem Zaunkönig der Ruf der Schlauheit und List voraus. Möglicherweise verschwand das Geld auch auf einem Konto, das bis heute nicht entdeckt wurde.

Ein anderes Mal residierte Lüthje in dem weiteren Märchenschloss der Neureichen, dem ›Dolder Grand‹ auf dem Zürichberg.

Dieses Mal, auch da war er sich später in seinen Erinnerungen sicher, war CDU-Schatzmeister Kiep dabei. Hier, im ›Dolder‹, trafen sie sich wieder mit einem der Topmanager der Deutschland AG und nahmen, wie eben jedes Jahr, das besagte Köfferchen mit der Million entgegen. Dann fuhren sie mit der Bergbahn entspannt ins Stadtzentrum von Zürich hinunter und zahlten das Geld bei der Schweizerischen Bankgesellschaft am Paradeplatz auf das ›Norfolk‹-Konto ein.

Halt, stopp, Schnitt! Da sieht man's mal wieder! Wenn sich erst die Gewohnheit eingeschlichen hat, glaubt man, alles liefe immer genauso ab. Aber weit gefehlt! Das Leben schreibt immer wieder andere Geschichten.

Diesmal war kein Kurier der AG erschienen, der ein Köfferchen übergeben wollte. Das hatte Lüthje auch nicht behauptet. Dieses eine Mal lief es anders ab als sonst: Lüthjes Chef, CDU-Schatzmeister Kiep, bat den ›General‹, mit auf sein Zimmer zu kommen. Dort angelangt schlug er mit einem smarten Lächeln die Bettdecke zurück. Darunter lag eine Million D-Mark in bar. Ebenfalls gezahlt von der Deutschland AG, erklärte Lüthje den Staatsanwälten später. Alles wie im Märchen. Oder alles ein Märchen?

Kiep stempelte Lüthje, der früher sein engster Mitstreiter gewesen war, zum Märchenonkel. Nichts sei dran an der Sache, behauptete er. Dabei waren ihm solche Aktionen nicht unbedingt neu, wie er in seinem Buch ›Brücken meines Lebens‹ berichtet. Zweieinhalb Millionen D-Mark, bar im Köfferchen, überbrachte er seinerzeit der christdemokratischen Schwesterpartei in Portugal. Das Geld stammte aus den Schatullen des BND. Wenn möglich, sollte er auch eine Quittung mitbringen.

Als er nachts in sein Hotelzimmer zurückkehrte, stand seine Zimmertür offen, war der Koffer mit den Kleidern durchwühlt. Seinen Revolver Marke Smith & Wesson hatten die Besucher mitgehen lassen. Kein Märchen, beteuert Kiep in seinem Buch. Es war die harte Wirklichkeit. Wenig später unternahm er eine ähnliche Reise nach Spanien, die nicht ganz so dramatisch verlief.

Lüthje blieb auf seinen Reisen in die Schweiz von derlei Komplikationen verschont. Er hatte gute Erinnerungen an die märchenhafte Zeit in Zürich und an jenen Tag, der aus ›Tausendundeiner Nacht‹ stammen könnte. Als er die Million unter Kieps Bettdecke entdeckte, war er sich sicher, eine märchenhafte Wirklichkeit zu erleben.

Wir wissen nicht, was die beiden Herren nach der erfolgreichen Einzahlung der Summe unternommen haben. Aber so könnte es gewesen sein: Sie fuhren in entspannter, lockerer Stimmung mit der Bahn wieder zum Zürichberg hinauf, die, welch ein Service!, direkt im Vestibül des Hotels hielt. Der Weg führte die beiden direkt an die Bar, wo sie mit einem Glas Champagner auf den gelungenen Coup anstießen. Dabei genossen sie die herrliche Aussicht auf die Stadt und bewunderten den überwältigenden Ausblick auf den Zürichsee und das Alpenpanorama.

Vielleicht brachte Lüthje das Gespräch auf das Buch des früheren britischen Geheimdienstlers John le Carré. Dessen Roman ›Der Nacht-Manager‹ beginnt hier in diesem Märchenschloss. Es geht um Waffenschieber, Drogendealer, Uranschmuggel und natürlich, wie immer in diesem Zusammenhang, um Geld, um sehr viel Geld.

Damit waren Lüthje und Kiep wieder bei dem Thema, das sie schon seit Jahren beschäftigte. Bei ihnen ging es ja auch um Schmuggel und um Geld. Vor allem darum, wie es am deutschen Fiskus vorbeizuschmuggeln war. –

Das ist nun kein Märchen mehr. Wir wissen inzwischen, dass es die nüchterne Wahrheit ist.

Abgespielt habe sich das Ganze, so schwor Lüthje, in diesem märchenhaften Ambiente. Das war seine Wirklichkeit. Die Deutschland AG habe die Dramaturgie der Geldübergabe an die Partei vorgegeben, versicherte er gegenüber den Staatsanwälten in Bonn. Anfang 1980 habe er das mit einem Topmanager der AG in München im ›Bayerischen Hof‹ genauso abgesprochen: immer in Zürich, immer eine Million in bar, dazu absolute Anonymität der ›Spende‹. Acht, neun Jahre lang sei das so gelaufen.

Hat sich Lüthje, als er das der Bonner Staatsanwaltschaft eidesstattlich versicherte, das alles nur eingebildet? War er so phantasiebegabt, dass er diese Einzelheiten alle erfunden hatte? Er war zu diesem Zeitpunkt bereits todkrank. Warum sollte er also?

Hatte Kiep eine andere Wirklichkeit erlebt? Er wollte jedenfalls nicht dabei gewesen sein, nichts davon gewusst haben.«

Ha, dachte ich's mir doch! Conradi seufzte und sah aus dem Fenster. Auch die Phantom, die sie die ganze Zeit über begleitet hatte, flog jetzt tiefer. In wenigen Minuten würden sie landen. Rasch las er weiter.

»TNH-Manager Heinz Genske war oft hier. Er wohnte nicht in diesen Märchenschlössern, wenn er nach Zürich kam, sondern stieg gern draußen im ›Atlantis Sheraton‹ am Döltschiweg ab. Die Zimmer waren etwa halb so teuer. Von dort war es allerdings eine knappe Stunde zu Fuß bis zur Welt der Reichen und Mächtigen im ›Baur au Lac‹ und nicht viel weiter bis zum ›Dörfli‹.

Vielleicht begegnete ihm eines Tages einer der erlauchten CDU-Finanzjongleure wie Kiep oder Kanther, der mit einem Köfferchen an der Hand von der Bank kam oder dahin unterwegs war. Genske kam möglicherweise ins Grübeln. Was er am deutschen Fiskus vorbeischmuggelte, war bei weitem nicht so viel, wie das, was die CDU-Geldkuriere und die der Deutschland AG hin- und hertransferierten.

Dennoch konnte Genske aus dem Vollen schöpfen und musste in seinem geliebten ›Weltdörfli‹ Zürich keine Not leiden. Seine Geschäftsfreunde vom Atomkraftwerk Mühleberg wussten das zu schätzen. Und Genske wusste sie zu beeindrucken. Er gab das Geld mit vollen Händen aus. Manchmal begann der Abend mit einem gepflegten Abendessen im ›Schwarzen Adler‹ in der Römergasse. Im Edelnightclub ›Terrasse‹ am Bellevue ließ er dann nachts mit seinen Geschäftsfreunden die Puppen tanzen. Von da aus zog man vielleicht ins ›Mata Hari‹, in den ›Gas Light Club‹ oder ins ›Moulin Rouge‹ an der Mühlegasse. Manchmal wurde das Geschäftliche auch bei gepflegtem Jazz in der ›Casa Bar‹ an der Münstergasse besprochen.

Die dicken Rechnungen präsentierte Genske anschließend seiner Firma in Hanau. Sie wurden prompt beglichen – die ›Abfall‹-Geschäfte mit dem Schweizer Atomkraftwerk liefen schließlich gut.

Später tauchten Spekulationen über plutoniumhaltige ›Abfälle‹ der Schweizer auf, die durch TNH ›entsorgt‹ worden seien.

Immer, wenn Genskes Portemonnaie nach einer solchen Nacht leer war, füllte er es bei einem der Schweizer Schwarzkonten des Unternehmens wieder auf. Diese ›Tankstelle‹ war auf Veranlassung von Genskes Chef vorsorglich eingerichtet worden. Dazu waren drei Manager, zwei von der Mutterfirma NUKEM, nach Zürich geflogen. Vor Ort beschlossen sie, gleich mehrere Schwarzkonten einzurichten. Schließlich sollten ja auch noch weitere Scheinfirmen gegründet werden. Als sie am Bankschalter feststellten, dass die Eröffnung eines Nummernkontos für eine fiktive Firma nicht möglich war, ließ sich Genske erweichen: ›Ich erklärte mich daher bereit, ein solches Konto auf meinen Namen zu eröffnen.‹ Das war Genskes Version von der Scheinwelt, den Scheinfirmen und den Nummernkonten für die vielen Scheine.

Um dieses Konto auf schwarzem Wege mit dicken Scheinen prall füllen zu können, wurde die Scheinfirma INC, mit Sitz in Zürich, gegründet. Dafür wurden neue Briefbögen gedruckt. Um diese Firma ›leben‹ zu lassen, gab es bald auch ›Besprechungsprotokolle‹, auf denen die Namen ›Obermoser‹ und ›Galliker‹ auftauchten. Es waren Personen aus einer Scheinwelt. Sie wurden geschaffen, ›da wir aus gegebener Veranlassung annehmen mussten‹, erklärte Genske bei einer seiner Vernehmungen im LKA in Wiesbaden, ›dass unsere Konkurrenz Einblick in unsere Unterlagen halten konnte‹. Industriespionage? Eine dubiose Scheinwelt war plötzlich in der realen Welt angekommen.

Wie die CDU-Granden, so hatten nun auch die TNH–Manager die Lösung für ihre Finanzprobleme gefunden. Ihr gemeinsames Zauberwort hieß ›Schweiz‹. Holladijo, Freude auf allen Seiten! Beide warben auf ihre Weise mit dem Schwarzgeld um ihre Kunden und Wähler.

Die TNH-Manager legten nun richtig los. Der Mitarbeiter eines deutschen Atomkraftwerks, nennen wir ihn Müller, erhielt zu Weihnachten einen Fernseher. Der Vertriebsmanager überbrachte diesen selbst und schloss ihn auch noch an. ›Da er sich danach gleich auf den Fußboden setzte und mit meinen Kindern spielte, fühlte ich mich gewissermaßen an die Wand gedrängt und konnte mich dem kaum entziehen und ihm den (Fernseher, d. Red.) wieder mitgeben‹, erklärte der Beschenkte, der in einem norddeutschen Atomkraftwerk im Strahlenschutz arbeitete, später bei seiner Vernehmung durch das Landeskriminalamt.

Im darauffolgenden Jahr konnte Müller sich bereits einen Videorekorder wünschen, Größenordnung 5000 D-Mark. ›Das ungute Gefühl, das ich bei der Übergabe des Fernsehgerätes noch hatte, war nun weg.‹ Rund ein Jahr später erklärte der Topmanager dem Strahlenschutzingenieur bei einem opulenten Essen in einem Hotel, dass Geschenke bis zu 5000 Mark im Jahr die Regel seien, in einem größeren Zeitabschnitt sei aber auch noch ein größeres Geschenk möglich.

Neben Müller saß noch ein weiterer Mitarbeiter des Kraftwerks am Tisch, nennen wir ihn Meier. Die Neugier der beiden war geweckt. Sie hatten schon bisher den Eindruck gehabt, großzügig bedacht worden zu sein. Aber dann protzte ihr Sponsor damit, er habe schon Audis und vor kurzem sogar einen Porsche verschenkt. Nach dem Essen bat er die beiden beeindruckten Herren in sein Hotelzimmer und überreichte jedem einen verschlossenen Briefumschlag. ›Ich hatte das Gefühl, dass dieser Umschlag wie Feuer in meinen Händen brennen musste ... Mir war klar, dass sich eine Geldsumme in den Umschlägen befand‹, beschreibt Müller später sein Befinden.

Zu Hause angekommen öffnete er den Umschlag und stellte fest, dass er gerade 15 000 D-Mark geschenkt bekommen hatte. Er ging daraufhin sofort zu seinem Kollegen Meier, der in der Nachbarschaft wohnte.

Dessen Umschlag enthielt das Gleiche. Müller und Meier wussten nicht, wie sie sich angesichts einer solch hohen Summe verhalten sollten: ›Bei einer derart hohen Zuwendung könnte der Verdacht entstehen, dass wir die Geschäfte nicht ordnungsgemäß im Interesse unserer Firma erledigt hätten. Diesmal wollten wir das Geld noch nehmen, beim nächsten Mal jedoch nicht mehr‹, erklärten sie den Ermittlern. Danach ›schien es uns noch wichtiger denn je, die geschäftliche Abwicklung mit der TN durchsichtig und nachvollziehbar zu gestalten, um später nicht in den Geruch zu kommen, eine Gegenleistung gegeben zu haben‹. Die beiden Männer konnten offensichtlich ihre Lage schon nicht mehr nüchtern einschätzen.

Für ihn, erklärte Müller, habe die Firma immer im Vordergrund gestanden. Ihr habe sein ganzer Einsatz gegolten, zulasten seiner Familie. ›Schon deshalb wäre es schizophren gewesen, meine Arbeit wegen ein paar Mark aufs Spiel zu setzen‹, sagte er später bei seiner Vernehmung durch die Polizei. Er hatte es die ganze Zeit über getan, in der er die Schmiergelder annahm. Denn er hatte es weiter getan. Es gab für ihn keinen Ausweg. Skrupel und Scham waren längst verflogen. Mehrmals erhielt Müller 4000 D-Mark sowie ein Mofa für den Sohn. Innerlich hatte er sich bereits arrangiert. Dass er weiterhin Schmiergelder annahm, widersprach in seinen Augen nicht seinem Vorsatz, höhere Beträge abzulehnen, ›da sich dieser Betrag in dem Limit der üblichen Weihnachtszuwendungen bewegte‹.

In einem Jazzkeller in Frankfurt-Sachsenhausen erlebte Müller, wie der edle Spender, das As im Vertrieb der TNH, der Band mehrere hundert D-Mark übergab, damit seine Gäste, darunter zwei Frauen, mit ihrer Lieblingsmusik auf einen schönen, erfolgreichen Abend eingestimmt wurden.

›Nach Durchlesen des Protokolls fällt mir ein, dass ich noch ein weiteres Mal 4000 D-Mark in bar als Weihnachtsgeschenk von ... erhalten habe‹, sagte Müller später. ›Außerdem wurden wir ... jeweils mit Ehefrauen zu einem Wochenendbesuch nach Heidelberg und Umgebung eingeladen.‹

Das Feuer, das einmal in den Händen des Atomingenieurs gebrannt hatte, war längst erloschen. Den Preis für seine Kapitulation hatte er schon vor geraumer Zeit bei der Bank eingezahlt.

Ein anderer Mitarbeiter des Atomkraftwerks, nennen wir ihn Schmidt, war ebenfalls Strahlenschutzingenieur. Er war also für den sensibelsten Teil des Atomkraftwerkes zuständig, den Kontrollbereich, das Containment und die Hilfsanlagengebäude. Zu seinen Aufgaben gehörte auch die Entsorgung des ›Atommülls‹. Hier wurde entschieden, welche ›heiße Ware‹ wohin ging. Schmidt unterstanden vierzehn Mitarbeiter. Er flog mit seiner Frau nach Teneriffa – ein Weihnachtsgeschenk der TNH.

Ein Jahr darauf, Schmidt hatte inzwischen gebaut und wollte die Küche neu einrichten, zeigte der Weihnachtsmann von TNH erneut sein großes Herz. Während in der Nachbarschaft ›Ihr Kinderlein kommet‹ gesungen wurde, flogen die Engel von TNH mit Elektroherd, Geschirrspüler sowie einem Wäschetrockner durch die Haustür. Für einen Autokauf erhielt Schmidt später noch einen Zuschuss von 10 000 D-Mark.

Keine Frage, der TNH-Vertriebsprofi Genske hielt das Rad am Laufen. Der Umsatz des Unternehmens stieg kräftig. Auf die Frage, wofür sie eigentlich so viel Geld bekommen haben, antworteten Müller, Meier, Schmidt usw. später unisono: ›Dafür habe ich nichts Unrechtes getan. Es wurde auch nichts Unrechtes von mir erwartet‹.

Das behaupten immer alle, stellt der Frankfurter Oberstaatsanwalt Wolfgang Schaupensteiner in seinem Buch ›Korruption in Deutschland‹ fest. Der deutsche Korruptionsjäger schlechthin hat zahllose Verfahren durchgezogen. Häufig merkten die Begünstigten gar nicht, dass sie mit Gefälligkeiten nur angefüttert würden, berichtet er. Doch solche Aufmerksamkeiten, für die zunächst keine direkte Gegenleistung gefordert werde, begründeten ein ›Amigoverhältnis‹. Zu gegebener Zeit fordert laut Schaupensteiner dann der Geber – frei nach dem Patenprinzip – vom Nehmer eine Gefälligkeit. Unter Amigos, unter ›Freunden‹ kann der, der die Geschenke angenommen hat, die Bitten des zuvor großzügigen Gebers natürlich nicht abschlagen.

Der Vertriebsprofi von TNH und seine ebenso geschulten Mitarbeiter wussten, wie man Seelen kauft. Wer mit ihm in die Bars und Bordells stiefelte, große Geldbeträge entgegennahm oder auf Kosten von TNH Traumreisen machte, war erpressbar geworden und hing an seinem Haken. Das bestätigten später die Vernehmungsprotokolle seiner Schäfchen, die ihm treu überallhin gefolgt waren. Manch einer von ihnen schlief nachts nicht mehr gut: ›Wenn mein Unternehmen von diesen Sachen erfährt, bin ich draußen!‹, dachte der eine oder andere und wachte, in Angst-

schweiß gebadet, auf. Der TNH-Mann hatte längst sein Ziel erreicht.
Aus den Vernehmungsprotokollen von Genske geht hervor, dass Müller, Meier, Schmidt und Konsorten die Großzügigkeiten der Atomfirma TNH ziemlich unbekümmert genossen. Genske berichtet unter anderem von einem Manager. Dieser sei für die Entsorgung des ›Atommülls‹ mehrerer Kernkraftwerke zuständig gewesen und habe im Laufe der Zeit viel Geld erhalten. Man habe auch gemeinsam Bars und Bordelle besucht, erklärte Genske. Diese Einladungen habe sich der Kunde immer wieder gewünscht. Gelegentlich seien Bekannte, eine Freundin oder sogar die Frau des Managers mit von der Partie gewesen. Mit seinen Vorlieben war dieser Manager nicht allein. ›Auch mit Gerhard Grimme (Name geändert, d. Red.) ging ich häufig essen und in Bars und Bordelle‹, berichtet Genske später. ›Auch hier geschah das immer im Vorfeld von größeren Aufträgen ... Es war oft so, dass Herr Grimme seinen Vater oder andere Verwandte mitbrachte.‹ Ein anderer Manager eines Atomkonzerns in Essen sollte, Gerüchten zufolge, bei seinem Hausbau oder der Renovierung seines Hauses in finanzielle Schwierigkeiten geraten sein. Mehrere hunderttausend D-Mark wechselten die Seiten.
Mitarbeiter verschiedener Nuklearunternehmen wussten also voneinander, dass sie größere Geschenke und viel Geld angenommen hatten, und sie wussten von weiteren pikanten Details. Gemeinsame Bordellbesuche? Peinlich? Warum? Gehörte offensichtlich zum Geschäftsalltag. Es klang ja auch nicht schlecht. Zum Beispiel: ›Wir waren gemeinsam im Herrenclub in Bensheim‹.«

Conradi legte das Manuskript beiseite und warf einen Blick aus dem Fenster. Er konnte jetzt schon die Dächer der Häuser unterscheiden. Er sah zu Steiner, der aufrecht in seinem Sessel saß. Seine Augen waren geschlossen. Schläft er?, fragte sich Conradi. Als er sich ein wenig hinüberbeugte, sah er, wie sich Steiners Lippen rhythmisch ein wenig nach vorne wölbten, was von einem leisen »Pfff« begleitet war, und sich dann wieder zurückzogen. Dieser Steiner ist ein Flugprofi, dachte er. Der kann doch tatsächlich beim Landen der Maschine seelenruhig schlafen! Die meisten Menschen, auch er selbst, waren wohl angespannt, wenn der Pilot zur Landung ansetzte. Immer wieder tauchte derselbe Gedanke auf: Hoffentlich klappt alles!

Die Maschine setzte erst kurz und leicht, dann noch einmal hart auf dem Boden auf. Conradi zuckte zusammen und erschrak. Er schluckte und dachte an das, was er gerade gelesen hatte. Befördert durch das Angstgefühl bei der Landung schossen ihm die Gedanken ungeordnet durch den Kopf. Er dachte an die massiven Vorwürfe des Auswärtigen Amtes gegen das Wirtschaftsressort wegen der laxen Aufsicht bei den Atomtechnikexporten in Länder, die den Atomwaffensperrvertrag nicht unterschrieben hatten. Die Interventionen von US-Präsident Carter und der israelischen Regierung in Bonn kamen ihm in den Sinn. Es hatte auch immer wieder geheime Hinweise des Mossad gegeben, der den deutschen Lieferungen an den wenigen oberflächlichen Kontrollen vorbei auf die Spur gekommen war. In den Vorgärten von zwei deutschen Lieferanten waren kleine Bomben explodiert. Eine Warnung vom Mossad? Die Vorfälle wurden nicht aufgeklärt.

Die Maschine ruckte ein letztes Mal.

»Alles in Ordnung, Herr Conradi?«, fragte Botschafter Steiner lächelnd.

»Sie haben gut reden, Herr Steiner. Sie haben ja den gesamten Landeanflug verschlafen. Ich bewundere jeden, der das kann!«, sagte Conradi und lehnte sich zurück. »Ich muss mich mal einen Moment entspannen. War doch alles ziemlich anstrengend. Bis der Minister und die anderen vorne ausgestiegen sind, haben wir ja noch ein paar Minuten Zeit.«

»Ich hole dann schon mal meine Sachen von hinten. Wir sehen uns ja gleich«, sagte der Botschafter, stand auf und ging in den hinteren Teil der Maschine.

Conradi tauchte wieder in seine Gedanken ein. Er musste unbedingt mit Mayer sprechen. Sie mussten gemeinsam überlegen, was sie gegen die Bedrohung Decksteins und seiner Crew unternehmen könnten. Er streckte sich in seinem Sessel und fühlte sich mit einem Mal erfrischt. Der Gedanke an den Freund und das Gespräch mit ihm hatte ihn wachgerüttelt.

»Jetzt kommen Sie aber, Herr Conradi, wir sind glücklich gelandet! Ich seh draußen schon den Ministerwagen. Wir sollten uns beeilen.«

Steiner hatte seine Flugtasche in der Hand und stiefelte in Richtung Ausgang. Conradi griff nach seiner Aktenmappe und schob Decksteins Manuskript hinein. Dann eilte er dem Botschafter nach. Von der Kabinentür sah er, dass unten vor der Treppe bereits der Ministerwagen und mehrere dunkle Limousinen mit rotierendem Blaulicht standen. Die Wagen waren umringt von einer bewaffneten Polizei-Motorradeskorte. Auch die Polizisten hatten an ihren Maschinen das Blaulicht eingeschaltet. Als er in den Wagen des Ministers einstieg, hörte er die laute Stimme des Eskortenführers über Funk: »Auf direktem Weg zum Kanzleramt!«

Dann setzte sich der ganze Tross mit Blaulicht und eingeschalteten Sirenen in Bewegung.

36

Bonn, Redaktion des *Energy Report*

Rainer Mangold saß an seinem Schreibtisch vor dem PC und starrte auf den Monitor. Sabine hatte weitere Seiten der Titelstory zur Veröffentlichung freigegeben. Er wollte sie sich kurz ansehen, bevor er sie an Overdieck weitergab, der die Schlussredaktion übernommen hatte. Intern wusste jeder, was diese letzte Bearbeitung einer Geschichte durch Overdieck bedeutete: Ihr würde der Zuckerguss verpasst, die letzte Brillanz.

Während Mangold die Geschichte las, ging ihm eine skurrile Vorstellung durch den Kopf. Er stellte sich vor, dass der BND, das BKA oder welcher Dienst oder Spion in wessen Diensten auch immer, per E-Mail einen Trojaner auf dem Zentralrechner der Redaktion platziert hätte. Und könnte nun nicht nur mitlesen, was Mangold schrieb oder las, sondern ihn sogar dabei beobachten. Ihm quasi direkt in die Augen schauen. Und er selbst sähe nichts davon.

Ganz so weit sind sie wohl noch nicht, dachte Mangold. Aber wer wusste schon, was sie alles konnten. Schließlich hatte das bayerische Landeskriminalamt vor kurzem eingeräumt, einen Trojaner eingesetzt zu haben. Dieser hatte alle dreißig Sekunden ein Screenshot an die Ermittler in der Zentrale des LKA gesendet. Die konnten sich auf diese Weise jederzeit ansehen, was der Ausgespähte sich auf den Computer geladen hatte. Und dieser Trojaner sei ausbaufähig, hatte es geheißen.

Mangold öffnete den Ordner, in dem er das Manuskript abgespeichert hatte, und begann zu lesen.

»Manager wandern Arm in Arm mit ihren Firmenkunden in Bordelle. Sie richten schwarze Kassen und Scheinfirmen ein. Millionen D-Mark versickern in dunklen Kanälen. Das alles zahlt brav die Firmenkasse von TNH. Spitzenmanager des Unternehmens setzen damit ihre Karrieren und Existenzen aufs Spiel. Menschen sterben auf brutale Weise. Und all das soll nur geschehen sein, weil das Unternehmen quasi wertlosen Atommüll hin und her transportiert und damit sogar eine phänomenale Umsatzsteigerung für die Firma erzielt hatte? Redakteure eines Fachmagazins meinen, dahinter müsse unbedingt mehr stecken. Sie wollen deshalb erst einmal wissen, was es mit dem ›Müll‹ überhaupt auf sich hat.

Für den 13. Januar 1988 hatten sich die Journalisten mit dem zuständigen Staatssekretär im hessischen Reaktorsicherheitsministerium zu einem Interview verabredet. Sie wollten wissen, wie der brisante Atommüll verladen wurde. Gab es in den ganzen vergangenen Jahren, während der atomare Abfall in Fässer verladen wurde, eine behördliche Aufsicht? Gab es sie nun? Oder konnte man in die Transportfässer hineintun, was immer man wollte?

Auch die CDU/CSU-Bundestagsfraktion teilte inzwischen die Befürchtung, dass die Schleusen weit offengestanden haben mussten. Rund zwei Wochen zuvor, kurz vor Weihnachten 1987, hatte ihr umweltpolitischer Sprecher, Paul Laufs, gefordert, ›künftig sicherzustellen, dass ... beim Abfüllen von radioaktiven Abfällen deutsche ... Behördenvertreter zugegen sind, um Unregelmäßigkeiten vor Ort, die nachher praktisch sehr schwer zu entdecken sind, auszuschließen‹.

Wie ungeheuer wichtig diese Forderung war, bestätigte später die Vernehmung des Betriebsdirektors des Kernkraftwerkes Biblis im Untersuchungsausschuss des hessischen Landtags in Wiesbaden.

Das damalige Ausschussmitglied Roland Koch, später Ministerpräsident des Landes Hessen, äußerte einen Verdacht: ›Theoretisch könnte man sich auch vorstellen: Man holt von irgendwo anders noch was und schüttet es da hinein und konditioniert es mit. Das soll ja sicher ausgeschlossen sein.‹ Weiter stellt er die Frage: ›Wie geschieht dieser ganze Ablauf unter diesem Gesichtspunkt der Kontrolle?‹ Der Betriebsdirektor antwortet: ›Die Aufsicht (ist, d. Red.) bei der Durchführung der Arbeiten selbst nicht anwesend. Sie kontrolliert höchstens die Dokumentation darüber ... Eine ständige

Kontrolle oder eine Stichprobenkontrolle der von uns angegebenen Radioaktivität oder des Inhalts der Fässer ist meines Wissens bisher nicht erfolgt.‹

Koch bohrte verständlicherweise nach, wollte mehr wissen über die Kontrolle, konnte das eben Gehörte wohl nicht so recht glauben: ›Ist die Aufsichtsbehörde schon mal dabei gewesen, an irgendeinem Fass nachzuschauen, ob auch das drin ist, was draufsteht? Gibt es da irgendwelche Überwachungsvorgänge?‹ Der Betriebsdirektor erwiderte: ›Wir müssen von jeder Charge, die wir aufbereiten, (gemeint sind die Fässer, die sie mit Atomabfall befüllen, d. Red.) ein Fass zur Seite stellen, das dann gesondert untersucht werden kann. Das wird auch getan.‹

Später machte ein Manager von TNH in einem Krisengespräch mit dem Vertreter des für die Sicherheit der Atomkraftwerke zuständigen Bonner Ministeriums eine in jeder Hinsicht verblüffende Aussage. Er erklärte, dass die Atomkraftwerke bei ihrem sogenannten Atom-›Müll‹, der entsorgt wurde, gar nicht maßen, ob da auch Plutonium drin war. (Das Protokoll der Besprechung liegt der Redaktion vor.)

Aus der Aussage des TNH-Managers folgte ganz klar: Auch bombenfähiger Stoff – also hochangereichertes Plutonium – konnte auf diesem Wege ohne Weiteres dahin transportiert werden, wo er willkommen war. Libyen oder Pakistan zum Beispiel. Verschiedene andere Staaten rissen sich ebenfalls darum.

Manfred Stephany, der Chef der NUKEM, der Mutter von TNH, war ein alter Atomhase. Er war bei dem Krisengespräch anwesend und räumte beiläufig ein, dass wohl aus der Bundesrepublik plutoniumhaltige Abfälle ins belgische Atomzentrum Mol transportiert würden.

Über den Lübecker Hafen wurde der gleiche plutoniumhaltige ›Abfall‹ auch nach Schweden verbracht. Im Lübecker Hafen, wie auch in Mol, ist dann eine Menge dieses sogenannten ›Abfalls‹ auf dem Transportweg verschwunden. Wo ist der plutoniumhaltige Abfall gelandet? Bis heute gibt es nur Vermutungen und keine gesicherten Aussagen dazu. Keine Staatsanwaltschaft hat Untersuchungen eingeleitet.«

Unglaublich!, dachte Mangold. Einfach nicht zu fassen! Welches Fass würde ich wohl herausstellen, wenn ich vorhabe, etwas zu transportieren, das keiner entdecken soll? Vor allem, wenn ich weiß, dass die Atomkraftwerke bei dem Atom-›Müll‹, den sie entsorgen, gar nicht messen, ob da auch Plutonium, bombenfähig oder nicht, drin ist!

Durch die Wand hörte er die Kollegen in Overdiecks Büro, das gleich neben seinem lag, lautstark diskutieren.

***

»Sagt mal«, rief Manfred Wortmann, »diese Nummer mit den Bordellen war ja wohl ziemlich abgefahren, oder? Die diente doch nur dazu, sich die TNH-Leute gefügig zu machen. Das kenn ich bestens aus dem Frankfurter Milieu. Das ist früher so gelaufen, das läuft auch heute noch so. In allen Branchen weltweit.«

Wortmann hatte diesen speziellen Teil der Story bearbeitet und auf Plausibilität abgecheckt. Er hatte früher als Korrespondent einer überregionalen Tageszeitung aus aktuellem Anlass lange Artikel über die Frankfurter Bauszene und das Rotlichtmilieu geschrieben.

Werner Dahlkämper sah Wortmann von der Seite an. »Du meinst wohl, die Nummern, die die in den Bordellen ...«

Alle am Tisch grinsten.

»Ist doch klar, was da gelaufen ist!« Wortmann musste auch grinsen. »Wenn du von mir fünfzehntausend Mark, damals waren es ja noch Mark, kriegst ...«

»Her damit, kein Problem!«, sagte Dahlkämper, machte eine fordernde Handbewegung und sah lachend in die Runde.

»Lass ihn doch mal ausreden«, sagte Overdieck.

»Also nehmen wir mal an, du, Gerd, hast fünfzehntausend Mark von mir gekriegt. Und außerdem lade ich dich in ein Bordell ein. Ich möchte mal sehen, ob du dann noch Nein sagst, wenn ich was von dir will. Du hast doch eine Heidenangst, dass ich deiner Alten was erzählte, Pardon, deiner Frau. Immerhin hast du ja eine hübsche und auch eine nette.«

Overdieck errötete leicht. Sein schwacher Dank für Wortmanns Kompliment ging im allgemeinen Geraune unter. »Die da regelmäßig das Bestechungsgeld eingesteckt haben und fleißig mit den TNH-Leuten in die Bordelle marschiert sind, mussten doch alle zusammen die Schnauze halten«, stellte Wortmann fest. »Die konnten sich keinen Mucks mehr leisten. Lest doch mal den nächsten Absatz.«

»Auch im ›Club-Hotel-Messel‹, in den Achtzigern das wohl einschlägig bekannteste Luxusbordell im Raum Darmstadt, das günstigerweise unweit von Hanau lag, ließen es sich die Herren aus der Atombranche gut gehen. Im tiefen, dunklen Wald, nahe dem Weltnaturerbe Grube Messel, fühlten sie sich vermutlich unbeobachtet. Dort, wo ganz viel früher Krokodile und Urpferde im damals noch vorhandenen Regenwald zu Hause waren, frönten die Atommanager in dem Luxusbordell ihren Liebesspielen. Dazu brachten sie sich ihre eigens ausgewählten Damen mit.

Je nachdem, in welchem Themenzimmer sie weilten, konnten sie nach vollendeter Lust der Attraktion des angeschlossenen kleinen Zoos, dem einzigartigen Gepardpärchen, bei seinem Spiel zusehen. Dazu brauchten sie sich nur ein klein wenig aus dem echten, zu einem Bett umgebauten, Rolls-Royce zu erheben. Das prickelnde Gefühl, etwas ganz Besonderes zu erleben, begossen sie mit Champagner der Marke Dom Perignon. Der perlte die ganze Nacht in Strömen.

Auf der Rechnung, die zwei leitende Herren von einem der größten Stromversorger Deutschlands und ein Verkaufsmanager der Mutterfirma von TNH, der NUKEM, in Höhe von über vierzehntausend Mark hinterließen, tauchte die Flasche mit siebenhundertfünfzig D-Mark auf. Die Rechnung wurde anstandslos vom Hanauer Atomtransportunternehmen TNH beglichen.«

Wortmann hob den Kopf und sah in die Runde. »Eigentlich müsste man das erstmal einen Moment sacken lassen und drüber nachdenken. Die Herren hantierten ja tagsüber mit dem brisantesten Material, dem Stoff für die Bombe. Und dann das! Übrigens hatten sich die Herren mit ihren Gespielinnen im Edelrestaurant des Clubs ›La Chandelle‹ richtig in Form gebracht. Die weitere Einstimmung auf das, was dann folgen sollte, fand dann bereits im Nachtclub ›Mon Bijou‹ mit Liveshow statt. Ja, und dann ging's im Luxusbordell zur Sache. Bis morgens durch. Anschließend hingen die abgeschlafften Herren aus den Powerhäusern, den Energieriesen, am Haken von TNH. Die konnten nicht mehr selbst entscheiden, welchen ›Abfall‹ sie den TNH-Leuten anbieten sollten. Das war vorbei. Die TNH-Leute konnten sagen: Ich will aber welchen satt mit Plutonium!«

»Das seh ich auch so«, sagte Overdieck. »Übrigens zum Puff da bei der Grube Messel gibt's noch eine hübsche Geschichte mit Joschka Fischer.«

»Was?«, riefen sie von allen Seiten. »Erzähl!«

»Nicht das, was ihr denkt«, sagte Overdieck grinsend. »Der hat sich als hessischer Umweltminister für die Grube Messel starkgemacht. Dass sie in die Liste des UNESCO-Weltkulturerbes eingesetzt wurde.«

»Och ..., och«, bekam er von allen Seiten zu hören. »Und was hat das jetzt mit dem Puff und dem Äppelwoi-Milieu zu tun?«

»Nicht viel. Nur dass die von der Grube Messel später eine zwei Meter lange und über vierzig Millionen Jahre alte Python nach dem Joschka benannt haben. Die heißt heute Palaeopython fischeri.«

»Nicht schlecht, Gerd, nicht schlecht«, sagte Wortmann und klopfte Overdieck auf die Schulter, »dass du diesen komischen Namen Palä ..., lassen wir das, überhaupt aussprechen kannst. Alle Achtung! Aber zurück zu unserer Sache. Wenn zwei zusammen im Bordell waren, und der eine weiß vom anderen, dass das keiner erfahren darf, sagt der dem doch kurz und bündig: ›Hör mal, ich brauche das und das. Entweder du lieferst oder dein Boss oder deine Frau erfährt, was los ist. Übrigens, ich bin mir nicht sicher, was da sonst noch alles so gelaufen ist. Diese Bordelle werden ja nicht von Heiligen geführt. In so einem Puff geht's ja auch nicht gerade zu wie in der Nähstube ...«

»Da wird zwar auch gestochen ...«

»Ist es jetzt gut?« Overdieck warf Dahlkämper einen strengen Blick zu. »Vanessa wird gleich ganz rot!«

»Keine Sorge, Gerd«, sagte Vanessa, »meine Brüder haben mich schon vorgewarnt. Die meinten, eine Redaktion sei kein Nonnenkloster.«

»Siehst du, Werner«, rief Overdieck, »und jetzt bestätigst du dieses Klischee auch noch!«

»Lasst uns mal wieder zur Sache kommen, Leute«, sagte Wortmann. »Lest mal den nächsten Abschnitt. Da steht drin, was da alles noch gelaufen sein kann!«

»Für die Bordellbesuche steht bei TNH sehr viel Geld zur Verfügung. Die Ermittler sind sich später aufgrund der Abrechnungen sicher, dass diese Leute sturzbesoffen, auf Knien quasi, durch die Etablissements gezogen sein müssen. Da sie die Rechnung bei den ›Stanglwirten‹ zum Teil auch mit Kreditkarte bezahlten, wurden ihre Namen dort bekannt. Auch, dass sie Manager von Atomfirmen waren. Den Ermittlern kam deshalb der Gedanke, dass die Manager damit auch von anderer Seite erpressbar gewesen sind. Sie müssen allen Spuren nachgehen, bevor sie sich sicher sein können, dass die Millionen Mark Schmiergeldzahlungen an Mitarbeiter deutscher, belgischer und schwedischer Atomanlagen ausschließlich im Zusammenhang mit der Lieferung eines ganz anderen Atom-›Abfalls‹ standen, als bisher von den Geschmierten zugegeben. Diese behaupteten ja steif und fest, für das viele Geld, das ihnen zugeflossen war, nichts ›Unrechtes‹ getan zu haben.«

Dahlkämper sprang plötzlich auf und stieg laut polternd auf einen Stuhl. Er ging leicht in die Knie und spielte inbrünstig Luftgitarre. Dazu sang er mit seiner rauchigen Stimme: »Money for nothing, chicks for free.« Nachdem sie ihn zuerst verblüfft angesehen hatten, fingen die anderen nun an zu klatschen, bewegten sich im rockigen Rhythmus mit und fielen in den Refrain des Songs von den Dire Straits ein.

Dahlkämper improvisierte die Melodie und sang dazu: »Das ist der Managersong, uh, uh, uh! Das ist der Managersong, yeh, yeh. Geld für nichts und Frauen umsonst!«

Plötzlich erstarrte er. Der eine oder andere klatschte und rockte noch weiter.

»Na, ist euch jetzt alles klar?«, schrie Dahlkämper.

»Ich bin mir sicher, da ist auch in anderer Hinsicht die Post abgegangen«, sagte Wortmann in die entstandene Stille hinein.

»Ich war noch nie im Puff«, sagte Vanessa leise. Die Kollegen sahen sie an. »Aber nach dem, was du da eben beschrieben hast«, fuhr sie fort, »müssen wir davon ausgehen, dass da noch mehr gelaufen ist. Du kennst dich ja offenbar in dem Milieu aus, Manfred, da müsstest du eigentlich noch was beisteuern können.«

Ihre letzten Worte gingen im lauten Gelächter der Kollegen unter. Wortmann wurde ein bisschen rot.

»Eins musst du noch lernen, Vanessa«, sagte er, »junge Volontärinnen dürfen gegenüber alten Fahrensleuten nicht aufmüpfig werden!« Sein Gesichtsausdruck ließ darauf schließen, dass er das nicht ganz ernst meinte. Trotzdem scholl ihm ein lautes »Ho, ho, ho!« entgegen.

Dahlkämper tippte Overdieck auf die Schulter. »Sag mal, erinnerst du dich daran, dass die Staatsanwaltschaft, aber auch Minister Weimar, in ihren Äußerungen darauf bestanden haben, dass es ausschließlich die Abteilung Radioaktive Abfälle war, also die Abteilung, die mit dem angeblich ›ungefährlichsten Atom-Müll‹ bei TNH zu tun hatte, die diese Spielchen getrieben haben.«

Overdieck nickte. »Klar, die wollten es so darstellen, dass das alles nicht so schlimm war. Da gibt's doch eine Äußerung von denen dazu ...«

»Ich hab hier einen Vermerk der Staatsanwaltschaft oder der Polizei«, unterbrach ihn Vanessa. »Ich kann nicht genau erkennen, von wem. Die schreiben da allerdings was anderes. Ich zitiere mal: ›Bei den Untersuchungen und Gesprächen, die insbesondere durch den neuen Geschäftsführer der TN, Herrn Dr.

Fischer, in sehr kooperativer Weise unterstützt wurden, stellte sich immer klarer heraus, dass bei TNH nicht nur die Abteilung Radioaktive Abfälle, sondern auch andere Abteilungen und auch Mitarbeiter der NUKEM in die Schmiergeldaffäre verwickelt waren.‹«

Vanessa sah Overdieck an. »Das klingt anders als das, was Staatsanwaltschaft und Minister verkündet haben, nicht?«

»Und die anderen Abteilungen waren natürlich noch viel heißer«, sagte Overdieck. »Die haben mit den hoch radioaktiven Stoffen hantiert und sie weltweit durch die Gegend transportiert. Wer weiß schon, wohin.«

»Da du so gut im Thema bist, Vanessa«, sagte Wortmann, »hast du vielleicht auch einen Überblick, wo wir das Protokoll von Weimars Vernehmung im hessischen Landtag ...«

Mit einem Griff fischte Vanessa aus den vor ihr liegenden Unterlagen ein paar zusammengeheftete Seiten Papier heraus.

»Du meinst vermutlich das hier«, sagte sie. »Liegt nicht ohne Grund ziemlich oben auf meinem Stapel. Eine äußerst interessante Lektüre!« Sie schob die Blätter zu Wortmann hinüber.

»Danke dir«, sagte er. »Da steht was drin, was unbedingt noch in unsere Story gehört.«

Er blätterte einen Moment, fand die gesuchte Stelle und tippte darauf.

»Hier hat sich der Staatsminister zur Zuverlässigkeitsprüfung geäußert. Ihr wisst ja, dass die Strahlenschutzleute, bevor sie Zugang zu diesen sensiblen Bereichen erhielten, eine Zuverlässigkeitsprüfung über sich ergehen lassen mussten. Im Zuge der Ermittlungen wurde ja immer so getan, als wären unter denen, die die TNH-Manager in den Atomkraftwerken mit Geld und Pufforgien geschmiert haben, keine Leute gewesen, die in den wirklich heißen Bereichen arbeiteten.«

»Du meinst, die auch mit Stoffen zu tun hatten, die für den Bombenbau interessant waren?«, fragte Overdieck.

»Genau diese Leute und diese Bereiche meine ich. Und da stellt sich doch, verdammt noch mal, die Frage, ob diese Leute zuverlässig waren! Minister Weimar hat damals bei seiner Anhörung einiges dazu gesagt. Ich les mal vor:

›Es geht ja im Wesentlichen um die Frage der personellen Zuverlässigkeit, und zwar nicht nur des Führungspersonals, sondern auch des Personals auf der Ebene ... Abteilungsleiter, Strahlenschutzbeauftragte usw.‹«

»Ich höre immer Führungspersonal«, warf Vanessa ein. »Wer von denen war denn schon zuverlässig? Und die anderen, die Strahlenschutzleute sind doch von den Transnuklear-Managern ganz kräftig geschmiert worden. Zuverlässig!« Sie schüttelte den Kopf. »Waren denn die Politiker, die für diesen ganzen Mist verantwortlich waren, zuverlässig?«, fragte sie in die Runde. »Wenn ich daran denke, was sich da ein paar von denen, sogar rauf bis nach ganz oben, geleistet haben, überkommen mich da doch erhebliche Zweifel.«

Ein zustimmendes Gemurmel war zu hören. »Ich wusste ja am Anfang nicht, was die Strahlenschutzleute da in den Atomkraftwerken überhaupt machen. Deshalb hab ich die ganzen Unterlagen dazu durchgelesen. Dabei bin ich auf das gestoßen, was der ermittelnde Oberstaatsanwalt vor dem Untersuchungsausschuss dazu erklärt hat.«

Sie genoss sichtlich, dass die Kollegen sie verblüfft ansahen.

»Das Protokoll von der Anhörung müsste bei dir da liegen, Gerd«, fuhr sie an Overdieck gewandt fort. »Ich hab dir doch eben ein paar Sachen zurückgegeben.«

Sie sah zu Gerd Overdieck hinüber, der bereits in seinen Unterlagen suchte.

Overdieck wühlte einen Moment lang in den Papieren, die vor ihm auf dem Tisch lagen. »Das kann nur dieses hier sein«, sagte er dann und zog einen zusammengehefteten Stapel hervor. »Schau mal auf Seite einhundertundelf. Ich hab mir die einzelnen Komplexe mit Seitenzahlen und Verweis notiert. Sonst müsste ich auch erst lange suchen.« Er schob Vanessa das Vernehmungsprotokoll über den Tisch zu.

»Danke für den guten Tipp, Herr Overdieck. Mach ich das nächste Mal auch. Bin ja noch Volontärin.«

Mit einem etwas verkniffenen Lächeln zog Vanessa den Stapel zu sich heran und begann zu blättern.

»Nun sei mal nicht so empfindlich. War nur als netter Hinweis gedacht, Vanessa. Du packst das schon«, sagte Overdieck, der sich über Vanessas Reaktion wunderte. Diese war aber schon wieder eifrig mit Blättern beschäftigt.

»Hier, ich hab's. Ich les mal vor, was der zuständige Staatsanwalt gesagt hat:

›In diesen Kernkraftwerken hat man einen inneren Sicherheitsbereich. Da sind Sicherheitsbeauftragte, die nun dafür sorgen müssen, dass die entsprechenden gefährlichen Stoffe auch entsprechend behandelt werden und dass nach draußen in die Container nur das kommt, was schwach bestrahlt ist ... Von diesen Personen, soweit man das überhaupt hat feststellen können, hat nicht ein Einziger auch nur einen Taschenrechner oder einen Kartengruß zu Weihnachten bekommen – ich habe extra noch einmal nachgefragt.‹«

Vanessa sah auf und sagte: »Irritierend, oder?«

»Ja, das begreife, wer kann«, murmelte Wortmann.

»Warum erzählt der den Abgeordneten im hessischen Untersuchungsausschuss Sojasauce«, fragte Overdieck, »obwohl er es eigentlich besser wissen müsste?«

»Moment mal, ich hab hier noch das Protokoll von der Anhörung des Betriebsdirektors von Biblis«, meldete sich Werner Dahlkämper. »Vielleicht hilft uns das ja weiter. Der hat gesagt:

›Für den Versand der Fässer‹, er meint die, in die vorher der angeblich wertlose Atomabfall gefüllt wurde, ›ist wieder die Strahlenschutzabteilung zuständig. Der Strahlenschutz, der ... ausmisst, welche Teile in welche Abschirmungsbehälter zu kommen haben und der nachher, wenn die Behälter voll sind, auch die entsprechenden Messungen der Gebinde durchführt‹.«

»Die tun alle so, als hätten sie immer alles genau gemessen!«, rief Wortmann. »Dabei steht doch inzwischen fest, dass sie gar nicht Instrumente dafür hatten, um das Plutonium, bombenfähig oder nicht, in den Fässern zu messen. In Wirklichkeit konnten sie auf diese linke Tour das Plutonium nach Mol transportieren. Und da brauchten es die Pakistaner nur noch abzuholen, genau wie im Lübecker Hafen. Da konnten die Schiffe gleich am Kai eines pakistanischen Unternehmens anlegen und das Zeug überall hinschippern, auch nach Libyen. Hier, im nächsten Absatz habt ihr, Rainer und Gerd, das ja wunderbar ausgeführt. Ehre, wem Ehre gebührt. Ihr seid die Edelfedern! Ich bin der beste Vorträger, sag ich mal. Deshalb trage ich das mit der angemessenen Ehrfurcht vor«, sagte er und grinste, bevor er den Abschnitt vorlas.

»Inzwischen ist klar: Der atomare ›Abfall‹ der Atomkraftwerke wird ohne Behördenaufsicht in Fässer gefüllt. Es gibt auch keine Geräte, mit denen zum Beispiel anschließend, wenn die Fässer bereits geschlossen sind, geprüft werden könnte, wie viel Plutonium sie enthalten.

Tausende dieser Fässer sind seit 1980 von TNH ins belgische Atomzentrum Mol gekarrt worden. Wie viele Fässer es wirklich gewesen sind, hat niemand genau gezählt. In Mol sind viele davon auch nicht wieder aufzufinden. Sie sind einfach ›verloren‹ gegangen. Wohin? Keine Antwort. Was jeweils drin war in den Fässern? Das kann auch kein Mensch mit Bestimmtheit sagen. Und alles das gilt nicht nur für Mol. Im Lübecker Hafen ging es nicht anders zu.«

Die Journalisten des *Energy Report* verfielen einen Moment lang in Schweigen. Nun lag alles klar auf dem Tisch. Die Beweise, die sie herausgearbeitet hatten, waren erdrückend.

»Das belegt aber doch, welche wichtigen Aufgaben die Strahlenschutzleute in den Atomfirmen wahrgenommen haben«, sagte Vanessa in die Stille hinein. »Die waren offensichtlich so ziemlich allein dafür verantwortlich, welcher ›Abfall‹ verladen wurde, welcher das Atomkraftwerk verlassen konnte. Deshalb waren sie auch für die TNH-Leute so interessant!«

»Und bekamen nicht nur warme Worte zu hören, sondern auch Geld, richtig viel Geld!«, sagte Dahlkämper. »Die inzwischen bekannt gewordenen Schmiergeldzahlungen zeigen eindeutig, dass es eine ganze Menge unzuverlässiger Leute auf diesen Posten gab. Schlimmer noch, über acht Jahre lang hat angeblich keiner was gemerkt. Diese Zuverlässigkeitsprüfungen konnte man doch in der Pfeife rauchen!«

Overdieck und Wortmann, die nebeneinandersaßen, nickten. Sie klopften sich wegen ihrer Beweisführung gegenseitig auf die Schultern und bestätigten sich, dass niemand sie so schnell linken könnte. Vanessa blätterte währenddessen ihre Unterlagen durch.

»Ha, das glaubt ihr alle nicht!«, rief sie plötzlich. »Ich hab mal schnell durchgezählt. Unter denen, die richtig viel Geld erhalten haben oder mit Kücheneinrichtungen, Autos, Reisen oder mit Bordellbesuchen verwöhnt wurden, waren, soweit ich sehe, bundesweit immerhin fünfzehn Strahlenschutzingenieure.«

»Ich hab ja schon gesagt, dass ich mir gestern Abend die Geschichte ganz durchgelesen habe«, erklärte Vanessa. »Da hat mich doch verblüfft, was Minister Weimar zur Überprüfung der einzelnen Leute von sich gegeben hat. Das müsst ihr euch unbedingt anhören:

›Es ist also die Frage, ob er nicht bestraft ist, ... ob er in geordneten Verhältnissen lebt, die ihn gegen mögliche Erpressungsversuche weniger anfällig machen, als man vermuten könnte, wenn es ungeordnete Familienverhältnisse gibt. ... Dann kommt natürlich noch die Frage, ob es irgendwelche Kontakte zum Bereich der Spionage oder Sonstiges gibt.‹

Soweit der Speech des Ministers. Die haben die Jungs einmal überprüft, und dann konnten die machen, was sie wollten. Wenn ich daran denke, wie häufig die in den verschiedenen Puffs rumgesprungen sind und damit, von welcher Seite auch immer, erpressbar waren ...«

»Da kommt aber noch was anderes hinzu«, sagte Overdieck und sah in die Runde. Er sah aus, als müsse er jeden Moment losprusten. »Einer der TNH-Manager ist wegen der vielen Bordellbesuche von seiner Frau überwacht worden. Die hat ihm wohl einen Detektiv hinterhergeschickt oder so. Die Dame hat dann angeblich erfahren, dass einer der damaligen Minister mit der gleichen Dame gepennt hat, mit der ihr Alter ins Bett gestiegen ist. Diese Puffdame soll den Minister irgendwo im Parkcafé in der Wiesbadener Wilhelmstraße abgeschleppt haben. Denkt das mal zu Ende!«

Manfred Wortmann trompetete in einer Lautstärke los, die jeden anderen übertönt hätte, wenn er denn etwas hätte sagen wollen. »Mich hat bei der ganzen Sache die angebliche Hilflosigkeit der Staatsanwaltschaft beeindruckt! Unsere Journalistenkollegen haben ja den leitenden Ermittler in Hanau, Oberstaatsanwalt Farwick, damals immer wieder mit eindeutigen Fragen nach dem Zweck der Schmiergeldzahlungen durch die TNH-Manager bombardiert. Der zeigte sich da aus meiner Sicht bei der Befragung, im Untersuchungsausschuss des Bundestages, glaub ich, war das, ziemlich hilflos. Oder er tat nur so. Ich zitiere:

›Wir, sagten die Journalisten zu uns, können uns das nur so erklären, dass das Geld gezahlt worden ist, damit die was leisten. Worin kann in einem solchen Rahmen die Leistung bestehen? Das kann doch nur so sein: Bei der Entsorgung wird verschwiegen, dass irgendetwas, was nicht transportiert werden darf, auch transportiert wird oder dass die Augen der Sicherheitsbeamten zugedrückt werden.‹

Und jetzt kommt's«, sagte Wortmann und gönnte sich eine kleine spannungsfördernde Pause. »Dann nämlich, meine Lieben, hat der den Überlegungen der Journalisten zugestimmt:

›Eigentlich logisch ist, wenn man Geldmittel zum Teil in Höhe von zig Tausend Mark erhält, dass dafür ein Gegenwert verlangt wird.‹«

37

Berlin, Bundeskanzleramt

Die Kanzlerin beugte sich in ihrem Sitz mit der höchsten Lehne am Kabinettstisch vor und sah zum Innenminister hinüber, der, auf seine Krücken gestützt, hinter seinem Stuhl stand und sich mit BKA-Chef Mayer unterhielt. Conradi und Botschafter Steiner hatten ihre Plätze bereits eingenommen.

»Herr Lensbach, meine erste Frage geht an Sie«, sagte die Kanzlerin und eröffnete das Sicherheitskabinett. Der Minister wandte sich um, ließ Walter Mayer einfach stehen und humpelte eilig auf seinen Platz, der Kanzlerin direkt gegenüber.

»Als Bundesinnenminister sind Sie für unsere Sicherheit zuständig: Sitzen wir alle jetzt hier im Kanzleramt womöglich auf einer nuklearen Bombe?«

Das plötzlich einsetzende, laute Geraune am Kabinettstisch zwang den Innenminister seine Stimme zu erheben, damit die Kanzlerin ihn verstand.

»Sie erschrecken mich«, erwiderte Lensbach auf die provokante Frage. »Wie kommen Sie denn darauf? Also, ich verstehe nicht ...«

»Herr Kollege, können Sie hundertprozentig ausschließen«, fiel die Kanzlerin ihm ins Wort und klopfte mit der flachen Hand auf den Tisch, »dass die Terroristen ihre Bombe im Bereich des Kanzleramtes platziert haben?«

Conradi musterte die Gesichter der Anwesenden. Einige der Herren, die um den riesigen ovalen Tisch aus orangeroter Buche Platz genommen hatten, starrten die Kanzlerin entsetzt an. Andere bemühten sich, eine gelassene Miene zur Schau zu tragen. Sie stießen sich schmunzelnd an und tuschelten miteinander. Der eine oder andere tat so, als sehe er unter seinem Stuhl nach, ob da eine Bombe läge.

Conradi spürte, wie ihn hier in diesem sonnendurchfluteten Konferenzraum ein Gefühl der Bedrohung beschlich. Auch als er von der nuklearen Erpressung erfuhr, hatte er sich bedroht gefühlt. Aber diese Gefahr hier war von anderer Qualität. Schon bei den ersten Sätzen der Kanzlerin war ihm bewusst geworden, dass hier mit Worten scharf geschossen wurde, Worten, die im Zweifelsfall ein Schicksal auf ganz andere Weise besiegelten, als Bomben, die gezündet wurden. Die Kanzlerin und sein Chef, der Innenminister, lieferten sich ein gnadenloses Duell. In den vergangenen Monaten hatte sich zwischen den beiden eine ernsthafte Spannung aufgebaut. Conradi musste an Lensbachs Bemerkung auf dem Rückflug von Köln-Wahn denken. Die Wahlen stünden ja vor der Tür, hatte der Minister gesagt, da seien alle sehr sensibel. Die Kanzlerin fürchtet ihn eindeutig als Konkurrenten, dachte Conradi. Und das Rennen war noch offen. Die Regierungspartei hatte sich noch nicht auf einen Kanzlerkandidaten einigen können, und Lensbach rechnete sich wohl gute Chancen aus.

Die Kanzlerin schien die Zeichen richtig gedeutet zu haben. Sie zeigte Zähne und nutzte jede Gelegenheit, um zu punkten. Conradi kam es so vor, als steuere die Kanzlerin ganz gezielt, noch während der nuklearen Terrordrohung, den Showdown an. Als wollte sie ihren einzigen ernsthaften Konkurrenten, bevor es überhaupt etwas in der K-Frage zu entscheiden gab, derart bloßstellen, dass er gar nicht mehr anzutreten wagte. Im Augenblick hielt sie alle Trümpfe in ihrer Hand. Schließlich war es den Terroristen trotz der drastischen Verschärfung aller Sicherheitsmaßnahmen gelungen, das Land mit einer nuklearen Bombe zu erpressen. Und verantwortlich für die Sicherheit des Landes war in erster Linie der Bundesinnenminister. Conradi war sich sicher, dass die Kanzlerin sich bei ihrem Auftritt in der Tagesschau nicht die Chance entgehen lassen würde, die Rollenverteilung deutlich zu machen.

Sein Blick wanderte kurz hinüber zu den großen Fenstern, die den Blick auf die von der Sonne beschienene Spree freigaben. Die Dampfer tuckerten dahin, als hätte sich in der Welt seit dem frühen Morgen nichts verändert. Hier drinnen aber, in dem kleinen Kabinettssaal in der sechsten Etage der Berliner »Waschmaschine«, wie viele den Bau des Kanzleramtes spöttisch nannten, war inzwischen eine Stimmung entstanden, die jeden Moment explodieren konnte.

Ob die Kanzlerin und die Herren, die hier am Tisch saßen, wohl noch den Sinn dafür gehabt hatten, die allegorischen Farbräume des Düsseldorfer Künstlers Markus Lüpertz wahrzunehmen, die dieser für die Wände im Kanzleramt geschaffen hatte?, überlegte Conradi. Blau für Weisheit, Umbra für Stärke, Ocker für Gerechtigkeit, Grün für Klugheit und Rot für Tapferkeit. All diese Tugenden würden sie in der aktuellen Situation brauchen.

Walter Mayers sonore Stimme riss ihn aus seinen Gedanken. »Vielleicht darf ich Ihnen kurz bestätigen, Frau Bundeskanzlerin, wir sitzen hier sicher«, sagte der BKA-Chef. »Um alle Eventualitäten auszuschließen, untersucht zurzeit eine ABC-Einheit der Bundespolizei mit Spürgeräten und dazu entsprechend entwickelten Robotern alle denkbaren Platzierungen im ganzen Regierungsviertel für eine nukleare Bombe ...«

»Moment, Herr Mayer«, unterbrach ihn die Kanzlerin und hob die Hand. Mayer sah sie erstaunt an, verstummte aber sofort.

»Ich danke Ihnen für diese Feststellung. Ich wollte mich angesichts der neuen Lage nur noch einmal vergewissern.« Ihre Worte waren aber wohl mehr an den Innenminister gerichtet, denn ihn hatte sie angesehen, während sie sprach. »Bei der gegenwärtigen Hektik habe ich vergessen zu erwähnen«, fuhr sie fort, »dass ich kurz vor unserer Besprechung bereits mit meinen Kollegen in Washington, Madrid, London und Rom Kontakt aufgenommen habe. Vielleicht interessiert es sie, meine Damen und Herren«, sie sah die Arbeitsministerin und anschließend den Verteidigungsminister an, »als ich mit meinem US-Kollegen telefonierte, saß der nicht mehr im Weißen Haus in Washington, sondern telefonierte mit mir aus seinem atomsicheren Bunker, weit weg von Washington.« Wieder sah sie

Lensbach an. »Den Vizepräsidenten haben sie ebenfalls schon evakuiert. Die amerikanischen Kollegen sind ganz offensichtlich daran interessiert, dass ihre Regierung auch in einer solchen Lage weiterhin handlungsfähig bleibt. Da aber außerdem zahlreiche hochrangige Beamte mit in den Bunkern verschwunden sind, lässt sich die gegenwärtige nukleare Bedrohung nur noch ganz kurze Zeit unter der Decke halten. Ich denke, darüber müssen wir nicht lange spekulieren. Uns bleiben damit nicht viele Möglichkeiten.«

Sie wird also nachher in der Tagesschau ein Statement abgeben, dachte Conradi nicht sonderlich überrascht.

»Auch der Kollege in Rom ist der Meinung«, fuhr die Kanzlerin fort, »dass er den Deckel nicht mehr lange draufhalten kann. Außerdem weist der US-Präsident, das habe ich eben vergessen zu erwähnen, quasi mit ausgestrecktem Zeigefinger darauf hin, dass der zweitausend ... und ... eins«, sie zog die Zahl in die Länge, » ausgerufene NATO-Bündnisfall – Sie wissen, der Terroranschlag auf das *World Trade Center* – weiter Gültigkeit habe. Wenn wir dieser Auffassung folgen, dann würde das den sofortigen Einsatz der Bundeswehr erforderlich machen, Herr Verteidigungsminister. Dass der Kollege im Weißen Haus, Pardon, er sitzt ja jetzt im sicheren Atombunker, für den Fall, dass ein nuklearer Anschlag auf seinem Staatsgebiet erfolgt, partiell nuklear antworten will, hat Ihnen Generalinspekteur Wildhagen bereits mitgeteilt. Er hat uns allen auch die Folgen deutlich gemacht.« Sie sah vom Verteidigungsminister zum Generalinspekteur.

Conradi war dem Blick der Kanzlerin gefolgt. Er fand, dass General Wildhagen mit dem vielen Goldlametta auf den Schultern, vor der Brust und den Goldstickereien auf dem Mützenschirm der Runde nicht nur einen leicht martialischen, sondern auch einen etwas operettenhaften Touch verlieh.

Ein bisschen erinnerte ihn der Anblick an das Tschingderassabum, an die Pfeifen und Trommeln, unter deren Klängen man früher fast fröhlich in den Krieg gezogen war. Die wenigen Rückkehrer hatten dann allerdings einen ganz anderen Blick in ihren Augen und auch ganz anders ausgesehen. Das viele Lametta war ab.

»Ich möchte Ihnen nun mitteilen, was ich beschlossen habe.« Die Kanzlerin hatte einen schneidenden Ton angeschlagen. »Nach der Rechtslage, so habe ich mir sagen lassen, befinden wir uns im Verteidigungsfall. Damit ist zum einen der Oberbefehl über den Einsatz der Armee an mich übergegangen ...«

»Frau Bundeskanzlerin, ich gehe doch davon aus, dass wir uns über das weitere Vorgehen abstimmen werden!«, sagte der Verteidigungsminister dazwischen.

Die Kanzlerin ignorierte den Einwurf und erklärte in aller Seelenruhe: »Darüber hinaus werde ich auch von meiner Richtlinienkompetenz Gebrauch machen.«

Gespannt sah Conradi zur Kanzlerin hinüber. Jetzt muss es doch kommen, dachte er. Jetzt muss sie es doch sagen!

»Nach der erwähnten Telefonkonferenz mit meinen Amtskollegen habe ich mich entschlossen, bereits heute Abend ...«, sagte die Kanzlerin und sah dabei wieder den Innenminister an.

»Nicht doch! Das ist noch zu früh!«, rief Lensbach.

»Nun warten Sie doch erst einmal ab, was ich zu sagen habe, verehrter Kollege«, sagte die Kanzlerin mit erhobener Stimme. »Ich werde heute Abend zur Tagesschauzeit bekannt geben, dass wir bedroht werden. Bis dahin, wir haben in wenigen Minuten achtzehn Uhr dreißig, sollten wir alle die Zeit nutzen, die uns noch bleibt, um die notwendigen Dinge zur Bewältigung der Bedrohungslage einzuleiten. Bereiten Sie bitte auch die Bundesländer entsprechend darauf vor, Herr Lensbach. Bis zu meiner Ansprache können wir öffentlich erklären, dass es um eine Übung mit ernsthaftem Hintergrund geht. Meine Herren, veranlassen Sie bitte inzwischen alles Notwendige, damit es hinterher nicht heißt, wir hätten der Bevölkerung nicht genügend Zeit zur Vorbereitung gelassen.«

Damit war die Sitzung des Sicherheitskabinetts beendet.

Conradi beobachtete, wie Lensbach auf seine Krücken gestützt und mit gebeugtem Haupt, wie ein im Felde Geschlagener, mühsam hinaushumpelte. Er beschloss, Deckstein, wenn er später mit ihm telefonierte, die Information zu geben, dass hinter den Kulissen eine Art Rosenkrieg tobte. Zwei Menschen innerhalb der CDU, die sich einmal gemocht hatten, waren durch gleiche Machtgelüste in erbitterten Streit geraten. Jemand tippte ihm auf die Schulter. Als er sich umdrehte, stand Walter Mayer vor ihm.

»So eine denkwürdige Veranstaltung hab ich selten erlebt!«, sagte der BKA-Chef und schüttelte den Kopf. Conradi nickte nur.

»Komm, Bernd, wir gehen mal da rüber. Muss ja nicht jeder mitkriegen, was wir beide zu besprechen haben.« Er fasste Conradi am Arm und zog ihn mit sich in die hintere Ecke des kleinen Kabinettsaales.

»Ich muss gleich wieder los«, sagte Mayer. »Du hast ja auch zu tun. Ich hab da aber eine ganz wichtige Sache, die dich interessieren dürfte.«

Conradi setzte sich auf die Kante eines dunkelbraunen halbrunden Holztisches, an dem gewöhnlich hohe Ministeriale Platz nahmen, um auf Wunsch den Regierungsmitgliedern zu Vorlagen fachliche Erläuterungen zu geben. Er selbst hatte hier auch oft genug gesessen.

»Erzähl, Walter. Was ist los?«

»Wir haben am Flughafen einen Russen festgenommen.«

Conradi zog die Augenbrauen hoch. »Eine neue Spur? Erst kommt da in Moskau angeblich Plutonium weg, wie Grossmann berichtet hat. Und jetzt habt ihr einen Russen geschnappt? Wie passt der denn jetzt hier hinein? Hat der etwa Plutonium bei sich gehabt?«

»Ja, hat er, Bernd, aber unsere Festnahme hier, ich meine die des Russen, sollte dich auch aus persönlichen Gründen interessieren.«

»Jetzt red schon!«, sagte Conradi.

Mayer zog sich einen Stuhl heran. »Setzen wir uns doch einen Moment.«

Conradi setzte sich auf die andere Seite des Tisches, in den, wie er wusste, auch Mikrofone und Mithörgeräte für Dolmetscher eingelassen waren.

»Vielleicht kannst du uns in einer sehr persönlichen Sache weiterhelfen«, sagte Mayer.

»In einer sehr persönlichen Sache?«, wiederholte Conradi irritiert.

»Ja. Der Russe, den wir festgenommen haben, hat erklärt, dass er die Tochter von Deckstein kennt. Und dass er unbedingt auch mit Deckstein reden müsse. Bevor noch was passiert, hat er wörtlich gesagt.«

***

Sankt Augustin, »Hotel Hangelar«

Al Abbas erhob sich von seinem Bett. Er war vollkommen angezogen. Erst wenige Stunden zuvor hatte er im »Hotel Hangelar« in Sankt Augustin eingecheckt und sich dann gleich aufs Ohr gelegt.

Die Nachttischlampe hatte er brennen lassen. Sie warf ihr diffuses Licht auf das aufgewühlte Bett und den davor liegenden kleinen, dunkelroten Teppich. Der übrige Teil des kleinen Zimmers war in diffuses Dunkel gehüllt.

Al Abbas sah auf seine Armbanduhr. Es war kurz vor neunzehn Uhr. Er ging hinüber zum Fenster, schob den Vorhang ein wenig beiseite und schaute kurz durch den Schlitz nach draußen. Es war stockdunkle Nacht. Nur das schummerige Licht der Laterne vorne rechts an der Kreuzung spiegelte sich auf der regennassen Straße.

Er ließ den Vorhang wieder zufallen und setzte sich in den einzigen Sessel, der in der Ecke neben dem Fenster stand. Vor ihm auf dem kleinen Tischchen lag die Fernbedienung für den Fernseher. Daneben stand eine halb volle Coca-Cola-Flasche. Bevor er sich hingelegt hatte, hatte er nur wenig getrunken. Er nahm einen großen Schluck und spülte den schalen Geschmack, den er eben noch verspürt hatte, hinunter. Noch während er schluckte, Schoss ihm jäh der Gedanke an Ameer durch den Kopf. Mit einem Ruck richtete er sich in dem Sessel auf und setzte die Flasche so hart auf dem Couchtisch ab, dass er erschrocken zusammenzuckte. Hatte er seine Verabredung mit Ameer verschlafen?

Mit einer verzweifelten Geste fuhr er sich mit der Linken übers Gesicht so als versuchte er, die letzten Reste des Tiefschlafs, aus dem er erst vor wenigen Minuten aufgewacht war, abzustreifen. Im selben Moment fiel ihm ein, dass sie sich erst am nächsten Tag treffen wollten. Erleichtert lehnte er sich in dem Sessel zurück und nahm noch einen Schluck Cola.

Ameer, sein Verbindungsmann aus Bonn, würde ihm am nächsten Tag das Geschenk, wie er es immer nannte, bringen. Gemeinsam würden sie dann die nicht ganz leichte, schwarze Kiste an Bord seiner Piper bringen. Er war erst am späten Nachmittag auf dem ihm bisher völlig unbekannten Regionalflughafen Sankt Augustin-Hangelar gelandet, der nur rund zwei Kilometer vom Hotel entfernt lag.

Ameer hatte ihn mit seinem hellbeigen Ford-Kombi am Flugplatz abgeholt und hierher gebracht. Zwischendurch hatte er sich ganz schön erschrocken.

Sie waren die endlos lange Straße an den Kasernen der Bundespolizei vorbeigefahren, als er plötzlich einen Schuss gehört hatte. Instinktiv war er so tief von seinem Sitz gerutscht, dass er mit seinem Hintern fast den Wagenboden erreicht hatte.

»Du kannst wieder hochkommen. Es ist nichts«, hatte Ameer lachend gesagt und auf ihn hinuntergeschaut.

»Sieh nur, die versuchen, uns einzuholen. Aber das schaffen die nie!«, hatte Ameer gesagt und immer noch gelacht.

Al Abbas hatte aus dem Fenster gesehen. Fast direkt hinter dem Zaun rannten fünf Polizisten hinter ihnen her. So sah es jedenfalls aus. Ein Sportplatz! Als er das begriff, musste auch er lachen. Er schaute noch einmal zurück, und sah am Startpunkt der Laufbahn einen Polizisten in Uniform stehen, der in seiner hoch erhobenen Rechten eine Pistole hielt.

Auf der weiteren Fahrt hatten sie nicht mehr gesprochen. Vielleicht war der Wagen ja inzwischen von den Spezialisten des BKA verwanzt worden.

Beim Anblick des Hotels hatte sich Abbas an seine Piper erinnert gefühlt. Der obere Teil des Gebäudes war ganz mit silbrig glänzendem Leichtmetallblech beschlagen.

»Die werden alle zu spät kommen!«, hatte Ameer gesagt, als sie vor dem Hotel ausgestiegen waren, und gelächelt. Sie hatten sich mit einer kurzen Geste verabschiedet. Niemand durfte auf den Gedanken kommen, sie könnten zusammengehören. Ameers beiger Wagen konnte auch als Taxi durchgehen.

Auch in Belgien, wo er sich zuvor kurz aufgehalten hatte, war Abbas daran gelegen gewesen, seine Spuren gänzlich zu verwischen. Er hatte die kleine Piper unter falschem Namen gemietet und vor dem Start in Antwerpen seinen Flugplan abgegeben. Dazu brauchte er nicht einmal seinen Namen zu nennen. Dann war er im Sichtflug zu diesem Regionalflugplatz, nahe dem großen Köln-Bonner Flughafen, geflogen. Den Transponder hatte er während des Fluges ausgeschaltet, sodass seine Position von keinem Radar erfasst werden konnte.

Vor der Landung hatte er sich mit der Kennung seines Flugzeugs beim Tower angemeldet. Auch hier hatte niemand seinen Namen wissen wollen. Alles hatte genauso funktioniert, wie es ihm seine Verbindungsleute in Antwerpen und Bonn geschildert hatten. Am nächsten Tag würde er zum letzten Mal fliegen. Dann könnte die ganze Welt seinen Namen erfahren. Das war ihm jetzt egal.

Da er auch dann weiter auf Sicht fliegen wollte, also nicht mit Radar und sonstigen Instrumenten, musste er sich nirgendwo mehr melden. Er konnte in Deutschland hinfliegen, wohin er wollte. Dazu musste er nur die notwendige Höhe von rund dreihundert Fuß einhalten, um den Jetmaschinen des nahen Köln-Bonner Flughafens nicht in die Quere zu kommen. Die viel gepriesene deutsche Luftüberwachung in Uedem, hatten ihm seine Mittelsmänner in Antwerpen versichert, würde ihn nicht auf ihren Schirm bekommen. Und wenn doch – sobald er erst einmal in der Luft war, konnte ihn niemand mehr stoppen, ohne die Städte, die er gerade überflog, durch seinen Absturz ins Chaos zu stürzen.

38

Bonn, Redaktion des *Energy Report*

Die Journalisten am Tisch in der Redaktion des *Energy Report* sahen sich an. Keiner sagte ein Wort. Sie alle mussten erst einmal verdauen, was Wortmann ihnen über die Aussage von Staatsanwalt Farwick vorgelesen hatte. Als nun plötzlich die Tür aufflog, zuckten alle zusammen. Katrin Müller, die Redaktionssekretärin, stürmte in den Raum und schwenkte ein Blatt in der Hand.

»Warum denn so aufgeregt, Katrin?«, fragte Wortmann.

»Ihr könnt mich doch nicht für dumm verkaufen!«, empörte sich die Redaktionssekretärin. »Von wegen ich und aufgeregt. Ihr spürt wohl selber nicht, was ihr hier für eine angespannte Stimmung verbreitet. Und dann das da!«

Mit einer hektischen Bewegung warf sie Wortmann ein Schreiben auf den Tisch.

»Was soll das, Katrin? Was ...«

»Lies doch mal!«

Für ihren energischen Tonfall erntete sie rund um den Tisch erstaunte Blicke. Katrin Müller war sonst die Ruhe in Person. Da musste schon etwas ganz Besonderes passiert sein.

»Ja, lies doch mal vor, was da steht«, sagte Overdieck.

»Weil ihr mich so nett bittet«, sagte Wortmann. »Also, hier steht: ›Betriebsversammlung. Beginn neunzehn Uhr. Themen: Chefredaktion nimmt Stellung zu aktuellen Terrordrohungen. Verlag erläutert Maßnahmen, die zum Schutz von allen Verlagsmitgliedern getroffen worden sind.‹« Er sah auf und fügte hinzu: »Ich geb dir recht, Katrin, das klingt auf den ersten Blick furchterregend. Aber – alte Bauernregel: Nichts wird so heiß gegessen, wie's gekocht wird. Wir wissen im Augenblick auch nicht mehr.« Er schob das Blatt zu Overdieck hinüber. »Dauert ja nicht mehr lange bis zu der Versammlung. Dann erfahren wir detailliert, was los ist.«

»Wenn wir das jetzt alles durchdiskutieren, was da anliegt, Katrin«, sagte Overdieck, »dann kriegen wir unsere Story überhaupt nicht mehr durch. Du musst uns jetzt entschuldigen, wir müssen hier weitermachen«, fügte er hinzu und klopfte mit dem Knöchel seines rechten Zeigefingers auf den Tisch. »Wie du weißt, haben wir zeitlichen Stress.«

Katrin Müller drehte sich wortlos um und ging zur Tür: »Wenn sich nachher einer mal bei mir einen Kaffee holen möchte – ihr wisst ja, wo ich zu finden bin.« Damit verschwand sie.

Wortmann grinste Vanessa an. »Ich glaube, der geht ganz schön die Muffe.«

»Das ist ja auch alles zum Fürchten!«, sagte Vanessa. »Und wenn ich unsere Story lese, werd ich auch nicht gerade ruhiger. Außerdem fühle ich mich auch nicht gerade gut. Wir wissen mehr und dürfen nichts sagen ...«

Wortmann sah sie fragend an. »Wie, was? Was weißt du?«

Vanessa antwortete nicht. Sie hatte sich schon wieder über das Manuskript gebeugt und las dort weiter, wo sie vor der Diskussion aufgehört hatte.

»Professor Erich Merz vom Kernforschungszentrum Jülich, sachverständiger Zeuge im Bonner Untersuchungsausschuss, rieb es den Abgeordneten der Regierungskoalition im Ausschuss dick unter die Nase: Das Sicherheitssystem konnte spielend leicht durchbrochen werden. Auch der Präsident des *Nuclear Control Institute*, Washington, D.C., Paul Leventhal, der vor den Bonner Untersuchungsausschuss geladen wurde, hielt es für möglich, dass mit dem atomaren Abfall zusammen auch andere, heißere Stoffe, aus nuklearen Einrichtungen abgezweigt, sprich abtransportiert wurden.

Die Zöllner an der deutsch-belgischen Grenze hatten keine Möglichkeit zu überprüfen, was an ihrer Nase wirklich vorbeigefahren wurde. Im besten Fall blieb ihnen die Zeit, einen kurzen Blick auf die Begleitpapiere zu werfen. Sie verglichen dann das, was darin stand, mit der Aufschrift auf den Fässern. Stimmte es überein, erhielt der LKW grünes Licht für die Weiterfahrt.

Selbst heute, nach all den Erfahrungen, ist das nicht anders, wie jüngst Ermittler der Bundesanwaltschaft Karlsruhe feststellten. Das Zollamt Hallbergmoos liegt am Flughafen München. Hier werden die Lastwagen mit Exportgütern nach Südosteuropa oder Asien verplombt, die teilweise erst in Teheran wieder geöffnet werden. Dabei betreibt der Iran ein hochverdächtiges, brisantes Atomprogramm, zu dem Deutschland auf gar keinen Fall einen Beitrag leisten sollte.

Die Zustände beim Zollamt Hallbergmoos belegten allerdings, schrieb die *Süddeutsche Zeitung* im April des Jahres zweitausendelf, ›wie leicht es ist, die Islamische Republik zu bedienen‹. Von den Lastwagenladungen werden nur drei bis fünf Prozent näher angesehen. ›Die überforderten Zöllner winken sogar illegale Exporte nach Teheran durch‹, heißt es in dem Artikel der *SZ*. Es fehlt laut Zoll das technische Gerät, um die Laster zu entladen und den Inhalt zu überprüfen.

Zurück zum Hanauer Skandal: Natürlich musste die Ausfuhr von Atomabfall über die Grenze nach Belgien oder umgekehrt beim Bundesamt für Wirtschaft in Eschborn, nahe Frankfurt, angezeigt werden. Der deutsche Staat wollte, zumindest in etwa, wissen, was aus Deutschland ins Ausland exportiert wurde. Es sollte wenigstens die Form gewahrt werden. Es zeigte sich jedoch, dass die Formulare in Eschborn beim zuständigen Bundesamt für Wirtschaft kaum eines Blickes gewürdigt wurden.

Der Präsident des Bundesamtes, Hans Rumor, erklärte den verdutzten Bonner Abgeordneten, seine Behörde habe die Lieferung von Plutonium in Labormengen an Libyen und Pakistan genehmigt. Die Mengen bewegten sich ›innerhalb der zulässigen Grenzen‹. Nähere Einzelheiten dazu konnte er jedoch nicht mitteilen. Das Amt beschäftige eben nur einen einzigen Mitarbeiter für Anträge zum Export von Atommaterial.

Welcher Belege bedarf es noch, dass hier lange *open house* herrschte? TNH konnte all die Jahre über transportieren, was immer das Unternehmen wollte!«

Overdieck rüttelte so heftig am Tisch, dass ihn alle ganz erschrocken ansahen.

»Entschuldigung, mir sind die Füße eingeschlafen. Ich muss mal gerade raus. Mangold wartet auf mich. Ich muss mal nachschauen, wie weit er mit dem anderen Teil der Story ist.«

»Mensch, Gerd«, sagte Dahlkämper, »du bist doch sonst so ein flinker Kerl. Aber immer, wenn du aufstehst, denke ich, da fuhrwerkt ein Nilpferd herum!«

Bei allen am Tisch löste sich die Anspannung, die seit dem Auftritt von Katrin Müller noch weiter gestiegen war, in einem befreiten Gelächter. Overdiecks Bauch wippte auf und ab. Er gluckste vor Vergnügen in sich hinein, als er die Tür schwungvoll hinter sich zuschlug.

Mangold schreckte hoch, als Overdieck mit der gleichen Energie die Tür seines Büros aufstieß. Sein massiger Körper füllte den Türrahmen fast aus. Der kleine Mangold, der in seinem voluminösen Schreibtischsessel fast ganz verschwunden war, musste sich recken, um zu seinem Kollegen hochzuschauen.

»Ich bin mal schnell aus unserer Besprechung von nebenan rübergehuscht.«

»Gehuscht ist gut«, murmelte Mangold.

»Hör mal«, sagte Overdieck, »wann krieg ich denn den nächsten Stoff für meine Story, die in Druck gehen soll?«

»Wenn du das nächste Mal nicht anklopfst, Taps, bevor du hier wie ein afrikanischer Wasserbüffel reinbretterst, schick ich dir nicht nur den Stoff, sondern gleich eine richtige Bombe«, erwiderte Mangold grinsend. »Aber jetzt mal im Ernst, ich geb dir die nächsten Seiten, die Sabine freigegeben hat, gleich rüber. Bin gerade dabei, den Rest auf Korrekturen durchzulesen.«

»Entschuldige, dass ich so hereingeplatzt bin, Schnüffel.«

»Kein Problem. Aber sag mal, in dem Teil der Geschichte, den du beigetragen hast, lese ich immer nur Abfall, Abfall, Abfall.« Mangold zeigte auf verschiedene markierte Textstellen.

»Wenn du weitergelesen hättest, wüsstest du, dass ich ausführlich darauf hingewiesen habe, dass mit der Methode der

Nassveraschung das gesamte Plutonium aus Teilen dieses sogenannten ›Abfalls‹ herausgeholt werden kann. Und wenn man bedenkt, dass die jede Menge Plutonium, auch bombenfähiges, mit dem sogenannten ›Abfall‹ verschieben konnten, haben sich Länder wie Pakistan, die das Plutonium für ihren Bombenbau gut gebrauchen konnten, sehr über die Methode Nassveraschung und auch den viel zitierten, sogenannten ›Abfall‹ gefreut.«

»Okay, Taps, entschuldige. Ich war mit dem Lesen noch nicht so weit. Wenn du das alles da ausgeführt hast, bin ich ja mehr als zufrieden. Übrigens, wenn ich mir in dem Zusammenhang so durch den Kopf gehen lasse, was Daniel und Sabine noch recherchiert haben, dass die denen noch das nötige Tritium dafür geliefert haben, damit die auch ja ihre Bomben in Islamabad scharfmachen konnten ...«

».. fällst du vom Glauben ab!«

»Okidoki, Gerd. Ich mach mal gerade diese kleine Sache hier zu Ende. Die große Philosophie überlasse ich den Grizzlys mit den großen Köpfen.«

Kaum hatte er zu Ende gesprochen, beugte er sich auch schon zur Seite. Gerd Overdieck hatte mit seiner Bärentatze ausgeholt und wollte seinem lieben Kollegen einen kräftigen, freundschaftlichen Schlag auf die Schulter versetzen.

»Da hast du gerade noch mal Glück gehabt, Schnüffel«, rief Overdieck lachend.

Mangold grinste zurück. »Ich mach mal weiter, Taps. Wenn ich so weit bin, schick ich dir den Teil für die Druckausgabe rüber.«

»Aber beeil dich, bitte«, sagte Overdieck und zog die Tür leise hinter sich.

Sind doch sensibel, diese Grizzlys, dachte Mangold. Dann sah er wieder auf den Bildschirm und las weiter.

»In Mol-Dessel, rund vierzig Kilometer von Antwerpen entfernt, liegt, eingebettet in ein riesiges Waldgebiet, das Herzstück der belgischen Atomindustrie. Es ist militärisch gesichert. Hier wird in

großem Stil mit Uran und Plutonium hantiert. In Mol gibt es auch heute noch ein Zentrum zur Verarbeitung atomaren ›Abfalls‹.
Die Männer von TNH hatten sich auf dem Gelände inzwischen häuslich eingerichtet. Mol war zur Müllhalde für radioaktive ›Abfälle‹ aus ganz Europa geworden. Mit diesem ›Abfall‹ wurde dort angereichertes Uran oder auch Plutonium angekarrt. Hochinteressante Stoffe für Länder also, die die Bombe bauen wollten.
Man könnte sagen, sie hatten sich hier ein eigenes kleines Reich geschaffen. In Mol stand auch eine kleine, aber feine Wiederaufarbeitungsanlage, die aus dem ›Abfall‹ das Plutonium herauslösen konnte. Aus nur rund achthundert Kilogramm brennbarer, fester mit Plutonium behafteter Stoffe hat sie über sechs Kilogramm Plutonium herausgelöst. Fast genug für eine der wirkungsvollsten A-Bomben. Die Anlage passte in jeden geräumigen Keller. Da stellte sich doch die Frage: Wie viel mit Plutonium versetzten ›Abfall‹ hat die Anlage insgesamt aufgearbeitet? Antwort: Wer wollte und konnte das in diesem Chaos in Mol überprüfen?
Die TNH-Manager gaben in Mol den Ton an. Niemand wagte es, sich ihnen entgegenzustellen. Führende Leute des belgischen Atomzentrums waren ja ebenfalls, wie viele Mitarbeiter deutscher Kernkraftwerke, geschmiert worden. Autos, Jagdgewehre, große Geldgeschenke führten dazu, dass auch sie das wollten, was die Deutschen für gut hielten.
Außerdem war das Zentrum auf die Geschäfte mit den Deutschen angewiesen. Die Moler befanden sich permanent in einer klammen finanziellen Lage. Der Staat zahlte nicht genug. Im Gegenteil, er forderte ja gerade von dem Zentrum mehr eigene Aktivitäten zur Geldbeschaffung. Die Transnuklear-Mitarbeiter hatten hier, wie in der Bundesrepublik, rasch ein System von Abhängigkeiten eingerichtet. Wann immer sie wollten, konnten sie davon Gebrauch machen.«

Mangold sprang auf und ging zum Fenster. Wer angesichts dieser Fakten, die wir hier mit der Story aufblättern, noch behauptet, der Atomwaffensperrvertrag sei nicht gebrochen worden, will die Fakten nicht sehen!, dachte er. Selbst hoch radioaktives, spaltbares Material war ins Ausland geliefert worden. Das belegten die Ergebnisse der staatsanwaltlichen Ermittlungen, die ihnen inzwischen zugeweht waren. Wer heute noch glaubte, das, was da in Hanau, Lübeck und Mol abgelaufen war, sei Vergangenheit, wollte der Realität nicht ins Auge sehen, dachte er grollend. Nur schemenhaft nahm er die Menschen wahr, die auf der gegenüberliegenden Seite des Rheins in der Sonne spazieren gingen. Kinder ließen Steine auf dem Wasser tanzen. Er seufzte und kehrte an seinen Schreibtisch zurück.

Die Hanauer Atomunternehmen hatten in Mol machen können, was sie wollten. Sie hatten dorthin und auch zum Lübecker Hafen nachweislich hochangereichertes, bombenfähiges Material geliefert. An beiden Orten gab es pakistanische Kontakte. Und Pakistan war zu der Zeit mit Hochdruck dabei die Bombe zu bauen ...

Das Klingeln des Telefons riss ihn aus seinen Gedanken. Mit einer hastigen Bewegung nahm er den Hörer ab.

»Wo bleibst du denn, Schnüffel?« Overdiecks Stimme klang aufgeregt. »Du wolltest mir doch die nächsten Teile der Story rüberbringen. Und dann geht's hier auch gleich los. Daniel und Sabine sind jeden Moment da.«

»Ich komm ja schon, Gerd.« Er legte auf und warf mit einer schnellen Kopfbewegung seine langen Locken zurück. Er drückte ein paar Tasten auf der Tastatur, schickte die überarbeiteten Teile der Story an Overdieck und fuhr den Computer herunter. Dann schob er seinen großen schwarzen Schreibtischsessel mit einem kräftigen Ruck nach hinten, stand auf und eilte mit schnellen Schritten zum Konferenzzimmer.

39

Bonn, Redaktion des *Energy Report*

»Du kommst zwar spät, Daniel, aber wenn du willst, können wir, bevor die Betriebsversammlung losgeht, schnell noch ein paar Telefonate durchziehen«, begrüßte sie Ulla im Verlag. »Und, Sabine, ich hab dir was von Mayer und Overdieck auf den Tisch gelegt.«

»Das muss leider warten. Ich muss zuerst zwei ganz wichtige private Anrufe tätigen. Entschuldige bitte die Hektik, aber das geht vor. Ich denke mal, so in spätestens zehn Minuten können wir das machen«, sagte Deckstein und hastete an Ulla vorbei in sein Büro, ohne Ullas Antwort abzuwarten.

»Also, Sabine, der Daniel ist ja wohl ziemlich durch den Wind«, sagte Ulla kopfschüttelnd. »Nun erzähl mir doch mal endlich einer von euch, was los ist!«

»Oh, sei mir nicht böse«, erwiderte Sabine hastig, »aber ich muss unbedingt noch das bearbeiten, was du mir auf den Tisch gelegt hast. Nur kurz vorweg: Es wird in der nächsten Zeit ziemlich hektisch werden.« Damit verschwand auch sie in ihrem Büro und ließ eine völlig ratlose, schockierte Sekretärin zurück.

Sabine goss sich einen Kaffee aus der Kanne ein, die ihr Ulla fürsorglich bereitgestellt hatte, und lehnte sich dann in ihrem Schreibtischsessel zurück. Sie legte die Beine auf eine Ecke ihres Schreibtischs und wollte sich einen Moment Ruhe gönnen, um ihre Gedanken zu ordnen. Ein kurzer Blick auf ihren Schreibtisch lenkte sie jedoch gleich wieder ab. Dort lag der nächste Teil der Titelgeschichte, den Ulla ihr im Auftrag von Mayer und Overdieck hingelegt hatte. Sie seufzte und ließ ihren Blick durch den Raum wandern.

Auf dem Couchtisch stand ein Strauß Sonnenblumen. Die letzten Strahlen der tief stehenden Abendsonne ließen die warmen Gelbtöne vor der dunkelblauen Couchgarnitur kräftig aufleuchten. Über der Couch hing eine Kopie der »Künstlergruppe« von Ernst-Ludwig Kirchner. Ein Deckstein verbundener Künstler hatte das große Bild fast in Originalgröße gemalt. Es nahm beinahe den gesamten Platz zwischen Oberkante Couch und Decke des Zimmers ein. Einigen der Köpfe auf dem Gemälde setzte die Sonne Lichter auf, die fast wie Heiligenscheine wirkten.

Während sie den Blick weiter durch ihr Büro schweifen ließ, dessen Möbel, wie die im Konferenzzimmer, ganz in Esche grauweiß gehalten waren, griff Sabine nach dem Manuskript.

Obendrauf klebte ein Zettel, auf dem in Overdiecks Schrift stand:

»Würdest Du bitte den nächsten Teil der Geschichte durchgehen, damit ich auch die Druckausgabe der Story fertigmachen kann. R. Mangold hat mir seinen Teil bereits geliefert. In dem beschreibt er, dass Mol klamm ist und dass die deshalb fast jeden Deal mitmachen. Dort kann alles an Bombenstoff unkontrolliert angeliefert werden. Außerdem geht's da um die Ergebnisse und Erlebnisse des Brüsseler Untersuchungsausschusses. Haarsträubende Geschichten. Bitte zügig bearbeiten und mir grünes Licht zur Veröffentlichung geben! Gerd.«

Sabine schlug das Manuskript auf. Overdieck hatte sie richtig neugierig gemacht. Viel Zeit würde ihr wohl nicht bleiben. Sie hatte vergessen, Ulla zu sagen, dass sie keine Gespräche durchstellen solle. Sie überlegte, ob sie ihr das nachholen sollte, aber dann siegte ihre Neugier.

»Die Mitglieder des Brüsseler Untersuchungsausschusses waren schockiert. Schlagartig wurde ihnen bei einer Vorortbesichtigung in Mol klar, dass die TNH-Manager an brisanten atomaren Stoffen ankarren konnten, was immer sie wollten. Niemand prüfte, ob das, was in den Begleitpapieren stand, auch tatsächlich in den angelieferten Fässern enthalten war. Für die vielen Transporte aus Deutschland war ein gigantischer bürokratischer Aufwand nötig. Dafür hatte die Führung des belgischen Nuklearzentrums gar kein Geld.

Ein weiterer Schock für die Parlamentarier folgte, als die Verantwortlichen im belgischen Außenministerium Folgendes eingestanden: ›Der Personalmangel des Staatlichen Dienstes für nukleare Sicherheit ist so groß, dass die durch den EURATOM-Vertrag verlangte Überwachung nicht mehr gewährleistet ist ... Wir befinden uns in einem dramatischen und gefährlichen Zustand.‹

Die Brüssler Parlamentarier fanden die Darstellung der Beamten aus dem Außenministerium bei ihrer Mol-Visite immer wieder bestätigt. Buchungsunterlagen fehlten. Die teilweise vorhandenen Unterlagen wurden teilweise sogar noch mit der Hand geschrieben. Sie waren so unleserlich, dass sie jederzeit geändert werden konnten. In einem Zwischenlager für radioaktive Abfälle, in dem es, wie sie empfanden, furchtbar stank, standen in Ermangelung von Hallen Fässer jahrelang in Wind und Wetter draußen. Einige waren bereits durchgerostet und drohten völlig zu zerfallen.«

Sabine stutzte und suchte etwas auf ihrem Schreibtisch. Schließlich zog sie eine Klarsichthülle hervor, die einen gelben Aufkleber trug. »*Für die Hanau-Geschichte*«, stand darauf. Die Kollegen im Archiv, die den morgendlichen Ausschnittdienst aus den verschiedenen Zeitungen und Zeitschriften zusammenstellten, hatten, auf ihre Bitte hin, einige Berichte über das deutsche Atomendlager Asse in Niedersachsen herausgesucht. Sie überflog den Bericht, der obenauf lag.

»Katastrophale Zustände in der Asse

Das gegenwärtige Desaster im niedersächsischen Atomendlager Asse ist unvorstellbar. Wer es nicht mit eigenen Augen gesehen hat, würde Schilderungen dieser Zustände kaum Glauben schenken wollen. Über hunderttausend Fässer mit mittel- und hoch radioaktivem ›Abfall‹ rosten vor sich hin. Seit etwa zwanzig Jahren strömt Salzlösung in die Kammern, in denen die inzwischen rostigen oder schon durchgerosteten Fässer lagern. Die Frage, woher der hoch radioaktive Abfall stammt und wie er da hineingekommen ist, kann heute niemand mehr beantworten. In einer der Salzkammern, in denen die Fässer lagern, droht das

Deckengebirge aus Salz einzustürzen. In einer anderen Kammer schwappt eine radioaktive Lösung, die es, laut Unterlagen, gar nicht dort geben dürfte.«

Das alles passierte nicht in einem Entwicklungsland, schoss es Sabine durch den Kopf, sondern jetzt hier, heute, mitten in Deutschland! Und dann glaubten manche Spitzenpolitiker immer noch, eine Lösung zur Lagerung des atomaren ›Abfalls‹ finden zu können, die mindestens eine Million Jahre halten würde. Denn das wäre für eine sichere Endlagerung des hoch radioaktiven ›Abfalls‹ der Atomkraftwerke unbedingt notwendig. Sie legte den Zeitungsausschnitt beiseite und goss sich einen weiteren Kaffee ein. Während sie einen Schluck trank, las sie mit einem Auge die Titelstory weiter.

»Die belgische Regierung erwartete von dem Kernkraftkomplex, dass er durch Akquise von Aufträgen selbst Geld erwirtschaftete. Der Druck der Regierung war mit der Zeit immer stärker geworden. Die TNH-Manager müssen der Führung des Kernkraftkomplexes da sogar eher wie die Engel, die der liebe Gott geschickt hat, vorgekommen sein. Mol schöpfte Hoffnung, mit den Zahlungen aus Hanau überleben zu können. Dafür taten die Belgier dann auch fast alles.
   Angesichts der Zustände in Mol standen den Brüsseler Parlamentariern die Haare zu Berge. Sie fassten ihre Erkenntnisse, die sie aus ihren Besichtigungen und aber auch aufgrund der Ermittlungsergebnisse der Staatsanwälte Hanau und den Ausschüssen in Bonn und Wiesbaden gewonnen hatten, mit salomonischer Weisheit gespickt, zusammen: ›Kein Teil der Untersuchung lässt auf eine Verletzung des Nichtverbreitungsvertrages durch eine belgische Einrichtung oder Firma schließen.‹ Und weiter erklärten sie: ›Überdies lässt die Art und Weise der Gestaltung dieser Kontrollen keinen eindeutigen Nachweis zu, dass der NV-Vertrag (Nichtverbreitungsvertrag, d. Red.) garantiert nicht verletzt wurde ... Die Kontrolle durch die belgischen Behörden ist aus Gründen des Personalmangels unzureichend.‹

Am Montag, den 12. Oktober 1987, erhielt die Hanauer Staatsanwaltschaft ein brisantes Schreiben des Bundesministers für Reaktorsicherheit, Klaus Töpfer. Inhalt: Die Botschaft der Bundesrepublik Deutschland in Brüssel habe ihn unter anderem darüber informiert, dass in Belgien hinsichtlich des Verdachts ermittelt werde, hoch radioaktive Abfälle seien, ohne dass darüber etwas in den Begleitpapieren gestanden habe, nach Belgien gelangt. (Das Schreiben der Botschaft liegt der Redaktion vor. Außerdem verfügt die Redaktion über ein Fax der Staatsanwaltschaft Hanau, dass sich dieser Verdacht konkretisiert hat.)

In der Nacht vom 10. auf den 11. Oktober 1987 war der schleswig-holsteinische Ministerpräsident Uwe Barschel auf mysteriöse Weise in dem Genfer Nobelhotel ›Beau Rivage‹ ums Leben gekommen. Im Lübecker Hafen war in den vergangenen Jahren immer wieder atomarer Stoff abhandengekommen, der von Hanau nach Schweden transportiert werden sollte.

Am Dienstag, den 8. Dezember 1987, beantragt die Staatsanwaltschaft Hanau wegen Verdunklungs- und Fluchtgefahr Haftbefehle gegen drei TNH-Manager, darunter gegen das Vertriebsas des Unternehmens, Heinz Genske. Er wird als einer der Hauptverdächtigen geführt. Am 11. Dezember wird er verhaftet.

Vier Tage später, am Dienstag, den 15. Dezember 1987, 16.42 Uhr, sprang im hessischen Justizministerium in Wiesbaden plötzlich der Telex-Apparat an. Ein Fernschreiben der Staatsanwaltschaft Hanau traf ein, adressiert an: ›01 herrn hessischen minister der justiz, herrn dr. kolz sofort vorlegen; 02 herrn generalstaatsanwalt bei dem oberlandesgericht 6000 frankfurt main; betrifft: ermittlungsverfahren ... ; hier freitod des beschuldigten heinz genske geb.‹

Der Leitende Oberstaatsanwalt Albert Farwick meldete auf diese Weise dem hessischen Justizminister den Tod seines wichtigsten Zeugen im größten deutschen Atomskandal. Der Beschuldigte, telexte er weiter, – den Namen des Beschuldigten haben wir in dem Telex mit Rücksicht auf die Angehörigen geändert –, befand sich in einer Einzelzelle. Er wurde letztmalig lebend gesehen zwischen 12.10 und 12.15 Uhr, als das Essensgeschirr bei ihm abgeholt wurde. Bei der Öffnung der Zelle zur Ausführung zum Freigang zwischen 12.45 und 12.50 Uhr wurde der Beschuldigte tot aufgefunden. Er habe sich mit einer Rasierklinge, führt Farwick weiter aus, am linken Arm die Arterie aufgeschnitten und sei völlig ausgeblutet. Den Blutverlust hätten die anwesenden Polizeibeamten auf mindestens vier Liter geschätzt.

Die Deutsche Presse-Agentur meldete den Tod Genskes am selben Abend um 19.46 Uhr. Der ehemalige Prokurist des Hanauer Transportunternehmens Transnuklear habe sich *eine* Pulsader aufgeschnitten, hieß es in dem Text. Jede Hilfe sei zu spät gekommen, habe ein Polizeisprecher auf Anfrage erklärt. ›Ein Abschiedsbrief wurde nicht gefunden‹, schließt die Agentur.

Die Abgeordneten des Bundestagsuntersuchungsausschusses, die sich in Bonn zwei Monate später mit dem Fall befassten, wollten Näheres über Genskes Tod erfahren. Und so gab der schnauzbärtige Brillenträger Albert Farwick am 22. Februar 1988 erstmalig vor dem Untersuchungsausschuss in Bonn weitere Auskünfte. Die Ermittlungen im Hanauer Atomskandal waren sein bisher größter Fall. Entsprechend hatte er sich für den Ausschuss vorbereitet. Der SPD-Abgeordnete Hermann Bachmaier wollte von ihm wissen, ob Genskes Tod eine Panikreaktion gewesen sei. Ob er vielleicht einen Brief hinterlassen habe, aus dem man etwas schließen könne. ›Er hat einen Brief hinterlassen, einen Abschiedsbrief an seine Ehefrau, der sehr wenig hergibt. Der ist ganz allgemein gehalten‹, erklärt Farwick. ›Sie müsse bitte nicht alles glauben, was in der *Bild-Zeitung* stehe – ein kurzer Brief, anderthalb Seiten, handgeschrieben.‹

Der Grünen-Abgeordnete Schily hakte nach. Er fragte gezielt, ob es ein objektives Todesermittlungsverfahren gebe. ›Ja, natürlich‹, bestätigte der Leitende Oberstaatsanwalt. ›Ich bin auch selbst in der Anstalt gewesen, nachdem der Herr Genske aufgefunden worden ist ... Das war ein so eindeutiger Selbstmord, wie es nicht eindeutiger sein kann.‹

Und dann erklärte er plötzlich etwas ganz anderes als das, was er zwei Monate zuvor dem hessischen Justizminister geschrieben und vor dem Ausschuss ausgesagt hatte: Jetzt hatte Genske sich plötzlich ›sehr fachmännisch die Pulsadern an *beiden* Armen aufgeschnitten, und zwar von oben nach unten, etwa zehn Zentimeter lang, und ist binnen dreißig Minuten ausgeblutet, völlig.‹

Experten wissen, dass das nicht so einfach ist. Häufig treffen Selbstmörder beim Schnitt mit der Rasierklinge nicht nur die Pulsader, sondern schneiden sich auch noch die direkt daneben liegende Hauptsehne durch. Dann haben sie mit der Hand nicht mehr die Kraft auch noch die andere Pulsader aufzuschneiden.

Schily fragte nach dem Aktenzeichen des Todesermittlungsverfahrens. Farwick antwortete, er habe das Ermittlungsverfahren den Akten beigefügt. Er könne aber vorab Ablichtungen davon übermitteln. Schily wehrte ab. Wenn das bei den Akten sei, könne er das ja auf dem Wege zur Kenntnis nehmen.

Knapp ein Jahr später, es ist am 26. Januar 1989 die sechzigste Sitzung des Ausschusses, befragte Schily den Leitenden Oberstaatsanwalt erneut nach den Umständen des zu Tode gekommenen Atommanagers. Hatte er das Todesermittlungsverfahren doch nicht bei den Akten gefunden, die dem Ausschuss inzwischen übermittelt worden waren?

Schily wollte an diesem Tag von Farwick wissen, ob es eine Obduktion gegeben habe. ›Ist man dem Verdacht – sofern ein solcher bestanden haben sollte–, nachgegangen, dass es sich nicht um Selbstmord handeln könnte?‹

›Es kann überhaupt kein Zweifel daran bestehen, dass Herr Genske Selbstmord begangen hat‹, erwiderte Farwick, ›und zwar mittels einer Rasierklinge, die ihm zum normalen Gebrauch des Rasierers als Nassrasierer überlassen worden war. Die meisten, die diese Art Freitod wählen, versuchen es falsch‹, erklärte er den unbeweglich dasitzenden Abgeordneten. Sie schnitten mit der Klinge quer über den Arm und kämen so gar nicht dazu, die Pulsader zu öffnen, allenfalls, sie anzuschneiden. Genske aber habe genau gewusst, was er wollte. ›Ich habe das sonst nie gesehen. Er hat von oben nach unten einen langen Schnitt ausgeführt ... Es kann jedenfalls überhaupt kein Zweifel daran bestehen‹, folgerte der Oberstaatsanwalt, ›dass es Freitod war. Darum bestand kein Grund zur Obduktion.‹ Wirklich nicht?

Sabine legte das Manuskript zur Seite und sah aus dem Fenster, ohne etwas wahrzunehmen. Ihre Gedanken überschlugen sich. Es ging hier ja zunächst mal um die Frage, ob Deutschland den Atomwaffensperrvertrag gebrochen und spaltbares Material ins Ausland transportiert hatte. Staatsanwälte, die dies aufgrund ihrer Ermittlungen bestätigten, würden wohl nicht gerade das Bundesverdienstkreuz dafür bekommen, sagte sie sich. Immer wieder waren die Staatsanwälte an den Tisch des Justizministers Karl-Heinz Koch, dem Vater des späteren Ministerpräsidenten Roland Koch, oder seines Staatssekretärs, Volker Bouffier, gebeten worden.

Dann war da aber noch eine andere Sache. Farwick hatte erklärt, dass ihm mit Genske und dem anderen Atommanager, der in Hannover-Linden tot auf den Schienen gefunden worden war, die wichtigsten Zeugen in dem Fall abhandengekommen seien. Zeugen, die womöglich den Verdacht bestätigt hätten, Deutschland habe den Atomwaffensperrvertrag gebrochen. Waren deshalb die beiden Todesermittlungsverfahren nicht aufzufinden?, überlegte Sabine. Die Aufbewahrungsfrist lief dreißig Jahre. Sie müssten also noch fünf Jahre vorliegen.

Am unverständlichsten waren diese völlig widersprüchlichen Aussagen zu Genskes Tod. Dem Justizminister hatte Farwick zunächst mitgeteilt, Genske habe sich mit einer Rasierklinge selbst die Arterie am linken Arm aufgeschlitzt. Wenig später schildert er den Bundestagsabgeordneten in Bonn, Genske habe sich die Arterien an *beiden* Armen aufgeschlitzt. Zu Genskes Todesumständen lagen ihnen aber auch noch ganz andere Aussagen vor. Warum, fragte sich Sabine, waren Farwicks unterschiedliche Aussagen in der Öffentlichkeit von keiner Seite korrigiert worden? Was steckte dahinter? Sollte hier etwas vertuscht werden? Sie beugte sich wieder über das Manuskript.

»Mitarbeiter im Archiv der Hanauer Staatsanwaltschaft wollen sich erinnern, dass Genske sich erhängt hat. Die Ermittlungen zum Atomskandal, der weit über die Grenzen Deutschlands Schlagzeilen gemacht hatte, und dazu der Tod eines Atommanagers in der eigenen Justizvollzugsanstalt, das war der größte Fall in ihrem Dienstleben. Das alles vergesse man nicht so schnell. Zumal da immer mal wieder nachgefragt werde.

Eine Mitarbeiterin hatte einem Kollegen erzählt, sie habe immer noch das Bild vor Augen, denn es habe auch Bilder zum Todesermittlungsverfahren gegeben, darauf sei Genske abgebildet gewesen, wie er an der Heizung in der Zelle gehangen habe. Die Mitarbeiterin hatte damals die entsprechenden Akten angelegt. Auch die *Neue Hanauer Zeitung* hatte berichtet, Genske habe sich erhängt.«

Den Bericht hatten sie beim *Energy Report* in ihrem eigenen Archiv gefunden. Nun fahndeten sie schon eine Weile nach dem Todesermittlungsverfahren. Wenn es das gäbe, vielleicht sogar mit Bildern, könnte sich möglicherweise auf einen Schlag vieles klären. Die Hanauer Staatsanwaltschaft hatte seinerzeit Akten an den Bundestagsuntersuchungsausschuss geliefert. Darin sollte sich, laut Farwicks Äußerung gegenüber Schily, auch das Todesermittlungsverfahren befinden.

Der Bundestag hatte die Akten allerdings schon bald wieder an das hessische Justizministerium zurückgegeben. Dort war inzwischen schon von der Redaktion nachgebohrt worden, wie Sabine wusste. Ein von einem hessischen Gericht dorthin abgeordneter Richter, der die Arbeit und die Abläufe im Justizministerium kennenlernen sollte, hatte die entsprechenden Akten gefilzt und ... wieder nichts gefunden.

Bei der Hanauer Staatsanwaltschaft war es ihnen ja ähnlich ergangen. Die Todesermittlungsverfahren in allen anderen Fällen, bis nach 1986 zurück, hingen dort schön geordnet in den Regalen des Archivs, hatte man ihnen erklärt. Nur das von Genske fehle ...

Sabine fuhr zusammen, als es an ihrer Tür klopfte.

Ulla steckte den Kopf herein.

»Entschuldige Sabine, dass ich dich erschreckt habe. Du bist ja richtig zusammengezuckt. Warst du so in Gedanken?« Decksteins Sekretärin hielt sich die Hand vor das Gesicht.

»Entschuldige bitte noch mal. Aber ich war so in Fahrt. Du weißt ja gar nicht, was bei mir und Dahlkämper am Telefon los ist. Warum sagt ihr mir denn nichts? Da kommt ja eine Riesenlawine auf uns zu. Werden wir denn nun nuklear bedroht ... oder was passiert da? Ich krieg schon ganz weiche Knie, wenn ich mir das vorstelle. Der Daniel ist hinter der Tür verschwunden und telefoniert und telefoniert und sagt mir nichts. Du sitzt hier und sagst keinen Ton. Und ich geb am Telefon das blöde Schaf! Weiß von nichts.«

Sabine spürte, dass Ulla auf hundertachtzig war.

»Versteh doch bitte«, sagte sie, »für uns war das auch nicht einfach. Die Quelle, von der wir die Informationen über diese kritische Lage haben, hat uns zunächst zum Stillschweigen verpflichtet. Der Mann hat uns kategorisch verboten, was zu sagen. Aber nachdem Daniel länger am Flughafen mit ihm gesprochen hat, können wir jetzt was rauslassen.«

»Da wird mir natürlich klar, wer diese Quelle war!«

Sabine ging auf Ullas Bemerkung nicht ein. »Inzwischen ist ja wohl von verschiedenen Seiten eine ganze Lawine losgetreten worden. Schon von irgendwo was durchgesickert.«

»Vor allen Dingen dein Bericht hat ja voll reingehauen.«

»Und deshalb können wir gleich in der Betriebsversammlung so ziemlich alles offenlegen«, sagte Sabine. »Gedulde dich noch kurz, Ulla. Und versteh bitte: Ich sitz unter Hochdruck am Manuskript. Und darin geht's zum Teil nicht gerade zimperlich zu. Manchmal schüttelt es mich richtig, wenn da einer auf brutale Weise umkommt ... und dann geht's um Obduktionen und Todesermittlungsverfahren. Ich weiß schon gar nicht mehr, wo mir der Kopf steht. Das Manuskript muss in den Druck. Sonst ist meine, deine, unsere ganze Arbeit der letzten Monate ...«

»Okay, ich weiß schon, was du mir sagen willst. Ich lass dich dann mal weitermachen«, fiel ihr Ulla ins Wort. »Musste nur mal ein bisschen Dampf ablassen.« Mit diesen Worten zog sie die Tür hinter sich zu.

Sabine fuhr sich mit der Hand über die Stirn und wandte sich wieder dem Text zu.

»Am Donnerstag, den 17. Dezember, zwei Tage nachdem Heinz Genske tot im Hanauer Gefängnis aufgefunden wurde, starb der Strahlenschutzbeauftragte des Schweizer Kernkraftwerks Mühleberg bei einem Autounfall auf der Autobahn Landshut-München. Der Mann taucht häufig auf Genskes Spesenbelegen der Restaurants und Nachtclubs auf. Für das Atomkraftwerk Mühleberg hatte TNH mittels einer Sonderkampagne hoch radioaktiven ›Abfall‹, Stoff, der für die Bombe taugt, entsorgt. (Der Vermerk, mit dem TNH darüber den NUKEM-Boss informiert, liegt der Redaktion vor.) Mit dem Strahlenschutzbeauftragten von Mühleberg starben ein Kollege aus dem gleichen Unternehmen sowie zwei Atomwissenschaftler aus dem Schweizer Kernforschungszentrum Würenlingen, mit dem TNH ebenfalls zu tun hatte. Sie alle waren auf dem Rückweg von dem Besuch des bayerischen Atomkraftwerks Ohu. Innerhalb eines knappen Dreivierteljahres waren nun unter spektakulären Umständen sechs der am Hanauer Atomskandal Beteiligten oder darin Verwickelten – Manager, Physiker und ein Strahlenschutzbeauftragter – ums Leben gekommen.«

Unwillkürlich blickte Sabine hoch. Sie wusste nicht warum, aber jetzt nahm auch sie plötzlich wahr, dass das Telefon bei Ulla im Vorzimmer pausenlos klingelte. Dieses andauernde monotone Bimmeln hatte sie wohl in den Tiefen ihres Gehirns erreicht. Mit einem Ohr hatte sie vielleicht auch mitbekommen, dass Ulla die Anrufe mit dem Hinweis, die Chefredaktion sei im Gespräch, an den Kollegen Dahlkämper weiterleitete.

Sie warf einen kurzen Blick aus dem Fenster. Die Sonne stand zwar schon tief, aber ihre letzten Strahlen tauchten die Bücherwand an der Rückseite ihres Büros noch in ein goldenes Licht. Noch sah alles so friedlich aus. Sie wollte sich gar nicht vorstellen, dass sich das alles in kürzester Zeit so dramatisch verändern könnte, und beugte sich wieder über das Manuskript.

»Am Dienstag, den 12. Januar, verfasste die ›Sondereinheit Transnuklear‹ des hessischen Landeskriminalamtes einen weiteren hochbrisanten Vermerk. Es geht um hochangereicherten, plutoniumhaltigen ›Abfall‹ jenes Schweizer Kernkraftwerks Mühleberg, von dem vier Mitarbeiter des Atomkraftwerks zwei Tage, nachdem Genske in der Zelle tot aufgefunden wurde, auf einer Autobahn im Süddeutschen bei einem Unfall umgekommen waren. Die Sondereinheit weist in ihrem Vermerk daraufhin, das Plutonium könne leicht in dafür präparierten Fässern ›versteckt‹ werden. Bei Messungen außen an den Fasswänden könne es nicht festgestellt werden. Sie weisen auch darauf hin, dass bei der Überprüfung verschiedener Fässer auch ›entsprechende Hohlräume‹ entdeckt worden seien. Der Redaktion liegen Unterlagen vor, Auftragsschreiben, nach denen auch noch während der laufenden Ermittlungen der Staatsanwaltschaft Hanau hoch radioaktive ›Abfälle‹ von Mühleberg nach Mol transportiert werden sollten.

Es klopfte wieder. Bevor Sabine etwas sagen konnte, steckte Deckstein den Kopf durch die Tür.

»Hallo, da bist du ja noch. Es gibt aufregende Neuigkeiten! Conradi hat sich eben noch mal gemeldet. Der Tanz geht los – die Kanzlerin spricht nachher in der Tagesschau. Vorher gibt es noch eine Sondersendung. Wir sollen darin groß rauskommen, hat Bernd erfahren. Die wollen ihn auch wohl interviewen. Ich habe mit dem Verleger geklärt, dass wir, die Chefredaktion, in der Betriebsversammlung zunächst unser Statement abgeben. Er erläutert dann die Schutzmaßnahmen des Verlages, und anschließend sehen wir uns gemeinsam die Sondersendung und den Speech der Kanzlerin an. Beamen wir alles an die Wand. Du weißt schon.«

40

Berlin, Bundeskanzleramt

Es klopfte kurz und heftig, dann stürmte Brandstetter mit fliegenden Rockschößen in den Besprechungsraum.

»Meine Herren, die Lage hat sich ja komplett geändert. Spätestens ab zwanzig Uhr ist unser gut gehütetes Geheimnis keins mehr. Sobald die Kanzlerin im Fernsehen ...«

»Vielleicht sogar schon früher. Wenn in Paris oder London was durchsickert, haben wir Panik auf den Straßen«, unterbrach ihn BND-Chef Grossmann.

Ohne auf diese Bemerkung einzugehen, fuhr der Geheimdienstkoordinator fort: »BK-Chef Mombauer wollte mich eben unbedingt sprechen, sonst wäre ich schon längst hier gewesen. Er wollte mir erste Ergebnisse aus dem aktuellen Telefonreigen der Kanzlerin mit London, Paris und Washington, ja und auch mit Rom mitteilen.«

»Wie gesagt, ich befürchte, dass noch vor der Ansprache der Kanzlerin was durchsickert«, wiederholte Grossmann.

»Zumindest in Washington schlafen sie ja alle noch«, warf BKA-Chef Mayer ein.

»Es ist alles besprochen, meine Herren«, erklärte Brandstetter, »mehr können wir jetzt nicht tun. Die Kanzlerin gibt die nukleare Bedrohung nun gleich bekannt. Zugleich wird sie, wie Sie wissen, erklären, dass hier in Berlin, ebenso wie in den anderen bedrohten Staaten, die Forderung der Terroristen nach dem Rückzug unserer Truppen aus Afghanistan geprüft wird.«

Er wandte sich an Conradi: »Ich freue mich, dass Sie in der Runde dabei sind.«

»Danke, danke, Herr Brandstetter, ist ja ein recht zweifelhaftes Vergnügen in einer solchen Lage ...«

»Da muss ich Ihnen recht geben. Aber trotzdem, schön, dass Sie dabei sind«, sagte Brandstetter mit einem freundlichen Lächeln in Conradis Richtung.

»Ich wollte noch was zu England sagen«, fuhr er fort. »Die Londoner verteilen inzwischen kleine Faltblätter an die Haushalte mit Hinweisen, wie man sich im Ernstfall einer nuklearen Terrorattacke verhalten sollte. Haben wir eigentlich auch so was?«

Allgemeines Kopfschütteln.

»Da haben wir's wieder! Die Menschen in London werden sich zu Recht fragen, warum sie gerade jetzt so ein Faltblatt auf den Tisch kriegen«, sagte Grossmann. »Sie werden sehen, dann fällt bei denen ganz schnell der Groschen.«

»Sie meinen, dass wir uns auch darauf einstellen sollten, dass vorher doch was durchsickert?«, fragte Brandstetter.

»Sprechen wir gleich drüber. Die USA haben – zu nachtschlafender Zeit, muss ich sagen – bereits Nägel mit Köpfen gemacht«, fuhr er fort. »Deren Nordkommando sichert mit seinen Abfangjägern den Himmel. Wie ich höre, schießen die alles ab, was da unidentifiziert herumfliegt. Am Boden schwärmen die Spezialkräfte und Kampftruppen aus, und die CIFA, die *Counterintelligence Field Activity*, sichert die kritischen Infrastruktureinrichtungen ab.«

Grossmann warf dem Geheimdienstkoordinator einen erstaunten Blick zu.

»Was Sie wieder alles wissen! Sie haben wohl schon unsere Berichte gelesen. Da sehen Sie mal wieder, wie schnell wir mit unseren Informationen sind!«

Mehr als fünftausend Meldungen liefen jeden Morgen im Berliner Führungs- und Informationszentrum zusammen. Die Kanzlerin und ihr Stab erhielten dann den Lagebericht, der die wichtigsten Meldungen zusammenfasste. Gegen sieben Uhr wurden die Nachrichten von der Frühschicht gesichtet und erst gegen neun Uhr entstand dann der endgültige Lagebericht, die »Agenda-Endfassung« für den Tag. Dieser Bericht wurde den ganzen Tag über immer wieder aktualisiert.

»Noch mal zu den Kollegen in Washington. Haben Sie nicht auch den Eindruck, dass die im Gegensatz zu *nine-eleven* jetzt richtig zulegen«, fragte Brandstetter.

»Da sagen Sie was, Herr Kollege«, erwiderte Grossmann. »Im Moment sind die im Pentagon dabei, ihre Sicherheitsdatenbank über terroristische Aktivitäten zu durchforsten. Auch die *Task Force North*, die Konterterrorismus-Einheit ist bereits im Einsatz.«

»Erstaunlich«, sagte Brandstetter, »dass es so was inzwischen auch bei denen gibt, wie ich Ihrem Bericht entnehme, Herr Grossmann. Das ist ja fast dasselbe wie unser BBK in Bonn. Und die NGA, die *National Geospatial-Intelligence Agency* in Maryland, liefert denen alle Geodaten.«

»Nach meinen Information sind die alle bereits voll *busy*«, erklärte der BND-Chef, nahm seine randlose Brille ab und kniff die Augen zusammen.

»Haben Sie vielleicht auch die Zeit gefunden, sich aus dem Lageraum per Videoschaltung zum GENIC-Zentrum in Kabul verbinden zu lassen?«, fragte Brandstetter. »Von da kommen doch die meisten Terrorbefehle, die dirigieren doch häufig genug die Terrorbomber. Haben Sie was aus Afghanistan erfahren?«

Grossmann nickte. »Nicht ich selbst, aber meine Leute haben mit den GENIC-Männern gesprochen.«

In Kabul saß mit GENIC jene Analyseeinheit, in der Geheimdienstmitarbeiter und Bundeswehrsoldaten gemeinsam alle Informationen vor Ort sammelten, um die eigene Truppe vor Anschlägen zu schützen. Manche Politiker umschrieben die im Inland umstrittene Zusammenarbeit zwischen Geheimdiensten und Armee deshalb gerne mit der weniger anrüchig lautenden Bezeichnung *Force Protection*. Die GENIC sammelte natürlich auch wichtige Informationen zur Einschätzung der gesamten internationalen Lage.

Conradi war dem Gespräch interessiert gefolgt. Er sah zu Grossmann hinüber, der seine Brille wieder aufgesetzt hatte und in seinen Unterlagen blätterte. Er sieht aus, wie er heißt, dachte er. Mit seinem nachdenklichen Gehabe und seinem langen schmalen Gesicht erinnerte er ihn ein wenig an einen Intellektuellen.

»Meine Herren«, sagte Grossmann, als er das entsprechende Papier gefunden hatte, »ich konzentriere mich nur auf die wichtigsten Informationen. Darin sind auch die Erkenntnisse von GENIC enthalten. Die Partnerdienste CIA, der britische MI6, aber auch die Nahostdienste wie der jordanische berichten Auffälliges: Es gibt offensichtlich starke Bewegungen von einigen der international recht bekannten Terrorverdächtigen.«

»Das hilft uns aber im Moment nicht weiter«, sagte BKA-Chef Mayer. »Wie Kollege Grossmann heute Morgen schon gesagt hat, gibt's da im Hintergrund Strippenzieher. Vermutlich sogar die bekannten. Die Akteure können aber ganz andere sein.«

***

Sankt Augustin, »Hotel Hangelar«

Abbas drückte auf die Fernbedienung des Fernsehers. Sofort wurde der hintere Teil des Hotelzimmers in ein gespenstisch anmutendes bläulich, grünliches Licht getaucht.

»Es ist 19 Uhr. Wir bringen eine Sondersendung.«

Abbas hatte das Erste Programm eingeschaltet. Er nahm die Beine vom Bett und richtete sich im Sessel auf.

»Wie die Deutsche Presseagentur soeben berichtet, soll der Iran bereits über Atombomben auf Plutoniumbasis verfügen. Die Agentur beruft sich auf eine Pressemitteilung des bekannten Bonner Magazins ...«

Abbas wurde unruhig. Wie würde die NATO jetzt regieren? Was würden die USA tun? Was Israel? Würden sie alle – oder Israel allein – sofort einen Erstschlag wagen? Musste er seinen Plan ändern und unverzüglich losfliegen? Ihm fiel ein, dass das gar nicht ging – vom Flugplatz Hangelar konnte man nur Sichtflüge fliegen, und draußen war es stockdunkel. Trotzdem, wenn es nicht anders ging, würde er auch bei Nacht fliegen. Er war ein erfahrener Pilot, und die Maschine verfügte über ein GPS-Gerät, mit dem er problemlos navigieren könnte. Er schlug sich vor den Kopf. Ihm war erst jetzt bewusst geworden, dass ihm noch etwas Entscheidendes fehlte: Der schwarze Kasten, sein Geschenk an die westliche Welt, lag noch im Kofferraum von Ameers Auto. Das müsste dieser ihm ja noch bringen, bevor er losfliegen konnte. Er sah wieder auf den Bildschirm.

»Da sich die Meldungen zum Thema seit einigen Stunden überschlagen, haben wir uns zu dieser Sondersendung entschlossen.« Jemand aus dem Off schob der Moderatorin von links ein Blatt zu.

Abbas Augen hingen am Bildschirm wie die Klette am Wollpullover. Er sah, wie die junge Moderatorin in ihrer figurbetonten Bluse, in deren Ausschnitt der Ansatz ihrer Brüste zu erkennen war, das Blatt zur Hand nahm.

»Den ganzen Nachmittag über hält sich darüber hinaus hartnäckig das Gerücht, Bundeskriminalamt und Bundesnachrichtendienst besäßen Hinweise auf einen unmittelbar bevorstehenden Terroranschlag. Aus allen Teilen des Landes erreichen uns Berichte über den Einsatz von Bundespolizei, Technischem Hilfswerk und Bundeswehr zur Sicherung von Atomkraftwerken und anderen Energieanlagen. Auch Messtrupps in Schutzanzügen und mit Sauerstoffgeräten wurden gesichtet.

An zahlreichen U-Bahn-Stationen und auf Bahnhöfen sollen Zelte für den medizinischen Notfall eingerichtet worden sein. Was bisher noch von den Verantwortlichen beim Bund und in den Ländern als Übung deklariert wird, scheint einen wesentlich ernsteren Hintergrund zu haben, als es die Bundesregierung bisher eingeräumt hat.«

Nachdem sie die Nachricht verlesen hatte, schaute sie kurz in die Kamera. Abbas hatte das Gefühl, als blicke sie ihn direkt an und wandte instinktiv die Augen ab.

»Das Bonner Magazin scheint über mehr Informationen zu verfügen«, berichtete die Moderatorin weiter. »Am Abend veröffentlichte das Blatt in seinem Online-Dienst eine ausführliche, dramatisch anmutende Geschichte über die Auswirkungen eines möglichen nuklearen Anschlags auf die ehemalige Bundeshauptstadt Bonn. Eine Einstimmung auf das, was uns bevorsteht? Die Redaktion hat die Story umfangreich bebildert. Wir zeigen Ihnen gleich Ausschnitte daraus. Dasselbe Magazin bringt zeitgleich einen umfassenden Bericht über den Hanauer Atomskandal, in dem führende Politiker und Topmanager aus der Wirtschaft, gegen die jüngst erst heute ermittelt wurde, namentlich aufgeführt werden. Das Blatt weist darauf hin, dass zwischen dem Hanauer Atomskandal der Achtzigerjahre und einer gegenwärtig möglichen, nuklearen Bedrohung ein enger Zusammenhang besteht. Wir zeigen Ihnen jetzt beide Berichte zusammengefasst von unserem Nachrichtenredakteur Volker Merschmann ... ich bitte um Entschuldigung ...«

Von links ragte kurz ein Arm ins Bild. Abbas sah, dass der Moderatorin ein weiteres Blatt auf den Tisch geschoben wurde. Vermutlich eine neue Meldung. Was könnte jetzt kommen?, überlegte er und beugte sich weiter in seinem Sessel vor.

»Meine sehr verehrten Damen und Herren, ich bitte um Entschuldigung. Wir werden Ihnen die angekündigten Bilder gleich nachreichen. Uns ist soeben eine Mitteilung des Kanzleramtes zugeleitet worden. Danach wird die Kanzlerin um zwanzig Uhr aus aktuellem Anlass hier im Ersten Programm zu Ihnen sprechen. Im Anschluss sehen Sie die Tagesschau. Um zwanzig Uhr fünfzehn bringen wir dann einen längeren ›Brennpunkt‹ mit aktuellen Interviews und Berichten.«

Abbas sprang auf und warf die Fernbedienung wütend auf sein Bett. Würde sein Plan, seine Mission noch in letzter Minute von diesen Ungläubigen durchkreuzt? Dann wären seine gesamten Vorbereitungen umsonst gewesen! Er musste sofort Ameer anrufen, aus einer Telefonzelle. Sie hatten vereinbart, dass er sich nicht von seinem Handy meldete. Ameer musste ihn früher abholen, jetzt gleich noch. Er würde dann einfach starten, ohne sich beim Tower an- oder abzumelden.

Abbas raste die Treppen des Hotels hinunter. Unterwegs begegnete er niemandem. Alle Menschen schienen um diese Zeit vor den Fernsehern zu hocken und auf die nächsten Nachrichten zu warten. Als er auf dem Bürgersteig stand, wehte ihm starker Wind entgegen. Dunkle Wolken ballten sich am Himmel zusammen. Das Wetter war umgeschlagen. Für sein Vorhaben war es das richtige Wetter. Der Wind würde nach der Explosion seines Flugzeugs in der Luft die tödlichen Partikel meilenweit in die Umgebung tragen.

Wohin sollte er gehen, um eine Telefonzelle zu suchen? Er sah nach rechts zur Bundesstraße. Es war so dunkel, dass er nichts erkennen konnte. Dort lag ein Viertel mit Einfamilienhäusern, in dem er wohl kaum eine Zelle finden würde. Er musste sich nach links wenden, Richtung Hangelar-Zentrum. Das war auch die Richtung, aus der Ameer und er gekommen waren, erinnerte er sich. In dem Moment schoss ihm ein Gedanke durch den Kopf: Er brauchte gar keine Telefonzelle! Wenn Ameer mit dem »Geschenk«, seinem Geschenk für Allah, schnell käme, konnten sie die schwarze Kiste unbemerkt zu seiner kleinen Piper auf dem Flugplatz bringen, und er würde in der Dunkelheit starten. Niemand konnte ihn dann mehr aufhalten! Er wählte auf seinem Handy, das er sich in Antwerpen mit einem falschen Ausweis besorgt hatte, Ameers Nummer.

Als er abnahm, machte er ihm klar, dass es keinen Sinn hatte, länger zu warten. Ameer solle sofort mit dem schwarzen Kasten starten und ihn am Hotel abholen.

Unruhig ging Abbas nun vor dem Hotel die Straße auf und ab. Er nahm sein Handy aus der Jackentasche und drückte erneut Ameers gespeicherte Nummer. Nach kurzem Summton meldete er sich.

»Wo bleibst du denn?«, fragte Abbas.

»Ich musste einen Umweg fahren.«

»Und wo bist du jetzt?«

»Kurz vor der Friedrich-Ebert-Brücke. War alles dicht am Potsdamer Platz«, sagte Ameer. »Ich komm nicht so schnell durch, wie ich dachte. Sehr viel Verkehr. Ich brauch noch etwa eine Viertelstunde. Bleib vor dem Hotel. Und, Abbas ...«

»Ja?«

»Keine Anrufe mehr. Ich bin gleich da.«

41

Hanau, Polizeistation Hanau 1

In der Polizeistation Hanau 1 hatte vor wenigen Minuten die Nachtschicht ihren Dienst angetreten. Polizeiobermeister Karl Weidner trudelte erst zwanzig Minuten später mit seinem Fahrrad ein. Das Wetter war umgeschlagen. Es regnete, und starke Sturmböen wehten über Hanau hinweg. Die goldenen Oktobertage seien vorbei, hatte der Wetterdienst am Mittag gemeldet. Weidner hatte allerdings nicht damit gerechnet, dass der Wetterwechsel so prompt einsetzen würde.

In der warmen Wachstube angekommen, rieb er sich die kalten Hände. Der Wachhabende teilte ihm mit, außer den üblichen Meldungen über verschiedene Diebstähle und kleineren Schlägereien läge nichts an. Die Ansprache der Kanzlerin in der Tagesschau habe allerdings wie eine Bombe eingeschlagen. Während Weidner dem Wachhabenden zuhörte, machte er zur Freude seiner Kollegen einige Kniebeugen, um sich warm zu machen.

»Sportlich, sportlich, Kollege, weitermachen«, hörte er die Kommentare hinter sich. Er sah sich um, wollte sehen, wer da frotzelte. Im gleichen Moment stellte er fest, dass die rote Warnlampe am Faxgerät blinkte. Unmittelbar danach hörten alle in der Wache den schrillen Signalton, der erst verstummte, wenn man das Fax herausnahm. Weidner sprintete als Erster in Richtung des Gerätes.

»Was ist los?«, scholl es aus verschiedenen Richtungen der Wache. Sie waren alle erschrocken. Sie wussten, dass Warnlampe und Signalton nur gleichzeitig einsetzten, wenn sie zum Katastropheneinsatz gerufen wurden.

Karl Weidner ahnte Böses. Als er vorhin mit dem Fahrrad über die Landstraße zum Polizeirevier gefahren war, waren ihm Busse voller Polizeikollegen entgegengerast. Ihnen folgten mehrere Rot-Kreuz-Wagen. Alle hatten das Blaulicht und die Sirenen eingeschaltet.

Während er das Fax überflog, wurde ihm schlagartig klar, was sein Nachbar, der beim Technischen Hilfswerk beschäftigt war, damit gemeint hatte, als er ihm zurief: »Verfluchte Scheiße, das jetzt auch noch!« Und dann war der in seiner Einsatzmontur in sein Auto gestiegen und mit einem Schnellstart abgedüst.

Weidner starrte auf das Papier und brachte keinen Ton heraus. Sein Kollege Wolfgang Ritter kam eilig auf ihn zu.

»Ach, du meine Güte!«, murmelte er nur, als er das Fax gelesen hatte.

»Nun sagt doch schon endlich, was los ist!«, rief Heinrich Mengenbauer, der Leiter der Wache, aus seiner geöffneten Tür seines Büros aus dem Hintergrund.

In den letzten drei Jahren hatte es keinen derartigen Alarm gegeben. Erstmals hatte es 2008, im Zusammenhang mit einem Zwischenfall in einem Atomkraftwerk in Slowenien, einen ECURIE-Alarm gegeben. Wie Mengenbauer inzwischen wusste, war es ein Fehlalarm gewesen. Vermutlich hatte jetzt auch wieder irgendwo einer das Wasser nicht halten können.

»Heinrich, du musst den Landrat informieren. Die Mittelzone um Biblis muss evakuiert werden«, rief ihm Weidner zu. »Wir haben einen ECURIE-Alarm!« Seine Stimme zitterte.

Aus Mengenbauers Gesicht wich das Blut, als würde es jemand absaugen. Im nächsten Moment schoss es mit einer Geschwindigkeit zurück, dass Weidner befürchtete, seinen Chef hätte der Schlag getroffen.

»Das glaube ich einfach nicht!«, rief Mengenbauer in einem Ton, als wolle er es nicht wahrhaben. Das dufte einfach nicht sein. Punktum!

Das Warnsystem war von Brüssel als Reaktion auf die Katastrophe von Tschernobyl aufgebaut worden. Die EU wollte damit im Fall einer nukleartechnischen Notstandssituation einen beschleunigten Informationsaustausch erreichen.

»Das gibt's doch nicht!«
»Bestimmt wieder nur ein Fehlalarm.«
»Was, jetzt? Fast mitten in der Nacht und bei dem Wetter?«
Die Stimmen der Kollegen überschlugen sich fast. Alle redeten durcheinander. Polizeiobermeister Franz Dahlbauer konnte in der Leitzentrale sein eigenes Wort nicht mehr verstehen. Er schlug mit der flachen Hand so fest auf den Tisch, dass alle im Raum erschrocken zusammen fuhren.
»Kollegen, was ist denn los? Sind wir hier im Kindergarten?«
»Du sagst es, Franz«, sagte Mengenbauer. Der Dienststellenleiter hatte sich inzwischen wieder im Griff. Er hatte inzwischen das Fax an sich genommen. »Kollegen, hört mal her. Die Nachricht stammt aus der Zentrale des Atomkraftwerks Biblis. Was im Einzelnen los ist, weiß ich noch nicht. Aber, hier steht, die Mittelzone um das Atomkraftwerk müsste evakuiert werden. Jeder von euch weiß, was das für uns bedeutet. Ich informiere jetzt den Landrat. Der muss den Evakuierungsplan in Gang setzen. Vorweg, wer von euch wohnt in dem Evakuierungsgebiet? Du doch, Karl, oder?«
»Ja. Und was mach ich jetzt? Ich bin mit dem Fahrrad da.«
»Das Fahrrad lässt du hier. Der Wolfgang wird dich schnell mit dem Auto rüberfahren. Du kümmerst dich um deine Familie, dass alles mit der Evakuierung klappt. Wolfgang, du nimmst noch den Heinz mit, und dann bleibt ihr gleich dort. Wir melden uns von hier per Funk. Wahrscheinlich müsst ihr durch die Straßen fahren und die Leute auffordern, sich umgehend an den Sammelplätzen einzufinden, die alle kennen sollten. Besser, ihr gebt die über Lautsprecher noch mal bekannt. Und nehmt die richtige Liste dafür mit. Nicht, dass wir die Leute nachher alle auf dem Sportplatz stehen haben. Aber wir sagen euch noch, ob es dabei bleibt. Jetzt informiere ich erstmal den Landrat.«

Mit schnellen Schritten ging er in sein Büro zurück, drückte an seinem Telefon die Alarmtaste und hörte sofort den Freiton in der Leitung. Nachdem es drei Mal getutet hatte, wurde Mengenbauer unruhig. »Landrat, geh endlich dran«, murmelte er vor sich hin und trommelte mit den Fingern auf die Schreibtischplatte.

Plötzlich tönte es aus dem Hörer: »Siebenhans hier.«

»Herr Siebenhans, gut, dass ich Sie endlich erreiche ...«

»Ja, wer ist denn da?«

»Mengenbauer, Franz Mengenbauer, Polizeiwache eins, Hanau.«

»Was gibt es denn? Ich habe wichtige Gäste hier, Herr Mengenbauer. Entschuldigen Sie, aber ich muss gleich wieder zu denen zurück. Bitte fassen Sie sich kurz, außerdem ist es schon spät ...«

»Herr Siebenhans, wir haben von der Biblis-Zentrale ...« Mengenbauer musste sich erst sammeln, bevor er weitersprechen konnte: »Also, Herr Landrat, es ist eine ganz große Sache, wir haben einen ECURIE-Alarm.«

»Was? Von der Biblis-Zentrale und auch noch ECURIE - Alarm? Um Gottes willen, was ist denn da los?«

»Haben Sie denn nicht die Ansprache der Kanzlerin in der Tagesschau mitgekriegt, Herr Landrat?«

»Kanzlerin? Ansprache? Ich weiß nicht, wovon Sie reden. Noch mal, ich habe wichtige Gäste hier, wichtig für unseren Kreis. Ich habe ... Aber was hat die Kanzlerin denn gesagt?«

Mengenbauer gab dem Landrat in kurzen Stichworten die Ansprache der Kanzlerin in der Tagesschau wieder.

»Und nun haben wir vor etwa zwei Minuten den bekannten Text für den ECURIE-Alarm für atomare Notfalllagen erhalten. Wie Sie wissen, dass ein Staat, wenn er bei einem nuklearen Notfall umfassende Maßnahmen zum Schutz der Bevölkerung ergreift, sofort die Brüsseler ECURIE -Meldestelle informieren muss. Uns ist aber von einem GAU oder Ähnlichem nichts bekannt. Und deshalb hab ich die Befürchtung, dass da eine ganz dicke Sache auf uns zukommt, von der wir noch nichts Genaues wissen. Die Meldung, die wir erhalten haben, ist auch keine Ente oder dergleichen. Ich habe inzwischen den Text überprüft. Zugleich mit der ECURIE-Meldung haben wir auch den Text für den Katastrophenvoralarm erhalten. Das bedeutet, wir müssen die Mittelzone um das Atomkraftwerk evakuieren. Herr Siebenhaar, das muss eine ganz große Sache sein, sonst läuft das nicht so!«

»Ach, du meine Güte!«, stöhnte der Landrat. »Auch das noch! Da muss ich sofort meine Gäste nach Haus schicken. Sagen Sie, Herr Mengenbauer, wissen Sie, was da in Biblis los ist?«

»Leider nicht. Ich wollte Sie gerade fragen, ob Sie was wüssten. Wir haben nämlich keine zusätzlichen Informationen.«

»Dann kann das nur mit der Erpressung durch die Terroristen zusammenhängen. Herr Mengenbauer. Einer meiner Gäste hat eben davon erzählt. Ich hab den gar nicht richtig ernst genommen. Ich dachte, der erzählt was über einen Film. Jetzt wird mir schon klarer, was da los sein könnte. Wahrscheinlich gehen die in Berlin davon aus, dass Terroristen irgendwo in Europa eine nukleare Bombe in der Nähe oder über Atomkraftwerken zünden könnten. Sonst würden die nicht den ECURIE-Alarm auslösen, ohne dass irgendwo ein Atommeiler brennt oder so. Trotzdem, Herr Mengenbauer, da haben die uns eine schöne Schei ..., fast hätte ich mich versprochen, eingebrockt!«

»Das hätten Sie ruhig laut sagen können! Neulich erst, bei dem Erdbeben in Baden Württemberg hab ich schon gedacht, jetzt fällt diese dünne Kuppel von diesem Mistding, diesem Meiler in Philippsburg, runter. Das wär's natürlich gewesen. Und jetzt das! Jetzt haben wir richtig was vor der Brust. Hoffentlich können wir das auch wirklich stemmen!«

»Ich beende hier ganz schnell meinen Abend, Herr Mengenbauer, und fahre dann rüber ins Landratsamt. Von da hören Sie Weiteres von uns. Ich muss jetzt ja auch meine Leute mobilisieren. Bis später, und danke für die prompte Benachrichtigung!«

»Herr Siebenhans, kurz noch eine Frage zum Schluss. Wissen Sie in etwa, wie viele Menschen das sind, die wir jetzt aus der Mittelzone in die Sammelstelle begleiten müssen?«

»Ach, das sind so viele, ich darf gar nicht dran denken! Je nachdem, von welcher möglichen Ausdehnung der atomaren

Wolke und der Windrichtung und Windstärke die Spezialisten im Berliner Führungsstab ausgehen, müssen wir wohl mit mindestens zehn- bis dreißigtausend Menschen rechnen, die betroffen sein könnten. Unter ganz schlimmen Umständen könnten es allerdings noch viel, viel mehr werden. Aber, wie gesagt, Näheres hören Sie gleich aus meinem Amt.«

»Na, dann gute Nacht. Da haben wir was ja vor uns ...«

»Beten Sie, dass die Terroristen nicht mit so einem Flieger auf unseren Meiler runterdüsen. Dann gnade uns Gott! Dann können Sie meine Zahlen vergessen. Die Ökos haben ja mal ausgerechnet, dass, je nach Windrichtung, selbst die Berliner oder die Pariser noch am besten Reißaus nehmen. Also, wenn das passiert, Herr Mengenbauer, schnappen wir am besten Frau und Kinder und verschwinden. Wenn wir das überhaupt noch können und wissen, wohin ... Sagen Sie mal, wen informieren Sie denn jetzt noch bei uns?«

»Nach meinem Plan müsste das Kommissariat in Heppenheim bereits Bescheid wissen. Ich frag da zur Sicherheit noch mal an. Nachher wissen die von gar nix und machen auch nix. Übung ist Übung, da klappt ja angeblich immer alles bestens. Aber jetzt ist es anscheinend bitterer Ernst.«

»Ja, jetzt muss die ganze Maschinerie anlaufen und auch funktionieren«, sagte Siebenhaar. »Ich gehe davon aus, nachdem wir die Meldung erhalten haben, dass das Lagezentrum im Bundesinnenministerium die ganze Informationskette bereits in Gang gesetzt hat. Zur Sicherheit werde ich meinen Kollegen in Rheinland-Pfalz anrufen. Ich nehme an, dass die ganze Gegend dort auch betroffen ist. Mal hören, ob die was wissen. Wahrscheinlich müssen die ja auch evakuieren.«

»Ich weiß gar nicht, wie wir den Treck der Leute am besten in die Sammelstellen kriegen. Verkehrstechnisch, meine ich. Viele werden sich jetzt ja vermutlich einfach ins Auto setzen und abdüsen. Ab durch die Mit ...«

»Da sagen Sie was, Herr Mengenbauer. Das ist ja nie real geübt worden. Da haben sich unsere Oberen ja immer fein gewehrt dagegen. Verletzungsgefahr, Panikmache und was sonst noch alles zur Entschuldigung herhalten musste. Und jetzt verfügen wir nur über die Erfahrungen vom grünen Tisch. Wir werden ja sehen, wie's klappt oder auch nicht. Schwarzmalen bringt uns in der Lage auch nicht weiter. Wie gesagt, Sie und Ihre Leute hören ja gleich aus meinem Amt, wie es weiter geht. Bis später dann.«

Mengenbauer hörte nur noch ein Klick. Landrat Siebenhans hatte aufgelegt.

Er saß noch eine Minute still an seinem Schreibtisch. Zigtausende Menschen müssten möglichst schnell ihre Wohnungen und Häuser verlassen. Vor Jahren hatten die Katastrophenspezialisten beim Erstellen der Schutzpläne darüber nachgedacht, die Menschen nach Durchzug einer radioaktiven Wolke aufzufordern, in ihren Wohnungen zu bleiben.

Doch dann hatten die Fachleute eingesehen, dass es eine kaum zu bewältigende Aufgabe wäre, später vielleicht zigtausend Menschen zu dekontaminieren, mit Spezialmittel abzusprühen, mit neuer Kleidung zu versorgen – in der alten könnten sich ja strahlende Partikel verfangen haben. Deswegen war beschlossen worden, die Menschen in den bedrohten Gebieten sofort zu evakuieren.

In Tschernobyl war die Bevölkerung erst sechsunddreißig Stunden nach dem GAU evakuiert worden. Die Menschen wurden in Bussen abtransportiert. Doch niemand wollte sie haben. Jeder fürchtete sie seien verstrahlt. Trügen womöglich kleinste, todbringende Plutoniumpartikel in ihrer Kleidung mit sich.

Wer von dieser gefährlichen Substanz auch nur ein millionstel Gramm einatmete, konnte an tödlichem Lungenkrebs erkranken, das wusste Mengenbauer. Ein millionstel Gramm war ein kaum staubkorngroßes Teilchen. Im viel gerühmten Hochtechnologie-Land Japan hatte man, trotz aller Kenntnis über das Reaktorunglück in Tschernobyl, beim Eintritt der Katastrophe genauso dilettantisch reagiert wie seinerzeit die Sowjets. Die japanischen Behörden hatten ebenfalls zu spät und zu wenige Menschen evakuiert.

Mengenbauer erinnerte sich daran, wie empört seine Frau reagiert hatte, als er, in die Zeitung vertieft, plötzlich aufgeschrien hatte: »Diese Arschlöcher!« Er hatte sie erst beruhigen können, als er ihr den Grund erklärt hatte. Auch in Japan war die Furcht vor radioaktiver »Ansteckung« so groß, dass Ärzte für Neuankömmlinge in den Notunterkünften Unbedenklichkeitszertifikate ausstellen mussten.

Mengenbauer saß unbewegt da, während sich seine Gedanken überschlugen. Er fasste sich an die Stirn. Als er die Hand wieder herunternahm, sah er mit unbeteiligtem Blick, dass sie schweißnass war. Vor seinem inneren Auge liefen mit immer rasanterer Geschwindigkeit Schreckensbilder von der bevorstehenden Evakuierung ab. Szenen aus einem Horrorfilm, in dem auf eine Großstadt eine nur kleine Atombombe niedergegangen war, mischten sich mit Fernsehbildern aus Katastrophengebieten, in denen ganz real ein Tsunami gewütet hatte.

Er sah Menschen mit angstverzerrten, tränenüberströmten Gesichtern. Soldaten zerrten sie gewaltsam aus ihren Häusern und Wohnungen. Sie wollten ihr Zuhause nicht verlassen, weil sie Diebstähle und Plünderungen befürchteten. Andere, die um die Gefahr wussten, verharrten wie gelähmt in ihren Wohnungen. Alte Menschen blieben einfach in ihren Wohnräumen sitzen. Sie glaubten vermutlich, dass sie nie wieder in ihre Wohnung oder in ihr Haus zurückkehren würden. Wer würde für die entstandenen Schäden aufkommen? Vermutlich wären sie auch gar nicht zu bezahlen.

Irgendein Geräusch holte Mengenbauer wieder in die Realität zurück. Er stellte sich plötzlich die ganz praktische Frage, ob er und seine Kollegen von den Polizeidienststellen im Kreis Bergstraße und Groß-Gerau mögliche Plünderungen verhindern könnten. Würden das die Polizeitruppen der Bundespolizei und die Armee regeln? Ginge das überhaupt, wenn das Gebiet verstrahlt wäre? Wie lange sollten die Menschen in den Notunterkünften bleiben?

Mengenbauer hörte feste, schnelle Schritte näherkommen. Im selben Augenblick wurde schon seine Bürotür aufgerissen.

Sie knallte gegen die Wand, weil dem jungen Wachtmeister Ritter, der in Mengenbauer Büro stürzte, die Klinke aus der Hand geglitten war.

»Herr Mengenbauer, Kollege Weidner hat sich über Funk gemeldet, auf den Straßen herrscht Chaos. Sie kommen kaum durch. Tausende steuern auf die Wormser Brücke zu. Die ist inzwischen völlig dicht.«

Mengenbauer überlegte rasch. Konnte es sein, dass die Menschen den Beteuerungen seiner Kollegen, dies seien nur präventive Maßnahmen, um Schlimmeres zu verhindern, nicht getraut hatten? Waren sie in Panik geraten? Es herrschte, wie fast immer in dieser Gegend, Westwind. Das wussten die Leute. Und wenn es in Biblis oder im französischen Atomkraftwerk Fessenheim eine atomare Explosion geben würde, wäre die Wormser Brücke, das hatten Fernsehreportagen oft genug berichtet, das einzige Tor zum Licht, die geringe Möglichkeit, dem Inferno zu entkommen. Das musste sich herumgesprochen haben. Mengenbauer fürchtete Schlimmstes.

42

Bonn, Redaktion des *Energy Report*

»Sag mal, Rainer.« Overdieck sah hoch und tippte auf eine bestimmte Stelle im Manuskript. »Wir kommen jetzt langsam zu den politisch heißesten Teilen der Story. Über den Lübecker Hafen haben die Jungs von TNH ja gewaltige Mengen atomaren ›Abfalls‹ und auch neue Brennstäbe für die Atommeiler nach Schweden transportiert. Wie in Mol ist viel davon ›weggekommen‹. Da ging's um dicke Geschäfte mit dem strahlenden Zeug. Ich denke, wir sollten hier das, was wir zu der Barschel-Sache recherchiert haben, reinbringen. Was meinst du?«

Gerd Overdieck und Rainer Mangold hatten sich lange nach der Ansprache der Kanzlerin in der Tagesschau und dem Ende der Betriebsversammlung in Mangolds Büro zurückgezogen, um die letzten Teile der Story, die noch an diesem Tag veröffentlicht werden sollte, zu überarbeiten.

Deckstein und Sabine hatten überlegt, ob sie sich in die Beantwortung der vielen telefonischen Anfragen von Kollegen und auch Politikern einschalten sollten, sich dann aber entschieden, den Termin mit Elena einzuhalten. Vielleicht konnten sie von ihr einiges mehr erfahren. Deckstein hatte sich selbst und vor allem Sabine nicht eingestehen wollen, dass er innerlich den Drang verspürte, Elena wiederzusehen. Sein Gefühl sagte ihm, dass er sie nicht einfach da im »Sternhotel« allein mit den GRU-Leuten sitzen lassen durfte. Werner Dahlkämper und Manfred Wortmann waren bei der Beantwortung der Anfragen für sie eingesprungen.

Die Tür öffnete sich leise.

»Ihr könnt euch nicht vorstellen, was da draußen an den Telefonen los ist!«, flüsterte Vanessa.

Overdieck und Mangold drehten sich überrascht um.

»Ich dachte schon, außer uns gäbe es hier niemanden mehr«, sagte Mangold und grinste Overdieck an. »Wir haben hier in meinem abgelegenen Büro nichts gehört.«

Vanessa hob die Hand. »Stimmt«, sagte sie dann mit normaler Stimme, »hier hört man wirklich nicht viel. Ich hab übrigens eben noch mal kurz Fernsehen geschaut. Da draußen laufen schon welche mit Gasmasken, oder ABC-Schutzmasken heißt da ja wohl ... also, da laufen schon welche mit solchen Masken rum! Viele Leute schleppen dicke Einkaufstüten. An den U-Bahn-Stationen haben sie Rot-Kreuz-Zelte aufgestellt, und das THW ist mit Dekontaminationsgeräten unterwegs ...«

Sie schüttelte sich.

»Ja, und dann sollen Turnhallen hergerichtet werden, in denen Betroffene erste Behandlungen erhalten können. Außerdem sollen irgendwo schon Leute evakuiert werden ...«

»Danke, Vanessa, es reicht. Wir haben hier einen Familienvater«, sagte Mangold und zeigte auf Overdieck. »Meinst du, der wird ruhiger, wenn er das alles hört? Außerdem müssen wir unsere Story fertigkriegen, sonst kommt der Mann gar nicht mehr zu Frau und Kindern nach Hause.«

Overdieck winkte ab. »Nun übertreib man nicht, Schnüffel. Vanessa hat's ja gut gemeint. Wir kriegen hier ja im Augenblick in der Tat nichts mit. Danke, Vanessa. Aber Schnüffel hat recht, wir müssen weitermachen.«

»Ich gehe ja schon. Ich komm später noch mal wieder, einer muss ja nach euch sehen«, sagte sie und war schon aus der Tür verschwunden.

»Sie ist ja ein richtig nettes Herzchen«, sagte Mangold.

»Stimmt.« Overdieck grinste. »Wenn die ein bisschen älter wäre, hätte ich gesagt: Nun aber flott ran, Schnüffel!«

»Wir müssen jetzt weitermachen, Taps«, sagte Mangold und wandte den Blick von der Tür ab, die sich hinter Vanessa geschlossen hatte.

»Zurück zu Barschel«, sagte Overdieck. »Der war ja in Schleswig-Holstein Ministerpräsident, als das meiste atomare Zeug aus dem Lübecker Hafen verschwunden ist.«

»Mir kann keiner erzählen, dass der nicht genau gewusst hat, wer alles von Kiel bis Lübeck in die verschiedenen Dunkelgeschäfte verwickelt war. Oder er hat's gemacht wie die drei Affen: nix hören, nix sehen ... ja, und vielleicht auch lange Zeit, nix sagen? Und als er dann schließlich gedroht hat, doch auszupacken ...«

Overdieck nickte.

»Taps, ich bin mir sicher«, sagte Mangold, »Barschels Wissen über so einige krumme Geschäfte reichte bis nach Bonn. Und als der glaubte, dass diese Leute, über die er so viel wusste, ihn fertigmachen wollten, hat er denen gedroht, sie würden ihn noch kennenlernen.«

Overdieck nickte wieder und sagte: »Das war, glaub ich, das letzte Mal, dass der wieder so einen Drohruf gen Bonn losgelassen hat, einen Tag, bevor er im ›Beau Rivage‹ tot in der Badewanne lag.«

»Ich hätte mich ja gefreut, wenn wir in den Stasi-Akten mehr dazu gefunden hätten. Aber die CIA-Leute sollen sich ja gleich nach der Wende in Ostberlin die wirklich interessanten Stasi-Akten über Barschel gesichert haben.«

»Das hat unsere Sabine ganz schön gefuchst. Die hat dem Panetta, dem CIA-Chef, ja einen Brief geschrieben und angefragt, ob er uns in bestimmten Fragen weiterhelfen könnte«, sagte Overdieck und lächelte bei dem Gedanken an die Hartnäckigkeit seiner Kollegin.

»Wenn ich daran denke, Taps, komm ich aus dem Grinsen nicht mehr raus! Das war ja schon ganz schön dick, muss ich im Nachhinein sagen, so was den CIA-Chef höchstpersönlich in einem Brief zu fragen.«

»Der hat ja auch nicht mal den Eingang bestätigt.«

»Das Ganze war überhaupt ziemlich mysteriös. Sabine war ganz schön sauer und hat zuerst gedacht, das Schreiben an Panetta wäre von irgendwem irgendwo hier bei uns abgefangen worden – Verfassungsschutz und BKA wollen schließlich auch wissen, was da abgeht«, sagte Mangold und zwinkerte seinem Kollegen zu.

»Und dann hat sie an die US-Botschaft in Berlin geschrieben und um Weiterleitung an den Panetta im CIA-Hauptquartier gebeten. Auch von dort gab's keine Antwort«, sagte Overdieck.

»Geisterhaft, das Ganze! Ich hab das übrigens mal einem guten Bekannten aus dem Gremium des Bundestages, das die Geheimdienste kontrollieren soll, erzählt. Der hat zynisch gegrinst und mich gefragt, ob wir uns nur einen Spaß erlaubt oder das wirklich ernst gemeint hätten. Das ist wohl so deren Art, Taps. Tröstet ein bisschen. Aber nur ein bisschen.«

»Sabine und Daniel sind ja auch ohne den Panetta weitergekommen«, sagte Overdieck. »Was die da ausgegraben haben, hätte ich nicht für möglich gehalten! Aber jetzt lass uns erstmal weiterlesen. Ich schlage vor, dass wir uns überall, wo wir glauben, da müsste noch mehr von unserer neuen Recherche rein, eine Notiz machen.«

»Jetzt kommt der Teil der Geschichte, der belegt, dass unsere Abgeordneten an nichts mehr glauben, vor allen Dingen nicht an die Sicherheit der Atomwirtschaft! Die sind am Ende voll davon überzeugt, dass das bis dahin Unvorstellbare, dass wir den Atomwaffensperrvertrag gebrochen haben, nun Realität ist! Jetzt wird's richtig schön spannend!«

»Ich weiß, Schnüffel. Das ziehen wir uns in einem Rutsch rein, das gönnen wir uns!«

»Am Dienstag, den 12. Januar 1988, ging die Staatsanwaltschaft Hanau ging weiter der Frage nach, warum und wofür die Millionen Schmiergelder gezahlt worden waren. Eine freie Mitarbeiterin des Hamburger Magazins STERN gibt ihr an diesem Dienstag aber doch einen bedeutenden Fingerzeig. Sie hat schon seit Längerem für eine Umweltgeschichte des Blattes im Raum Lübeck recherchiert.

Dort ist sie auf die Firma Neue Metallhüttenwerke GmbH gestoßen, die in der Hafenstadt eine Kokerei betrieb. Mit ihren Abgasen verpestete sie den Lübecker Bürgern ganz gehörig die Luft. Aber da gab es noch viel mehr, was der Journalistin bei ihren Recherchen aufstieß.

Die Neue Metallhüttenwerke, abgekürzt NMH, war zu hundert Prozent im Besitz der Hansa Projekt Transport GmbH mit Sitz in Bremen. Diese Firma wiederum gehörte nachweislich zur Intergulf Holding Inc. Die wiederum saß in Monrovia, der Hauptstadt des westafrikanischen Staates Liberia. Wer genau hinter diesem Unternehmen stand, konnte die Journalistin nicht feststellen. Gerüchteweise hatte sie erfahren, dass die Firma zur Gulf-Investment-Gesellschaft mit Sitz in Genf gehören solle. Diese war im Besitz der Gebrüder Gokal.

Dieser Name elektrisiert. Die Gokals waren pakistanische Staatsangehörige. Die über hundert Schiffe ihres Handelsimperiums fuhren auf allen Weltmeeren. Die Gokals wurden verdächtigt, im Nuklearhandel tätig zu sein. Und Pakistan wiederum stand schon damals im Verdacht, Atombomben bauen zu wollen.

Hatten die Pakistanis einen dreisten Coup gelandet? Im Lübecker Hafen besaßen die Gokals über die NMH einen Privatkai. Schipperten sie von dort mit ihren eigenen Schiffen heimlich deutschen atomaren ›Abfall‹, angereichertes Plutonium, den Stoff für die Bombe, ins heimische Islamabad? Und TNH wäre der heimliche Lieferant? TNH transportierte jahrelang auch plutoniumhaltigen ›Abfall‹ aus deutschen Atomkraftwerken über den Lübecker Hafen zur Bearbeitung ins schwedische Studsvik. Zig Tonnen davon haben, wie später festgestellt wurde, offensichtlich ihr Ziel nicht erreicht. In den Statistiken des Hafenamtes klafften Lücken.

Um ihren Verdacht überprüfen zu lassen, rief die *STERN*-Mitarbeiterin an diesem Dienstag die Staatsanwaltschaft in Hanau an. Sie schilderte ihre Rechercheergebnisse und nannte dem Leitenden Oberstaatsanwalt Farwick die Firma Intergulf Holding Inc. und außerdem noch die Namen von zwölf weiteren, in der Schweiz ansässigen Unternehmen. Sie bat Farwick, zu überprüfen, ob die Namen dieser Unternehmen in den Akten der Transnuklear GmbH auftauchten.

Farwick gab die Liste an Staatsanwalt Geschwinde weiter. Wie sich später herausstellte, gehörten die meisten Firmen auf dieser Liste zu Unternehmen der Gokals. Mit der Anfrage der Journalistin erhielt der Fall TNH eine neue Dimension. Es verstärkten sich die

Hinweise, dass es sich bei den ›möglichen anderen Delikten‹, die der TNH-Anwalt des Unternehmens in der Selbstanzeige des Unternehmens bei der Staatsanwaltschaft beschrieben hat, sogar um eine Verletzung des Atomwaffensperrvertrags handeln konnte.

Die Journalistin berichtete der Staatsanwaltschaft in einem weiteren Gespräch, dass ein belgischer Kollege über Unterlagen verfüge, nach denen eine deutsche Tochter des sich in pakistanischem Besitz befindlichen Unternehmens Hansa Projekt – die Reederei-Agentur Hansa Shipping, sie sitzt im Westen Deutschlands –, auch mit dem belgischen Atomzentrum Mol zusammenarbeite. Geschäftsführer aller drei Unternehmen sei ein und dieselbe Person, ein Deutscher. Er säße in Lübeck.

Am Mittwoch, den 13. Januar 1988 traf sich ein Bonner Journalist um 15 Uhr in Wiesbaden mit Manfred Popp, Staatssekretär im hessischen Umweltministerium, zu einem Interview. Den Termin hatten sie etwa eine Woche zuvor vereinbart. Doch bei der Ankunft in Wiesbaden stand nicht Popp, sondern – zur Überraschung des Redakteurs und des mitgereisten Fotografen – Minister Karl-Heinz Weimar persönlich zum Interview bereit.

Der Redakteur informierte den Minister darüber, in welchem redaktionellen Umfeld das Interview mit ihm erscheinen solle. Das war guter journalistischer Brauch seines Blattes. Er erklärte auch, dass der Redaktion Hinweise vorlägen, wonach hoch radioaktives Material aus Mol über den norddeutschen Hafen Lübeck nach Pakistan verschifft worden sei. An den Transporten des Materials solle die Hanauer Transnuklear oder eine ihrer internationalen Töchter beteiligt gewesen sein.

Der Redakteur erklärte dem Minister, dass es sich bei diesen Informationen aus dem In- und Ausland bisher nur um Hinweise handele. Eindeutig belastendes Material läge noch nicht vor. Deshalb bat er den Minister um Vertraulichkeit. Denn bestimmte Informationen konnte er bereits belegen – so die Zusammenarbeit des belgischen Kernkraftkomplexes Mol mit Pakistan – andere Teile des Artikels aber noch nicht. Hier wollte die Redaktion bis zum Erscheinen des Magazins noch recherchieren.

Minister Weimar öffnete, nachdem er das gehört hatte, seinen obersten Hemdenknopf, als wollte er sich Luft verschaffen. Nun, so sagte er, könne er sich möglicherweise auch erklären, warum sich einer der Hauptakteure dieser spektakulären Geschichte umgebracht hat. Sonst ergäbe dies für ihn absolut keinen Sinn.«

Overdieck schnalzte plötzlich mit der Zunge. Das Geräusch ließ Mangold zusammenfahren. Er sah seinen Kollegen erwartungsvoll an.

»Hier, Schnüffel, mit seiner Aussage bestätigt der Weimar doch alles! Er lässt spontan raus, was er wahrscheinlich schon immer gedacht hat. Der ist nach seinen ganzen Erfahrungen mit den Atomunternehmen doch auch davon ausgegangen, dass da mehr passiert sein muss.«

»Du hast ja recht. Aber wollten wir den Teil nicht ungestört zu Ende lesen?«, fragte Mangold grinsend. »Aber ich will mal nicht so sein. Mir ist übrigens aufgefallen, dass Weimar zu dem Zeitpunkt immer noch davon ausgeht, dass der Mann sich selbst umgebracht hat. Wundert mich. Vielleicht haben sie ihm nichts gesagt, wer weiß?« Er beugte sich wieder über das Manuskript.

»Gegen 16 Uhr endete der Termin des Journalisten mit Weimar. Um 16.30 Uhr nahm der Minister in seinem Ministerium an einer Besprechung teil, in der über brisante Vorkommnisse im Mutterunternehmen von TNH, der NUKEM, gesprochen wurde. Um kurz nach 17 Uhr verließ Weimar die noch laufende Mitarbeiterbesprechung und kehrte in sein Büro zurück. Um 17.10 Uhr rief er Staatsanwalt Geschwinde in Hanau an. Er informierte ihn über das, was der Bonner Journalist ihm bei dem Interview mit der Bitte um Vertraulichkeit mitgeteilt hatte.

Geschwinde machte sich Notizen: ›Mittwoch, 13. Januar 1988, 17.10 h, Anruf von M. Weimar: ... ein Journalist ... habe ihm heute mitgeteilt (warum – nicht bekannt), dass er an einer Sache sei, die er zu 90% verifiziert habe, wonach Mol/Eurochemie Kernbrennstoff über TN nach Lübeck und von dort nach Libyen oder Pakistan transportiert habe. Es gäbe entsprechende Verträge zwischen Mol und Pakistan, ggfs gäbe es eine kleine Wiederaufarbeitungsanlage in Pakistan ... Herr M. Weimar sagte ..., dass Herr ... dessen Angaben zufolge morgen aus Belgien weiteres Material erwarte.‹

Geschwinde wiederum berichtete dem Minister, er habe zwischenzeitlich andere Informationen erhalten, die aber in die gleiche Richtung gingen. Er wolle deshalb, kündigt er Weimar in dem Telefongespräch an, den Journalisten umgehend ›zeugenschaftlich‹ vernehmen. Der Minister empfahl jedoch, mit der Vernehmung noch zu warten, da der Redakteur erklärt habe, einen Tag später weiteres Material aus Belgien zu erhalten. Er fügte noch hinzu, er habe nicht den Eindruck, dass der Journalist von vornherein als unseriös anzusehen sei. Staatsanwalt und Minister kamen abschließend überein, die Sache ›absolut‹ vertraulich zu behandeln.

Trotz aller Vertraulichkeitsschwüre startete der Minister sofort seinen Lauf in die Öffentlichkeit. Offensichtlich hielt er es nicht mal mehr für nötig, die Hinweise des Journalisten durch Mitarbeiter seines Hauses oder durch einen Anruf bei seinem Kollegen im Bund, Reaktorsicherheitsminister Klaus Töpfer, abchecken zu lassen. Er war sich anscheinend völlig sicher, dass an dem, was der Bonner Journalist nachmittags geäußert hatte, etwas dran war. Schließlich habe er ja seit Amtsantritt auch seine eigenen Erfahrungen mit den Hanauer Atomfirmen gemacht, erklärte er später vor dem Wiesbadener Untersuchungsausschuss.

Gegen 18.30 Uhr griff er wieder zum Telefonhörer und rief den hessischen Ministerpräsidenten an. Dieser nehme gerade an einer Sitzung teil, erfuhr er. Weimar ließ nicht locker. Auf seinen Druck hin wurde Wallmann aus der Sitzung geholt. Kaum hatte der Regierungschef den Hörer am Ohr, unterrichtete Weimar ihn ausführlich darüber, dass Transnuklear unter dem Verdacht stehe, Plutonium verschoben zu haben. Beide Politiker hielten das für unbedingt möglich. Sie beschlossen, die Gesellschafter der NUKEM GmbH bereits für den nächsten Morgen um acht Uhr zu einem Gespräch in die Staatskanzlei in Wiesbaden zu zitieren. Weimar verschwendete keinen Gedanken mehr an seine Zusage gegenüber Staatsanwalt Geschwinde, ›absolute Vertraulichkeit‹ zu bewahren. Die Bitte des Bonner Journalisten, seine Hinweise vertraulich zu behandeln, hat er ebenfalls längst beiseitegeschoben. ›Ich habe noch abends spät in halb Deutschland rumtelefoniert, um die entsprechenden Gesprächspartner an den Tisch zu bekommen, ... und die waren am nächsten Morgen um acht Uhr auch da‹, verkündete er später stolz den Abgeordneten.

Zur selben Zeit, als die NUKEM-Gesellschafter am Donnerstag, den 14. Januar 1988, um den Besprechungstisch in der Wiesbadener Staatskanzlei Platz nahmen, informierte Staatsanwalt Geschwinde den Leitenden Oberstaatsanwalt Farwick über sein Gespräch mit Minister Weimar. Damit erhielten aus ihrer Sicht nun auch die Anspielungen der *STERN*-Journalistin einen gewissen Sinn. Diese hatte zwei Tage zuvor ihnen gegenüber geargwöhnt, dass Firmen der Gokal-Gruppe, von denen eine in Lübeck ihren Sitz hatte, in den Transport von spaltbarem Material verwickelt sein könnten. Im Lauf des Morgens rief die Journalistin noch einmal bei Oberstaatsanwalt Farwick an. Auch der hielt das Gehörte schriftlich fest: ›Nach fernmündlicher Mitteilung von Frau S. soll an dem Verschieben von Plutonium durch die Firma Transnuklear die Firma Neue Metallhüttenwerke GmbH in Lübeck beteiligt sein.‹ Farwick machte sich auch Notizen über die Firma Hansa Projekt und die Besitzverhältnisse der Firmen: ›Folgende weitere Firmen sollen in irgendeiner Weise an den Geschäften beteiligt sein, und zwar Hansa Shipping and Trading Agency GmbH in Mönchengladbach sowie die Firma Traid and Marine GmbH.‹ Diese Informationen leitete er an Staatsanwalt Geschwinde weiter, der inzwischen diesen Part bearbeitete.

Geschwinde gab die ihm übermittelte Liste der Unternehmen, zusammen mit den von der Journalistin zwei Tage zuvor genannten Firmen, an den Leiter der Sonderkommission Transnuklear (›Soko TN‹), an Kriminalhauptkommissar L., weiter. Er sollte auf der Polizeischiene über Interpol Wiesbaden in der Schweiz Informationen über die genannten Unternehmen einholen. Auch die Bundesanwaltschaft in Bern wurde eingeschaltet. Die Schweizer Polizei stellte fest, dass es die Firmen tatsächlich gab. Sie hatte natürlich nichts über mögliche Verschiebungen spaltbaren Materials in den Akten. Wie denn auch. Das hätte ja bedeutet, dass die Schweiz einen Atomskandal zwischen Aktendeckeln schlummern ließ. Oder, fragt der Schweizer in solch einem Fall?

8.00 Uhr: In der Staatskanzlei Wiesbaden saßen Vorstände der Anteilseigner der NUKEM GmbH am Tisch. Ihnen gegenüber nahmen neben Wallmann und Weimar noch der Chef der Staatskanzlei, der Sprecher der Landesregierung und der Leiter des Ministerpräsidentenbüros Platz. Für einen Vorgang, zu dem sich Weimar und Staatsanwalt Geschwinde absolute Vertraulichkeit zugesichert hatten, eine recht starke Besetzung.

Die Staatsanwaltschaft erfuhr zu diesem Zeitpunkt nicht, dass die Gesellschafter der Unternehmen, gegen die sie ja in der Sache ermittelt, bereits jetzt von Wallmann und dem Juristen Weimar im Einzelnen informiert wurden. Der spätere Vorsitzende des Untersuchungsausschusses im Bonner Parlament, Hermann Bachmaier, kommentierte das Vorgehen der beiden Hessen-Politiker so: ›Damit wird erneut deutlich, dass die hessische Landesregierung ... durch ihr Vorgehen eine objektive und gründliche Untersuchung des Verdachts durch die Staatsanwaltschaft weitestgehend verhindert. Ein derartiges Vorgehen würde jeden Dorfpolizisten sein Amt kosten.‹

10.35 Uhr: Nach Abschluss des Gesprächs mit den NUKEM-Gesellschaftern beauftragte der Minister seinen Staatssekretär M. Popp, der sich zu Gesprächen in Bonn aufhielt, Reaktorsicherheitsminister Töpfer über diese Vorgänge zu informieren. Töpfer nahm zu dem Zeitpunkt an einer Aussprache im Bundestag teil.

Nach seinem Telefongespräch mit Popp unterrichtete Weimar in der um 10.35 Uhr begonnenen gemeinsamen Sitzung des Rechts- und des Ausschusses für Umweltfragen im hessischen Landtag die Ausschussmitglieder über das kurz zuvor geführte Gespräch mit den Gesellschaftern der NUKEM. Das Thema Proliferationsverdacht sprach er nicht an.

12.00 Uhr: Kurz nach Mittag erfuhr auch Minister Töpfer in Bonn von dem Proliferationsverdacht. Er versuchte sofort, Ministerpräsident Wallmann zu erreichen. Das gelang nicht, denn dieser gab gerade ein Interview. Töpfer ließ sich stattdessen mit Minister Weimar in Wiesbaden verbinden. Weimar erklärte ihm, dass er die

Staatsanwaltschaft in Hanau sowie Wallmann schon zuvor über den Proliferationsverdacht unterrichtet habe. Wallmann setzte im Lauf des Vormittags telefonisch auch Bundeskanzler Helmut Kohl über den Verdacht in Kenntnis. Geschah dies alles wirklich nur aufgrund der Hinweise der *STERN*-Mitarbeiterin gegenüber Hanauer Staatsanwälten und des Bonner Journalisten gegenüber Minister Weimar?

14.10 Uhr: Nach Aufforderung durch die SPD-Fraktion erschien Wallmann in der gemeinsamen Sitzung des Rechts- und Umweltausschusses des hessischen Landtages. Dort berichtete er über das Gespräch mit den Gesellschaftern der NUKEM. Zum Schluss deutete er an, dass es ›weitergehende Verdächtigungen‹ gebe. Auf die Nachfrage eines Abgeordneten, ob sich diese auf NUKEM oder Alkem bezögen, erklärte er: ›Verdächtigungen im Umgang mit spaltbarem Material‹. Während der Debatte fragte Joschka Fischer den Ministerpräsidenten: ›Haben Sie Befürchtungen, dass es im Zusammenhang mit ... der Firma NUKEM, bezogen auch auf die Konditionierungsanlage des Nuklearzentrums Mol, auch Proliferationsrisiken gibt?‹ Wallmann bestätigte, dass es solche Verdachtsmomente gebe.

Die Äußerung Wallmanns in der Sitzung sickerte durch. Sie erreichte schnell die vor dem Sitzungssaal wartenden Journalisten. Redakteure von Nachrichtenagenturen gaben sie umgehend an ihre Redaktionen weiter, innerhalb von Stunden verbreitete sie sich um die ganze Welt. Hektische Aktivitäten von Diplomaten folgten. Wallmann hatte dem, was zunächst vertrauliche Hinweise waren, aus denen ein konkreter Verdacht wurde, erst das richtige Gewicht verliehen. Jeder, der Wallmanns Äußerungen hörte oder las, nahm an, der Mann wüsste, was er sagte. Er hatte erst vor einem Dreivierteljahr seinen Bonner Posten als Reaktorsicherheitsminister verlassen. Als solcher hatte er konkrete Zuständigkeiten für die Sicherheit spaltbaren Materials. Er war mittendrin in den Diskussionen am Bonner Kabinettstisch um den ›Grauen Atommarkt‹.

Im Verlauf des Nachmittags beschloss Minister Töpfer, die atomrechtlichen Genehmigungen für die NUKEM GmbH auszusetzen. Damit war die Versorgung der deutschen Atomkraftwerke mit Brennstoff in Gefahr – sie waren fast zu hundert Prozent von den Lieferungen des Hanauer Werkes abhängig.

Am Abend telefonierte Weimar ein zweites und letztes Mal mit Staatsanwalt Geschwinde. Der Minister erklärte dem Ermittler, er müsse gleich noch nach Bonn fahren, um an der Sondersitzung des Bundestagsausschusses für Reaktorsicherheit zu den Vorgängen um die beiden Hanauer Atomfirmen teilzunehmen. Er wollte von Geschwinde wissen, ob es in der Angelegenheit Proliferationsverdacht durch die Firmen Transnuklear und NUKEM etwas Neues gebe. Dieser berichtete ihm, dass die *STERN*-Mitarbeiterin im Zusammenhang mit dem Proliferationskomplex auch die Neue Metallhütte in Lübeck genannt habe. Er betonte aber, dass es sich hierbei um von ihm ›nicht bewertete Rohinformationen‹ handele, die er zunächst nur entgegengenommen habe. Nicht mehr.

Weimar erwähnte in diesem Gespräch gegenüber Geschwinde nicht, dass er am Morgen zusammen mit Walter Wallmann die Gesellschafter der NUKEM auch über den Proliferationsverdacht unterrichtet hatte. Das erfuhr Geschwinde erst kurze Zeit später aus den Medien.

Geschwinde entschloss sich noch in derselben Nacht, den Geschäftsführerflügel der NUKEM GmbH, den »Y-Bau« zu versiegeln und die Türschlösser auszutauschen, um für die Ermittlung möglicherweise wichtige Unterlagen zu sichern. Der Staatsanwalt erklärte später, er hätte den »Y-Bau« schon zu einem früheren Zeitpunkt versiegelt, wenn er früher informiert gewesen wäre. Er konnte nun nicht mehr feststellen, ob vor der Versiegelung irgendwelche Unterlagen beiseitegeschafft wurden. Mit absoluter Sicherheit konnte er dies nicht ausschließen.

Im Bonner Bundeshaus stellte Minister Weimar mit Erschrecken, vielleicht aber auch mit einem gewissen Stolz, fest, dass er bereits vor dem Sitzungssaal des Bundestages ›mit einem, also wirklich, unglaublichen Aufwand an Presse, Funk und Fernsehen‹ empfangen wurde, und alle von ihm wissen wollten, wer der Informant sei, der ihm von dem Proliferationsverdacht berichtet habe. Er hielt sich zunächst zurück, gab den Namen nicht preis. ›Ich kann dazu nichts sagen, die Staatsanwaltschaft muss eine faire Ermittlungschance in der Sache haben‹, erklärte er den dort wartenden Abgeordneten stereotyp auf die bohrenden Fragen. Er verschwieg den Parlamentariern und Journalisten auch, dass er bereits am Morgen gemeinsam mit Ministerpräsident Wallmann den Gesellschaftern der NUKEM die Einzelheiten ausführlich offenbart hatte.

Die GRÜNEN-Abgeordnete Charlotte Garbe stellte gleich zu Beginn der Sondersitzung einen bis dahin bei solchen Sitzungen ungewöhnlichen Antrag: ›Die Dimension der Ausweitung des Transnuklear-Skandals ist so groß und von so großem öffentlichen Interesse, dass ich den Antrag stelle, die Öffentlichkeit zuzulassen.‹ Er wurde jedoch abgelehnt. Nach Minister Töpfer trat Minister Weimar ans Rednerpult. Er berichtete den gebannt lauschenden Abgeordneten zunächst, dass zwei Fässer mit Atommüll bei NUKEM verschwunden seien.

Was Weimar den Abgeordneten in dem Moment nicht sagte, war, dass Mossad-Agenten bereits früher einen befreundeten US-Atomunternehmer veranlasst hatten, hochangereichertes Uran mit anderem, abgereichertem zu vermischen. Das nennt man auch ›blenden‹. So konnte es ohne Probleme außer Landes gebracht werden.

Der Spiegel-Redakteur Erich Follath beschrieb nicht nur dies in seinem bereits Anfang Achtzig erschienenen Buch ›Das Auge Davids, die geheimen Kommando-Unternehmen der Israelis‹, sondern er bestätigte auch, dass die Mossad-Agenten einen Angestellten der größten israelischen Fluggesellschaft ›überredet‹ hatten. So kamen sie zu vierhundert Pfund Uran. Das wäre genug für achtzehn dieser kleinen Dinger, freute sich ein Mossad-Agent. Er meinte Atombomben.

Aus der CDU/CSU-Fraktion kam sofort die besorgte Anfrage an den Landesminister: ›Im Mittelpunkt der sehr verständlichen öffentlichen Erregung steht die Frage, ob im Zusammenhang mit dem Verschwinden der zwei Fässer ein Proliferationsvergehen vorliegt. Es sind Ihnen ja die Gerüchte, Spekulationen und Hinweise dazu bekannt, dass spaltbares, auch atomwaffenfähiges Material in beachtlicher Menge verschwunden sei.‹

Nicht nur die CDU/CSU-Fraktion war besorgt, auch Ex-Bundesforschungsminister Volker Hauff wollte für die SPD-Fraktion von Minister Töpfer wissen: ›Welche Informationen haben Sie oder die hessische Landesregierung über mögliche Lieferungen von waffenfähigem Material aus der Bundesrepublik an ein ausländisches Land, an welches und in welchen Größenordnungen?‹

Die Stimmung im Saal war in diesem Augenblick bis aufs Äußerste angespannt. Immer wieder kam es zu Zwischenrufen erregter Parlamentarier. Der SPD-Abgeordnete Schäfer wollte sichergestellt wissen, ›dass wir auch tatsächlich angesichts der besonderen Bedeutung dieser Sitzung ein stenographisches Protokoll haben‹.

Töpfer antwortete auf die Frage von Hauff, ob er gegen Mittag mit Minister Weimar telefoniert habe: ›Bereits in diesem Gespräch hat Herr Weimar mir auch von Gerüchten berichtet, die ihm mitgeteilt worden seien bezüglich möglicher Spaltmateriallieferungen ... Ich habe danach das Gespräch mit Herrn Wallmann führen können. Herr Wallmann hat mir das noch einmal so bestätigt, dass ihm diese Informationen vorliegen.‹

Weimar erklärte danach, dass ihm das, was Minister Töpfer gerade vorgetragen hatte, bereits am Vortag mitgeteilt wurde: ›Dies wurde noch mit einigen Details ergänzt, die es mir zumindest nicht unwahrscheinlich erscheinen ließen, dass dort Wahrheit enthalten sein könnte, also diese Kette, dass von Mol durch die Firma Transnuklear via Lübeck waffenfähiges Material – wie auch immer deklariert – nach Libyen oder Pakistan geliefert worden sei.‹

Der CDU-Abgeordnete Laufs meldete sich und fragte: ›Ist bekannt, welcher Art der Inhalt der zwei verschwundenen Fässer war, damit man sich ein Bild machen kann über die Menge von spaltbaren Materialien, die hier unter Umständen verschoben worden sind?‹

In der aufgeputschten Sitzungsatmosphäre prasselten jetzt immer neue Fragen der erregten Abgeordneten auf die beiden Minister ein. Zum Teil soufflierten sie sich gegenseitig die Antworten. Der GRÜNEN-Abgeordnete Otto Schily wollte von Weimar wissen, ›ob Sie die Antwort des hessischen Ministerpräsidenten

Wallmann bestätigen können, dass ein konkreter Verdacht des Verstoßes gegen den Atomwaffensperrvertrag besteht‹. Es war auch Schily, der in dem schon bald zusammengetretenen Bonner Atomuntersuchungsausschuss gezielte Fragen nach den Todesumständen der beiden umgekommenen Manager aus den Atomunternehmen stellte.

Volker Hauff warf ein, dass Wallmann am Nachmittag laut einer Agenturmeldung wörtlich gesagt habe: ›Es gibt solche Verdachtsmomente.‹

Hauff geriet in Fahrt: ›Wenn die Verdachtsmomente bestehen, sind ja Probleme der äußeren Sicherheit unseres Landes angesprochen, und zwar in eklatanter Weise. Ist der Bundesjustizminister über die Vorgänge informiert? Ist die Frage geprüft, ob es hier Anlass gibt, dass der Generalbundesanwalt sich in diese Angelegenheiten einschaltet angesichts der Gefährdung der äußeren Sicherheit?‹

Die Worte Hauffs wirkten wie die Narkose mit dem Gummihammer. Alle waren still, wie gelähmt. Diesen Moment nutzte Minister Weimar. Er ging über Hauffs Einwurf hinweg und riss mit seiner Antwort auf Schilys Frage die Sitzungsteilnehmer aus der Starre: ›Zum ersten Punkt, Herr Schily! Es besteht wohl ein Verdacht, dass hier entsprechende Verletzungen der Proliferationsverpflichtungen (Zurufe von der SPD: Non-!) vorliegen könnten.‹

Gerhart Baum, bis 1982 Bundesinnenminister, empfahl Weimar daraufhin, mit der belgischen Regierung Kontakt aufzunehmen. ›Belgien ist Mitunterzeichner des Nonproliferationsvertrages ... Eine zweite Empfehlung ist, die Internationale Atomenergieagentur einzuschalten, die ist dafür da, die Einhaltung des Vertrages zu überwachen. Das hat ja schon eine Dimension, die weit über Hanau und die dortige Staatsanwaltschaft hinausgeht – diese dort in allen Ehren‹, erklärte Baum, ›sie wird ermitteln, aber das muss auf eine internationale Ebene ... gebracht werden.‹

Im Laufe der weiterhin erregten Diskussion erinnerte Minister Töpfer daran, dass bereits am Vortag im Plenum des Bundestages darauf hingewiesen worden sei, dass es ein Nassveraschungsverfahren von Eurochemic (in Mol) gebe. Er erläuterte den Abgeordneten, ›dass (damit) aus schwachmittel-radioaktiven Abfallstoffen aus Wiederaufarbeitungsanlagen (der) Eurochemic eine ... Plutoniumgewinnung möglich ist‹.

Nach diesem Statement musste Töpfer für einen Moment den Saal verlassen. Da meldete sich der Vertreter des Auswärtigem Amtes, Dr. Pabsch, zu Wort. Er zählte auf, welche wirksamen Strafaktionen der Gouverneursrat der Internationalen Atomenergie-Organisation in Wien einleiten könnte, sollte sich tatsächlich bestätigen, dass von Deutschland, nämlich über Lübeck, spaltbares Material ungenehmigt ins Ausland, zum Beispiel nach Libyen oder Pakistan, geliefert wurde.

›Falls die Abzweigung signifikanter Mengen spaltbaren Materials ... festgestellt werden sollte – aber dies ist jetzt hypothetisch‹, erklärte der hohe AA-Beamte, ›würde folgendes weitere Verfahren in Gang gesetzt: Die Inspektoren würden dem Generaldirektor der IEAO Mitteilung machen. Der Generaldirektor würde, wenn er den Fall für ernsthaft genug hält, den Gouverneursrat der IEAO unterrichten. Der Gouverneursrat würde den Staat, in dem dies vorgekommen ist, auffordern, dazu Stellung zu nehmen und versuchen, sich Gewissheit zu verschaffen, dass dieses fehlende Material nicht für militärische Zwecke verwendet worden ist. Der Staat müsste also praktisch einen positiven Nachweis erbringen.‹

Im Sitzungssaal des Bundestages herrschte nun, nachdem eben noch einige Abgeordnete wegen des aufgeregten Stimmengewirrs zur Ruhe gemahnt hatten, absolute Stille. Jeder wollte hören, welche Folgen der Hanau-Skandal für die Republik nach sich ziehen konnte. Kaum einer von ihnen wusste exakt, welche Strafen drohten. In diese Stille hinein setzte Pabsch zum Schlussspurt an: ›Erst dann, wenn in einem erheblichen, politisch relevanten Umfang Abzweigungen von nuklearem Material festgestellt worden sind, könnte der Gouverneursrat beschließen, eine solche Verletzung dem Sicherheitsrat der Vereinten Nationen zur Kenntnis zu bringen. Er könnte gleichzeitig auch beschließen, dass die Vorteile der Mitgliedschaft bei der IAEO suspendiert werden, ja die Sanktionen könnten so weit gehen, dass die Mitgliedschaft in der IAEO überhaupt suspendiert wird.‹

In den Gedanken mancher Abgeordneten war das, was Minister Weimar am Tag zuvor nachmittags noch als Hinweis und Vermutung mitgeteilt worden war, inzwischen bereits zum Fakt geworden. In ihren Gedanken waren diese zu Tatsachen gewordenen Hinweise dann schon bei den Vereinten Nationen bei der IAEO in Wien, eben auf der Weltbühne angelangt. Deutschland stand in ihren Augen am Pranger der Weltöffentlichkeit. Alle Barrieren waren gefallen. Alles war denkbar. In diesem Augenblick vermischten sich in den Köpfen einiger Abgeordneten die Gedanken an den Lübecker Hafen, die beschriebenen Atomtransporte nach Pakistan und Libyen mit dem Bild des in einem Genfer Hotel auf mysteriöse Weise umgekommenen Ex-Ministerpräsidenten von Schleswig-Holstein, Uwe Barschel.

Doch schon bald wurde das, was manche gefühlsmäßig und gedanklich so durcheinandergewirbelt hatte, von langer Hand wieder geordnet. Dem Bundestagsuntersuchungsausschuss, der sich rund zwei Monate später mit dem Hanauer Atomskandal befasste, signalisierte Oberstaatsanwalt Farwick, noch während der Ausschuss tätig war, es gebe ›0,0-Beweise‹ für den angeblichen Proliferationsverdacht. Der hessische Justizminister Karl-Heinz Koch, der Vater des späteren Ministerpräsidenten Roland Koch, teilte dem Untersuchungsausschuss später mit, dass Farwick die Beendigung der Vorermittlungen ›im Zusammenhang mit einer möglichen Verletzung des NV-Vertrages vom Boden der Bundesrepublik Deutschland‹ verfügt habe.

Im Abschlussbericht des Ausschusses wurden die Rechercheergebnisse der *STERN*-Mitarbeiterin zum Komplex Neue Metallhüttenwerke zwar weitestgehend bestätigt, aber zur Frage der Besitzverhältnisse dieser Firma, also zu der Frage, ob das Unternehmen sich wirklich im Besitz der Gokals befand, hieß es dort: ›Dies ... müsste aber erst bewiesen werden.‹ Wirklich?«

43

Bonn, Redaktion des *Energy Report*

Rainer Mangold schüttelte so heftig den Kopf, dass Overdieck überrascht aufsah.

»Juckt es dich irgendwo?«

»Wenn du so willst. Ich hätte große Lust, diesen Ärschen da im Ausschuss, die solchen Mist verzapfen, mal richtig die Meinung zu geigen! Was die hier alles aus schierer Höflichkeit mit Fragezeichen versehen haben, hätten die alles sauber selbst ermitteln können.« Mangold grinste hämisch. »Da wären einigen Leuten nicht nur die Augen weit aufgegangen, die Galle wär denen hochgekommen. Wenn ich so was lese, Taps, krieg ich so einen Hals!« Er legte seine Rechte um seinen langen schmalen Hals.

»Wenn die gewollt hätten, Schnüffel! Nur, wenn die gewollt hätten ...«

»Wenn da mal einer mit solchen Grizzly-Tatzen wie du mal richtig auf den Tisch gehauen hätte, dann hätten die ganz schnell gewollt! Aber mal im Ernst, selbst wir konnten doch mit Links recherchieren, dass den Gokals sogar das Grundstück der Neuen Metallhütte gehörte. Sie hatten es von einem namentlich bekannten Konkursverwalter aus einer vorangegangen Unternehmenspleite erworben. Das Lübecker Grundbuchamt hätte das auch dem Ausschuss sicherlich jederzeit bestätigt. Zudem besaß der Bund selbst zu der Zeit rund 60 000 Quadratmeter auf dem Riesengelände. Die Gokals sind sozusagen Nachbarn gewesen. Außerdem werden die im Bund befindlichen Grundstücke und Beteiligungen vom Bundesfinanzminister verwaltet. Das ist zu der Zeit gewesen, als Gerhard Stoltenberg Ministerpräsident von Schleswig-Holstein war. Der war bestens vertraut mit den Lübecker Verhältnissen. Die NML, wie die Hüttenwerke sich abkürzten, waren ein bedeutender Wirtschaftsfaktor im Land.«

»Das hat ja wohl auch sein Nachfolger Uwe Barschel so gesehen ... Und vor allem sein Wirtschaftsminister Biermann. Aber lass uns weiterlesen, Schnüffel. Ich will schnellstmöglich fertig werden. Wir sollten auch gleich mal den Fernseher anmachen. Draußen muss ja der Teufel los sein, wie Vanessa eben gesagt hat.«

Overdieck beugte sich wieder über das Manuskript.

»Während Barschels Regierungszeit erhielten die Hüttenwerke Förderungen aus Steuergeldern in Millionenhöhe. Wie viel es genau war, damit wollte die Regierung nicht herausrücken. Für diesen Geldsegen zeichnete das Kieler Wirtschaftsministerium verantwortlich.

Minister war Dr. Manfred Biermann, ein Ziehkind und Favorit von Barschel. Biermann wird im weiteren Geschehen noch eine wichtige Rolle spielen. Auch die EG förderte das Unternehmen mit mindestens acht Millionen D-Mark. Die Anträge dazu wurden vom Kieler Wirtschaftsministerium unterstützt.

Sind alle diese Fördermittel ohne Kenntnis der wahren Eigentümer und Besitzverhältnisse geflossen? Wussten alle Beteiligten überhaupt genau, welche Gesellschaft sie da fördern? Wussten sie nicht, wer Abbas Kassimali Gokal war? Oder wussten sie es und taten es dennoch? Für die letztere Variante spricht vieles.

Abbas Gokal, der Eigentümer der Neuen Metallhüttenwerke, war zu der Zeit in den Fünfzigern, eine elegante Erscheinung. Das konnten auch die Mitarbeiter der Neuen Metallhüttenwerke in Lübeck feststellen, wo er sich gelegentlich sehen ließ. In seinen besten Zeiten war Abbas Gokal nicht nur in der altehrwürdigen Hansestadt Lübeck Gast in erlauchten Zirkeln. Er war auch in der Genfer High Society zu Hause. Mit seinen Firmen Gulf Invest und anderen mit ähnlich klingendem Namen residierte er dort in einem Gebäude mit Glasfassade unter exklusiver Adresse am Rond Point von Rive in Genf. Er war ein Mann von Welt.

Fast überall besaß er Firmen oder war daran beteiligt. Er war der Intimfreund von Agha Hasan Abedis, dem Gründer des pakistanischen Finanzimperiums BCCI. An dem Unternehmen seines Freundes besaß er Anteile. Prinzen und ehemalige US-Minister saßen in den Aufsichtsräten der mehr als vierhundert Niederlassungen, die über die ganze Welt verstreut waren. Es gab auch wirtschaftliche Verbindungen zu Osama bin Laden. Die BCCI, das war vor allem Agha Hasan Abedis, hatte sich mit Krediten an verschiedene Regierungen viele Türen geöffnet, die sonst verschlossen geblieben wären. Abedis baute mit diesen Verbindungen ein dem äußeren Anschein nach gewaltiges, weltweit tätiges Finanzimperium auf. Die tatsächlichen Summen, die durch die Bücher der vielen BCCI-Gesellschaften gingen, ihre wahren Bilanzen, kannte niemand genau.

Die Beziehungen der Gokals reichten bis in die pakistanische Staatsspitze. Diese trachtete angesichts der Erfolge des Erzrivalen und Nachbarn Indien auf dem Gebiet der Atombomben-Entwicklung ebenfalls mit allen Mitteln nach der Technik und dem Stoff für den Bombenbau.

Zusammen mit seinen Brüdern steuerte Abbas Gokal während dieser Zeit vor allem ein weltweites Schifffahrtsimperium. Mehr als hundert Schiffe fuhren für sie auf allen Weltmeeren. Sie betrieben zugleich ein Handelsimperium für tropische Früchte, Öl. Und, ganz wichtig: Industrieabfälle. Der Firmensitz mit Privatkai im ziemlich unzugänglichen, unübersichtlichen Gelände des Lübecker Hafens, war auch dafür ideal gewählt. Er lag unweit der wohl größten europäischen Giftmülldeponie, quasi am Ostufer des Lübecker Hafens auf dem damaligen DDR-Gebiet.

Doch plötzlich ging ein Riss durch die glänzende, blendende Fassade. Das Sein wurde zum Fast-Nichts. Wie bei Genske, dem Topmanager von Transnuklear. Der hatte auch das schöne Leben in den feinsten Hotels der Welt genossen und saß plötzlich in einer kahlen, kaltweißen Gefängniszelle in Hanau. Abbas Gokal fand sich in einer eben solchen Zelle des *HM Maidstone Prison* in der englischen Grafschaft Kent wieder. Er war der Häftling mit der Nummer 2354. Und das sollte er über vierzehn Jahre bleiben.

Was war passiert? Nicht viel. Hinter der glänzenden Fassade war auf einmal das zum Vorschein gekommen, was immer schon da gewesen war.

Abbas Gokals Geschichte handelt von Lug und Betrug. Die BCCI, an der die Gokals beteiligt waren, stürzte Anfang der Neunziger in sich zusammen. Es stellte sich heraus, dass Gläubiger in aller Welt um mehr als zwölf Milliarden Dollar betrogen worden waren. Abbas Gokal und seine übrigen Gesellschaften standen dabei mit über einer Milliarde Dollar in der Kreide.«

Overdieck schreckte hoch. Mangold hatte ihn kurz angestupst.

»Ich wollte nur wissen, ob du noch lebst. Du gibst ja keinen Mucks von dir. Sitzt da, wie ein in Stein gehauenes Denkmal und stierst auf das Manuskript.«

»Wenn du nicht mein liebster Kollege wärst, Schnüffel«, sagte Overdieck und schüttelte scherzhaft die Faust, »dann würde ich dir jetzt ...«

Mangold zog grinsend den Kopf ein.

»Mensch, ich hab mir gerade die mehr als zwölf Milliarden Dollar Schulden durch den Kopf gehen lassen. Eine Milliarde hatte immerhin der Abbas Gokal angehäuft. Dabei hat der Millionen Steuergelder aus Kiel und Brüssel für seine Metallhüttenwerke kassiert!«

»Aber mich wundert was ganz anderes«, sagte Overdieck, »nämlich, dass die Gokals das alles überlebt haben. Abbas und sein Bruder, der da ja auch tätig gewesen sein soll. Bei den Geschäften, die die beiden betrieben haben, mit so vielen Dunkelmännern an Bord.«

»Abbas Gokal haben sie dann ja erstmal mal in London eingebuchtet.«

»So ganz sicher ist das ja auch nicht immer, wie wir von Genske und anderen Fällen wissen.«

»Richtig, Gerd. Aber der Gokal hat in seiner Zelle, wie auch immer, überlebt. Glück gehabt. Aber wenn ich deine sibyllinischen Worte richtig deute, meinst du, wenn der Abbas Gokal schon solche kriminellen Geschichten überlebt hat, muss es bei

Barschel, der ja nicht überlebt hat, um ganz andere Dimensionen gegangen sein. Um die ganz große Politik.«

»Und womit wird ganz große Politik gemacht, du Schnüffeltier? Sonst riechst du doch schon den Braten auf der Straße, wenn das Fleisch gerade erst in der Pfanne ist.«

»Natürlich mit dem Stoff für die Atombombe und allem, was sonst noch dazugehört. Da bringst du mich auf was! Während wir hier so seelenruhig am Schluss unserer Story rumfummeln, haben die Terroristen vielleicht schon irgendwo was hochgehen lassen. Lass uns voranmachen. Wir müssen fertig werden, Taps.«

»Okay, machen wir weiter.«

»US-Senator John Kerry leitete den Senatsausschuss, der den Skandal der BCCI-Bank untersuchte. An den Geschäften und Aktivitäten dieser Bank waren neben den Gokals auch Terroristen und Mörderbanden wie die Abu-Nidal-Organisation (ANO) beteiligt. Libyen, der Irak und Syrien unterhielten enge Kontakte zu dem als Berufskiller verschrienen palästinensischen Terroristen Abu Nidal. Der israelische Mossad wird bis heute ebenso verdächtigt, Abu Nidal bei verschiedenen Anschlägen gesteuert zu haben. Arabische Geheimdienste kamen Abu Nidal auf die Schliche. Sie fanden heraus, dass der ›Vater des Kampfes‹, wie sein Name übersetzt lautete, über Tarnorganisationen in Pakistan und Saudi-Arabien Kontakte zum Al-Kaida-Netzwerk hergestellt hatte. Ihm werden mindestens zwanzig Anschläge zur Last gelegt, bei denen mehr als neunhundert Menschen starben oder verletzt wurden. Abu Nidal war auch in die Londoner Bankgeschäfte der BCCI eingebunden.

Ein Großteil der Bankgeschäfte der BCCI bestand in Geldtransaktionen von mehr als dreitausend Drogen- und Waffenhändlern. Gaddafi und auch der Drogendealer und ehemalige Regierungschef von Panama, Noriega, nutzten die Bank. Schließlich hieß die BCCI nur noch ›Bank for Crook und Criminal International‹, sinngemäß: die Bank der Betrüger und internationalen Kriminellen.

Nachdem Kerry tief in die Geschäfte der BCCI geblickt hat, fasst er voll bitterem Spott seine Erkenntnisse zusammen: ›Benötigen

Sie ein Mirage-Kampfflugzeug für Saddam Hussein? BCCI macht's möglich. Brauchen Sie Waffen für den Nahen Osten, womöglich sogar Atomwaffen? Wen rufen Sie an? BCCI. Möchten Sie Drogengelder in Sicherheit bringen? BCCI erledigt auch das.‹

Bei der BCCI gab es ›Schwarze Einheiten‹. Diese unterhielten überall dort, wo die Bank tätig war, eine Art Spionagenetz. Sie übernahmen die Beschattung von Personen, hörten ihre Telefone ab. Und wenn nötig, wurden diejenigen, die den Zielen der BCCI im Wege standen, erpresst. Oder es wurde zum letzten Mittel gegriffen.

Bei den Aktionen der BCCI leistete das Gokal-Imperium tatkräftige Hilfe. Ein ehemaliger Mitarbeiter der Gokal-Hauptniederlassung in Karachi, dem Stammsitz der Familie (hier wurde Abbas Gokal geboren), erklärte Reportern des englischen *Guardian*, die Gokals seien während der ganzen Zeit des Iran-Irak-Krieges der Haupttransporteur von Waffen und Kriegsmaterial für den Iran gewesen. Sie hätten alles für den Iran getan. Wirklich alles, hatte er noch einmal betont. Sie seien vor allem aber in einen hochgeheimen Atomdeal unter Beteiligung von Libyen, Pakistan und Argentinien eingebunden gewesen, hatte der Gokal-Mann den Reportern erklärt.«

Overdieck schüttelte sich und rief laut: »Sogar eine eigene Halsabschneidertruppe hatten die!«

»Geht's nicht ein bisschen leiser?«, beschwerte sich Mangold. »Aber du hast ja recht, das war ja damals schon eine irre Geschichte! Aber wir sind uns doch einig, Taps, das ist alles im ganz weit entfernten Ausland passiert. Hier in Deutschland, ich meine in Lübeck und auch vor unserer Haustür, in Genf, hat sich die Gokal-Gruppe doch immer anständig benommen.« Er lächelte Overdieck treuherzig an.

Overdieck grinste zurück: »Das zu beurteilen, mein Lieber, überlassen wir lieber denen, die die Truppe und ihn selbst kennengelernt haben. Und denen, die unsere Story lesen.«

»Aber die, die das damals mitgekriegt haben oder sogar dabei waren, wollen sich ja nicht die Zunge verbrennen. Die sagen ja nichts! Ist zwar alles schon lange her, aber die scheinen auch einer Omerta, einem Schweigelöbnis zu folgen wie die RAF.«

»Vielleicht sollten wir in die Geschichte noch reinbringen, dass über die Bank auch die Gelder der CIA gelaufen sind«, schlug Overdieck vor. »Der Mitarbeiter des Nationalen Sicherheitsdienstes der USA, Oberstleutnant Oliver North, den irgendjemand der Zeugen bei den Barschel-Ermittlungen mal zusammen mit dem CDU-Politiker auf einem Foto gesehen haben will, hat da ja eine zentrale Rolle gespielt.«

Vor Freude darüber, dass sich ihre Recherchen so gut zusammenfügen ließen, klatschte Mangold in die Hände. »Die CIA war immer dabei. Während des Iran-Irak-Krieges haben die Amis Waffen an den Khomeini geliefert ...«

»Und eine Menge Waffen, wie wir vom Ex-Mossad-Agenten Ostrovsky wissen, wurden über Kiel geschleust«, fiel ihm Overdieck ins Wort. »Und der Mossad hat zugleich dafür gesorgt, dass auch der Irak über diesen Weg versorgt wurde. Sollten diese beiden Staaten sich doch gegenseitig mal so richtig ins Knie schießen. Dann konnten sie auch nicht mehr gegen Israel aufstehen.«

»Dieser Oberstleutnant North hat da zwar an den Strippen gezogen, aber der Ostrovsky hat auch behauptet, dass das alles mit Wissen des BND passiert sei. Das glaub ich auch. Wenn ich mir vorstelle, was da hinter den Kulissen alles abgegangen ist, so dicht an der DDR. Wo sich die Schlapphüte fast auf die Füße getreten sind. Und die DDR war immer mit dabei. Die verdiente sich mit dem Durchschleusen der Waffen Devisen, die sie dringend zum Überleben brauchte. Der Große Alex, wie sie den Chef der KOKO in der DDR auch nannten, der Schalck-Golodkowski hat ja mit seinen Firmen IMES und ITA mehr als eine Milliarde Umsatz mit Waffen gemacht. Für Hunderte Millionen sind an Iran und Irak und Libyen geliefert worden.«

»Bevor du den Faden endlos weiterspinnst, möchte ich noch mal zu den Aussagen der Kollegen vom *Guardian* kommen. Die

Aussagen liegen uns ja vor, danach haben sich die Gokals mit ihren über hundert Schiffen mächtig für den Iran ins Zeug gelegt. Die haben die ganze Kriegszeit über Waffen und jede Menge Kriegszeugs transportiert. Und waren in einen geheimen Atomdeal, auch mit Pakistan und Libyen involviert. Passt ja alles wunderschön, wird man uns ja wieder entgegenhalten. Aber, dann kommt als Nächstes, wo ist der Lieferschein? Ja, wenn ihr den nicht vorweisen könnt, bleibt das reine Spekulation.«

»Geb ich dir recht, mein Lieber«, sagte Mangold. »Aber die sogenannten Spekulationen werden immer dichter. Du wirst sehen, die enden mit einem direkten Stoß auf die Brust der Geheimdienste. Das alles ist doch eindeutig. Und wenn die nicht alles über Barschels Tod und was drum herum passiert ist, aussagen wollen, beschädigen sie die Demokratie mehr als die ganze Sache mit dem Wulff, unserem Ministerpräsidenten ... Tschuldigung, Bundespräsidenten, der auch vorher Ministerpräsident war. Ich bin schon ganz durcheinander.«

»Noch mal zu dem Ostrovsky«, sagte Overdieck. »Ich wollte das eigentlich nicht in unserer Geschichte drin haben. Ist ja schon oft genug drüber debattiert worden. Aber wir kommen nicht dran vorbei, wir müssen das reinbringen. Ostrovsky hat zwar immer erzählt, dass Barschel gegen die Waffenlieferungen gewesen sei, die die Amis zusammen mit den Israelis über Kiel und Dänemark nach Teheran transportiert haben. Mit den Dänen soll es da dann irgendwann Schwierigkeiten gegeben haben, weswegen sie nach Kiel verlegt worden seien.«

»Das ist doch alles Quatsch! Die Atomtransporte liefen damals doch auch über Dänemark.«

»Eben, Schnüffel, eben! Das mein ich ja. Ich bin sicher, da ging's um ganz andere Sachen. Nicht nur um konventionelle Waffen. Da sind auch Atomtransporte über Schleswig-Holstein, über den Lübecker Hafen, gegangen, wie wir wissen und ja auch Gott sei Dank belegen können. Da wurde mit ganz anderem Waffenmaterial hantiert. Der Ostrowski hat da wohl was verwechselt.«

»Aber den hätte man ja im Rahmen der Ermittlungen zu den Hintergründen von Barschels Tod wenigstens mal befragen können.«

»Nicht können, müssen!«, rief Overdieck. »Den hätte man befragen müssen, wie er überhaupt die Stirn haben konnte, so eine Geschichte in die Welt zu setzen, dass ein Mossad-Team den Barschel ermordet habe. Und dann auch noch haarklein zu beschreiben, wie das abgelaufen ist.«

Mangold schüttelte den Kopf. »Ich kann's bis heute nicht glauben, dass man so was in Deutschland in einem Buch haarklein ausbreiten kann und keiner geht dem nach und will wissen, was für eine große Geschichte dahinter steckt. Aber bei dem Wulff muss die letzte Rechnung für eine Party umgedreht werden! Ich hab ja mal bei dem Verlag in München angerufen, der das Buch von Ostrovsky herausgegeben hat, und gefragt, ob sie im Zusammenhang mit dem Buch nicht irgendwelche Schwierigkeiten bekommen hätten. Normalerweise taucht doch dann ein Team vom Verfassungsschutz auf und durchforstet die Unterlagen. Oder wenigstens ruft einer von denen mal an. Die haben mir erklärt, sie hätten von sich aus, also freiwillig ihre Unterlagen an die Staatsanwaltschaft geschickt, damit sie aus dem Schneider sind. War wohl auch so. Sie haben nie wieder was von denen gehört. Und dann hab ich das Buch von dem Wille, dem Leitenden Oberstaatsanwalt im Barschel-Verfahren gelesen, du weißt ja, ›Ein Mord, der keiner sein durfte‹. Spätestens da ist mir vieles klar geworden. Der hat ja beschrieben, dass die Staatsanwaltschaft damals durch verschiedene vorgesetzte Dienststellen stark behindert wurde.« Mangold machte eine Pause und sah seinen Kollegen nachdenklich an. »Aber lassen wir das, so kommen wir ja auch nicht weiter. Wir haben ja unsere eigenen Recherchen zum Lübecker Hafen. Da ist der ganze Atomstoff weggekommen. Das ist sicher. Und in diese Richtung ist nicht ermittelt worden oder durfte nicht ermittelt werden. Oder die haben da gar keinen Zusammenhang zum Barschel gesehen. Was mich dann auch wieder sehr wundern würde ...«

»Jetzt hol mal Luft, Schnüffel, sonst verausgabst du dich noch«, sagte Overdieck lachend. »Was im Einzelnen weggekommen ist, stellen wir am besten in einen Kasten zu unserer Story dazu. So können sich die Leute ein Bild machen, was da alles unauffindbar geblieben ist. Dann stehen denen bestimmt die Haare zu Berge und sie fragen sich, wie sicher hier alles ist, was mit dem Atomaren zusammenhängt!«

»Jetzt wird's richtig spannend«, sagte Mangold und rieb sich die Hände. »Die Gokals mit ihrem eigenen Anlegekai ganz hinten im Lübecker Hafen konnten mit ihren Vertrauensleuten hantieren, wie sie wollten. Da ist mit Sicherheit eine Menge abgegangen. Und der Mossad hatte genauso ein Auge darauf wie die CIA, die sich ja über die Jahre ganz mächtig für den Hafen und das angrenzende DDR-Gelände interessiert hat. Aber auch unser BND war immer dabei. Noch bis in die neunziger.«

»Die Geschäftsführung der Neuen Metallhüttenwerke hat zwar dementiert, dass das Unternehmen irgendetwas mit illegalen Atomtransporten zu tun gehabt habe«, resümierte Overdieck. »Aber die musste davon ja auch nicht unbedingt was wissen. Dafür wurden vermutlich besondere Einheiten eingesetzt.«

»Da ist aber auch von offizieller Seite eine Menge vertuscht worden. Weder die Staatsanwälte aus Hanau, die ja zunächst mit gerade mal zwei LKA-Beamten den größten deutschen Atomskandal aufrollen sollten, noch die Lübecker Staatsanwaltschaft haben energisch herauszufinden versucht, wo der ganze hochbrisante Atomstoff geblieben ist, der da nachweislich verschwunden ist.«

»Die Gokals konnten doch den wertvollen ›Abfall‹ per Schiff direkt um die Ecke nach Rostock bringen«, sagte Overdieck. »Oder ihn problemlos und unbehelligt per Bahn ein paar hundert Meter weiter über die Grenze zur DDR transportieren. Da wurde ja nichts überprüft, nichts gecheckt. Und jenseits der Grenze waren die immer hochwillkommen und wurden mit großem Hallo empfangen. Die Partner auf DDR-Seite lieferten willig weiter und verdienten daran. Schon seit 1979 war Dr.

Schalck-Golodkowski, der Leiter des drüben neu geschaffenen Bereiches Kommerzielle Koordination, kurz KOKO, allein für die Devisenerwirtschaftung aus ›Müll-Geschäften‹ verantwortlich.« Das Wort »Müll« bellte Overdieck regelrecht heraus.

»Und vieles von dem was über den Lübecker Hafen ›entsorgt‹ wurde, war atomarer ›Abfall‹«, sagte Mangold mit einem zynischen Lächeln. »Der zuständige Bonner parlamentarische Untersuchungsausschuss hat ja inzwischen festgestellt, dass der Müllhandel eine reichlich sprudelnde Deviseneinnahmequelle für die DDR gewesen ist. Die Gewinne flossen dem Bereich KOKO zu. Wir haben ja auch die Kontonummer dazu, irgendwas mit 559 der HA II.«

»Es waren ja wirklich äußerst wertvolle ›Abfälle‹, die da angeliefert wurden. Diejenigen, die sie brauchten, wie Pakistan – das Land bastelte ja bereits an der Atombombe –, aber auch der Iran, waren bereit, märchenhaft viel Geld dafür hinzublättern. Da kassierten aber auch diejenigen, die das Zeug angeliefert hatten.«

»Und nach wie vor stellt sich die Frage, ob auch diejenigen kassierten, die die Genehmigungen für den ›Abfall‹-Tourismus erteilt haben. Denn es war natürlich nicht nur dieser atomare ›Abfall‹ zu entsorgen, auch ein großer Teil des Giftmülls aus europäischen Staaten, vor allem aber auch aus Westdeutschland wanderte auf die Schönberger Mülldeponie, die auf DDR-Gebiet direkt an der Lübecker Grenze lag.«

»Da gab es doch diesen Staatssekretär im Kieler Umweltministerium, der alle Genehmigungen für die Transporte nach drüben organisiert hat«, sagte Overdieck. »Der stand übrigens, wie wir inzwischen wissen, dauernd im Kontakt mit dem Chef der KOKO-Firma INTRAC, dem Eberhard Seidel, alias Siegfried. Der war gleichzeitig ja IM, also inoffizieller Stasi-Spitzel. Ich vermute, dass damals eine Menge Leute mitverdient haben.«

»Es gab ja auch das Gerücht, dass die Parteien ... Du weißt schon, was ich meine.«

»Und ob, Schnüffel. Aber wir waren ja bei Barschel. Ich bin mir sicher, dass das alles nicht an ihm einfach so vorbeigelaufen ist. Als Regierungschef wusste er, was da lief. Aber nicht nur

Barschel war durch seinen Umweltminister und dessen Staatssekretär, sehr gut informiert.«

»Genau deshalb hab ich dich wachgemacht«, sagte Mangold. »Für den Millionen-Segen aus Kiel war Barschels Wirtschaftsminister Biermann zuständig. Immer wieder Barschel. Das Kabinett war in alle wichtigen Dinge im Land eingebunden. Und damit war Barschel auch informiert. Der ließ doch bestimmt keine Steuermillionen, die da verschenkt wurden, einfach so an sich vorbeirauschen. Muss doch jeder wissen, wer da gefördert hat. Bringt doch Wähler ...«

»Den Biermann hat der Barschel dann schließlich gekippt. Das hat er noch von seinem Krankenbett aus durchgezogen, nachdem er mit dem Flugzeug abgestürzt war. Auch so eine mysteriöse Sache, die nie aufgeklärt wurde. Drei Monate vor der Wahl hat der den Biermann geschasst, im Juni 1987. Und rund vier Monate vor seinem eigenen Tod.«

»Der Biermann ist ja im gesamten Zusammenhang nicht unwichtig. Die Staatsanwaltschaft hat ja ermittelt, dass der noch in seiner Zeit als Steuerberater eine Generalvollmacht für ein Bankfach beim Schweizer Bankverein besaß, das einem von der Staatsanwaltschaft gesuchten Lübecker Baulöwen gehörte. Der hatte Millionen dahin transferiert. Diese Geschichte hatte der Stern ja bereits veröffentlicht.«

»Damit war's für den Biermann aus mit der Politik«, sagte Overdieck und beugte sich wieder über den Text.

»Ein Gutachten, erstellt im Auftrag der Hansestadt Lübeck, belegte, wie wenig die Atomtransporte durch den Lübecker Hafen überwacht worden waren. Die Ermittlung des gesamten Transportaufkommens radioaktiver Materialien war nicht mehr möglich. Akten wurden vernichtet oder schlampig geführt. Selbst Transporte mit hochangereichertem Material waren nicht wieder aufzufinden. Überhaupt konnten nur die Unterlagen ab 1986 eingesehen werden. Die Unterlagen bis 1985 waren bereits vernichtet worden.

Dieselbe *STERN*-Mitarbeiterin, die der Staatsanwaltschaft den Hinweis gegeben hatte, über die pakistanischen Eigentümer der

Neuen Metallhüttenwerke Lübeck und Töchterunternehmen könnte spaltbares Material nach Libyen und Pakistan verschifft worden sein, stellte fest, dass die Unterlagen mit einem Bus abtransportiert und im Heizkraftwerk des Lübecker Krankenhauses Süd verbrannt worden sein sollten. Dies entsprach insoweit offiziellen Angaben. Trotzdem bleiben große Zweifel.

Dem Hafenkapitän waren Unregelmäßigkeiten im Umgang mit den ihm anvertrauten Geldern nachgewiesen worden. Privates hatte er wohl mit Scheinrechnungen dem Amt in Rechnung gestellt. Die Lübecker Bürgerschaft forderte den zuständigen Wirtschaftssenator, Dr. Manfred Biermann, auf, den Mann zur Rechenschaft zu ziehen. Biermann, ein Ziehkind von Uwe Barschel, dachte nicht dran. Der Hafenkapitän wurde zwar entlassen, weitere Folgen hatte die Geschichte für den Mann aber nicht.«

Mangold schüttelte den Kopf. »Wie der Biermann das hingekriegt hat, ist mir ein Rätsel. Von Amts wegen wäre der ja verpflichtet gewesen, den Mann anzuzeigen und die Sache aufklären zu lassen.«

»Die Sache hat dem später, da hatte ihn Barschel schon zum Wirtschaftsminister gemacht, ja auch das Genick gebrochen. Die Geschichte war im Zusammenhang mit der anderen krummen Sache mit dem Baulöwen wieder hochgekommen«, sagte Overdieck. »Wir haben den ja damals nach den ganzen Sachen befragt: was er von der Sache mit dem Hafenkapitän wisse, ob er Gokal mal getroffen hat, ob er dessen Hintergrund kannte, was er von den Fördergeldern für Gokal wisse und so weiter.«

»Ich hab die Antwort hier unter den Papieren irgendwo liegen. Der hat ganz zielsicher erklärt, nach fünfundzwanzig Jahren wisse er von nichts mehr. Klar behauptet hat er allerdings, dass Abbas Gokal und dessen Hintergründe ihm nicht bekannt gewesen seien. Aber noch doller ist doch, dass der Hafenkapitän angeblich mit Atomakten beim Krankenhaus aufgetaucht ist, und die werden dann da angeblich so einfach mir nichts dir nichts verbrannt.«

Mangold tippte sich an die Stirn.

»Irre Vorstellung, Schnüffel. Da fährst du mit so einem Bus am Krankenhaus vor, und dann sage ich dir als der Leiter des Heizkraftwerkes vom Krankenhaus: ›Sonst verbrennen wir hier zwar was anderes, Herr Kapitän, aber heute machen wir für Sie eine Ausnahme. Kommen Sie! Atomakten haben Sie da? Prima, halten wir ein Streichholz dran. So ein Zeug wollte ich immer schon mal verbrennen!‹ Das glaubst du doch nicht im Ernst, oder? Da könntest du ja auch ohne Totenschein mit deiner Schwiegermutter oder sonst wem anreisen.«

»Können wir so nicht schreiben, Taps. Sonst macht das noch einer.« Mangold kicherte. »Klar, da muss was Schriftliches vorgelegen haben«, sagte er dann. »Oder, was mir noch plausibler erscheint, der Kapitän stand unter Druck und hat die Akten oder Teile davon, statt sie zu verbrennen, einfach beiseitegeschafft. Ist eine gute Lebensversicherung, hat der sich bestimmt gesagt. Und es ist ihm ja auch nichts weiter passiert. Der ist ja dann wohl still und heimlich aus dem Amt verschwunden.«

44

Bonn, Redaktion des *Energy Report*

»Noch mal, das hätte doch alles über den ganz versteckt liegenden Privatkai der Gokals hinten im Lübecker Hafen völlig unverdächtig und deshalb unbemerkt ablaufen können«, überlegte Mangold laut. »Ich glaub aber nicht, dass das so war.«

»Ich auch nicht«, sagte Overdieck und rieb sich die Augen. »Da haben mindestens drei Geheimdienste ein scharfes Auge auf den Hafen und auf Schlutup, den nicht weit entfernt liegenden Grenzübergang zur damaligen DDR, gehabt. Laut den uns vorliegenden Stasi-Unterlagen haben sich da CIA-Agenten mehr als zwanzig Jahre lang die Beine vertreten. Das bedeutet im Umkehrschluss, dass die Stasi selbst vor Ort gewesen ist. Wie wir von Ostrovsky und aus anderen Unterlagen wissen, hat auch der Mossad nicht gefehlt. Ja, und dann haben Unsere – der BND, das BKA und der Verfassungsschutz – die anderen Akteure natürlich voll im Blick gehabt. Da wurden auch Waffengeschäfte abgewickelt. Bis in die Achtziger war ja der BND selbst sogar noch an Lieferungen an den Iran und den Irak beteiligt. Wenn ich richtig rechne, waren da also nicht nur drei, sondern mindestens fünf verschiedene Schlapphut-Organisationen vertreten.«

Overdieck lehnte sich zurück und rieb sich die Augen.

»Fangen wir doch noch mal bei diesem Gokal-Unternehmen an«, sagte Mangold. »Die hatten da eine Kokerei, in der die aus Polen ankommende Kohle zu Kokskohle verarbeitet wurde. Rund vierhunderttausend Tonnen haben die jährlich produziert. Rund die Hälfte davon ging in die DDR und die andere Hälfte nach Finnland. Wer wollte denn die Kohlewaggons überprüfen, ob da sogenannter atomarer ›Abfall‹ drunter war? Wir wissen doch inzwischen, dass die weder im Lübecker Hafen, noch in Mol, noch sonst wo entsprechende Geräte hatten, um messen zu können, ob da zum Beispiel hochaktive, plutoniumhaltige ›Abfälle‹ versteckt waren.«

»Bei den Schiffen, die das Zeug zum Atomzentrum nach Studsvik oder von da zum Lübecker Hafen transportierten, war das ja nicht viel anders«, sagte Overdieck. »Hoch angereichert oder wie auch immer kam es aus Hanau in der Regel per Lastwagen an. Da hat erstens keiner die Ladung überprüft. Wie denn auch? Bestes Beispiel dafür sind doch immer wieder die Transporte nach Mol. Da wurde zweitens ja auch mit gefälschten Begleitpapieren gearbeitet. Und wie wir inzwischen aus den Stasi-Unterlagen wissen, haben diejenigen, die der DDR strategisch wichtige Güter zukommen lassen wollten – und darunter waren große renommierte deutsche Unternehmen – das genau so gemacht.«

Mangold winkte ab. »Gerd, ich hab zwar damit angefangen, aber ich seh schon, das ist eine unendliche Geschichte. Wir lassen das alles so stehen, wie es jetzt ist. Ich denke, es ist überzeugend genug. Aber es ist schon merkwürdig, dass sich keiner ernsthaft um das Verschwinden dieses sogenannten atomaren ›Abfalls‹ gekümmert hat. Warum wohl? Weil es letztendlich nicht nur um den ›Abfall‹ ging! Laut Hafenamtsunterlagen fehlten ja sogar auch neu produzierte Brennstäbe für Atomkraftwerke. Da ging es um Proliferation. Und das mit Wissen der Schlapphüte. Und irgendjemand von denen war letztendlich nicht mit allem einverstanden.«

»Ich glaub auch, dass es genügt, wie wir das dargestellt haben. Wird doch jedem klar, dass da was ganz oberfaul war. Aber jetzt lass uns rasch zu Ende lesen. Wir sollen ja gleich auch noch einen Blick auf die Passage werfen, die Sabine und Daniel über diese dubiose Geschichte mit dem Tritium für die amerikanischen Atomwaffen geschrieben haben. Das mit dem früheren CIA-Chef Robert Gates und diesem CIA-Agenten mit dem schönen Alias-Namen ›Don Frates‹.«

»Wer dem den Namen gegeben hat, war bestimmt ein großer Fan von Mafia-Filmen. Merkwürdig übrigens, wie gut der sich mit seinem DDR-Spitzel mit dem Alias-Namen Siegfried verstanden hat. Da blickt man nicht durch. Ein Sumpf ohne Ende. Und bei uns hier tickt jetzt nicht nur die nukleare Zeitbombe ...«, sagte Mangold mit einem schiefen Lächeln. »Ich hab fast nicht mehr dran gedacht, dass wir hier auch von irgendwelchen Dunkeltypen bedroht werden!«

»Da sagst du was, Schnüffel. Das hab ich tatsächlich auch ziemlich verdrängt. Ich frage mich, wieso wir noch keine neuen Drohungen erhalten haben. Keine SMS, keine Bilder aufs Handy. Entweder müssen die sich selbst vor der nuklearen Gefahr schützen, oder die Dunkelmänner sind die Terroristen, die uns bedrohen. Das wäre allerdings noch unschöner, wenn das Al-Kaida-Leute gewesen wären!«

Mangold nickte ernst. »Gerd«, sagte er, in solchen Momenten verzichtete er auf den Spitznamen, »ich bin total kribbelig. Lass uns, wenn wir hier durch sind, gleich den Fernseher anschalten. Nachdem die Kanzlerin in der Tagesschau die Erklärung abgegeben hat, muss inzwischen der Teufel auf den Straßen los sein. Interessiert mich jetzt doch, wie's nach der Erklärung der Kanzlerin auf den Straßen aussieht. Die hat ja alles andere als entspannt ausgesehen. Und die Mundwinkel ...«

»Hast recht, sie hat eine ganz schöne Flappe gezogen. Aber zurück zu unserer Story. Diese Atomtransporte hin und her, von Hanau nach Schweden und umgekehrt, waren schon so kaum noch nachzuvollziehen. Nachdem die Akten vernichtet wurden, bestand schon gar keine Chance mehr, den Durchblick zu bekommen. Vor allem, wenn du dir vorstellst, was da jährlich für atomare ›Abfall‹-Mengen im Lübecker Hafen ankamen. Rund die Hälfte des jährlich in Deutschland anfallenden Atom-›Abfalls‹ wurde über diesen Weg ›entsorgt‹. Der sollte eigentlich bei einer schwedischen Nuklearfirma landen. Vieles davon ist da ja aber gar nicht angekommen. Außerdem sind da ja neue Brennstäbe hingeliefert worden. Die haben da in Lübeck zwar immer wieder versucht, die Statistiken hinzufummeln, aber das ist ihnen nicht gelungen. Da ist es genauso zugegangen wie in Mol. Auf den Quittungen aus Bordellen, die bei TNH gefunden wurden, tauchen ja Mitarbeiter von mindestens drei großen schwedischen Atomfirmen auf.«

Mangold nickte. »Ist alles ziemlich eindeutig. Genskes Unterlagen belegen, dass mehrere schwedische Geschäftspartner Gelder schwarz kassiert haben, Einzelne bis zu zwanzigtausend Mark. Haben wir ja alles schriftlich.«

»Ich denke, bevor wir hier weiter rumquasseln, sollten wir uns besser um die Geschichte von Sabine und Daniel kümmern. Erstens erfahren wir, was da sonst noch los war, und zweitens muss die raus. Also bück dich endlich und lies das mit mir zusammen durch. Sonst muss jetzt der Grizzly mit der großen Tatze nachhelfen.«

Mangold grinste seinen Kollegen an, beugte sich über das Manuskript und murmelte etwas in sich hinein. Bei seiner dunklen, volltönenden Stimme war das aber immer noch laut genug, dass Overdieck jedes Wort hörte: »Irgendwann lege ich dir mal noch mal ein Gramm Plutonium unter den Arsch, mein Lieber. Dann hört das auf mit diesem Grizzly-Gehabe.«

Mangold hob den Kopf und brach in Lachen aus. »Und dann will ich dich mal richtig strahlen sehen«, prustete er.

»Erstmal haben ein Gewehr«, konterte Overdieck und stimmte in das Gelächter ein. »Komm, Schnüffel, du bist ja ein Guter. Lass uns jetzt lesen.«

»Lovestory zwischen CIA und Stasi
Mehr als fünfundzwanzig Jahre lang dauerte die enge Beziehung an. Es glich schon fast einer Lovestory, was sich zwischen den Herren aus dem Westen, CIA-Agenten aus der US-Botschaft am Rheinufer in der Bonner Deichmannsaue und den Herren von der anderen Seite, Stasi-Agenten aus Ostberlin, abspielte. Man verabredete sich regelmäßig zu verschwiegenen Dates. Meist traf man sich in einem Hotel in Lübeck oder in Hamburg.

Hauptlover der verschwiegenen US-Boys aus Bonn war Eberhard Seidel, stellvertretender Generaldirektor der DDR-Firma INTRAC, die zum Imperium des KOKO-Chefs, Alexander Schalck-Golodkowski gehörte. Das Unternehmen wickelte im Auftrag von Ostberlin alle

Embargogeschäfte ab. Das heißt, es war der Dreh- und Angelpunkt für die Beschaffung sogenannter strategischer Güter. Diese durften vom Westen eigentlich gar nicht geliefert werden. Aber es gab immer wieder Schlupflöcher. Die INTRAC gehörte zur Hauptabteilung XVIII/ 7 im Ministerium für Staatssicherheit, kurz Stasi, dem Inlands- und Auslandsgeheimdienst der DDR. Leiter der Hauptabteilung XVIII/ 7 war Oberstleutnant Fritz Teichfischer. Ein ehrenwerter Name – aber auch, wie für sein Metier erfunden.

Seidel war zugleich IMB, also ein hochrangiger, inoffizieller Mitarbeiter des Ministeriums für Staatssicherheit. Er besaß das Vertrauen seiner Führungsleute im Ostberliner Ministerium. Sein Deckname war ›Siegfried‹. Die verschiedenen CIA-Agenten, die er mit der Zeit näher kennenlernte, traten ihm ebenfalls unter ihrem Decknamen gegenüber. ›Don Frates‹ war einer von ihnen. Bei einem Besuch in Hamburg berichtete Seidel alias Siegfried seinem Führungsoffizier Fritz Teichfischer: ›Ich habe die bekannte Nummer in Bonn angerufen. Nach ungefähr 3 Min. war Don Frates am Apparat. Ich avisierte meinen Besuch ... in Hamburg, und wir haben uns verabredet. Ich bin nach den Verhandlungen mit der Lübecker Fa. mit einem Wagen dieser Fa. (es geht hier vermutlich um das Lübecker Unternehmen, das auf westlicher Seite die Müllgeschäfte der auf DDR-Gebiet, nahe Lübeck, liegenden Deponie Schönberg betrieb und wohl immer noch betreibt. Das Unternehmen wird im weiteren Verlauf der Geschichte noch eine wesentliche Rolle spielen) am späten Nachmittag nach Hamburg gefahren.‹

›Der Treffpunkt‹, schrieb Siegfried seinem Führungsoffizier weiter, ›war der Übliche im Foyer des Hotels (›Plaza‹) gerade gegenüber der Bar.‹ Nach zwei bis drei Drinks in der Bar gingen Siegfried und Don Frates dann in Begleitung eines weiteren CIA-Agenten mit dem Alias-Namen ›Manfred Winner‹ auf das Zimmer von Don Frates, weil Siegfried den Wunsch hatte, gegen neunzehn Uhr dreißig ein Interview ›... über das Problem Deponie Schönberg zu hören‹.

Weiter teilt Siegfried in dem Vermerk seinem Führungsoffizier Fritz Teichfischer mit, ›Frates ließ sich von mir den bisherigen

Stand dieses (Müll) Geschäftes erklären und den Zusammenhang mit dem Interview. Wir haben dann zu dritt das Interview gehört. Frates hat dieses Interview auf Band aufgezeichnet.‹

Don Frates und all die anderen CIA-Agenten, die sich mit Siegfried trafen, interessierten sich, wie die Stasi-Unterlagen ausweisen, sehr für die Giftmülldeponie, die auf dem direkt an das Lübecker Stadtgebiet angrenzenden DDR-Territorium lag. Hier erblühte die Spionagetätigkeit in alle Richtungen. Denn dorthin, zur Deponie, transportierten die meisten bundesdeutschen und viele europäische Unternehmen einen großen Teil ihres ›Abfalls‹. Diese ›Abfall‹-Mengen und die Art der Stoffe, die in den Begleitbriefen ausgewiesen wurden, ließen Rückschlüsse zu auf das, was wo produziert wurde. Aber vor allem: Hier wurden auch atomare Stoffe angekarrt, die die Staaten brauchten, die Atombomben bauen wollten. Vor allem ein Stoff wurde aber auch dringend von Staaten benötigt, die bereits über Atomwaffen verfügten, um ihre Atombomben fit zu halten: Tritium!

Die CIA-Agenten und die Ostspäher unterhielten sich bei ihren Treffs natürlich nicht nur über Müll und den sogenannten atomaren ›Abfall‹. Don Frates forderte Eberhard Seidel, alias Siegfried, auf, er solle seine Zusammenarbeit mit ihm in dem Sinne begreifen, dass seine Informationen dazu dienten, die Balance in der Welt aufrecht zu erhalten, und nur solche Balance garantiere den Frieden, und nur im Frieden könnten wir ja gut leben.‹

Beim Lesen des nächsten Berichts gingen Siegfrieds Führungsoffizier, Fritz Teichfischer, sicher die Augen über. Don Frates schimpfte darin ›auf Präsident Carter und sagte, Carter sei eine totale Niete in der Außenpolitik und würde nicht mehr von der CIA unterstützt. Er sagte wörtlich, der CIA‹, betonte Siegfried ausdrücklich noch einmal. Der Kandidat sei der jetzige Oberbefehlshaber in Europa, General Haigh, führte er dann weiter aus. ›Es gibt auch schon Bemerkungen von Haigh, dass er sich in ungefähr zwei Jahren um das Präsidentenamt, das Vizepräsidentenamt oder um den Posten des Verteidigungsministers bewerben werde.‹

Aus Unzufriedenheit über die Politik Carters reichte Haigh ein Jahr später seinen Rücktritt ein. Noch einmal zwei Jahre später wurde er Außenminister im Kabinett von Ronald Reagan. Dem war angeblich im Zusammenhang mit der Besetzung der US-Botschaft in Teheran und der damit verbundenen Festsetzung der amerikanischen Geiseln ein Komplott der CIA vorangegangen. Das führte wohl dazu, dass Carter die Präsidentschaftswahl gegen Ronald Reagan verlor, wie inzwischen aus Unterlagen zu ersehen ist.

Doch nicht nur mit Don Frates und seinen Co-Agenten aus Bonn unterhielt sich der DDR-IMB Eberhard Seidel alias Siegfried in dieser Weise.

Er traf sich auch über Jahre mit jenem Abteilungsleiter im Kieler Umweltministerium und späteren Staatssekretär im Umweltministerium von Mecklenburg-Vorpommern, der für die Genehmigung aller ›Abfall‹-Transporte zur Schönberger Giftmülldeponie im Raum Lübeck auf DDR-Gebiet zuständig war. Weiter hielt er engen Kontakt zu dem Lübecker Müll-Baron Adolf Hilmer. Dieser wiederum machte Karriere bei der FDP. Das Trio, bestehend aus Hilmer, dem anfänglichen Abteilungsleiter und späteren Staatssekretär Conrad und dem DDR-Spitzel Siegfried, traf sich mal in der Firma von Hilmer, mal im Hotel oder bei Hilmer zu Hause, wie die Berichte von Spitzel Seidel an seinen Teichfischer belegen.

So erfuhr Siegfrieds Führungsoffizier natürlich auch Privates. ›H. hat jetzt in einem Vorort von Lübeck ein neues Haus erworben ... sehr großzügig.‹ Über den Preis des Anwesens war der DDR-Spitzenagent natürlich auch informiert.

Wir ersparen es uns, diesen Betrag hier abzudrucken. Für Siegfrieds Führungsoffizier im Mielke Ministerium für Staatssicherheit schien aber folgende Information wichtig zu sein, die es ihm ermöglichte, das Verhältnis von Hilmer zu dem Ministerialbeamten Conrad besser einzuschätzen.

Zu einem gemeinsamen Treffen in Hilmers Haus schreibt Siegfried: ›Er (gemeint ist A. Hilmer, d. Red) hat auch Dr. Conrad mit seinem Wagen aus Kiel abholen lassen, damit er etwas trinken kann und wieder nach Kiel bringen lassen. Es war zu erkennen, dass Hilmer ein persönlich sehr gutes bis freundschaftliches Verhältnis zu Conrad hatte.‹

Der parlamentarische Untersuchungsausschuss in Bonn, der sich mit diesem Thema beschäftigte, stellte später fest, ›dass der IMB Siegfried seit 1978 engen persönlichen Kontakt zu Hilmer unterhielt und dessen berufliche und politische Entwicklung maßgeblich beeinflusst hat. Weiter wird konstatiert: ›Zur Unterstützung seiner Geschäftsinteressen trat H. 1983 der FDP bei.‹

Siegfried erfuhr von Hilmer, dass dieser ein besonders gutes Verhältnis zu FDP-Generalsekretär Helmut Hausmann, dem späteren Bundeswirtschaftsminister, hatte. Siegfried meldete aber auch nach Ostberlin, sein Lübecker Kontakt habe erklärt, dass auch Martin Bangemann und Otto Graf Lambsdorff – beide ebenfalls ehemalige Bundeswirtschaftsminister – sowie der langjährige Außenminister Hans-Dietrich Genscher schon einmal bei Hilmer zu Hause gewesen waren.

Im Verlauf seiner Spitzeltätigkeit wurde IMB Seidel von seinem Agentenführer Teichfischer vor allem beauftragt, ›seinen engen und vertrauensvollen Kontakt zum BRD-Bürger Hilmer, Adolf zu nutzen, um Informationen zu den gegenwärtigen Vorgängen in Schleswig-Holstein, zu den in diese Vorgänge integrierten Politikern (Barschel etc.) sowie solche Aufklärungsergebnisse zu erarbeiten, die eine objektive Einschätzung der Lage und der möglichen Entwicklung gestatten.‹

Das Duo, bestehend aus dem Müll-Spezi Adolf Hilmer und Peter Uwe Conrad, dem Abteilungsleiter aus einem Barschel-Ministerium, das von dem Stasi-Spitzel Eberhard Seidel, alias Siegfried, geführt wurde, war Teichfischer aus dem Ministerium für Staatssicherheit (MfS) aufgrund seiner jeweiligen Position, der damit verbundenen Kontakte und Informationen sicher Gold wert. Aber nicht nur Teichfischer schöpfte für den Chef des MfS, Erich Mielke, ab. Auch der BND profitierte angeblich davon. Denn Seidel arbeitete nachweislich im Auftrag des MfS auch mit dem BND zusammen. Und wurde auch von ihm bezahlt. Somit war auch der BND zumindest über das meiste informiert, was im Lübecker und Kieler Raum ablief.

Das Land Schleswig-Holstein war zu der Zeit, als dies alles passierte, von Vertretern der ausländischen und der eigenen Geheimdienste durchsetzt. Deren Tätigkeit reichte bis in die Kieler

Staatskanzlei. Auch dafür gibt es ausreichend Belege. Barschel war nicht so blauäugig, dass er davon nichts gewusst haben konnte. Eine entsprechende Äußerung ist in den Akten festgehalten. Umso nachdenklicher muss in diesem Zusammenhang die bis heute nicht ausreichend aufgeklärte Anzahl der Reisen stimmen, die der Kommunistenhasser Barschel in die auf dem Wege in den Kommunismus befindliche sozialistische DDR unternahm, von der jeder prominente Politiker wusste, dass er dort auf Schritt und Tritt beobachtet wurde.

Diese Reisen Barschels, die im Einzelnen nachvollziehbar sind, werfen viele bisher unbeantwortete Fragen auf. Es irritiert auch, dass er bei der Stasi angeblich unter dem Alias-Namen ›Graf‹ geführt worden sein soll. Dass es eine Akte ›Hecht‹ gab. Fest steht, dass er bei seinen Einreisen in die DDR Vorzüge genoss, die nur Gästen gewährt wurden, die das besondere Vertrauen der dortigen politischen Spitze besaßen. Während sein Vorgänger im Amt des Ministerpräsidenten, Gerhard Stoltenberg, an der Grenze, laut amtlicher Version, noch seinen Pass vorzeigen musste, fuhr sein Nachfolger Barschel tatsächlich durch, ohne ein Visum vorzulegen oder seine Papiere zu zücken.

Oberstaatsanwaltschaft Heinrich Wille erklärt in seinem Gesamtbericht zum Fall Barschel, solche Kontrollbefreiungen seien laut Dienstanweisung Nr. 2/72 des Ministeriums für Staatssicherheit möglich gewesen. Allerdings musste dazu die jeweilige Reise von ›ganz überragender Bedeutung‹ für politische oder wirtschaftliche Interessen der DDR sein.

Barschel musste in solch einem Bewusstsein gereist sein. Er gab sich während der Fahrten, die heute bekannt sind, überall dort, wo er sich jeweils aufhielt – ob in Bars oder Hotels, ob in Gegenwart von Frauen, die vermutlich von der Staatssicherheit auf ihn angesetzt waren – so frei, so ungezwungen und fast enthemmt, als fürchte er nicht die Spitzel, die ihn auf Schritt und Tritt beobachteten und Berichte an ihre Führungsoffiziere schrieben.

Oder die versteckten Kameras und Abhörwanzen in eigens dafür hergerichteten Hotelzimmern, die jeden Fehltritt eines Staatsgastes in Bild und Ton, jederzeit präsentierbar, festhielten. Staatssicherheitsminister Erich Mielke hatte dazu einen ›gesonderten Maßnahmeplan‹ genehmigt. Danach waren bei Barschels Besuchen ›alle politisch-operativ relevanten Vorkommnisse und Erscheinungen‹ zu erfassen. Auch die ›Bewegungsabläufe‹. Die Stasi-Operation lief unter dem Stichwort ›Ebene II‹.

Festzuhalten bleibt: Barschel lebte schon seit einer geraumen Weile im Westen, wie auch während seiner Aufenthalte im Osten, in der DDR, in einer Welt, in der er von Spähern fast in derselben Weise ausgeforscht wurde. Auch Barschels Haus in Mölln, nahe Lübeck, sei gezielt observiert und ›verwanzt‹ worden, zitiert Barschel-Parteifreund Werner Kalinka in seinem Buch ›Opfer Barschel‹ aus der Aussage eines Stasi-Majors.

Wir stellen das nicht infrage. Wir fragen uns jedoch: Wie konnte das passieren, obwohl das Haus des Ministerpräsidenten durch westliche Dienste mit technischen Sicherheitsvorkehrungen gegen solche möglichen Beschattungen ausgestattet wurde? Barschel wurde mindestens sechs Jahre lang durch die Stasi abgehört, zu Hause und im Auto. Ohne, dass das deutsche Dienste bemerkt hätten? Uns drängt sich der Eindruck auf: Es stand nicht mehr eindeutig fest, wer Freund war und wer Feind. Dieses Milieu, das einem Thriller entnommen sein könnte, machte den Hauptdarsteller inzwischen auch unruhig. Nach seinem Rücktritt als Ministerpräsident gestand er seinem geschäftsführenden Nachfolger Henning Schwarz, dass er ›erstmals Angst‹ habe.

Er sagt ihm aber nicht im Einzelnen, warum. Barschel notierte aber: ›Personen + Objektschutz wird verlängert‹. Schon länger nahm er starke Dosen des Mittels Tavor. Ein Medikament, das auch gegen Angstpsychosen eingesetzt wird. Fürchtete der Politiker die Spielchen und Fallen der verschiedenen Geheimdienste um ihn herum? Hatte ihn die Furcht überkommen, dass er trotz seiner politischen Macht und den Ranküne, die er gewohnt war, mitzuspielen, am Ende verlieren könnte?

In der Nacht vom 10. auf den 11. Oktober 1987 hatte alle Angst ein Ende. Es ist etwas passiert, das in Krimis eigentlich selten bis gar nicht vorkommt. Uwe Barschel, die Hauptfigur in diesem Thriller, den das Leben schrieb, kam auf äußerst mysteriöse Weise ums Leben. Nicht in Kiel und nicht in Ostberlin. In einem Fünfsternehotel in Genf, dem ›Beau Rivage‹. An dem Tag, an dem dort ein Treffen internationaler Waffenhändler stattfand.

Wie war er nach Genf gekommen? Und warum ohne Personenschutz? Der stellvertretende CIA-Chef Robert Gates habe ihn dorthin bestellt, erklärte ein südafrikanischer Waffenhändler den ermittelnden Staatsanwälten. Und er sagte weiter: ›Die CIA war ... beunruhigt darüber, dass Barschel die Wege der Atomgeschäfte offenlegen und Regierungsvertreter und Länder nennen wollte, die in die Deals verwickelt waren.‹«

Es klopfte kurz, und Vanessa schaute durch die Tür.

»Da seid ihr ja immer noch!«, rief sie. »Ihr lasst euch wohl aus lauter Angst, dass eine Bombe hochgeht, überhaupt nicht mehr sehen. So kriegt ihr natürlich überhaupt nichts mit, weder von der Stimmung, noch von dem, was da draußen passiert! Sabine und Daniel waren eben im Fernsehen!«

»Wie, wo, was?«, fragte Mangold und fuhr herum. »Jetzt sag noch, es wär schon was passiert!«

»Schaltet doch mal das Dritte ein, dann seht ihr's«, sagte Vanessa. Ihr Gesicht zeigte hektische rote Flecken.

»Schnüffel, jetzt gib doch endlich mal das Ding rüber. Sonst verpassen wir noch was«, sagte Overdieck und winkte hektisch mit der Rechten.

»Was denn für ein Ding, Taps?«, fragte Mangold mit einem aufreizenden Grinsen. »Und überhaupt, warum bist du denn auf einmal so nervös?«

Overdieck hielt es nicht mehr auf seinem Stuhl. Er sauste um den Tisch herum und griff sich die Fernbedienung für den Fernseher, die neben Mangold auf dem Tisch lag. Er drückte auf den Einschaltknopf und suchte mit dem Programmlauf den WDR.

»Da, stopp mal! Das ist es doch!«, rief Vanessa. Alle hielten den Atem an und starrten auf das Bild. Im Rhythmus der Musik jagten Spots grelle Blitze über die begeistert mitsingenden und tanzenden Fans auf dem Bonner Marktplatz.

Vanessa sprang zum Fernseher, zeigte auf Deckstein und Sabine, die am Rande des Bildes zu sehen waren, und rief: »Da sind sie!«

»Sie halten sich die Hände über die Augen, vermutlich, um nicht geblendet zu werden«, sagte Mangold. »Aber was machen die da überhaupt? Was ist denn da los?«

»Das siehste doch, Schnüffel. Ein Rockkonzert natürlich«, sagte Overdieck.

»Wie, und da gehen die jetzt hin? Wo wir jeden Moment damit rechnen müssen, dass irgendwo eine nukleare Bombe hochgehen kann?«

»Ich hab am Rande mitgekriegt«, rief Vanessa dazwischen, »dass die aus einem ganz wichtigen Grund jemanden aus Russland da im ›Sternhotel‹ am Markt treffen wollen. Hängt irgendwie mit unserer Story zusammen.«

»Aus Russland? Merkwürdig!«, murmelte Overdieck.

Ein Kommentator erschien auf dem Bildschirm.

»Meine sehr verehrten Damen und Herren, hier erleben Sie gerade den Auftritt der bekannten Rockband ›Dirty Deeds‹. Nach der Ankündigung der Kanzlerin in der Tagesschau, dass auch unser Land von Terroristen mit einer nuklearen Bombe bedroht wird, haben die Veranstalter beschlossen, die Veranstaltung nicht abrupt abzubrechen. Auf diese Weise wollen sie verhindern, dass Panik ausbricht. Wir schalten also gleich auch noch mal hinüber zum Münsterplatz, wo zeitgleich die bekannte Bonner Veranstaltung ›Klangwellen‹ läuft. Beide Veranstaltungen werden aber verkürzt stattfinden. Ich darf mich zunächst von Ihnen verabschieden. Sollte es zwischendurch zu besonderen Ereignissen kommen, informieren wir Sie natürlich sofort.«

Die Kamera schwenkte zurück zur Bühne vor dem Rathaus, wo schemenhafte Gestalten zu erkennen waren, die durch künstliche Nebelschwaden hetzten.

Overdieck stellte den Fernseher auf stumm. »Das Bild lassen wir laufen«, sagte er zu Mangold, »dann sehen wir vielleicht Sabine und Daniel noch mal und kriegen heraus, was die da machen.« An Vanessa gewandt, fügte er hinzu: »Entschuldige, aber wir müssen hier noch den Rest der Tritium-Geschichte durcharbeiten.«

»Das heißt auf gut Deutsch, ich soll euch wieder alleine lassen«, sagte Vanessa. »Ich komm einfach ab und zu mal rein und seh nach, ob es euch noch gibt.«

»Danke für den Tipp mit dem Fernsehen«, rief Mangold ihr nach.

45

Sankt Augustin, »Hotel Hangelar«

Ameer fluchte still vor sich hin. Er stand mit seinem Wagen noch immer auf der Zufahrt zur A 565 und kam kaum einen Meter voran. Er hatte zunächst vorgehabt, aus der Bonner Innenstadt über die Kennedybrücke in Richtung Hangelar zu seinem Freund Abbas zu fahren. Doch schnell hatte er erkennen müssen, dass dies aussichtslos war. Schon am Verteilerkreis staute sich der Verkehr, weil die Polizei die Zufahrten nach Süden gesperrt hatte. Er hatte den Potsdamer Platz einmal umrundet – Sperrung Richtung Tannenbusch, Vorgebirgsstraße, Dorotheenstraße und Lievelingsweg – und hatte sich dann entschlossen, über die Friedrich-Ebert-Brücke zu fahren.

Er hatte sich den Weg auf der Karte angesehen, als er erkennen musste, dass es über die Kennedybrücke aussichtslos war. Er wusste zwar, dass diese neue Strecke insgesamt einen ziemlichen Umweg bedeutete. Aber eine andere Möglichkeit hatte er im Augenblick nicht gesehen. Doch auch hier staute sich vor ihm seit einer geraumen Weile der Verkehr. Warum das so war, konnte er im Augenblick nicht feststellen. Ob das mit der Katastrophenübung – *sword one* oder so ähnlich, hatte er in den Radionachrichten vorhin aufgeschnappt – zusammenhing? Auch von einer möglichen nuklearen Bedrohung war die Rede gewesen. Was war damit gemeint? Von den Plänen seines Freundes Abbas konnte niemand etwas wissen. Gab es vielleicht noch weitere Terrorpläne aus ihrer Zentrale, von denen er und Abbas nichts wussten? Ameer war beunruhigt.

Seine innere Unruhe nahm zu, als er im Anschluss an die Nachrichten die Hinweise hörte, die der Sprecher den Bürgern für den »Ernstfall« gab. Er sagte wörtlich: »... sollte es zum Ernstfall kommen«. Die Worte gingen Ameer nicht mehr aus dem Kopf. Er sah sich hektisch um. Hatten die Menschen in den vor ihm und neben ihm stehenden Autos das auch gehört? Und wie reagierten sie? Da und dort sah er, wie der eine oder andere den Kopf schüttelte. Eine Frau hatte die Hände vors Gesicht geschlagen. Ameer war sich in dem Moment sicher, auch sie hatten die Nachrichten gehört.

Der Sprecher erklärte weiter: Sollte es zu einem nuklearen oder Giftgas-Anschlag im U-Bahn-Netz kommen, würden die Verletzten zu den U-Bahn-Ausgängen gebracht. Dort würden inzwischen Dekontaminationszelte aufgebaut. Feuerwehrleute und Retter vom Technischen Hilfswerk würden die Menschen dorthin bringen. Die Verletzten müssten ihre Kleider ausziehen, und sie würden minutenlang geduscht, um die nuklearen Partikelchen abzuwaschen. Auf keinen Fall sollten Verletzte, die noch kräftig genug seien, ins Krankenhaus gehen. Sie würden es mit dem nuklearen Gift verseuchen. Ohne jede innere Gefühlsregung nahm Ameer den Hinweis eines Chirurgen zur Kenntnis, der gleich nach der Nachrichtensendung in einer Reportage zu Wort kam. Er erklärte, dass achtzig Helfer notwendig seien, um nur fünfzig Verletzte in rund eineinhalb Stunden zu dekontaminieren. Nach dieser Reportage hatten sie nur noch getragene Musik gesendet. Ameer schaltete das Radio aus.

Seit dem letzten Anruf von Abbas hatte leichter Regen eingesetzt, und ein leichter Wind war aufgekommen. Ein nahezu ideales Wetter für das Vorhaben seines Freundes, der vermutlich immer noch vor dem Hotel in Hangelar auf ihn wartete.

Plötzlich hörte Ameer ein wildes Hupen hinter sich. Er sah sich um. Der Fahrer im Mercedes hinter ihm hupte und blinkte mehrmals mit der Lichthupe. Aufgeschreckt wendete er seinen Kopf wieder nach vorne und erkannte sofort den Grund für das aufgeregte Verhalten des Fahrers: Es ging weiter.

Ameer fuhr langsam an. Auf der Brücke ordnete er sich auf der rechten Spur ein und bog Richtung Beuel ab. Als er unten an der Kreuzung, den Blinker nach rechts setzte, erkannte er, dass die Straße Richtung Beuel von der Polizei abgesperrt wurde. Er sah schon einen Polizisten mit der roten Kelle auf sich zukommen.

Sein Adrenalinspiegel schoss wie eine Rakete nach oben. Im gleichen Augenblick klingelte sein Handy. Mit einem schnellen Blick auf das Display sah er, dass es Abbas war. Er fluchte laut, erkannte aber sofort die Chance: Wenn die Polizei ihn hier stoppte, würde Abbas das im gleichen Moment erfahren. Er drückte auf den grünen Knopf seines Mobiltelefons und konnte gerade noch rufen: »Hier ist eine Polizeisperre. Ich werde angehalten. Sag jetzt nichts. Ich lasse das Handy an. Dann kriegst du alles mit!« Gerade hatte er die letzten Worte ausgesprochen, da musste er schon die Fensterscheibe runterlassen.

»Sie können hier nicht durchfahren«, klärte ihn der Polizeibeamte mit ruhiger Stimme auf. »Wir haben eine Bombendrohung gegen das UN-Gebäude. Meine Kollegen da drüben werden Sie sicher auf die andere Spur lenken.«

Ameer bestätigte mit einem Kopfnicken, dass er verstanden hatte.

Erleichtert, dass der nichts weiter von ihm wollte, drückte er schon auf den Knopf um die Scheibe wieder hochgehen zu lassen. Im selben Moment, die Scheibe war bisher nur zur Hälfte hochgefahren, hörte er wie der Polizeibeamte ihn plötzlich aufforderte, hinter die Sperre zu fahren. Er drückte spontan auf den Knopf und ließ die Scheibe wieder ganz herunter.

»Warten Sie, ich öffne die Sperre«, rief der Polizist schon. »Ihr Licht vorne rechts ist nicht in Ordnung. Bleiben Sie direkt hinter der Sperre stehen«, forderte er Ameer auf. »Wir sehen mal nach.«

Der Beamte trat noch näher an den Wagen heran. »Ich sehe, Sie haben während des Fahrens ja das Handy an. Ihr Display leuchtet ja noch.« Bevor Ameer etwas erwidern konnte, erklärte er noch mal: »Fahren Sie hinter die Sperre. Steigen Sie aus. Ich möchte Ihre Papiere sehen ...«

Ameer drückte den roten Knopf am Handy. Als er auf die Sperre zufuhr, die jetzt von einem anderen Polizeibeamten beiseitegeschoben wurde, sah er, dass dahinter weitere Beamte mit Maschinenpistolen im Anschlag standen.

***

Bonn, Redaktion des *Energy Report*

»Wirst du schlau aus dem, was Vanessa gesagt hat, Taps? Eine wichtige Person aus Russland wollen die besuchen? Und das soll mit unserer Geschichte zusammenhängen?«

Mangold sah weiter auf den Bildschirm. Mit einem kurzen Seitenblick zu Overdieck stellte er fest, dass auch sein Kollege sich nicht von dem Bild losreißen konnte, das sich ihnen bot.

Weißliche, wabernde Wolken verschwanden langsam im Nichts des dunklen Bonner Abendhimmels. Im Bühnenhintergrund tauchten zugleich immer stärker die weißen Konturen eines riesenhaften Kopfes mit zwei roten Hörnern auf, der mit kräftigen Linien und Strichen auf schwarzem Tuch dargestellt war. Im Stakkato der abwechselnd aufblitzenden grünen und roten Bühnenscheinwerfer entstand der Eindruck, als lebte das wilde Gebilde.

»Diese gruselige Show da auf der Bühne ist ja wie bestellt, um unsere Stimmung aufzuhellen und die gegenwärtige Lage zu vergessen«, sagte Overdieck mit einem Anflug von Sarkasmus in der Stimme.

Musiker mit bloßem Oberkörper, Sonnenbrille und Schottenrock jagten über die Bühne und quälten in psychedelisch anmutenden Verrenkungen ihre E-Gitarren.

»Sag mal, wenn ich mir den Leadsänger ansehe ... Der geile Kerl rockt mit dem Mikrofonständer, als wolle er seine Freundin schwängern. Der reißt den Mund auf, als hätte er bereits den Höhepunkt erreicht. So ohne Ton wirkt das Ganze ja noch komischer. Ich hatte dich übrigens was gefragt«, sagte Mangold.

»Du wolltest wissen, was Sabine und Daniel in dem Hotel wollen.«

Wie aufs Stichwort bot der Fernsehbildschirm von der Sternstraße aus einen Überblick über den gesamten Bonner Markt. Links war im Hintergrund das »Sternhotel« zu erkennen. Davor wogte die Menge, blitzten Spots auf, huschten schemenhaft über Häuserwände.

»Ich weiß es doch auch nicht, Schnüffel«, sagte Overdieck. »Dahinten ist das Hotel. Wenn wir Glück haben und die Kameraleute halten weiter drauf, sehen wir vielleicht, wie sie reingehen und mit wem sie wieder rauskommen. Was sie da wollen, haben sie mir auch nicht gesagt. Ich weiß nur, dass Daniel früher häufiger in Moskau war.« Er lächelte. »Er hat mir mal bei einem Bier erzählt, dass er da auch eine tolle Frau kennengelernt hat. Ich weiß aber nicht, was die mit unserer Story zu tun haben sollte. Und überhaupt.«

»Der würde doch nicht mit Sabine zu einer russischen Maid gehen!«, sagte Mangold erstaunt. »Also, Taps, hör mal.« Er sah seinen Kollegen mit einem Blick an als könne der nicht mehr Eins und Eins zusammenzählen.

»Ist doch jetzt egal. Wir lesen unsere Tritium-Geschichte zu Ende, und dann stellen wir die Teile, die freigegeben sind, online. Anschließend begebe ich mich endlich nach Hause, zu Frau und Kindern. Du kannst dann ja noch zum Rockkonzert gehen. Aber nur, wenn du jetzt schnell mit mir die Geschichte durchgehst.« Overdieck grinste hintergründig. Dann beugte er sich über das Manuskript. Mangold tat es ihm nach. Was er von Overdiecks Vorschlag dachte, behielt er für sich.

»Um zu erfahren, warum der stellvertretende CIA-Chef Robert Gates Barschel nach Genf bestellt haben soll, müssen wir zum Treiben seiner Bonner Agenten in Lübeck zurückkehren. Don Frates und seine CIA-Kollegen aus der Bonner Rheinaue hatten nicht ohne Grund schon lange ein waches Auge auf die Schönberger Giftmülldeponie geworfen. Von hier konnte Rettung in höchster Not für ihr Land kommen.

Denn US-Verteidigungsminister Caspar Willard Weinberger in Washington war in höchsten Nöten. Aber nicht nur er. Die ›Tritium

Crisis‹ hatte auch seine Militärs befallen. Eine ›Krankheit‹, die, wenn sie nicht schnellstens behandelt würde, die nationale Sicherheit infrage stellte. Das Leiden war durch Tritium-Mangel hervorgerufen worden.

Weinberger, die Militärs um ihn herum, aber auch der berühmt, berüchtigte CIA-Chef William Casey und eben sein Stellvertreter, Robert Gates, wussten, wenn sie nicht bald neues Tritium für ihre Atombomben erhielten, könnten sie sich nicht mehr gegen den verhassten Feind, aus Moskau zum Beispiel, wehren. Ihre Abwehrpotenz sänke auf fast null. Es käme zur kalten Abrüstung. Konkret bedeutete dies: Ihre gesamten etwa 23 000 Atombomben wären nicht mehr einsatzfähig.

Tritium verstärkt die Sprengkraft der Atom- und Wasserstoffbombe ganz erheblich. Das bedeutet, dass viel weniger Bombenstoff, wie angereichertes Uran oder Plutonium, eingesetzt werden muss. Der Nachteil von Tritium: Es zerfällt innerhalb von zwölf Jahren völlig. Um aber die volle Wirkungsweise der Bombe zu erhalten, muss etwa alle drei Jahre das Tritium in den Bomben nachgerüstet werden.

Die Tritium-Menge in den amerikanischen Sprengköpfen lag zu der Zeit, als der Hanauer Atomskandal aufgedeckt wurde, bei etwa hundert, plus minus, fünfundzwanzig Kilogramm. Auf dem Weltmarkt wurde Tritium jährlich mit einem halben bis einem Kilogramm angeboten. Das Gramm Tritium kostete 1988 etwa dreizehntausend Dollar. Um nicht nur vom Weltmarkt abhängig zu sein, hatten die USA eine eigene Tritiumproduktion angekurbelt. Die musste jedoch just zu dieser Zeit aus technischen Gründen stillgelegt werden.

Und zur Schönberger Deponie wurde immer wieder Tritium in verschiedener Form angeliefert. Bereits Mitte der Achtziger wurde ein Antrag dazu gestellt. Antragsnummer: DOO582! Dann folgten achtzig Tonnen mit Tritium versetzte Szintillatorlösung. Das fanden Lübecker Umweltschützer bei einem Besuch gleich nach der Wende im DDR-Umweltministerium in Ostberlin heraus. Sie waren eingeladen gewesen, zwei Tage lang nach Herzenslust in vertraulichen Unterlagen des Ministeriums zu stöbern.

Weinberger, seinen Militärs und den geheimen Buben der CIA war bekannt, dass die TNH-Leute über Tritiummengen in den verschiedensten Formen verfügten. Die hatten Genske und seine Mitarbeiter nach Mol ausgeführt, wo die pakistanischen Atomwissenschaftler von den Belgiern in ihrem Atomzentrum in dem letzten Schliff der atomaren Abfallbehandlung unterrichtet wurden. Sie hatten es vermutlich auch nach Pakistan ausgeführt, wie nebenstehender Ausfuhrantrag per Pakistan Airlines zeigt.

Den USA musste jedenfalls diese Szintillatorlösung, die zur Schönberger Deponie angeliefert wurde, wie ein Wunderheilmittel zur Beseitigung ihrer gemeinsamen Krise erschienen sein. Die Szintillatorlösung, die bei der Schönberger Deponie angeliefert wurde, hätte dort niemals auf der ›Müllkippe‹ entsorgt werden dürfen. Denn flüssige Stoffe waren dort nicht zugelassen. Sie sollte also einem ganz anderen Zweck zugeführt werden.

Die Szintillatorlösung wird normalerweise für Messgeräte benötigt. Mit denen misst man zum Beispiel in Atomanlagen die Abluft, um auch festzustellen, wie viel Tritium in die Umwelt gelangt und so den Menschen belastet. Dabei wird ein Teil des Tritiums in der Lösung eingefangen. Wenn in diesen achtzig Tonnen Szintillatorlösung nur etwa zehn Prozent Tritium enthalten war – was ein unterer Wert wäre –, konnte man aus der gesamten Lösung immerhin etwa achtzig Kilogramm Tritium herauslösen. Experten betonen: Der Aufwand lohnt sich allemal. Denn diese Menge reicht nicht nur dazu, um Atombomben auf Jahre fit zu machen – bei Kosten von 13 800 US-Dollar pro Gramm war das für die Verkäufer der gesamten Lösung auch ein gewaltiges Geschäft. Hier kommt die westliche Seite, kommt aber auch die von Devisen abhängige DDR mit ihrem Bereich KOKO, Kommerzielle Koordination, mit Oberst Alexander Schalck-Golodkowski und der ihm zugehörigen Ostfirma INTRAC, ins Spiel.

Diesen Stoff benötigten nicht nur die USA. Alle Staaten, die bereits Atombomben besaßen oder sie bauen wollten, waren darauf angewiesen.

Und die Geheimdienste mancher dieser Staaten waren im Lübecker Ballungsraum, in dem die heißesten Sachen abliefen, und auf dem angrenzenden DDR-Gebiet vertreten. Der CIA kann es nur darum gegangen sein, sich selbst das Tritium für die US-Atombomben zu sichern. Sie mussten auch alles dafür tun, dass nicht etwa der damals noch sowjetische KGB, der dort ebenfalls vertreten war, für Moskau da hinterherputzte. Auch der Mossad musste darum kämpfen, nicht leer auszugehen. Auf jeden Fall wollte er verhindern, dass Pakistan oder gar der Iran auf Umwegen in den Besitz des Tritiums käme, um ihren Bomben damit den letzten Schliff zu geben.

Wir gehen davon aus, dass der Kieler Ministerpräsident Uwe Barschel einmal durch seinen Innenminister über die entsprechenden Berichte des Landesamtes für Verfassungsschutz informiert worden war. Aber auch sein für die Schönberger Giftmülldeponie zuständiger Umweltminister, unterstützt von seinem umtriebigen Abteilungsleiter, der engen Kontakt zum Schönberg-Spezi und Stasi-Spitzel Eberhard Seidel hielt, werden entsprechende Vorlagen gefertigt haben. Darüber hinaus gab es eine Menge Verfassungsschutz- und BND-Berichte über Eberhard Seidel und vor allem die DDR-Firma INTRAC, zu der Seidel gehörte. So wird auch Innenminister Eduard Claussen, in seinem Haus ressortierte das Landesamt für Verfassungsschutz als Abteilung, Barschel mit entsprechenden Berichten versorgt haben.

So war er mit Sicherheit vollständig informiert über das, was sich in Schönberg abspielte, als er sich von seinem Urlaubsort auf Gran Canaria nach Genf aufmachte. Um wen zu treffen? Den CIA-Direktor Robert Gates? Oder einen Mann Namens Roloff, wie er selbst seiner Frau gegenüber erklärte? Dieser wolle ihm, so Barschel gegenüber seiner Frau, Informationen liefern, die ihm helfen sollten, sich aus seiner desaströsen politischen Lage, in die er in Kiel durch gezielte Intrigen und tückische Fallen, aber auch durch eigenes Zutun hineingeraten war, herauszukommen. Beides ist plausibel.

Offen bleibt die Frage, warum er sich, trotz seiner Angst, die er seinem kommissarischen Amtsnachfolger, Henning Schwarz, gegenüber zuvor noch eingestanden hatte, anschließend ganz ohne Personenschutz auf die Reise ins spanische Gran Canaria begab. Vertraute er darauf, dass die Geheimdienste ihn nach wie vor beschatten und so vielleicht auch beschützen würden?

Dazu passt, was Udo Ulfkotte in seinem Buch ›Verschlußsache BND‹ schreibt. In der Mordnacht soll sich nach Angaben eines ranghohen Bonner Beamten mindestens ein BND-Mitarbeiter der Abteilung I (operative Aufklärung) in Barschels Hotel aufgehalten haben, möglicherweise sogar mehrere. Es müsse somit eine Barschel-Akte beim BND über die Vorkommnisse in der Mordnacht geben. Dem Beamten, der sich mit dieser Aussage namentlich outete, schreibt Ulfkotte sinngemäß, würde der Verlust seines Arbeitsplatzes und seiner Pension drohen. Der Beamte sei auch eingeschüchtert worden, denn er habe einen Anruf erhalten und sei schlicht auf die hohe Zahl der Verkehrstoten hingewiesen worden.

Bleiben wir aber zunächst bei Robert Gates.

Die Lübecker Staatsanwälte erfuhren, dass ein Mister Gates in demselben Flugzeug gesessen hatte, mit dem das Ehepaar Barschel auf dem Weg nach Gran Canaria in Genf einen Zwischenstopp einlegte. Bekannt ist inzwischen, dass die Lübecker

Ermittler das Ticket des Herrn Gates von dem Kapitän der Lufthansa-Maschine erhielten. Der Pilot wollte sich aber nicht weiter zu der Sache äußern, da er und seine Frau angeblich Drohungen erhalten haben. Die CIA hat in einem vertraulichen Schreiben an den Ermittler Heinrich Wille bestritten, dass es sich bei dem fraglichen Herrn Gates um ihren CIA-Direktor handelte. Wen wundert's? Wenn sie Normalsterblichen noch nicht einmal bestätigen, dass ein an sie abgeschickter Brief in ihrem Hauptquartier in Langley eingegangen ist. Da überrascht es andererseits, dass die CIA überhaupt bestätigt, dass es einen Mister Gates gibt.

Kommen wir zu dem mysteriösen Informanten Roloff. Bei der Stasi oder in ihrem näheren Umfeld gab es vier Mitarbeiter mit dem Alias-Namen Ro(h)loff, mit oder ohne ›h‹ geschrieben. Auf zwei könnte Barschels Beschreibung zutreffen, die er nach seinem angeblichen Zusammentreffen in Genf schriftlich festgehalten hat: ›Ca. 1,78 cm, kein Bart, dunkelblonde Haare‹ usw.! Das Bild, das Barschel da zeichnet, könnte auf einen Oberst P. Feuchtenberger aus dem Umfeld des damaligen KOKO-Chefs Schalck-Golodkowski zutreffen. Der hat aber inzwischen heftig dementiert, in Genf gewesen zu sein.

Aber auch ein anderer, nämlich Ottokar H., könnte bei Barschel am Flughafen in Genf aufgetaucht sein. Er trug ebenfalls den Alias-Namen Rohloff! Im Auftrag der DDR-Spitze führte er im schweizerischen Lugano ein dem Bereich KOKO zugehöriges Unternehmen. Es trug denselben Namen wie das, in dessen Namen Eberhard Seidel, alias Siegfried in Lübeck und Umgebung Spitzenpolitiker und Unternehmensführungen abschöpfte: INTRAC. Über dieses Unternehmen waren nicht nur der BND und der Verfassungsschutz informiert.

Umgekehrt wussten die Herren dieses Unternehmens so ziemlich alles über das, was in Barschels Umgebung ablief. Denn die Hauptabteilung III des Ministeriums für Staatssicherheit, bei der die INTRAC geführt wurde, war für die Überwachung des Telefonverkehrs zuständig. Sie belauschte die Telefonate im DDR-Inland, aber vor allem auch im Ausland. Und mit den Kenntnissen wurden ihre

Agenten auf westdeutsche Politiker und Unternehmer losgelassen.«

Unter diesem Absatz stand eine Notiz von Deckstein und Sabine:
»(Liebe Kollegen, lieber Rainer, lieber Gerd, der Text, der jetzt kommt, sollte vielleicht als Leitartikel dazugestellt werden. Schaut doch mal drüber und glättet den Text ein bisschen. Danke!)«

»Hast du gelesen, dass das, was jetzt kommt, als Leitartikel laufen soll?« fragte Overdieck und sah Mangold an. »Ich weiß nicht, ob wir das jetzt noch alles schaffen!«

»Wir lesen am besten mal kurz drüber. Wenn wir es nicht mehr packen, lassen wir es einfach so stehen und bügeln nur die Fehler aus.«

»So machen wir das, Schnüffel! Wenn wir dich nicht hätten«, sagte Overdieck mit einem breiten Grinsen und vertiefte sich wieder in den Text.

»Wir werden wohl nicht mehr verlässlich aufdecken können, was sich im Einzelnen bei den Atommachenschaften im Lübecker Hafen und im Zusammenhang mit der Schönberger Deponie abgespielt hat. Alles, was bisher bekannt geworden ist, belegt erneut, dass im Atombereich nichts sicher und fast alles möglich ist. Der BND und der Verfassungsschutz könnten allerdings für Aufklärung sorgen. Das gilt für die Fragen nach der Sicherheit der Atomwirtschaft in unserem Land.

Das gilt aber auch vor allem für die Fragen zu den Umständen von Uwe Barschels Tod, der aus unserer Sicht in dem Zusammenhang gesehen werden muss. Dass der BND, das BKA, aber vor allem auch das Bundesamt für Verfassungsschutz auf gezielte Fragen immer noch nicht mit ihrem ganzen Wissen herausgerückt sind, lässt den eindeutigen Schluss zu, dass hier bisher bewusst geblockt wurde.

Ulfkotte behauptet in seinem Buch, die Geheimdienste kennten die Hintergründe des Barschel-Todes. Barschel sei ermordet worden. Kein anderer deutscher Journalist hat für das Buch einen intimeren Einblick in das geheime Schaffen der einzelnen BND-Abteilungen nehmen können, wirbt der Verlag. Das unwürdige Verhalten der Dienste schreit geradezu danach, durch ein von den Parteien unabhängiges Gremium, eine Art neugeschaffener Kontrollausschuss, untersucht zu werden.

›Für mich war es von vornehrein unverständlich‹, schreibt darüber hinaus der Leitende Oberstaatsanwalt Heinrich Wille in seinem Buch zum Fall Barschel, ›und ist es bis heute geblieben, warum der Generalbundesanwalt diesen Fall nicht an sich zog ... Der Mord an einem deutschen Ministerpräsidenten‹, schreibt Wille weiter, ›begangen im Ausland unter ungeklärten Umständen, damit wollte sich Nehm (der damalige Generalbundesanwalt, d. Red.) wohl nicht die Finger verbrennen.‹ Nehm kommt aus Schleswig-Holstein. Sein Vater war Generalstaatsanwalt des Landes.

Der Generalbundesanwalt wird tätig, wenn die innere Sicherheit insbesondere durch terroristische Gewalttaten beeinträchtigt wird, die äußere Sicherheit vor allem durch Spionage, Landesverrat und Proliferation, heißt es sinngemäß im Gesetz.

Und so hatte der SPD-Abgeordnete Volker Hauff während der denkwürdigen Sondersitzung im Bundestag, als der Verdacht der Proliferation aufkam, wohl völlig zu Recht gefordert, der Generalbundesanwalt müsse eingeschaltet werden. Und in der bei den Atom-Transporten von TNH nach Mol und Schweden über Lübeck gab es sehr wohl den Anfangsverdacht der Proliferation. Ansonsten hätten auch die Hanauer Staatsanwälte nicht ermittelt.

Der Fall sei für die Lübecker Staatsanwaltschaft von Anfang an mehrere Nummern zu groß gewesen, konstatieren die ehemaligen *STERN*-Redakteure M. Müller, R. Lamprecht und L. Müller in ihrem Buch ›Der Fall Barschel, ein tödliches Doppelspiel‹.

Wir wollten nun wissen, warum sich die ›Großen‹ in diesen Fall damals nicht eingeschaltet haben und haben sie einfach gefragt. Eine Sprecherin des Bundeskriminalamtes erklärte uns, das BKA könne von sich aus nicht tätig werden. Es müsse in solch einem

Fall angefordert werden. Das Bundesinnenministerium hätte dem BKA den Auftrag erteilen können.

Laut BKA-Gesetz §4 nimmt das BKA die polizeilichen Aufgaben auf dem Gebiet der Strafverfolgung dann wahr, wenn eine zuständige Landesbehörde darum ersucht oder der Bundesminister des Innern (BMI) es nach Unterrichtung der obersten Landesbehörde aus schwerwiegenden Gründen anordnet oder der Generalbundesanwalt darum ersucht oder einen Auftrag erteilt.

Ein Sprecher des Innenministers schrieb uns auf unsere Anfrage: ›Eine Beauftragung des BKA ist aufgrund der restriktiven Auslegung der Norm nicht erfolgt.‹ Im Fall Barschel hat man sich also kräftig zurückgehalten, lautet das Eingeständnis des Bundesinnenministers.

Das Innenministerium und das Bundesamt für Verfassungsschutz lagen zu der Zeit in der Hand der CSU. Innenminister war Fritze Zimmermann, Verfassungsschutzpräsident war Holger Pfahls, ein besonderer Spezi des bayerischen Ministerpräsidenten Strauß. Und Strauß wurde von Barschel bewundert. Kurz vor Barschels Tod soll es noch ein Telefongespräch zwischen Strauß und Barschel gegeben haben, in dem der Bayer erklärt habe: ›Die Roten haben mehr Dreck am Stecken als die Unseren.‹ Hatte Pfahls ihn von seinen Kenntnissen unterrichtet?

Brachte er damit auf den Punkt, warum sich beide großen Parteien bei der Aufklärung von Barschels Todesumständen erkennbar zurückhielten? Der guten Ordnung halber sei erwähnt, dass der vormalige Verfassungsschutzpräsident Pfahls, später Staatssekretär im Bundesverteidigungsministerium, gestanden hat, von dem Waffenhändler Schreiber knapp zwei Millionen Euro angenommen zu haben. 2005 wurde er zu über zwei Jahren Gefängnis verurteilt. Ein Urteil in einem Verfahren wegen betrügerischen Bankrotts schickte ihn 2011 für viereinhalb Jahren hinter Gitter. Pfahls sitzt im Augsburger Gefängnis. Aus der Zeit als Verfassungsschutzpräsident weiß er noch eine Menge. Eine lebende Zeitbombe für manchen noch nicht Entdeckten?

Das Landesjustizministerium in Schleswig-Holstein hätte im Fall Barschel das BKA beauftragen können. Ein Sprecher schrieb uns dazu: ›Das Justizministerium kann die konkreten Fragen zum damaligen Verfahrensgang aus eigener Kenntnis nicht beantworten.‹ Und er verwies auf die Lübecker Staatsanwaltschaft. Geht es noch schlimmer?

Dabei haben alle schon damals mehr gewusst. Und sie wissen heute, nach Auswertung aller Stasi-Unterlagen, noch mehr über die atomaren Machenschaften im Lübecker Hafen. Sie kennen die Welt, in die der damalige Ministerpräsident bei seinen Reisen ›nach drüben‹ in die DDR eintauchte, sehr genau und könnten erklären, wie alles miteinander verwoben war.

BND-Präsident Porzner bestätigte bereits Anfang der Neunziger den Abgeordneten des ersten Untersuchungsausschusses des Bundestages zu diesen Themen: ›Die Beobachtung der Organe des Staats- und Parteiapparates in der früheren DDR war Auftrag des Bundesnachrichtendienstes.‹

Weiter erklärte er: ›Die KOKO ist seit langem, seit vielen, vielen Jahren beobachtet worden.‹ Auch Verfassungsschutzpräsident Werthebach betonte selbstbewusst: ›Ich habe ... bereits ... erklärt, dass wir in der Tat in diesen SED-Parteifirmen Quellen geführt haben.‹

Der BND teilte den Abgeordneten stolz mit, dass allein im Bereich KOKO sechs hochrangige Quellen geführt wurden. Alle waren im Leitungsbereich der KOKO-Firmen tätig und konnten damit nicht nur über diese Firmen, sondern auch ihre gesamten Verbindungen in den Bereich Staatssicherheit, bis hin zur politischen Führungsspitze informieren. Einige der BND-Agenten und auch die des Bundesverfassungsschutzes waren Doppelagenten. Sie ließen sich für ihre Erzählungen vom Westen bezahlen und rechneten das mit ihren Führungsoffizieren in der DDR ab. Oder auch nicht.

›Weitere Treffs (zwischen Eberhard Seidel, alias Siegfried, Hilmer und Abteilungsleiter Conrad im Kieler Umweltministerium, die Red.) wurden durch die HVA II zu ›Informationsinteressen zur FDP-Politik 1987 ... noch durchgeführt‹, heißt es in dem abweichenden Köppe-Bericht der Grünen.

Der Köppe-Bericht wurde im Anschluss vom Ausschuss als ›VS-Geheim‹ eingestuft. (Inzwischen ist er freigegeben worden. Deshalb können wir daraus zitieren.) Über ein Treffen im September 1987, rund zwei Wochen vor Barschels Tod, heißt es dort: ›Das Ziel des Treffens bestand darin, durch den Einsatz des IMB (gemeint ist Seidel) Informationen über die gegenwärtige und zukünftige politische Entwicklung in Schleswig-Holstein zu erarbeiten.‹

Wir haben geglaubt, dass es für unsere Demokratie nicht nur gut sei, zu erfahren, von wem sich der Bundespräsident vielleicht eine Suite in einem Luxushotel auf Sylt hat finanzieren lassen. Wir halten es im Vergleich dazu für nahezu unerlässlich, dass wir, das Volk, erfahren, welche Partei sich von welchem Unternehmen im Zusammenhang mit Waffen- und Atomgeschäften über die DDR und im Lübecker Hafen sowie durch den Müllhandel im Zusammenhang mit der Schönberger Giftmülldeponie hat finanzieren und schmieren lassen.

Für diese Fragen gibt es hinreichend Anlass. Vor allem sollten die Dienste veranlasst werden, endlich die Zusammenhänge zwischen dem Tod eines Verfassungsorgans, nämlich Uwe Barschel, und diesen Fragen zu offenbaren. Die bohrende Unwissenheit über die Hintergründe des mysteriösen Todes ihres Mannes hat die Witwe von Uwe Barschel dazu veranlasst, mit Blick auf Alt-Kanzler Helmut Kohl zu fragen: ›War es Mord aus Staatsräson?‹ Sie rechnete wohl mit keiner Antwort – sie hat auch keine erhalten.

Wir haben deshalb den jeweiligen Pressechef beim BND wie auch beim Bundesamt für Verfassungsschutz direkt befragt: Hat der BND Kenntnis darüber, in welchem Auftrag oder mit welchem Ziel Herr Barschel seine Reisen in die DDR unternommen hat? Hatte Ihr Haus Kenntnis über die Abwicklung der atomaren Stoffe im Lübecker Hafen? Hatte Ihr Haus zu der Zeit Kenntnisse über die Besitzverhältnisse der Lübecker Metallhüttenwerke/Kokerei und dessen Eigentümer Abbas Gokal?

Der Sprecher des Bundesverfassungsschutzes, Bodo W. Becker, hat daraufhin während eines Telefonats betont, dass sein Haus nichts äußern werde, was über die Informationen hinausginge, die bereits vor dem Ausschuss dargelegt worden seien. Auf die Bitte, uns dies schriftlich zuzuleiten, erklärte Becker, dass man in der Regel nichts schriftlich mache.

Der Bundesnachrichtendienst ließ uns folgende Antwort zukommen: ›Zu unserem Bedauern müssen wir Ihnen mitteilen, dass wir die von Ihnen gestellten Fragen leider nicht beantworten können.‹

Das hat uns nicht ruhen lassen. Wir haben dem Sprecher der Bundesregierung, Staatssekretär Steffen Seibert, geschrieben und in unserem Schreiben auf die Antwort des BND Bezug genommen: ›Wir müssen daraus schließen, dass der Chef des Bundeskanzleramtes, Herr Ronald Pofalla, und der Geheimdienstkoordinator des Kanzleramtes, Herr Günter Heiß, weitergehende Antworten nicht zulassen. Anders wird kein Schuh daraus.‹ Wir haben weiter darauf verwiesen, dass sich so bei uns der Eindruck verstärkt, dass die Bundesregierung an einer Aufklärung der beschriebenen Sachverhalte nicht interessiert sei. Wir würden uns aber über eine Antwort, auch auf die Sachfragen, freuen.

Die Antwort des Kanzleramtes kam bald. Da wir Pofalla und Heiß in unserer Anfrage angesprochen haben, gehen wir davon aus, dass sie die Antwort des Kanzleramtes kennen. Die Erklärungen bestätigen unseren Eindruck, dass hier gemauert und auf Zeit gespielt wird. Andererseits geht die Antwort über die Äußerungen des BND hinaus und lässt den Schluss zu, dass der Bundesnachrichtendienst zurzeit nicht voll funktionsfähig ist.

Aus dem Bundeskanzleramt verlautete Folgendes: ›Die bisherigen Prüfungen im BND haben keine Hinweise auf dort vorliegende Kenntnisse im Sinne der von Ihnen gestellten Fragen ergeben.‹ Und weiter: ›Der BND betreibt allerdings, wie Ihnen möglicherweise bekannt ist, zur Zeit die systematische archivische Erschließung seiner Altunterlagen, die noch nicht abgeschlossen ist. Daher ist nicht auszuschließen, dass sich in Zukunft noch Ergebnisse zu Ihrer Anfrage ergeben könnten. Ich stelle deshalb anheim, sich nach ca einem Jahr mit Ihrem Anliegen erneut an den BND zu wenden. Gegebenenfalls können Ihnen dann auf Basis der bis dahin erschlossenen Unterlagen gewonnene Erkenntnisse, die Ihre Fragen betreffen, mitgeteilt werden.‹«

»Mensch, Gerd, ich hab die Schnauze voll von dem ganzen Sumpf!«, rief Mangold.

Er war aufgestanden und streckte sich. »Wir lassen das jetzt so stehen und schicken es online raus.« Er sah hinüber zum Fernseher und zeigte darauf. »Da, da sind sie doch!«

»Wer?« Overdieck sah hinüber und stellte mit der Fernbedienung den Ton an. Im Takt von Beethovens »Neunter Sinfonie« schossen auf dem Bonner Münsterplatz vor der Post und dem Beethoven-Denkmal, von Spots in den verschiedenen Farben angestrahlt, Wasserfontänen in den nachtdunklen Himmel.

46

Bonn, Münsterplatz

Männer mit schwarzen Kopftüchern und Sonnenbrillen, in denen die grellen Spots der wandernden Scheinwerfer im Widerschein aufblitzten, strömten vom Markt aus zwischen Leffers und dem Kaufhof auf dem Weg zum Bahnhof über den Münsterplatz. Das Rockkonzert war offenbar zu Ende. Weibliche und männliche Hardrockfans, die verzückt ihre langen Mähnen vor- und zurückwarfen, Luftgitarre spielten, hämmernde Bässe nachahmten oder schrille Töne von sich gaben, stießen immer wieder begeistert das »Yeah« aus. Das Konzert der »Dirty Deeds« auf dem Markt bebte in ihnen noch nach.

Inmitten der Massen entdeckte Daniel Deckstein einen Mann mit bis auf den schmalen, hochgegelten Streifen kahl geschorenem Kopf in einer ausgeschnittenen, schwarz glänzenden Lederjacke. Er saß auf den Schultern eines anderen und überragte alle. Hob sich ab gegen die hellen Schaufenster hinter ihm. Sein dunkelgefärbtes Haar im Irokesen-Look erinnerte Deckstein an eine Dornenkrone. Die langen, kräftigen Spitzen ragten steil in den Abendhimmel.

Deckstein stieß Sabine und Elena an. »Bine, Elena, guckt mal! Der da drüben, wie der wohl damit ins Bett kommt?«, fragte er und zeigte auf den Mann mit dem Irokesen-Haarschnitt.

Er musste brüllen, um sich verständlich zu machen. Elena hatte sich dicht an ihn gedrängt. Während sie durch die Menge gingen, sah sie sich ängstlich nach allen Seiten um.

»Hier bei mir brauchst du keine Angst zu haben«, flüsterte er ihr ins Ohr.

In dem Moment drehte sich Sabine, die sich in eine Lücke in der Menschenmenge gedrängt hatte, um zu ihm. Er fing ihren skeptischen Blick auf.

»Hör mal, ey, wenn die Alis die Bombe wirklich zünden tun, dann geht's ihren Brüdern hier aber schlecht. Die greifen wir uns!«

Vor ihnen war plötzlich ein Hüne mit kräftigem Bartwuchs aufgetaucht. Seine langen Haare hatte er hinter dem Kopf zu einem Pferdeschwanz zusammengebunden und war von Kopf bis Fuß in schwarzes, nietenbeschlagenes Leder gekleidet. Mit seinem wuchtigen Bauch voran drängelte er sich durch die Menge.

Während Deckstein noch nach dem Empfänger der nichts Gutes verheißenden Botschaft des Rockers Ausschau hielt, teilte sich vor ihnen die Menschenmenge, und der nächste Hüne verschaffte sich mit kräftigen Armbewegungen Platz. Er sah aus wie der Zwillingsbruder des ersten. »Ich weiß schon, wen ich mir vornehme, Rich. Neben uns wohnt doch der Mehmet, die kleine Ratte ...«

Deckstein konnte nicht mehr hören, was mit dem Mehmet geschehen sollte. Die beiden Männer waren schon wieder in der Menge verschwunden. In dem Augenblick spürte er das Vibrieren seines Handys in der Jackentasche. Den Klingelton hatte er bei diesem Krach um ihn herum gar nicht gehört. So eingezwängt, wie er stand, war es nicht einfach das Handy hervor zu holen.

Beim ersten Blick auf das Display erkannte er sofort, dass er sogar zwei SMS erhalten hatte. Er öffnete die erste. Sie war von Corinna:

»Bin gut in Berlin gelandet. Beim Auschecken wurden wir intensiv gefilzt. Irgendwer murmelte was von Bombendrohung und so. Komme morgen mit der Maschine um 11.45 Uhr. Holst Du mich ab?! P.S. Habe einen netten Russen in der Maschine getroffen. Er kennt Dich. Tat geheimnisvoll. Müsse Dich unbedingt sprechen. Habe seine Handynummer. Bringe ich mit. Ich rufe Dich morgen vor dem Abflug noch an!«

Deckstein und Elena bewegten sich dicht aneinander gedrängt, durch die Menge. Sie hatte ihm zugesehen, wie er die SMS las.

»Was Wichtiges?«, fragte sie und sah sich gleichzeitig nach allen Seiten wie ein gehetztes Tier um.

»Ja, schon, meine Tochter. Kommt morgen von Berlin. War in Moskau.«

In Elenas Augen blitzte es auf. Deckstein sah sie fasziniert an. Ihre Augen hatte er nie vergessen können. Aber sie strahlten nicht so, wie er es in Erinnerung hatte.

»Warte mal, Elena. Ich habe da noch eine SMS erhalten. Vielleicht wichtig.«

Er hielt Sabine, die einen Schritt vor ihnen lief, an der Schulter fest. Es war sowieso kaum ein Durchkommen. Das heißt, sie wurden mehr geschoben, als dass sie selbst entscheiden konnten, in welche Richtung sie gehen wollten. Er hielt das Handy hoch und zeigte auf das Display. Sabine nickte zum Zeichen, dass sie verstanden hatte.

Er öffnete die Mitteilung und sah, dass es eine Nachricht von Bernd Conradi war:

»Ruf mich an, sobald Du kannst. Mayers Leute haben einen Russen festgesetzt. Der erklärt, dass er Dich unbedingt sprechen müsse. Wichtig!!! Melde dich!«

Deckstein stutzte. Gab es da einen Zusammenhang zwischen dem Russen, den Corinna getroffen hatte und der ihn unbedingt sprechen müsse, und dem, den Mayers Leute festgesetzt hatten? Er hatte keine Zeit, weiter darüber nachzudenken. Sie mussten sehen, dass sie aus dieser Menschenmasse, die immer dichter wurde, herauskamen. Er hatte den Eindruck, dass sich einige der Menschen um sie herum einfach treiben ließen. Als wenn sie nach den Nachrichten in der Tagesschau und der anschließenden Sondersendung, in der auch aus ihrer Story mehrfach zitiert worden war, irgendwohin flüchten wollten, sich andererseits aber in der Menge hier anscheinend sicherer fühlten.

Als Sabine und er nach der Betriebsversammlung in Richtung »Sternhotel« aufgebrochen waren, um Elena zu treffen, hatte er ihr vorgeschlagen, sich in ein ruhiges Café, vielleicht ins »Roses« in der Kaiserpassage am Hofgarten zurückzuziehen und sich dort zu unterhalten. Jetzt überlegte er, ob sie nach dieser Nachricht von Bernd dabei bleiben könnten. Spontan beschloss er, dass er Conradi von dort aus anrufen würde. Er konnte nicht das ganze Programm umwerfen. Bisher hatten er und Sabine Elena nur kurz begrüßen können. Er hatte ihr, nachdem sie sich unter den skeptischen Blicken Sabines in die Arme gefallen waren, erklärt, was sie vorhatten. Sie hatte gleich eingewilligt.

Sie hatten sich dann vom »Sternhotel« mühsam durch die Menschenmenge in Richtung Marktbrücke am Modehaus Zara vorbei zum Remigiusplatz vorangekämpft. Als er feststellte, dass sie so über die Remigiusstraße nicht direkt bis zum Münsterplatz durchkämen, weil sich unten am Kauhof die Menschenmassen knubbelten, hatte er Sabine vorgeschlagen, es über die Acherstraße zu versuchen. Bis zum Dreieck am Teehaus Gschwendner waren sie besser durchgekommen. Doch direkt vor dem Brunnen der Drei Grazien kam ihnen die Menschenmenge entgegen, die vom Markt über die Sternstraße und das Dreieck in Richtung Münsterplatz strömten.

Da sie im Moment nicht weiter vorankamen, blieb ihm ein Moment zum Nachdenken. Schon bei der Begrüßung, er hatte das Bild noch vor Augen, hatte Elena einen gehetzten Eindruck auf ihn gemacht. Sie hatte ihm gleich ins Ohr geflüstert, dass sie den GRU-Mann, der sie ständig begleitete, habe abschütteln können. Er hätte bei Abendessen schon zu viel getrunken. Während sie ihm das rasch mitteilte, hatte sie sich immer wieder umgesehen. Und dann hatte sie ihm noch gestanden, sie habe den Eindruck, dass es da noch einen zweiten geben müsse. Er hatte Sabine noch kurz davon berichten und auch seinen Eindruck von Elena zuflüstern können, dann waren sie in der Menge untergegangen. Sie mussten sehen, dass sie zusammenblieben.

Deckstein war tief beunruhigt. Die nukleare Bombendrohung sorgte schon dafür, dass er nicht mehr ruhig werden konnte. Hinzu kam nun, dass es noch einen zweiten GRU-Mann geben könnte, der sie jetzt im Moment beobachtete.

Und dann war da noch etwas geschehen: Als er Elena so spontan umarmt hatte, war augenblicklich wieder der Gedanke an ihr Verhalten auf der Autobahn in ihm hochgekommen. Er wusste nicht, warum, aber plötzlich hatte er auch wieder an Gennadijs Warnung denken müssen, Elena könne für den FSB oder sogar den GRU arbeiten. Und sie ging nun, ganz dicht an ihn gedrängt, neben ihm her.

Seit einigen Minuten nahm er aus den Augenwinkeln rechts von sich in einigen Metern Entfernung einen kräftigen Mann in seiner Größe wahr, der ihnen schon die ganze Zeit über gefolgt zu sein schien. Zunächst hatte er geglaubt, der sei nicht ganz richtig im Kopf, weil er unaufhörlich vor sich hin sprach. Deckstein hatte aber kein Gegenüber entdecken können. Schließlich kam er darauf, dass der Mann irgendwo unter seinem khakifarbenen Anorak ein Mikrofon versteckt haben musste.

Instinktiv wandte sich Deckstein zu Elena. Sie schüttelte wild den Kopf und sah in Richtung dieses Mannes. Er konnte sich das nicht erklären, ahnte aber unterschwellig, dass irgendetwas im Gange war. Im nächsten Augenblick sah er, wie sie die Augen weit aufriss.

»E ... le ... na.!, schrie er aus Leibeskräften.

Im gleichen Augenblick sah er, dass ihr das Blut aus den Ohren spritzte und aus der Nase lief, als wäre irgendetwas in ihrem Kopf explodiert. In dem Moment mischten sich blitzartig Momente der Erkenntnis mit Sequenzen aus Horrorfilmen in seinem Kopf.

Der Mann mit dem imaginären Mikrofon unter seinem Anorak musste Elena per Funk irgendwelche Signale, Befehle übermittelt haben. Und als er gesehen hatte, dass Elena sich geweigert hatte, diese auszuführen – vermutlich hatten auch Elenas Gehirnströme ihm entsprechende Signale auf ein Gerät gesendet –, hatte er in seiner Hosentasche auf einen Knopf gedrückt und in Elenas Kopf war etwas explodiert. So musste es gewesen sein.

Denn er hatte keinen Schuss gehört.

Er schrie weiter aus Leibeskräften. Stürzte sich wie von Sinnen auf Elena, als sie zur Seite sank, so als hätte ihr jemand die Beine weggezogen.

***

Bonn, Redaktion des *Energy Report*

Mangold und Overdieck starrten wie gebannt auf den Fernseher. Keiner von beiden sagte ein Wort. Die Fernsehkameras hatten kurz zuvor gezeigt, wie Menschen in panischer Hast, die ganz offensichtlich vom Markt, wo das Rockkonzert beendet war, kamen, aus verschiedenen Richtungen auf den Münsterplatz strömten. Im Moment zeigten sie das Geschehen vor dem Starbucks an der Ecke gegenüber der Post und dem Kaufhof in Großformat. Menschen schrien auf. Overdieck und Mangold krochen fast in den Bildschirm, so nah hockten sie inzwischen davor.

Sie konnten erkennen, wie Sabine versuchte, sich durch die Menge zu Deckstein zurückzukämpfen, der in dem Gewühl untergegangen zu sein schien. Sie hatten zuvor noch mitbekommen, dass die Frau neben Deckstein – sie vermuteten, dass es die Russin sein musste, die Deckstein und Sabine treffen wollten – neben ihm zusammengesunken war.

Overdieck schlug Mangold mit seiner Pranke so heftig auf die Schulter, dass er ebenfalls wegzusacken drohte.

»Schick die Story raus«, sagte er mit tonloser Stimme. »Und dann zieh dich schnell an. Wir müssen dahin. Wir müssen Daniel und Sabine helfen. Die Russin scheint's irgendwie erwischt zu haben. Und Daniel sehe ich auch nicht mehr.«